读客文化

智人全史

[英] 费利佩·费尔南德斯-阿梅斯托　主编

王栎　雷娟利　译

THE OXFORD
ILLUSTRATED
HISTORY OF
THE WORLD

海南出版社
·海口·

The Oxford Illustrated History of the World was originally published in English in2019.This translation is published by arrangement with Oxford University Press. Dook Media Group Limited is solely responsible for this translation from the original work and Oxford University Press shall have no liability for any errors, omissions or inaccuracies or ambiguities in such translation or for any losses caused by thereon.

版权所有，不得翻印
图字：30-2022-062号
审图号：GS琼（2022）058号

图书在版编目（CIP）数据

智人全史 / (英) 费利佩·费尔南德斯-阿梅斯托主编；王栎, 雷娟利译. -- 海口：海南出版社，2023.9
书名原文: THE OXFORD ILLUSTRATED HISTORY OF THE WORLD
ISBN 978-7-5730-1201-2

Ⅰ.①智… Ⅱ.①费… ②王… ③雷… Ⅲ.①古人—研究②新人—研究 Ⅳ.①Q981.5②Q981.6

中国国家版本馆CIP数据核字(2023)第111041号

智人全史
ZHIREN QUANSHI

主　　编　〔英〕费利佩·费尔南德斯-阿梅斯托
译　　者　王　栎　　雷娟利
责任编辑　王金丽　　徐雁晖
特约编辑　刘芷绮　　王智杰　　沈　骏
封面设计　温海英
印刷装订　天津盛辉印刷有限公司
策　　划　读客文化
版　　权　读客文化
出版发行　海南出版社
地　　址　海口市金盘开发区建设三横路2号
邮　　编　570216
编辑电话　0898-66816563
网　　址　http://www.hncbs.cn
开　　本　710毫米×1000毫米 1/16
印　　张　33
字　　数　500千
版　　次　2023年9月第1版
印　　次　2023年9月第1次印刷
书　　号　ISBN 978-7-5730-1201-2
定　　价　128.00元

如有印刷、装订质量问题，请致电010-87681002（免费更换，邮寄到付）
版权所有，侵权必究

目　录

第五部　大加速：在变暖的世界中加速变革（1815年至2008年）

地图目录

表格目录

导 论

在1928年出版的小说《主教杀人事件》(*The Bishop Murder Case*)里,主人公菲洛·万斯(Philo Vance)曾想象有这样一个人:他拥有以无限极速瞬间游历时空的能力,弹指间便可纵览人类历史。他既能在半人马座阿尔法星上看到地球4年前的影像,也能在银河间追溯地球4000年前的光景,还能在时空里择其一点同时见证冰河时代和今天!

本书无法为读者提供上述如此优越的视角,但我们还是意图从整体出发观察世界,突破当局者迷的困境,回顾在整个地球上真正发生的变化,而非一鳞半爪。同时,本书还要把这些变化集中展示出来,有如银河中的观察者在无垠时空中所见的那样。

菲洛·万斯是威拉德·赖特(Willard Wright)以笔名S. S. 范·达因(S. S. Van Dine)所作小说中虚构的侦探,他并无真才实学,科学逻辑也荒诞不经。然而,他关于视角会影响历史呈现的观点无疑是正确的。转向虚构视角的技艺可以改变我们看待过去的方式。即便是微小的视角转变也能带来新发现。例如,在描绘静物时,塞尚(Cézanne)习惯于在最佳观察位之间切换,试图将各种灵感整合至同一个构图当中。他笔下的一盘苹果的边缘曲线似乎永远无法拼合。他画的瓜果也是怪异鼓胀，因为他想捕捉从不同角度观察水果所见到的形状变化。他的画作整合了诸多元素，每个元素都有其自身的视角。他不停地描绘同一类物体，因为常见常新，每一次回顾都让人对局部的瑕疵感到不悦。

过去就像塞尚的画作或一件球形雕塑，从任何一个单一视角都无法揭示客观现实。客观现实作为所有诚实观察者的共识，除非采用包含所有可能的主观视角，否则它只会在遥不可及、难于捉摸的某处徘徊。每当我们转换观察位，我们就能发现新的一面，然后回头尝试将其整合到画布当中。换言之，克利俄（Clio）是一位在林间被偷窥的浴中女神。每次我们的目光从不同位置来回闪过，我们都会有更多的发现。

我们能从日常经验中体会到多维视角的优势。披头士乐队（the Beatles）曾经唱道："以己之道观之，以彼之道观之。"为了重现犯罪过程，我们必须综合加害者和受害者的视角；为了再现事件的细节，我们需要许多目击者的证言；为了认识整个社会，我们需要了解处于不同权力和财富阶层的人群的所思所想；为了理解文化，我们需要将其置于特定环境并倾听周遭的评价；为了抓住核心，我们需要抽丝剥茧。但是过去不易把握：我们需要增添情境才能将其看得更清楚，正如为了让目标更明确，我们在目标的周围画上靶环并为它涂色。

我能想象到的最宏大且最客观的视角来自菲洛·万斯"想象中的侏儒"（hypothetical homunculus），他们用整体眼光认识星球，用全景视野审视完整的过去。全球历史学家的问题是："位于宇宙瞭望台的星际观察者眼中的历史是怎样一番景象？"我怀疑万斯的侏儒可能会提及如人类这般微不足道、寿命短暂的物种。草、狐狸、原生动物或病毒可能看起来更有趣：从生物学的角度来看，它们都具有一些与人类一样显著的特征，如分布广泛、适应力强、物种延续时间长。但不论从哪个角度看，人类拥有一个鲜明的特征：我们有别于所有其他物种之处在于五花八门的文化体验，这种体验之丰富多样远胜于他者。人类拥有一系列纷繁复杂又差异巨大的行为方式，而其他物种的此类差异则相对较小，尽管其中不少物种在身体构造和基因上与我们非常相似。比起其他任何具有文化特征的动物（即便是最像我们的大猩猩），我们都拥有更多样的生活方式、饮食方式、社会结构、政治体系、交流表达方式、礼仪以及宗教仪式。此种多样性正是本书的主题。

在过去的60年左右的时间里，研究者已经在许多灵长目动物中确认有文化存在，并声称许多其他物种也是一样。然而，与其他物种相比，人类文化的善变出乎意料。当某种文化物种群体以不一致的方式发生变化时，就会产生分化，但这个过程在人类群体中发生的频率要高得多，转变的范围要大得多，其他动物无法与之相比。人类文化把这一系列不断发生的变化称为"历史"。它们毫无规律地自我转变、发散并混合，现代尤其是最近都在明显加速。它们随时随地都在急剧地变化着。

本书试图通过探寻互相关联的主题、内涵丰富的故事以及串接历史的线索，尽可能多地紧扣住我们多样性的全貌。有人认为，整个历史的宏大叙事内涵丰富，涵盖了进步、天意、日益增强的复杂性、周期性变化、辩证冲突、演化、热力学以及其他不可逆的趋势。然而，银河观察者肯定会注意到微妙的、难以预测的，但更引人入胜的故事。《智人全史》的撰稿人通过五条途径梳理史料。如果你喜欢，可以称其为大叙事，也可以唤作元叙事。但故事情节是客观可信的，并将在书中铺陈展开。

第一个故事有关分散与融合，即生命如何繁衍与相遇。对于分散的问题，我想如果银河观察者用一个词来总结我们的历史，那肯定是"优势"（dominant）。它意味着智人（Homo sapiens），我们这个在考古记录中首次出现的人种，其有限而稳定的文化如何经过扩散和自我转化，发展出令今天的我们彼此感到惊讶的、规模宏大且差异巨大的生活方式，并占据了星球上每一个可居住的角落。我们发源于一个小物种，在东非这个资源有限的环境中以一种统一的方式生活。在这里，所有人的行为方式都相差无几：搜寻相同的食物，通过同一套纲常连接彼此，应用同样的技术，运用相同的沟通方式，研究同一片天空，尽其所能想象同样的神灵，还很可能如其他灵长目动物般服从男权，同时又崇尚女性身体的魔力——这种魔力具有独特的再生能力，并与自然的节奏相协调。正如本书第一部作者展示的那样，随着移民群体适应新的环境并与他人失去联系，他们发展出与众不同的传统，以及独特的行为思考方式、家庭和族群组织方式、世界观、相互交往和适应自然的方式，并崇拜他们独特的神灵。

直到大约12000年前，他们都拥有类似的经济模式：通过狩猎采集来维持生计。但是气候变化引发了不同的策略，有些人选择继续传统的生活方式；另一些人选择放牧或耕种。马丁·琼斯（Martin Jones）在第三章讲述了相关故事。第四章和第七章则阐明正是农业促成了各种文化变革。约翰·布鲁克（John Brooke）撰写的第五章说明，诸如气候突变、地震及微生物的演化等人类无法控制的环境要素，其动态调整有时会维持，有时则会破坏我们所处的生态环境。此外，文化具有自身的动力，部分原因是人类的想象力不可遏制，不断重新描绘世界并激励我们实现愿景；部分原因是每一次改变，尤其是发生在科学、技术和艺术等文化领域的改变，都释放了新的发展潜力，其影响在我们周围比比皆是。

然而，仅仅追踪人类的分散是不够的。在大部分故事中，与分散相反的趋势，即我们说的融合，也在同时进行。大卫·诺思拉普（David Northrup）在书中的论述就涉及了这个主题，并且在第四部以后的章节逐渐占据主导地位，逐步反映了文化建立或重建联系、沟通生活方式和思想观念，并且随着时间的推移彼此之间越发相似的途径。在融合过程中，随着疆域探索、边界扩张、商业开拓、宗教传播、移民迁徙和战争，彼此隔绝的文化得以相遇。人们在人员、商品甚至武力互动的同时，也交流了思想和技术。

融合与分散不仅兼容而且它们是互补的，因为文化交流引入了新鲜事物，刺激了创新并促进了其他各种变化。在人类大部分的历史中，分散远多于融合，也就是说，尽管彼此相遇并相互学习，但文化却变得越来越多样化，彼此之间越发不同。隔离令人类中的大多数分开已久。不可逾越的海洋、令人生畏的沙漠和绵延的群山隔绝了可能带来转变的接触。然而，在某一个有争议的时刻，天平开始倾斜，令融合变得更加明显。关于这个时刻的具体时间及确定方式，本书的撰稿人仍然莫衷一是。过去的五百年间，融合之势日渐显著。地理大发现终结了绝大多数人群的孤立状态。全球贸易使每种文化都能触及他人，全球通信体系让这一过程瞬间完成。西方国家长期以来占据全球霸权，似乎使从欧洲和北美向世界其他地区的文化传播尊享特权，正如我们现在所说的那样，"全球化"变成了艺术、政治和经济方面的西方化。分散尚未停止，只是被掩盖了。在全球化的架构下，旧的差异依然存在，而新的差异正在诞生，其中有些是宝贵的，有些则是危险的。

随着分散和融合在书中的缠绕和解开，它们又同另一条线索纠缠不休。在第七章里，伊恩·莫里斯（Ian Morris）称其为"增长"：这种已经引发了各个年龄阶层的迷茫和困惑的加速变化，有时出现徘徊和逆转，但如今已经无法控制地加快了速度。人口、生产和消费的增长虽然有时放缓，但永远不会停歇。从定居点、农庄，到不断成长的城市乃至超级都市，人口日益走向集中。从酋长国到民族国家，再到帝国乃至超级大国，人口与复杂的政体同样迅速增长。

从某些方面来看，正如大卫·克里斯蒂安（David Christian）在第十一章中所展现的那样，所有类型的加速都可以用能量消耗来度量。某种程度上讲，大自然通过全球变暖的方式提供了加速人类活动所需的能量。如今，我们倾向于将全球变暖视为人类肆意挥霍能源，引发温室效应的恶果。但是，地球上的气候首先取决于太阳这颗恒星，它强大且遥远，以致可以无视人类的细小活动。此外，地轴倾斜度和地球运行轨道的不规则性也是影响因素，但这些都非人力所能及。除了书中第三部涉及的气温骤降的短暂"小冰期"，以及其他气温小幅波动的时期（读者将在第一部和第三部读到其事件和影响），差不多有两万年的地球变暖都是非人类活动的自然事件带来的。

同时，人类积极参与的三大变革进一步拓展了我们获取能量的途径。首先，人类从寻觅食物转为生产食物，即从采集到耕种。正如马丁·琼斯的章节所阐明的那样，此种转变并非完全是人类创造力的产物，也不是包括查尔斯·达尔文（Charles Darwin）在内的一些考察者所认为的偶然事件，而是应对气候变化的漫长过程。这是一种相互调整植物和包括人类在内的动物建立了相互依存的关系：失去彼此，人类和其他物种都将无法生存。就人类的力量所取得的成就而言，农业的出现是一场保守的革命，发起者是那些希望延续其传统食物供给方式，但又不得不寻找新的方法来保证供应的人。其结果是正常进化模式被惊人地中断：为达成人类的目的，经由精巧的分类、移植、培育和杂交，新物种破天荒地通过"非自然选择"的路径横空出世。

第八章和第十章描绘了进化过程的第二场变革：从16世纪开始的远程跨洋航行带来了"生态革命"。因此，在大约1.5亿年的大陆漂移岁月中，于彼此分离且渐行渐远的大陆上分散演化的生物开始发生交换，其原因部分是人类有意识地增加获取各种食物的机会，部分是生物群（如杂草、害虫和微生物）随着人类进行贸易、探索、征服或移民活动搭便车的意外结果。先前从大陆到大陆的分散演化方向转变为一种新的趋同模式。因此在今天，从一个气候区到另一个气候区，我们在世界各地都能见到各类生物。

并非所有的结果都对人类有利。因人群突然感染陌生的细菌和病毒，充满疾病的环境急速恶化。然而，人类还算幸运，正如大卫·诺思拉普和大卫·克里斯蒂安分别在第八章和第十一章提到的，微生物世界的其他变化抵消了负面影响。例如，为了应对全球变暖，某些最致命的病毒发生了突变，新宿主不再是人类。同时，人类可食用的食物资源分布的变化以两种重要方式极大地增加了能量供应。首先，可供选择的食物类型极大丰富，有助于人类社会抵御疫病和生态灾难，而此前可供选择的作物和动物种类非常有限。当然也有例外，比如某些新作物营养价值并不高，对健康具有破坏性影响，并且会让某些人群陷入了过度依赖马铃薯或玉米等单一作物的境地，易引发饥荒。其次，更直观的是，世界食物生产的总量受生态革命的影响而出现增长，生态革命使农民和牧场主能够开拓此前未开发的土地（特别是那些旱地、山地和贫瘠土地），并提高现有农田的产量。

新增的动力来源也增加了食物能量的供应，包括畜力、重力、风力、水力、发条和齿轮（很小程度上），以及用于取暖和烹饪的燃料（以木材为主，辅以蜡、动植物脂肪、泥炭、草皮和废草、焦油和煤）。但是直到工业化时期到来，化石燃料和蒸汽动力的使用成倍增加时，世界能源使用方式的变革方才出现。这一革命带来了不确定的影响。伊恩·莫里斯指出人类的"成事"（get things done）能力有了无法估量的提升。但安加娜·辛格（Anjana Singh）同样在书中论及，新具备的能力也被用于破坏性的目的，带来战争屠戮、环境污染和资源枯竭。近百年来，电力取代了蒸汽动力，新的发电方式已开始减少对化石燃料的依赖，但不确定的影响依旧存在。

伴随着分散和变化的加速，本书的第三个主题显现出来，即人与大自然其余部分的关系。这种关系不断变化着，有时是对人类的回应，或者换用当今流行的术语叫"人为因素"的一种反映，这种影响已经构成人类文化的一部分。更甚之，这种关系也反映在人类无法控制且仍然基本无法预见的领域，诸如气候、地质活动以及疾病。每个社会都必须调整其行为，以平衡开发与保护之间的关系。文明或许可以理解成为满足人类目的而对环境进行改造的过程，例如，改造环境以适应放牧和耕作，然后用新的旨在满足人类需求的人工环境取而代之。伴随着为支撑不断增长的人口和人均消费而加剧的资源掠夺，环境史某种程度上成了另一部有关加速变化的编年史。人类与自然之间的关系一直很不稳定，并且变得越来越矛盾。一方面，人类支配着生态系统，掌握了生物圈的大部分资源，并消灭了我们认为具有威胁性或竞争性的物种；另一方面，在无法掌控的自然伟力面前我们依然渺小脆弱，正如我们无法阻止地震，无法影响太阳，也无法预测每一场新的瘟疫。

人为干预环境的经历看上去像是一系列九死一生的故事，每一个都如历险记般传奇，情节丰富，跌宕起伏。农业帮助务农者在气候变化中生存下来。然而，它在家畜间创造了新的疾病，使人类社会陷入依赖特定粮食供应的困境，为组织和发动战争，管理生产、灌溉和仓储的专制政体提供了合理性。工业化极大地提高了生产率，但代价是"炼狱般拥挤的城市"（infernal wens）[1]和"黑暗的撒旦磨坊"（dark satanic mills）[2]中令人生畏的劳动条件。化石燃料释放了巨大的能量，但引发了空气污染和全球变暖。人工合成的杀虫剂和化肥让数百万人免于饥馑，却侵蚀了土壤，破坏了生物多样性。核能使世界免于能源枯竭，同样也威胁着世界安全。医学使数百万人免于身体疾病，但四处蔓延的"生活方式疾病"（通常由滥交、暴食、吸毒和酗酒导致）和蜂拥而来的精神疾病大肆损害生命。总体而言，全球的健康环境危机四伏。高昂的医疗成本使世界上大多数地区无法享受到医学进步的红利。技术使我们免于遭受持续出现的一系列自发性问题的侵扰，但是又创造出危害更强、风险更大、解决成本更高的问题。具有技术依赖性的世界就像一首歌中的老妇人一样，为了抓住一开始吞下的那只苍蝇，她不断吞下捕食前者的更大动物。她的结局"当然是死去了"。当前，我们没有比依靠技术升级更好的策略。

本书第四个主题显然涉及一个在很大程度上不受变革影响的领域：我们可以称之为文化的局限性。所有有关人性的停滞和多面的故事显然都有着一成不变的背景，善与恶、智慧与愚昧都超越了文化的边界，似乎永远不会随着时间而改变。正如伊恩·莫里斯指出的那样，尽管我们提升了成事的能力，但我们的道德和待人处世仍然陷于自私与敌对。安加娜·辛格也指出了我们增强的能力中有多少被用于破坏：相互攻击、毁坏我们赖以生存的生态系统，摧毁作为我们共同家园的生物圈。

当然，我们可以指出某些改进。也许本书中最令人欣慰的变化是我们的道德共同体逐渐扩大，几乎涵盖整个人类。这项成就令人惊叹，因为人们通常并

---

[1] 用以形容19世纪伦敦城中的景象——肮脏、污秽、人口密集、城市拥挤不堪。参见弗朗西斯·谢泼德（Francis Sheppard）《伦敦1808—1870：炼狱般拥挤的城市》（*London 1808–1870: The Infernal Wen*），《伦敦史》（*History of London*），伯克利和洛杉矶：加州大学出版社，1971年。——编者注（如无特殊说明，本书脚注均为编者注。）

[2] 出自威廉·布莱克（William Blake）《弥尔顿》（*Milton*）中的一首短诗《耶路撒冷》（*Jerusalem*）。

不善待自己亲人或同胞之外的人。正如克劳德·列维-斯特劳斯（Claude Lévi-Strauss）所指出的那样，大多数语言里除了代表群体成员的名词，都没有"人类"一词，称呼外人的词汇往往都带有"野兽"或"恶魔"之类的含义。在外貌、肤色、文化差异、地位高低、能力强弱的表象下，引导人们看清人类共同体的努力是长期而艰巨的。一些关键节点可以在曼努埃尔·卢塞纳·吉拉尔多（Manuel Lucena Giraldo）、安加娜·辛格、保罗·卢卡·贝尔纳迪尼（Paolo Luca Bernardini）和杰里米·布莱克（Jeremy Black）所写的篇章中见到，但盲点依然存在。一些生物伦理学家仍然认为某些少数人群是有缺陷的或者是没有资格享有人权的，比如腹中的胎儿、安乐死的受害者以及被认为太小而无意识的婴儿。有些人认为我们的道德共同体因排斥非人类的动物而永远不可能达到完美。在实践中，当机会出现或人们意识到必要性时，我们的作为一如既往地充满敌意，譬如压迫和剥削移民难民、迫害少数民族、消灭假想敌、欺压穷人，同时扩大不公正的财富差距、占用公众资源，并且不尊重"人权"。尽管大卫·克里斯蒂安可能会提出反对，但关于终止或至少减少暴力的主张似乎为时过早。对现代化武器破坏性的恐惧减少了大规模战争，但恐怖主义却得以扩张。除了恐怖主义和战争罪行之外，谋杀犯罪有所减少，自杀却多了起来。在世界某些地方，堕胎取代了杀婴。殴打已经不再成为体罚孩子的方式，虐待癖却获得了宽容，甚至得到了某种尊重。总体而言，比起以往，人类没有变得更好或更坏，更愚蠢或更聪明。然而，道德停滞的影响并不是中性的，因为技术的提升增强了邪恶和愚昧的力量。

　　最后，正如本书想展现的那样，讲述人类社会之间相互关系的故事可以用到我所说的主动权概念，即某些人类群体影响其他群体的能力。主动权的变化与权力和财富的全球分布大体一致。除了某些例外，更强势、更富裕的群体会影响在这些方面呈劣势的群体。读者在书中会看到，在大约7000年的时段里，我们能够从中见证主动权的转换。它首先集中在亚洲西南部地区和地中海东部地区。由于某些无法察觉的原因，在基督教时代早期，它开始集中于亚洲东部和南部。直到16—17世纪，在某些方面，可以看出它在缓慢西移，这种西移趋势在19—20世纪得到加速。西方科学，尤其是天文学，在中国获得了同等的尊重。在中国人眼中，西方"野蛮人"取得的成就的确有些出人意料。总体上看，18世纪西欧市场的整体化程度似乎比印度要高，工资水平也高于印度和中国。金融机构，尤其是英国的金融机构，为新市场提供资金的能力也更强。但是就生产力总量和贸易平衡而言，中国和印度在19世纪前一直引领世界。目前，西方霸权似乎正在衰落，在这方面，世界正恢复到主动权不集中的状态，文化交流呈现多向性。而中国正重新回归到她的"往常"位置上，成为最有潜力的世界强国。

回溯历史，资本主义和民主主义这两种西方意识形态在全球占了上风，也可以看作西方霸权的高潮和总结。作为极权主义的一种，法西斯主义在20世纪中期瓦解，它的对手苏联也在20世纪90年代解体。同时，世界上大部分政府放松了管制，释放了市场的力量。但黎明很快走入黑暗，宗教，曾被世俗主义者寄希望于自行消亡，如今却被恐怖分子用来为其行为辩护。这些恐怖分子通常看上去像是精神病患者和被不法分子控制的受害者，但说起话来则像是原教旨主义者和教条主义者。资本主义被证明具有欺骗性。它没有增加财富，反而加剧了贫富差距。即便在世界上最繁荣的国家里，有钱人与普通人之间的差距也在新千年伊始达到了第一次世界大战以来的最高水平。在全球范围内，不平等的情形备受责难，每个亿万富翁都对应着成千垂死的穷人，他们无法获得基本的卫生、居住和医疗条件。日本和西班牙公民的预期寿命几乎是布基纳法索农民的两倍。2008年的全球"金融危机"暴露了监管不足的市场弊端，但没人知道该怎么办。经济萧条仍在继续，加剧了人们对极端主义政治滋生的普遍担忧。

历史是对变化的研究。因此，这本书按时间顺序排列各部分。每一部分开头都有一位环境史专家描述环境情境及其与人类的互动关系。其他各领域的学者则探讨相关时期的文化议题，通常有一章讲述艺术和思想，一章讲述政治和行为。上溯到约一万年前，关于人们思想和行动的史料证据是共生的，因此撰稿人在书中各部分都将其合为一章。在较近的年代，证据已经足够丰富，能让我们看到人们的差异和相似之处，这既包括记录思想和感受的方式，也包括参与政治和社会实践行为的方式。因此，章节数会相应增加。

读者会发现，尽管本书的所有撰稿人都试图同世界拉开距离，以便从整体或尽可能地从整体的角度观察世界；尽管所有人都铭记着分散、加速、环境互动、文化局限性及主动权转换这些主题，但撰稿人之间依然存在张力。各人对于主题的轻重缓急的考量都不尽相同，有时还存在潜在的关于价值观、意识形态原则或者宗教信仰的分歧。即便如此，参与写作的每个人都精诚合作，充满善意，整体工作令人愉悦。此外，在某种程度上，撰稿人之间观点的多样性也呼应了历史的多样性，有助于我们从多种角度看待它。我希望读者们会喜欢这一点。

第一部

冰河之子：

人类散居世界与文化分化滥觞

（公元前20万年至公元前1.2万年）

第一章

冰原来客：一个适应性物种的出现与散布

克莱夫·甘布尔

　　欧内斯特·盖尔纳（Ernest Gellner）在其哲学史著作《犁、剑与书》（*Plough, Sword and Book*）中说道："原始人（primitive man）活过两次：第一次在他的时代为自己谋生，第二次则在我们的建构中为我们再活一回。"此类双重生涯引发了考古学家的关切，他们想方设法去廓清深度历史与现实之间的迷雾。与其他学者类似，盖尔纳的世界历史框架基于三方面的大变革：农业、城市和工业。最近，考古学家又增添了"人类革命"（human revolution）这第四个维度，认为在大约5万年前，智人就已经融会掌握了日后文明发展所需的所有认知、创造和社交的技能。

　　智人的艺术、装饰、墓葬、久居场所以及奇石异贝的贸易可能就是上述变革的明证。他们额宽腿长，反映了从母亲那里继承来的非洲血统。他们能说会唱，还会弹奏乐器。我们可以充分假设，他们已认同了亲属关系。他们通常被称为"现代人"（modern human），这个术语对研究人类深度历史并无益处，因为它

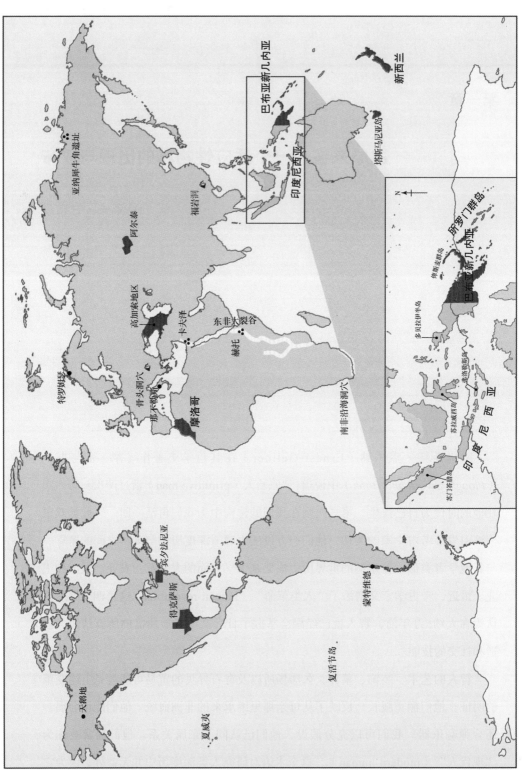

▲ 1.1 第一章中出现的地名

损害了我们重建历史的广度。这些人仍然是古人类（hominin），是我们以及我们所见人类化石的祖先。不过，纯粹主义者基于分类学的理由争辩到，像尼安德特人这样的古人类，应该被排除在"人类"（human）这个我们用来形容自己的概念之外。

考古学家很快就发现了有关技能的证据。正如新的年代测定方法所揭示的那样，这些技能至少在20万年前就开始缓慢积累。在非洲的不同地区，都发现了产生于不同年代的具有革命性变化的标记，例如人造珠子、颜料的使用以及弹丸技术的变化。近十年来考古学家和遗传学家的发现，需要一个能包容人类起源多样性的、更为复杂的解释框架，而不是单一的"现代"主线结构。

非洲之外另有故事。随着人们离开非洲大陆，文化标记的踪迹越发模糊。在旧世界的其他地方，非洲移民后代的历史仅能从分子层面窥探一二，这些痕迹保存在当今人类的基因、稀有化石或新大陆（主要是澳大利亚）的定居遗址中。例如，中国南方福岩洞发现了人类牙齿，但是没有发现珠子和颜料的使用。这些牙齿的历史介于12万年至8万年前，在没有遗传信息的情况下，可以推测它们代表了来自非洲的一个早期人类分支。然而，这些人并未带有"现代人"的标记物，比如出现在同时代非洲的珠子和使用过的赭石。此外，福岩洞中也没有发现石器。作为一个文化群体，常规的考古手段无法定义"现代人"。人类而非古人类的起源研究是不太容易通过借用革命的隐喻来探索的。

并不是离开非洲就能成为人类。过去的200万年间，许多人属（Homo）群体离开了非洲，却没有成为现代人类。如果因为延宕许久才迟迟离开，就将他们归类为不甚现代（not-quite-modern），这种说法是错误的。他们的延迟在我们看来可能很奇怪：在社会发展、思想传播和技术进步时，默默无闻从来就不是我们如今所公认的"现代人"的特征。但是这些人自顾自地生活，并不关心我们是否有能力重建他们的生活。同时，他们生活在生物和文化进化的选择压中。这些因素正是我了解人类深层历史的切入点。

曙光初现

关于人类深度历史的研究，我的叙述的内在动力既不是生物学意义上的现代化，也不是技术的进步。艺术和文化的发展将在第二章中探讨。我的叙述是将人类看作全球旅行者。尚无古人类能穿越大洋或西伯利亚冻原进入美洲。随着人类的出现，远洋航行已经到达澳大利亚和大洋洲附近的岛屿。之后，美洲有人类定居，地球可居住面积增加了近三分之一。到了1000多年前，当这些迁徙者抵达太平洋的三个偏僻地区，即夏威夷、复活节岛和新西兰时，人类已经通过长途跋涉成长为一个全球性物种。客观而言，从最早的古人类诞生到非洲以外人类的出现，其间400万年的时间里，全世界仅有四分之一的地区有定居者。而在过去的5万年，这段不到古人类历史的百分之二的时间里，世界其余四分之三的地区都被迅速占据了。在歇口气的同时，我们也发现自己是孤独的人类种群。我们在最初迁徙途中遇到的其他古人类种群都消亡了，他们中的一些同我们杂交，一些则与我们失去联系。有如圣诞节大促销，我们种群的身价因多样性的急剧减少而日益高涨，并由此获得了相应的全球地位。

本章将考察这种叙述的背景以及人类在非洲经历的进化发展，其中最重要的是气候变化的机制及其对当地环境和资源的影响。本地的生存空间必须如齿轮相扣一般适应气候、地球的轨道运行节奏和地质构造变化等相互关联的驱动因素。这些因素在不同的尺度上运作，即行星、海洋、大陆和区域。它们显现出可变的速度，该速度是由它们的合力所产生的常规气候周期的振幅和频率决定的。这些周期与纬度、经度和海拔高度对太阳能生产力的持续影响相结合，从而为那些能力和智商出众的古人类种群提供不断变化的生态机会。这样的机会表现为季节变化所带来的食物丰匮以及饥饿风险的增减。性别因素在找寻最佳食物的过程中作用也很明显，两性在我们物种繁衍过程中所承担的角色大相径庭。这意味着人类深度历史必然具有深刻的性别内涵。出于上述原因，在讲述一个进化故事时，女性必定是其中的焦点之一。然而，站在以男性祖先持矛狩猎场景为内容的复原图和立体模型前，读者不这么认为也情有可原。

　　在深度历史中，对人类而言最大的问题是，我们公认的第一批直系祖先是否真的与他们的过去大不相同。这就引出了更多的问题：当我们遇到某人时，如何去认识他；其他种群是否为气候和环境所改变；到底是什么让我们成为全球性物种。相关问题还包括人口规模、全球定居的时间、可能导致血统改变的生物和文化结构以及达尔文关于自然选择和性别选择机制的影响。

▲　常见的情景重现：挥舞长矛的男性祖先在狩猎。实则这是一种误导：女性对寻找最佳食物作出了主要贡献。

认识人类

在深度历史中，有四条途径可以用来认识人类：基因、解剖学、人工制品和地理学。证据链各有其自身的程序假设、工作方法和注意事项，这使此种跨学科的分类工作极具挑战性。

多年来，验证人类的证据主要是解剖学，尤其是头骨化石的形状（见表1.1）。虽然样本量非常稀少，但这并未阻碍生物人类学家设计进化树，并应用基于生殖隔离的生物物种概念来解读散碎的材料。长期以来的传统将生物物种定义为实际上或潜在地进行自然交配的种群，这些种群与其他相近种群无法繁衍共同的后代。

考古学已经检验了这个概念。最初的研究是通过当今人类的基因来绘制人类祖先的分布图谱，其中线粒体脱氧核糖核酸（mtDNA）用来追踪雌性祖先，Y染色体（Y chromosome）用来追踪雄性祖先。但是，这些都无法表明迁出非洲的古人类与他们遇到的当地种群之间没有出现杂交。

表1.1　克里斯·斯特林格和彼得·安德鲁斯定义"现代人"的解剖学标准

（1）与人属其他种群相比，所有现存的人类拥有更纤细的骨骼。这尤其表现在：
·长骨形状和骨干厚度
·肌肉嵌入的深度或程度
·较薄的颅骨和下颌骨
（2）颅骨很大，但不超过尼安德特人，而且像它所包裹的大脑一样，通常短、高，且呈圆顶状
（3）眶上隆凸（眉脊）和颅外支撑明显减少或消失
（4）牙齿和下颌骨缩小
（5）可能是由于牙齿较小，使脸部位于前额下方而不是向前倾斜
（6）从小就有下颌骨颏部（下巴）隆起

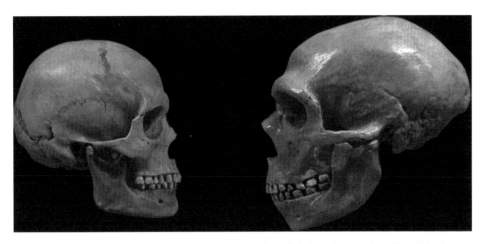

▲ 智人的头骨（左）与更古老的祖先如尼安德特人（右）相比，骨头更薄，前额高，下巴突出。自赫胥黎（Huxley）以来，解剖学家一直认为这些特征是我们进化地位的重要标志。

　　后续的研究重建了已灭绝的古人类的基因组。这一突破得益于骨骼DNA提取和测序技术的进步。研究结果中有两个发现应予重视。首先，生殖隔离这个生物物种概念不适用于人类种群。欧亚尼安德特人至少在50万年前就同非洲人类种群隔绝开来，那时他们最后一次共享祖先海德堡人（Hamo heidelbergensis）（时间估算是基于假定的突变和差异率）。然而，当今人类约有4%的基因来自尼安德特人，这表明经过长时间的分离后他们依然成功进行了杂交。其次，可能还有很多我们没有化石记录的灭绝世系。在俄罗斯阿尔泰地区的丹尼索瓦洞穴（Denisova Cave）中新发现了一个古人类种群，这预示着未来十年里可能会有更多的发现。上述遗传证据来自年代尚未确定的指骨，经测试预计它将提供又一个尼安德特人基因组。

　　人类解剖学和遗传学研究需要继续努力以协调他们的数据。正如考古学家斯万特·帕博（Svante Pääbo）所说："我当然希望最终给这个世界带来确定性而不是混乱。"考古学面临的一个挑战在于炎热地区骨骼化石中的DNA难以保存，而它在温带地区保存良好，在阿尔泰等气候寒冷地区则是最佳。例如，在位于北纬25度以南的中国南部福岩洞中发现的化石，目前从中提取DNA的机会就微乎其微。

第三条证据链来自考古学。理查德·克莱因（Richard Klein）早年曾绘制了一张清单（见表1.2），用以证实发生过一场短暂而剧烈的人类革命。这张清单的内容现在已经有了扩展，涵盖了更广的时空范围。考古学家的目标在于，一方面要适应资源利用的变化和新的人工制品的出土；另一方面要根据具有现代外观头骨的出现和当今人类的亲缘地理学研究，利用不同的DNA证据链重建、绘制人类起源和迁徙的地图。这方面取得的进展有限，具体可参见表1.3。我们看到的不是一场人类革命，而是一个旷日持久的事件。

表1.2　考古记录中可检测到的全套现代行为特征的十点清单
（始于5万年至4万年前）

（1）人工制品在种类多样性和标准化程度方面大幅增长
（2）随着时间的推移，人造物变化的速度迅速加快；随着空间的变化，人造物的多样性程度迅速提高
（3）首先将骨头、象牙、贝壳和相关材料制成正式的人工制品，例如尖头、锥子、针头和钉子
（4）最早出现毫无争议的艺术
（5）有关营地空间组织的最古老的不可否认的证据，包括精心制作的炉膛和最古老的无可争辩的结构性"遗迹"
（6）在数十千米甚至数百千米的范围内运输大量急需石料的最早证据
（7）最早的可靠的仪式的证据，无论是在艺术上还是在相对精细的坟墓中
（8）人类有能力生活在欧亚大陆绝大部分地区，包括最寒冷地区的最早证据
（9）表明人口密度接近类似环境中的历史悠久的狩猎采集者社会的最早证据
（10）捕鱼和人类从自然界获取能量的其他能力取得重大进步的最早证据

表1.3 "现代人"中智人出现的时间框架

证据	年代测定方法	年代（……年以前）
基因组：智人和尼安德特人最后的共同祖先		440000—207000
线粒体谱系指向非洲的一位祖先夏娃，今天所有女性线粒体谱系都是其后裔	时间估算是基于假定的突变和差异率	200000
男性Y染色体谱系指向一个更晚的日期，相当于祖先亚当。		156000—120000
颅骨解剖学：被认为是智人的三个最古老的头骨来自肯尼亚北部的奥莫山谷（Omo Valley）		195000
人工制品和资源：一系列改变外观的新物品，如装饰品、颜料；使用黏合剂来安装手柄以及修整石质尖头的新技术；对新资源，如海贝的持续利用	利用同位素衰变原理的科学年代测定法。U/Th（铀／钍）K/Ar（钾／氩）C14（放射性碳）OSL（光释光）	300000—40000
地理学：首次出现在非洲以外		>100000
中国湖南省道县福岩洞："现代人"牙齿的证据		>80000
澳大利亚：首次定居在该大陆的证据		60000—50000

距今30万年到5万年的重要技术演进

移民定居

发射物

复合黏合剂与颜料

岩石的热处理

草药的使用

------------ 可能存在，但没有证据 --------------

手柄的安装

石质尖头的修整

|万年前
5   7   9   11   13   15   17   19   21   23   25   27   29   31

▲ 距今30万年到5万年的某些重要创新。这表明向某些所谓现代行为的演化是缓慢渐进的，而不是革命性的。

来自非洲的各类基因、解剖学和人工制品证据，经过漫长的组合分析，建构出另一个假定的祖先，他可能会让我们修改盖尔纳的论断，改为原始人活过三次，除了前两次，还得为生物人类学家再活一次。这就是"解剖学意义上的现代人"（anatomically modern human，AMH）。他和我们长得很像，自上次共享祖先以来就生活在同一时间范围内，但在构成他们世界的艺术、音乐和符号应用等关键领域，他们并没有展现出全套现代技能。这种分类最早在1971年得到应用，目前已经十分普遍。来自埃塞俄比亚赫托（Herto）地区的有着16万年历史的三个头骨是一个很好的例证。根据外形，这三个头骨被归为一个亚种，即长者智人（Homo sapiens idaltu）。名称的最后一个词在阿法尔语中意为长者。发现的石制工具可能制作于30万年前的任何时期。不过这些头骨在死后被加工过：剔除皮肉并进行了部分抛光。发掘者把这看作一种有意为之的葬俗。具有现代的长相，经历奇异的头骨改造，却使用古老的石器制作技术，这些方面看似有些矛盾。在经过头骨、基因和新人造物的比较后（见表1.2），长者智人最终被判定属于AMH，还不完全算是"现代人"。

运用AMH概念来解读种种证据，得到的更多是关于我们而非古人类的分类。AMH概念被发明出来是为了解决一个矛盾，即与古老类型石器一同发现长相具有现代特征的头骨。如今，考古遗传学提供了更多的信息。然而，这三条证据链不太可能呈现出一幅和谐的图景。当涉及生物和文化特性时，必须可以预见矛盾的存在。考古学家通常根据独占性（monothetic set）的构想来制订计划。要被归类为"现代人"，或者说是铁器时代部落的代表或古代城市国家的公民，个人必须表现出与同类物质标记的高度一致性。现实情况是，身份认定基于共享某些特征而不是共享全部，这是一种多元视角。两者的区别在于独占与共享。AMH是关于身份认定的一个好例子，要获得"现代人"俱乐部的成员身份，如果应用单一的标准，AMH将被拒绝，但如果应用多元的标准，AMH就能通过。随着分子层面证据的增加，人们的期望值也高涨起来，我们开始听到"基因意义上的现代人"（genetically modern human，GMH）的说法。

AMH故事中另一个复杂的事实是在印度尼西亚的弗洛勒斯岛（Pulau Flores）发现的一种古人类，他们脑容量较小但使用石器。这种来自鳄鱼洞（Liangbuaya）的古人类因其一米高的身材而被称为霍比特人，他们似乎与人类进化的预设轨迹相矛盾，这种预设认为在同等体型的情况下大脑进化有增大的趋势。弗洛勒斯人（Homo floresiensis）的大脑体积为401立方厘米，而与他们同时代的更新世智人的大脑体积已经达到1478立方厘米。然而，不考虑体型的话，弗洛勒斯人的脑形成商数（Encephalization quotient，EQ）为4.3，而智人是5.4。在这个比率上弗洛勒斯人数值较小，但还是比所有的南方古猿高，甚至也比海德堡人高。

表1.4 三个古人类种群对比

种群	大脑体积（立方厘米）	脑形成商数（EQ，大脑与身体体积的比例）	预测的个人网络规模人数（"邓巴数"）	灵长目动物梳理毛发所需的日间时间百分比（%）
更新世智人	1478	5.38	144	40
尼安德特人	1426	4.75	141	39
海德堡人	1204	4.07	126	35

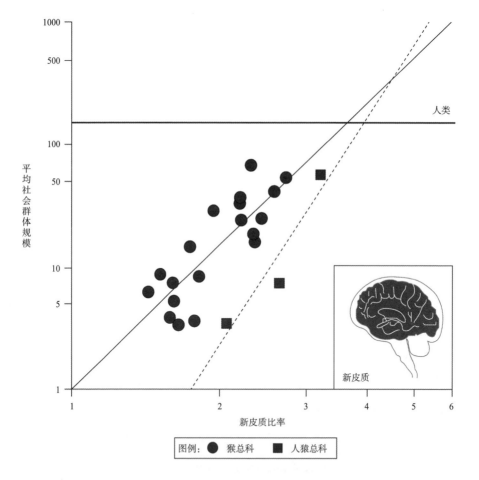

▲ 灵长目动物大脑体积比较：各组数字间的相关性很明显。

鳄鱼洞的发现是出人意料的，并被认为不适用于智人的生物物种概念。尽管如此，他们还是被列入人属。小脑袋的他们被拿来和更古老的非洲南方古猿（Australopithecus africanus）做比较，后者大脑体积为464立方厘米，脑形成商数为2.81。关于大脑颅腔模型的研究表明，尽管二者的大脑都很小，但它们的结构却不同，鳄鱼洞的居民更接近我们的现代形式。把他们列入人属的最后一个理由是，他们在3.8万年至1.2万年前灭绝，而非洲南方古猿早在240万年前就灭绝了。

现在让我们从分类开始，问一些关于最早的智人的问题。是什么造就了他们与众不同的下巴和四肢的比例（见表1.1）？答案是：并没有太多不同。他们有着与他们的近亲尼安德特人相似的体格。冰河时期的人类体格健壮，体型普遍较大。全新世气候变得温暖，而且蒸煮后的谷物、碳水化合物变得柔软且易于消化，从而改变了饮食习惯，这都使骨骼变得更细更轻。此外，尼安德特人同样拥有作为关键因素的体积庞大的大脑。

大脑的大小很重要，因为可以用它来推断个体所生活的社会群体的规模。一项关于现存的非人类灵长目动物的群体和大脑体积的研究表明，大脑体积与社会群体大小之间存在着很强的统计关系：大脑越大，个体所生活的社会群体就越大。例如，黑猩猩的大脑体积为367立方厘米，单独个体典型的社交网络包含其他57个个体。猕猴的大脑更小，体积为63立方厘米，社交网络同伴有40个。存在这些差异的原因在于记忆和维持社会关系是一种挑战，并受到一种认知负荷的限制。大脑体积与群体规模之间的这种关系导致人们将大脑描述为社交大脑，并提出了以下假设：在人类进化中，大脑的增大是由我们的社交生活驱动的。解释这一过程的选择压，最初就是说明生活在较大群体中有利于抵抗捕食者这个优势。

如果大脑体积与群体关系图上的连线也包括人类大脑的体积，我们会发现拥有我们一般大小大脑体积的灵长目动物，其所在群体预测的同伴人数约为150人。这就是著名的"邓巴数"，因进化心理学家罗宾·邓巴（Robin Dunbar）而得名。他和生物人类学家莱斯利·艾洛（Leslie Aiello）一起最先研究了前述关系。社交大脑假说涉及社会复杂性，与更多人交往的能力，以及对人的历史、动机和互动时的反应方式等相关信息的保存。基于灵长目动物图的"邓巴数"最早被提出时，还没有出现基于互联网的社交媒体。网络社交媒体的出现证实了邓巴的预言。我们知道，一个人的脸书账号的平均好友数量是130人，该数字是根据14.4亿个活跃用户的数据集计算得出。无论是脸书好友还是更新世的个人网络成员，决定因素是互动的频率和强度。从最初面对面的，到越来越多地通过信物和纪念品，再到解决异地联系的技术（例如信件、电话和现在的互联网），我们找到了扩展社交生活的方式，超越了有形存在。这项技能是我们成为全球物种的重要组成因素。它让我们能够越过大洋，深入寒冷的内陆地区，这些地方的人口密度很低并且罕有社会交往。

不过，无论人们居住的环境或物质文化与技术如何，"邓巴数"仍然是基本的社会构成要素。而物质文化与技术可以是手持的石制工具，也可以是当前硅革命时代的触屏界面。我们频繁与之正式互动的人数会保持稳定。"邓巴数"支撑着社会，其规模从猎人和采集者的数百人到工业世界的数十亿人。在社交障碍开始之前，我们可以通过承受个人信息的认知负荷来做出最好的解释。因此，从认知上说，不管我们认为自己有多高的理解能力，我们仍然是一个与自己的更新世直系祖先非常相似的物种。

冰河时代与人类

人类的进化是伴随着周期性过程，其间穿插着火山爆发之类的事件，在行星、海洋、大陆和地区的地理尺度上进行的。这些因素共同决定了人类所适应的当地生态模式，并通过食物资源的分布和稳定性，施加强大的选择压。

◎ 流动与最初的社会网络

当下的我们可以从狩猎和采集经济为主的流动社会的应对中观察到上述选择压的结果。季节性的资源丰匮、旱涝交替、寒暑相易，迫切要求上述社会发展出文化上的应对措施以避免陷入饥馑。这其中就包括了获取食物并高效储存的各种技术。由此，一年中各时段都能保证食物充足。鉴于当地生态环境各异，解决之道必然不尽相同。

在降低饥饿风险和应对本地选择压方面，有两种策略至关重要，即流动与共享。流动使人口在时间和空间上适应变化的食物资源。低纬度和高纬度社会的流动程度有所差异。在赤道地区，人们的饮食中大部分是植物性食物，因此人们经常迁徙，营地的使用时间也很短。水源的不确定、食物的难于储藏以及营地周围资源的快速消耗，都促进了沿着既有路线进行的流动。反之，在高纬度的北极地区，猎人并不频繁迁徙，他们会永久或半永久地留在某些地方。与赤道上的同类相比，他们在这些村庄间移动的距离更远。他们有更复杂的技术来捕捉敏捷灵巧的海洋哺乳动物、迁徙的驯鹿以及鲑鱼，然后经过烟熏和干燥，保存在仓库、地窖和石砌的贮藏室里。

无论哪种环境，流动都是生存和成功的关键策略。因此，觅食者的生活场景最好描述为道路与游猎区，而非停留于固定地区。当农业在全新世期间应用于中低纬度地区时，一个重大变化就是流动的减少，这显然会影响人口的数量。北极地区猎人的定居生活方式并没有带来人口增长，这不同于那些已经从事农业的人（见第三章）。

人类使用的第二种策略是构建社交网络。他们寻找食物和资源的路线，同时也是贸易、音乐和婚姻传播的网络，它超越了原有的血缘亲属关系，在空间和时间上拓展了个人的接触范围。跨区域的交流和亲属关系网络被描述为"亲密关系"（kinshipping），即我们人类建立社交关系的能力不基于血缘关系，我们称呼的"阿姨"并不是真正的阿姨，孩子也是大家的"儿子"。例如，在南部非洲的卡拉哈里（Kalahari），通过亲属关系和联盟，个人与配偶成了一个交换原料、手工产品和信息的跨区域网络的一部分。社会关系的建立发挥了保障制度的功用。假如当地的某些地区遭遇旱灾，关系网的成员身份可使灾民不受阻碍地前往能够获得帮助的地区。澳大利亚各地都能找到类似的网络，直到18世纪，那里都是狩猎和采集者的宝地。在那里，人们的身份因地而异，涉及出生地、信仰所在地、更远的旅行、狩猎和采集的地域，以及与血缘异同者相遇的地点。虚拟的亲密关系让我们在社会和地理空间中自由移动，展现我们物种好客的一面。当然，我们也会因此吃闭门羹。

◎ 地球轨道变动带来的变化

通过人们对当地生态的反应，我们得以更深入地了解现今的狩猎和采集社会。不过，我们也必须考虑到他们和我们远古祖先所处环境之间的巨大差异：现实是我们生活在一个的温暖的间冰期，而且变暖趋势日益加剧。因此，我们现在要把注意力转回到250万年至1.1万年前的更新世冰河时代。

人们早就知道，地球轨道、自转和地轴倾斜度的变化（分别称为偏心率、岁差和转轴倾角）会影响气候。利用天文数据，确定这些环行轨道周期的时长就成为可能，其中偏心率周期是10万年，转轴倾角周期是4.1万年，岁差周期是2.3万年。这些周期解释了气候变化的规律，并在广义上导致了更新世的温暖期和寒冷期。不过，为天文学家们所说的多变气候找到证据是很困难的，相关突破来自深海钻探计划。通过研究从岩芯中回收的小型海洋生物，我们可以获得它们微小外壳中氧同位素变化的连续记录。发现表明，海洋面积大小的变化（温暖时期大，寒冷时期小）会反映在这些微小海洋生物骨骼中两种氧同位素 ^{16}O 和 ^{18}O 的比例上。一项早期的发现认为，过去的80万年不像地质学家曾声称的那样经历了四次完整的"间冰期—冰期"循环，而是经历了八次。此外，与百万年前极地冰盖最初形成时相比，这些周期变化更加猛烈，成为地球变得愈加寒冷干燥的长期趋势的组成部分。偏心率（地球椭圆轨道每隔10万年的变化）目前主导着气候机制。80万年前，偏心率变化周期更短一些，极端转轴倾角周期持续时间也不到4.1万年。

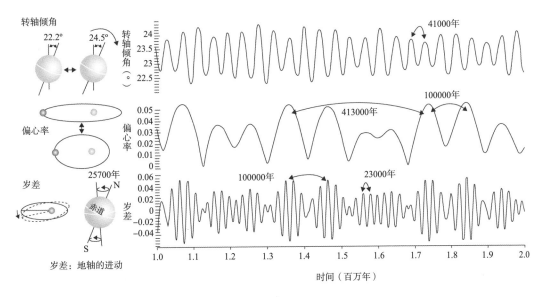

▲ 冰河期是随着与太阳距离的改变以及太阳光线照射地球的角度的改变而产生的。

这些周期决定了地球气候，其影响主要体现在两个方面。在温暖的间冰期，海平面高且冰盖很小。相反，在寒冷的冰期，海平面显著下降，水分充沛的地区生成了巨大的冰原。在北半球，冰原几乎延伸到北纬52度，相当于今天的魁北克（Québec）和伦敦的纬度。这种全球范围的海洋和陆地的规律性交替，对于人类历史的影响远比它带给人们的冷暖体验重要。

◎ 海洋温度与大陆架

在轨道气候信号转化为影响人类的各种变化时，海洋发挥着关键作用。尤其值得关注的是洋流的循环，洋流是暖水和冷水的输送者，控制着海洋表面温度，并对陆地环境产生影响。北大西洋暖流将热带海水带到欧洲西北部海岸，因此，北极圈内的挪威特罗姆瑟港（Port of Tromsø）在冬天不会封冻。这股洋流的变化会对欧洲的植被和动物群落的形成产生重大影响。短期内，这种影响可以通过南部海洋的"厄尔尼诺–南方涛动"（El Niño-Southern Oscillation，ENSO）现象的变化来追踪，这种现象会导致极端但可预测的天气情况。

冰盖的增长意味着海洋的缩减。后者提供的水分形成了覆盖加拿大、斯堪的纳维亚和北欧地区厚达3000米的劳伦泰德冰盖（Laurentide ice sheet）。在其他诸如西伯利亚北部和阿拉斯加地区，尽管非常寒冷，却不曾有足够的水分来形成冰盖。

冰盖的扩张也有好处。在冰期的鼎盛阶段，世界海平面下降幅度达130米，使大陆架暴露出来，也把西伯利亚和阿拉斯加连接起来，形成了白令古大陆（paleocontinent of Beringia）。这些大陆架以前都是大块陆地。在白令陆桥地区，陆地增加了160万平方千米；欧洲芒什大陆架（European Manche shelf）则在冰盖以南增加了50万平方千米。然而，由于靠近冰盖而导致的极度寒冷和强风，使这些土地并非富饶多产或有吸引力。更引人注意的是非洲南端温带地区附近的一小片大陆架。但是，不论哪一个冰河期，获利最多的都是东南亚地区，当海平面到达最低点时，大陆架露出形成巽他古大陆（paleocontinent of Sunda）。与这片新大陆相隔一小片海的，则是萨胡尔古大陆（paleocontinent of Sahul），它包括塔斯马尼亚、澳大利亚和巴布亚新几内亚。

正如表1.5所示，陆地面积的扩大是十分显著的。冰盖削减海洋面积使陆地露出，上述两块古大陆合起来所占面积大约是露出陆地总面积的三分之一。但更重要的是这种露出发生的位置。赤道穿过巽他古大陆和北部萨胡尔古大陆，这些古大陆大部分地区位于热带区域内。因此，它们位于太阳光照最强的区域，此时热带雨林正在减少，热带草原栖息地正在扩大。后者对人类是有利的，因为那里易于获得生存所需的动植物资源。

巽他古大陆的"发财机遇"（bonanza）——一旦实现了跨洋的萨胡尔古大陆也是一样——在于更新世期间海平面的下降是常态，而非特例。假如我们考察一下最近一次"间冰期—冰期"周期（13万年至1.1万年前）的海平面曲线，我们会发现间冰期期间与现今海平面高度相当的时期只占大约8%。同样，最低海平面状态也只占了周期的一小部分。大部分地区海平面高度比现在的水平低20—100米，正如表1.5所示，这造就了世界上最具生产力的生态区里主要的新增陆地。

表1.5　海平面不同下降幅度对陆地面积的影响
（特别是巽他古大陆和萨胡尔古大陆）

地区	全球 （平方千米）	巽他古大陆和萨胡尔古大陆 （平方千米）	巽他古大陆 （平方千米）	萨胡尔古大陆 （平方千米）
现代陆地面积	150215941	14308427	9751168	4557259
−20米时	8029385	2875620	1546150	1329470
−50米时	14330962	5183012	2621932	2561080
−100米时	21117563	6768410	3468844	3299566
−130米时	22968715	7008185	3588038	3420147

◎　**大陆和地区：地质构造和沙漠**

冰和海洋赋予了人类进化的节奏。地质构造运动形成的大陆、火山爆发和主要沙漠栖息地的变化都与巽他大陆架（Sunda Shelf）的露出一样给人类带来了巨大影响。

在过去30万年里，地质构造运动对陆地形态和造山运动影响甚大。旧世界有一条绵延超过1.1万千米的地质构造脊柱。它从沿着南北大裂谷（south-north Rift Valley）延伸的"非洲之墙"（Wall of Africa）开始，向东穿过亚洲壁垒（Ramparts of Asia）。该地带东部的青藏高原和喜马拉雅山的上升速率估计每年达到5毫米，在过去20万年间造就了大量的地质隆起。东非和南亚的此类造山运动的重要性在于它们形成的雨带以及高原对季风模式的影响。地质构造运动也使进化方式面貌迥异，丰富了生态多样性，还可能造成种群隔离，这种情况可能导致新物种进化过程中的分化与成形。

当前生物多样性热点的位置反映了地质构造运动的影响。任何一个地方的"热度"都是根据当地特有的植物和动物的物种数量来衡量的。我们在绘制这些热点时，能清楚地看到这些"物种工厂"（species factories）多位于热带地区附近，那里的太阳光照最多，初级生产力（以新植物生长量来衡量）最高。譬如东

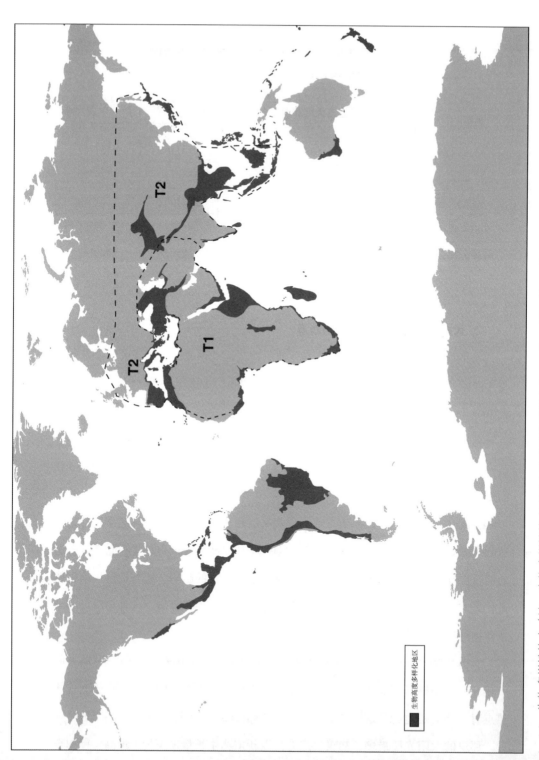

▲ 1.2 生物多样性热点（注：生物多样性热点也是人类进化的重要中心。T1和T2是旧世界早期人类最早居住的两个地区。）

生物高度多样化地区

非和东南亚，那里的地质构造运动和火山活动很活跃，导致了栖息地以及生活其中的种群的隔离。主要的热点还分布在中纬度地质构造运动活跃的地区，特别是土耳其和高加索。

最后纳入考量的主要的大陆栖息地是旧世界的沙漠。多年来，人们一直认为沙漠带是深度历史中人们迁徙的障碍，它从撒哈拉沙漠一直延伸到阿拉伯半岛和巴基斯坦，仿佛是非洲这个瓶子里的巨大软木塞。现在我们对此有了更深的认识。有四位科学家组成的研究团队借助卫星图像进行了野外考察，揭示出以前存在的巨型湖泊、河流和广阔的内陆水系。当时的沙漠地区经历了干湿交替的周期循环，并不是扩散和交流的障碍。绿意盎然的阿拉伯和撒哈拉定期出现，在这期间水分丰沛。在更新世，撒哈拉以南的乍得巨湖（Lake Megachad）面积从36.1万到83.7万平方千米不等（北美的苏必利尔湖面积为8.2万平方千米，中亚的里海面积为37.1万平方千米）。撒哈拉以北的费赞巨湖（Lake Megafezzan）要小一些，但面积仍达到13万平方千米。对绿色阿拉伯时期古湖泊岸线的科学测定表明，上一个间冰期中，潮湿时段在13万年至12万年前占据很长时间，在8万年前也短暂出现过，这些时段里海平面也相应处于高位。因此，在阿拉伯和撒哈拉的绿色年代，旧世界东部以热带雨林为主的巽他古大陆面积最小。在各大洲，人类所需陆地食物资源分布的差异引发了吸引力条件在强弱之间的定期波动。

栖息地的变化也在地区的尺度上体现。上文提及的生物多样性热点，正是本地物种特有分布比率较高的地区。另一片从法国西南部到阿拉斯加横跨北半球的大区域是猛犸象大草原，它以适应冰河时期寒冷天气的典型物种长毛猛犸象命名。猛犸象大草原在海洋性和大陆性气候条件下都是一个高产的畜牧环境，大量的兽群如驯鹿、马、野牛和长毛犀牛，以及狮子、鬣狗和狼三种食肉动物都表明了这一点。这里动物种群的生产力只有处于非洲低纬度地区的热带稀树草原才能超越，那里有更多的羚羊和马科动物，以及大象、长颈鹿、犀牛、河马和水牛等大型动物。在印度北部和中国的温带地区也发现了多产的动物栖息地。在人类到来之前，美洲大陆存在各种各样如今已灭绝的动物，包括乳齿象和某些大型的树懒、熊和狍猣。同时期萨胡尔古大陆的有袋类动物也极其多样，包括巨型袋鼠和犀牛般大小的双门齿兽（Diprotodon）。相比之下，西南亚热带雨林的植物具有更高的生产力，其中也生活着体型较小的森林动物，但没有形成大规模种群。在其他地区，森林和草原之间的周期性变化不仅伴随着植物分布的变化，也伴随着动物分布的变化。同样的模式在欧洲大陆的分界线上也能见到，只是规模小一些。南面是一个避难区，而北面和东面区域依次扩张和收缩，其中的植物和动物适应着寒冷或温暖的气候。

植物和动物的这种区域性变化在意料之中，同时也是深度历史的一部分。区域边界通常很难划定，因为随着气候变化，生活在那里的动植物面临着生存压力，要么随着不断变化的栖息地移动，要么留在原地适应新形成的栖息地。但是在区域范围内，分布模式的持久性是能够观察到的，这显示了区域视角的价值。在东非，湖泊盆地在古人类进化中的重要性备受强调。在澳大利亚，水通常是一个重要的制约因素，为了研究人类的适应性，该大陆被划分为与主要流域相对应的区域。当语言的文化模式和物质文化在某地区重合时，人们在该区域内的互动似乎比在区域外更频繁。流域分区的方法也在欧洲得到应用，用来解释关于九个不同地区定居规模和频率的考古证据的差异。该应用中，流域还加上了纬度、经度和地形这些常数，无论太阳能在哪里转化为资源，无论所处环境是间冰期还是冰期，它们都是恒定的，并且适用于世界范围。

◎ 推拉因素和"物种工厂"

接下来是用来理解20万年以来人类进化的环境框架。我们看到了智人离开非洲时所遵循的祖先遗留的模式。这种模式可以被认为是非洲和东南亚两个热带地区之间的推拉机制，这两个地区是生物多样性地图上主要的"物种工厂"。其他高度多样化的地区，如马达加斯加和南非沿海地区，其产品不是为了向外扩散。相反，它们为本地市场生产物种而不是出口，因此本地物种特有分布比率很高。但是在非洲和亚洲的热带地区，新种群的传播从来都不是单向的。巽他古大陆同

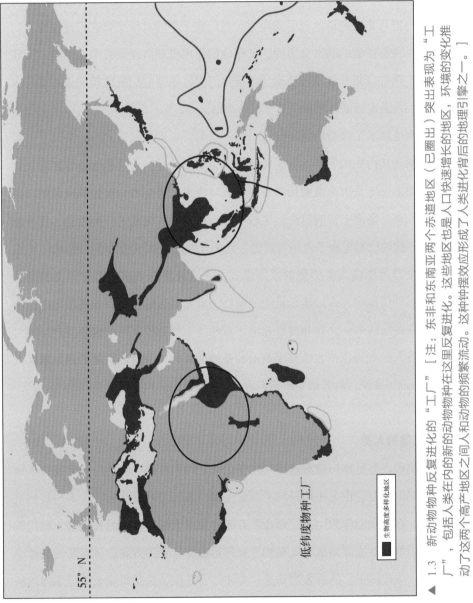

▲ 1.3 新动物物种反复进化的"工厂"[注：东非和东南亚两个赤道地区（已圈出）突出表现为"工厂"，包括人类在内的新的动物物种在这里反复进化。这些地区也是人口快速增长的地区，环境的变化推动了这两个高产地区之间人和动物的频繁流动。这种钟摆效应形成了人类进化背后的地理引擎之一。]

低纬度物种工厂

■ 生物高度多样化地区

高加索和阿尔泰的北部中心地带之间的动物交换，与大陆规模增加的周期相适应，它的栖息地从热带森林变为热带草原；在潮湿的时段，撒哈拉–阿拉伯沙漠带反向将种群从非洲大草原吸引到南方，然后在干旱的时段又将它们逐往北方。这是古人类种群扩散的基本动力源，其精确的作用机制尚在研究中。沙漠、大陆架、雨林、热带草原和地质构造运动的推拉因素还不像它们所依赖的偏心率、岁差和转轴倾角的连锁循环那样已被很好地理解。

澳大利亚展示了微型的效用模型。有人认为，这种推拉形式在大陆尺度上运作，人口增长从内陆的干旱地区走向沿海较为潮湿的地区。这些沿海地区的人口密度要高得多，正是因为可利用的资源对人口产生了吸引力，促使其跨越内部流域的边界而来。潮湿丰裕的沿海地区较高的疾病发病率促成了一种机制，使模型得以完善，这种机制平衡了人口与资源，使来自内地的移民活动得以继续。

这是全球范围内人类历史的发展模式。无论经济基础是狩猎和采集植物，还是放牧和种植作物，人口增长最快的中心一直是温暖的温带和亚热带地区。赤道附近也存在疾病带，北纬46度以北地区紫外线不足会带来环境健康问题。但对于尼安德特人，或居住在北纬51度西伯利亚地区具有独特遗传特征的丹尼索瓦人（Denisovans）来说，后者似乎不是问题。

◎ **全能的人类**

古人类和人类是如何应对这些气候变化的？他们可能无法适应未来或一个地球轨道周期的跨度，也无法预料海平面会下降。人们很容易认为，智人与我们祖先的区别，在于我们作为生态"通才"有能力应对大量环境挑战和机遇，利用技术找到关于季节性资源短缺、抵御寒冷和跨越海洋的解决方案。显而易见的推论是，被智人取代的更早的古人类都是"专才"，适应了像猛犸象大草原那样的特殊环境。当面临从间冰期到冰期的环境变化时，这些专才要么继续寻找环境相同的地区，要么在当地灭绝。然而，通才和专才之间的区分忽略了古人类具备的灵巧技能和流动性，而这才是他们关键的生存策略。

除了"专才"和"通才"，还有具备第三类特征的种群，即全能的古人类。他们在环境变化的选择压下进化出标志性的全能性。由此，他们没有去适应过去200万年里日益寒冷和干燥的气候。如果他们适应了，那么我们很可能会看到环境塑造的专才或通才。我们认为环境的不一致性，而不是更加干燥寒冷的气候趋势，在更新世期间施加了最大的选择力，并导致了在本地范围内对古人类产生的影响的多变性。譬如能提供生存所需食物的小块土地，它随着季节和时间发生变化。通过检查从深海岩芯中获得的更新世温度曲线，我们对全能的古人类可能的环境选择进行了推测。这条曲线是目前我们唯一有连续记录的环境变量，覆盖了人类进化的时间范围。研究结果很明确：当温度反复无常（当然环境也因此频繁变化）时，全能者在模拟实验中打败了"专才"和"通才"。

古人类成为像加拉帕戈斯（Galápagos）的雀类和吃地衣的驯鹿这样的生态"专才"，或是像杂食的熊和猪这样的饮食"通才"，同解剖学和生物学要素无关。但是为什么只有全能的古人类，成了一个全球性的物种，而不是其他古人类？我将在最后一节研究这个问题。

◎ **散居全球**

我已经谈过定义人类的三条路径——解剖学、基因和人工制品（还可参见第二章），现在是时候转向第四条路径，从地理学方面提供一幅农业产生前10万年的全球散居的图景。为此，我要提到所谓五个人类地球（Terrae）中的两个，描述其发展过程。人类地球形容的是地球在特定时间被人类的祖先群体占据的情况。我首先关注距今20万年到1.1万年的时段，涉及2号地球（180万年至5万年前）和随后的3号地球（5万年至4000年前）。

在地理方面，引发我关注的是人类活动范围的扩大。我们成为全球物种的过程可以分为两个阶段。第一阶段，旧世界的一部分形成了环境封闭区，古人类在常规基础上散居其间。这是古人类主导的2号地球。它的南面以大洋为界，北面大约以北纬55度为界，拥有受极端的大陆季节性气候影响的北方森林、寒冷的草原和苔原，所处环境的生态生产力普遍较低。流动人口在这片土地上走向繁荣。但是，维持社会联系并发展复杂技术要付出很高的成本。资源丰富的北部地区往往位于河流和沿海地区。在2号地球，鱼类和海洋资源很少被利用，在非洲南部以外的地方从来没有被大量利用过。

人类在这个有限地理范围内的活动是由前文已经描述过的环境动力驱动的，受撒哈拉–阿拉伯沙漠带的干湿交替和热带的巽他古大陆海平面高低起伏影响，该动力在大陆范围内发挥作用。这种大格局在较小的区域范围内会受到持续的地质构造变化的影响。但是在2号地球的旧世界范围内，地理区域为最早广泛分布的古人类（直立人，Homo erectus）所占据，他们在接下来的200万年间繁荣增长。这是我们种群最早的代表（智人）没能突破的范围。

我们对第二阶段3号地球的人类地理更为熟知，因为它包括萨胡尔古大陆、俄罗斯北部未受冰川影响的北极地区、白令古大陆以及美洲的各类栖息地。在最后一个冰河期（7.1万年至1.1万年前），指数级的扩散开始了。它是由过着狩猎和采集生活的流动人口完成的。冰河时期的人类除了狗之外，没有其他家畜。扩散需要技术进步，包括船只、防寒衣物、房屋以及新技术——譬如储存食物和去除高产植物所含毒素的能力。但最重要的是，在全球范围内的扩散需要一个新的社会框架，从而允许人们跨越地区，不在原地停留。3号地球的定居者没有到达遥远的太平洋岛屿，他们的定居依赖被驯化的作物和动物，以将人类的栖息地转移到遥远的大洋洲。全球散居的历史发生在全新世晚期的4号地球。定居者不是去适应环境，而是利用环境。

对比2号地球的古人类世界和3号地球的人类世界，两者之间的差异可以总结为在熟悉的封闭区域内外的生活。离开非洲并不意味着人类已经出现并将很快取代居住在非洲大陆以外的古人类。相反，那些"解剖学意义上的现代人"和他们的预期对手"基因意义上的现代人"，都是2号地球上普通的居民和旅行者。最近在中国福岩洞发现的现代牙齿同以色列斯库尔（Skhūl）和卡夫泽（Qafzeh）洞穴挖掘出的AMH的古老头骨，其年代已经通过科学方法被确定为13.5万年至8万

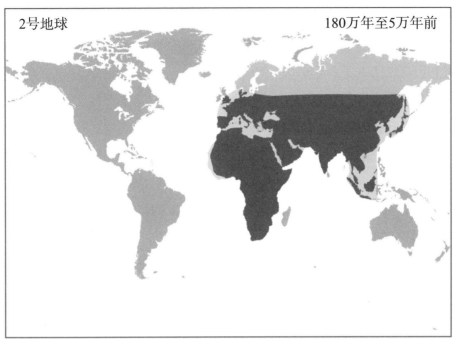

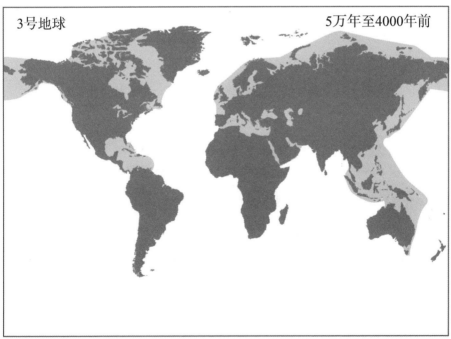

▲　1.4　人类在全球的扩散（注：这幅图对比了2号地球和3号地球两个重要阶段中人类定居地球的程度。）

年前。这些发现说明了传统扩散模式是从一个大陆物种工厂到另一个，从非洲到巽他古大陆，又从巽他古大陆回到非洲，但总是停留在2号地球框定的范围内，这个范围已经存在了差不多200万年。

◎ 是什么让全球扩散成为可能？

前面提到的船只和御寒衣物当然有助于全球扩散，但它们的短缺并不是长久以来限制地理扩散的唯一因素。技术进步不受脑力和灵感的约束，他们需要一个可以想象新事物的社会环境。在石器时代没有必要发推特，就像生活在硅时代意味着我们不需要石质箭镞一样。

激发这些创新以及那些被视为象征性想象标志（艺术、装饰和第二章会谈到的葬礼仪式）的社会背景，涉及四种文化元素：

1. 一个以亲缘关系为基础的社会，这种关系跨越几代人，遵循权利（如婚姻伴侣）和义务（如好客）。这些关系没有基因上的禁忌，允许个人通过建立亲缘关系在时间和空间上扩展他们的社会影响。

2. 不同时期所需材料和物品的积累和消耗。这涉及食物和原材料的储存，还包括收集和囤积贵重物品。

3. 利用这些资源来建设由男性控制的社会。以前，是女性和当地生态系统中的最佳资源之间的关系决定了两性之间的合作方式。男性现在合作保护这些资源，并通过亲缘关系控制经他们许可的交换链。

4. 家庭经济进一步加强了对这些资源的利用，并为全球定居者提供了机会，将生活场景（环境生态位）随着他们一并迁移。农民的迁移和园艺种植者在太平洋的定居就是两个实例。

◎ 识别定居者

无论是AMH还是GMH，都没有特有且广为使用的新的人工制品来反映其迁移活动。然而，考古学家习惯于用清晰的证据来确定流动的人群。最明显的例子是从近东进入欧洲的农民，他们带去了新石器时代的一众事物，包括长屋、罐子、石磨、锋利的斧头、绵羊、小麦和大麦。这一波扩散的浪潮把当地的猎人挤到一旁，并在几千年内将其淘汰。类似的一波全新的文化层面的浪潮来自农业的传播和拉皮塔（Lapita）文化的扩散，前者5000年前进入非洲，以作物、牲畜、特色陶罐、冶金学、班图语为标志；后者在3500年前开始向遥远的太平洋进发，以装饰繁多的陶罐、复杂的葬礼仪式以及各种驯化过的作物和动物为标志。

但是，如果运用3号地球新石器时代晚期的视野来观察深度历史，画面就会被扭曲。在更早的2号地球范围内，没有什么相应的标志能反映人类在大陆之间的多次迁移活动。20万年至5万年前，石器制造技术在这个世界的各个栖息地都非常相似，通常是从精心准备的石坯上敲出薄片状的石板，然后修整成一套尖头、刮刀、小刀、槽口和刻刀。镶嵌技术已经存在或成熟，这是一个将人工制品（通常是骨头、金属或石头）连接到手柄或皮带的过程，并由此生产出木材、石头、筋腱和黏合剂制成的复合人工制品，这是自然界所没有的。实际情况就是2号地球大部分地区在很长一段时间里，技术都是相同的。那么，追踪AMH和GMH迁移活动的特有的文化标志物集合在哪里呢？

我们在3号地球旧石器时代晚期的欧洲发现了这样一个集合，包含艺术、装饰品、新的石器制造技术和当时的头骨。这个考古集合将两个希望连在一起：找到"现代人"的文化标签和人类迁移活动的文化标志。欧洲旧石器时代晚期的石坯是由备好的芯材打制而成的又长又薄的石片，被修整成用于镶嵌的轻质部件，并辅以由贝壳、象牙、骨头和石头制成的艺术品和装饰品。欧洲本地的尼安德特人被外来者取代，成为新石器时代的人类迁移模式导致的早期出局者。

但是3号地球的欧洲不能代表2号地球的世界。我们不知道有多少不同的种群从东非和巽他古大陆的"物种工厂"来到这里。初步的遗传证据表明有许多次迁徙活动。利用公认的并不准确的分子钟来确定它们的年代是一个挑战。从考古学角度看，它们踪迹难觅。

◎ 2号地球的非洲（20万年至5万年前）

根据目前的证据，定义人类的三条途径（解剖学、人工制品和基因）在非洲汇聚到一起。埃塞俄比亚的赫托和肯尼亚的奥莫发现的最早的AMH具备了表1.2所描述的特点。人工制品的证据显示了贝壳装饰、骨器制作技术、胶黏镶嵌、颜料使用和独特的发射物等方面的全面革新。此外，在同一个地点还发现许多非洲人的文化技艺。尤其在南非沿海、克拉西斯河口（Klasies River Mouth）、尖峰地区（Pinnacle Point）的大型洞穴以及布隆伯斯洞穴（Blombos Cave）里发现了历史悠久的遗存，在这些地方都能追踪到上述革新的痕迹。好望角地区的革新特别丰富，北非的洞穴也是如此。令人感兴趣的是在摩洛哥的塔福拉特（Taforalt）的鸽子洞（Grotte des Pigeons）里发现了贝壳制成的珠子。更惊人的是，在相隔8400千米的布隆伯斯洞穴里，同样的纳斯鲁厄斯·克劳斯海贝（Nassarius kraussianus）被用来制成珠子，然后被串成项链。

这两个洞穴里的发现，用科学技术测定的年代至少追溯到8.2万年前。将这些发现同来自数个南非洞穴的经过切割雕刻的赭石碎片放在一起考察，我们就很容易理解为什么有人认为非洲出现了第一件非实用的、具有象征性的艺术品（参见第二章）。

就解剖学和物质文化而言，2号地球时代的非洲是一个创新的大陆。这是一块庞大而多样的大陆。毫无疑问，非洲内部与外部的人口流动同样持续不断且复杂。中国南部和西南亚其他地方出现的AMH遗存，在箭镞、贝壳制品或颜料的使用上没有同样的创新。埋葬行为大部分发生在以色列斯库尔和卡夫泽地区。这种有意的埋葬行为在过去为尼安德特人占据的北方地区相对常见。

第三条证据是基因。分别基于现代Y染色体和线粒体脱氧核糖核酸数据的男性和女性谱系地理（phylogeographies），在非洲人之间比在其他任何现存群体中都更加多样化。基于分子钟和突变率的年代测定存在统计上的不确定性。然而，有迹象表明，今天所有线粒体谱系的起源都是来自生活在19.2万年前的一位女性。这些谱系被细分为称为单倍群（haplogroups）的分支，正是它们构成了谱

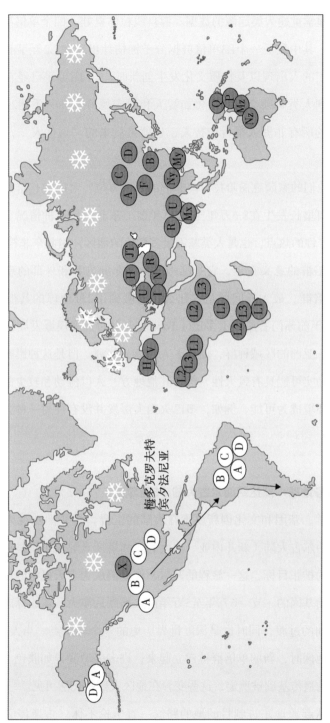

▲ 1.5　彼得·福斯特（Peter Forster）的基因谱系［注：彼得·福斯特关于2万年前大陆冰河时期（雪花符号）的人口移动的基因地图。图中字母是称为单倍型（haplotypes）的基因族。非洲的L单倍型是最古老的，而美洲的A—D是最近的。美国宾夕法尼亚州的梅多克罗夫特岩棚（Meadowcroft Rockshelter）是北美最早的考古遗址之一，这为基因重建提供了可信度。］

系生物地理学重建人类起源的数据。源自线粒体夏娃，四个单倍群在撒哈拉以南非洲进化，其中最后一个L3单倍群据分子钟估计出现在7.2万年前。因此，当具有现代长相的人出现以及物质文化发生创新时，GMH似乎已经在非洲四处迁移了。考虑到人类有杂交的倾向（如智人和尼安德特人），不把20万年前这个时间点之后的所有非洲人都看作智人，也就是后来的"现代人"，似乎是有悖常理的。

但是他们的家园在撒哈拉以南非洲的什么方位？对L3单倍群的数据进行建模表明，人口增长发生在8.6万年至6.1万年前。东非正是这种情况。这一地区同样是生物多样性的热点，也是人类基因最多样化的地区，因此东非符合条件。

L3单倍群的意义在于，它是唯一一个在非洲内部和外部的现代种群中都有发现的单倍群。最大的问题是它什么时候搬到了2号地球的其他地方。有人提出，7.1万年前苏门答腊岛上多巴（Toba）火山的大规模爆发导致了一个火山冬季，毁灭了亚洲的区域种群，促进了人们离开非洲。但是这种影响被夸大了，火山灰下落确实可能具有毁灭性，但在其他地方，人口流动和较少的人口数量使快速适应新环境成为可能。例如，多巴火山大爆发并没有使另一种大型灵长目动物猩猩灭绝。

◎ 3号地球：抵达萨胡尔古大陆（5万年前）

解剖学、基因和文化创新要素在大陆的汇合，是非洲被视为起源之地的原因。而萨胡尔古大陆（新几内亚、澳大利亚和塔斯马尼亚）则是被定义为全球物种的人类的扩张目标，这一旅程的开启，使他们成为今天孤独的种群，是仅存的还保有原始基因的一支。6万年至5万年前人类到达澳大利亚，标志着2号地球和3号地球之间的过渡，同时也是深度世界历史的一个转折点。当人们告别2号地球抵达这一地区时，新的单倍群被建立起来，许多表型变异如肤色、头发、身高和面部结构的遗传基础被奠定，这些变异在地区人群中仍然可见。

关于从起源地东进到目的地的路线一直争论不休。古遗传学家斯蒂芬·奥本海默（Stephen Oppenheimer）描述了一条从阿拉伯和印度到东南亚的沿海路线，这是一条巨大的扩散弧线，沿途丰富的海洋资源促进了人口增长，并推动了扩散。同样，北部陆路可以将流动人口带到土耳其到伊朗一线的生物多样性热点，并从那里到达2号地球的其他地区以及北纬55度的环境边界之外。两条路线都没有任何考古证据的支持，考古遗传学的时间数据也不可靠。这就是萨胡尔古大陆的最初定居问题如此重要的原因。应该存在一条至少70千米长的水上通道，最有可能的方向是从苏拉威西（Sulawesi）到巴布亚西部（West Papua）的多贝拉伊半岛（Bird's Head Peninsula）。通过放射性碳测定，萨胡尔古大陆年代最早的考古证据来自伊万涅山谷（Ivane Valley），它位于东部的新几内亚高地，海拔超过2000米。在那里发现的石斧和露兜树果壳（Pandanus nutshell）的年代在4.9万年至4.4万年前。4万年至3.5万年前，萨胡尔古大陆的主要栖息地就已经有人定居，这些地区包括新几内亚的高地和干旱内陆、塔斯马尼亚西南部的冰川地带和北部沿海地区的稀树草原、大洋洲附近俾斯麦群岛（Bismarck Archipelago）和所罗门群岛（Solomon Islands）的大型岛屿，这些地点都要跨过海洋。由于萨胡尔古大陆有明确的放射性碳测定的年代谱系，我们就有可能对扩散速度做出估算。从多贝拉伊半岛到塔斯马尼亚岛西南部距离7500千米，放射性碳测定其年代跨度为5000年，速度相当于1.5千米／年。这一速度的实现有赖于使用薄片而不是石刀的石器镶嵌制作技术，以及渔民—采集者—猎人的流动生活方式。

◎ 3号地球：西伯利亚与美洲的互动

北纬55度以北的定居点所面临的挑战不只是极端的寒冷，还有人类定居点的退化。这些定居点特别强调商品以及亲属关系这样的习俗，它们将人们连接到一个稀疏的区域网络。假如人口密度低且食物储备缺乏，我们就很难了解人们如何通过可预测的交往和聚集来发挥社会单元的功能。

定居在未受冰川影响的北极地区并走过白令陆桥的人群来自哪里尚不确定，

但两个候选地是阿尔泰和贝加尔湖地区，其考古地点可追溯到5万年到4万年前。其中最早的一处北极定居点——亚纳犀牛角遗址（Yana Rhinoceros Horn Site），在西伯利亚北部北纬71度的地区被发现，其年代可追溯到3万年前。在北极圈西伯利亚中部相似纬度地区发现了一只被猎杀的猛犸象，其年代可追溯到4.5万年前，它为亚纳的证据提供了有力支持。亚纳遗址位于白令陆桥以西3000千米。那片地区有明确考古纪年的最古老的遗址位于阿拉斯加的天鹅地（Swan Point），距今1.4万年。一项对放射性碳年代测定的研究建立了一个"快—慢—快"的速度模型，用以描述人类从阿尔泰到阿拉斯加这接近7000千米的扩散历程。伴随着这一定居趋势的人工制品并没有形成一个独特的单一的体系。

当人类在北美穿越冰雪去寻找太阳时，文化多样性也显露出来。他们选择的路线引起了激烈的争论。若冰雪融化了，他们可能由陆路而来，或者驾船沿着西海岸南下，或者两者兼有。多年来，克洛维斯（Clovis）文化中华丽的石制投掷矛尖被视为这些第一批定居者的标志，它们在各大洲以不同形式出现。放射性碳测定的第一波扩散年代表明，定居者们移动得非常快，以14—23千米每年的速度占据新领地。以这种速度，他们在进入无冰的北美地区后用了大约1000年到达南美洲的南端。然而，现在人们普遍认为克洛维斯的矛尖并不代表第一批美洲定居者。对放射性碳年代的法医研究揭示，克洛维斯文化只延续了200年，从13130年至12930年前。这就使关于定居速度的估计不大可信。另一种可能是，在克洛维斯文化出现之前，这些独特的石制矛尖可能已经迅速传播到广阔区域，要么作为一种理念，要么作为交换和展示的对象，并且这是在没有人口流动的情况下实现的。来自智利的蒙特维德（Monte Verde）、宾夕法尼亚的梅多克罗夫特岩棚和得克萨斯的德布拉·L. 弗里德金（Debra L. Friedkin）遗址这些年代更早的遗存的证据支持了这一论点。这三个地方都能可信地追溯到至少1.5万年前，甚至可能更早。来自这些广泛分布的地方的人工制品没有任何类似克洛维斯特征的人工制品，它们在许多方面彼此不同。它们也不像克洛维斯那样与巨型动物有关。有人认为正是这些动物资源刺激了急剧的扩张，并导致了美洲动物种群的大规模灭绝。对克洛维斯手工艺品的解读看上去是另一个例证，即对大陆最早定居地的考古调查总期望重复新石器时代晚期人口分散的模式。

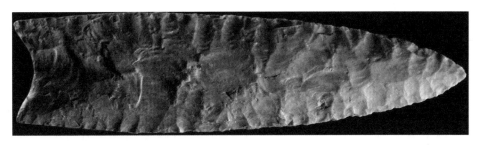

▲ 制作精细的矛尖是美洲移民年表的线索。

◎ **3号地球：欧洲**

在这个全球概览中，最后一个要关注的地区是欧洲。自从1856年发现了定居的尼安德特人以及取代他们的外来智人以来，长期的研究已经形成了庞大的数据库。这种取代的本质一直是文学和科学研究的来源，包括种族灭绝、同化、竞争优势和不同地域间的区域演变。我们都知道作为微小痕迹的火山灰和火山碎屑，可以在中欧和东欧洞穴的许多地层层序中找到，如今它们可以说明取代发生的时间。这些火山灰源自那不勒斯的坎皮佛莱格瑞（Campi Flegrei）火山4万年前的一次大爆发，当时，被称为坎潘期熔结凝灰岩（Campanian Ignimbrite，CI）的火山灰体积达到300立方千米。在那些被火山灰云覆盖的欧洲地区，旧石器时代中期到晚期的石器制作技术从薄片到制作人工制品的刀片的转变，要先于火山大爆发发生。人类的头骨和骨骼在这个时期极其罕见。当它们在罗马尼亚的"骨头洞穴"（Peştera cu Oase）被发现时，旁边没有人工制品。在欧洲进行了150多年的专门研究后，人类导致了技术变革这一假设仍未得到验证。还有一种情况，德国也发现了最早的艺术形式，在坎皮佛莱格瑞火山爆发年代之前出现的人类和动物雕像、乐器、象牙和鸟骨等。（参见第二章）

尼安德特人的脑容量与当时的同类相当，所有种群的个人社交网络规模都达到了"邓巴数"所说的150人。社交网络中其他成员数量的日益增长对任何灵长目动物都造成了接触时长的问题，人类也不例外（见表1.4）。有一个推论是尼安德特人和人类都有语言。讲话处理信息的速度更快，在更大的个人社交网络中进行有效互动由此成为可能。

尼安德特人也精通象征性行为。他们有一些简单的装饰品，如涂有赭色的贝壳和墓葬，但仅存在于洞穴里。他们挑选并穿戴黑色的鸟羽，用鹰爪制作珠宝。他们所表现出的差异在于诸如亲属关系这样的基础社会结构。他们同2号地球紧密相关。尽管他们在其间活动，但没有越过边界。我们也没有发现任何大规模储存材料和货物的证据，由此表明他们已经与他们的同类，甚至灵长目祖先不同，在当时已经控制了资源。

人类在上个冰河时代的一次短暂缓和期内来到欧洲定居。2.6万年前，当冰川环境完全恢复后，随着芬诺斯坎迪亚冰盖（Fenno-Scandinavian ice sheets）的再次扩张，大陆分水岭以西的大部分地区被放弃了。已经有一个大型放射性碳数据库建立起来，用以研究来自南方长期避难区的种群随后在该地区的人口重构。这一过程开始于1.6万年前一个非常寒冷的阶段，起先规模很小，随后在温暖的间冰期加速。仅在1.29万年至1.17万年前的新仙女木时期（Younger Dryas period），随着环境恢复到接近冰河时期水平，人口数量才有所下降。定居点从欧洲南部向北部扩张，推进了925千米，速度达到了每年0.77千米。向无主土地的迁移有一个明显的考古学标志，即所谓马格德林（Magdalenian）文化。根据对人口密度的人种志估算，我们得出在间冰期末期（Late Glacial Interstadial）向北方扩张的过程中，西欧避难区的人口从1.7万人增加到6.4万人。

小结

新仙女木时期结束时，3号地球的世界包括除南极洲以外所有的大陆，根据目前最乐观的估计，人口总数为700万人。在接下来的1.1万年里，这个数字上升到了70亿人。然而，尽管数量在增长，创新、技术、经济和社会日益繁杂，但有些方面仍保持不变。得益于亲属关系、社会群体、物质储存和男性之间的合作，这700万人已经到达了全球，随之而来的是控制权的变化和资源的重新组合。他们也达成了全球地位的第四个要求，驯化作物和动物。他们还没有放弃前人的流动策略，即资源与不同规模和停留时间的人口单位相匹配。从认知上说，这些人在他们的个人网络中所能找到的同伴是有限的。凭借这一网络，人类历史上的雄心和想象力得以实现。150人的"邓巴数"被证明是万能的，因为它将本书其余部分描述的更大的社会和政治结构结合在一起。因此，对于第一批被我们认为是自己直系祖先的人是否与他们的过去有很大程度的决裂，答案是否定的。我们并非革命的产物。我们成为孤独的全球物种是想象力的结果，并得到先进认知技能的支持，这赋予我们神话、后代、祖先、神和历史。这是一个聪慧、多才多艺的直立行走物种的文化梦想，他总是擅长动手，擅长说话，具有社会创造力。这种被社会和文化验证的想象力，预见到超越、冒险以及走出古人类长期生活的2号地球舒适区的益处。依靠想象力建立世界，然后生活其中，正是人类的特征。定居3号地球提供了最清晰的图景，表明我们的祖先何时跨过了门槛，从古人类的历史变成人类的历史。我们总能深刻地吸取过去的教训。正如"邓巴数"和人口对环境的压力所显示的那样，进化原则仍然在构建我们的生活。但是，一旦这些充满想象力的世界有人居住，向着未知海岸的航程与充满开发潜力的实验就将开启。

第二章

冰河的心灵：农业时代之前的艺术与思想

费利佩·费尔南德斯-阿梅斯托

感觉到崩落的岩石后面有空气流动，三位洞穴学家便在石堆中间挖出一条通道，宽度足以让最瘦的人从中爬过。这个场景发生在1996年，让-马里·肖维（Jean-Marie Chauvet）、埃莉特·布吕内尔-德尚（Eliette Brunel-Deschamps）和克里斯蒂安·伊莱尔（Christian Hillaire）正在法国南部的阿尔代什（Ardèche）探险，那里的洞穴及通道犹如石灰岩构成的蜂巢。当埃莉特意识到前面有一条隧道时，她叫来了其他人。他们在黑暗中喊叫以便得到回音，这样就能感知洞穴的大小。喊声似乎消失在茫茫虚空之中。取了全套装备再次回来时，他们发现这条隧道通向法国这个地区有史以来所发现的最大洞穴。然而，更令人震惊的是他们在一旁洞窟里看到的景象：石壁上有一幅3英尺（约0.9米）高的画像，赭石颜料绘制了一头站立的熊，也不知道已经存在了多少岁月。

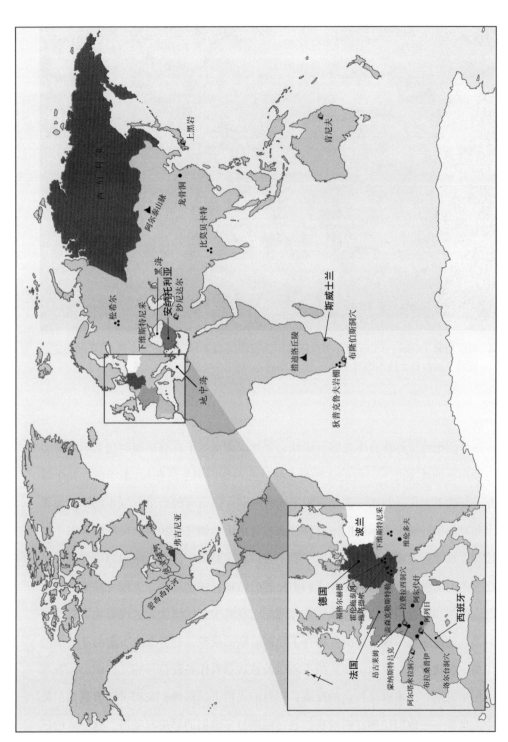

▲ 2.1　第二章中出现的地名

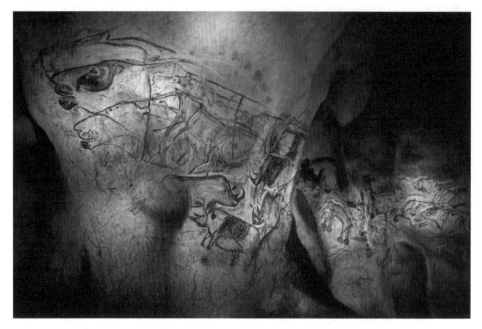

▲ 肖维岩洞（Chauvet Cave）：旧石器时代画家的木炭素描图像，大约有3万年的历史，描绘了从岩石上跳下的狮子。

　　他们把这里称作肖维岩洞，很快它俨然成为世界上存有冰河时代艺术品最多也最出色的地方之一，创造这些艺术品的艺术家们则生活在3万多年前。几乎保存完好的著名作品包括一群刻有眼睛的野马和一只飞奔的野牛。野牛的作者勾勒出几对模糊的腿来表示速度，这种技法的运用远远领先于20世纪早期的未来主义绘画。长着巨大前角和长毛的犀牛看上去巨大而警觉，让人回想起寒冷气候中早已灭绝的物种。狮子具有如今我们不熟悉的特征，如圆耳朵、无鬃毛的头和深下巴，这与和画家同时代的骨骼标本相匹配。在画中它们蹲伏着监视猎物。肖维岩洞与其他许多氛围独特的洞穴保存了冰河时期的景象，也有令人不解的非典型的作品，包括点状的水沫、密集的手印以及被观众看作各种符号的几何图形。在每一历史时期，艺术都是社会的反映：通过前人留下的图像，我们可以看到他们眼中的世界——他们仿佛在邀请我们通过推断分享他们的思想和经历。这一章的任务是在不超出证据范围进行合理推断的前提下，理解某些冰河时代的艺术品和物质文化中的思想和经验。

创造力的诞生

当时的环境要求我们进行研究，以揭示是什么有利于创造力的发挥，并理解为什么寒冷的气候似乎令人精神振奋。这段时期很漫长，气候普遍寒冷并不规则地波动。我们可以将智人的出现与大约20万年至15万年前的寒冷时期联系起来。正如第一章所讨论的那样，他们在大约10万年前扩散到前所未及的全球范围，与此同时，另一轮冰层的蔓延也开始从北极向南延伸到今天的波罗的海地区（Baltic Region）。大约在6.5万年前，冰盖开始不均匀地消退，持续了1.2万年至1.5万年之久。那时，一个新的、极度寒冷的时期正在到来。大约2万年前，北半球冰层向南最远蔓延到现在北美洲密苏里河和俄亥俄河的下游，深入今天的不列颠群岛，覆盖了斯堪的纳维亚半岛。欧洲其余大部分地区则是苔原或针叶林。在欧亚大陆中部，苔原几乎延伸到今天黑海的同纬度地区。草原覆盖了地中海沿岸。在新大陆，苔原和针叶林扩展到今天的弗吉尼亚（Virginia）。

显而易见的矛盾在于人类活动最活跃的时期与寒冷加剧的时期重合。首先，在大约10万年至6.5万年前的严寒年代里，出现了大规模的人口迁移或扩散，人类散居到地球大部分地区。其次，在大约4万年至2万年前的洞穴艺术家时代，人类以艺术品和建筑的形式创造了惊人的物质文化。本章将聚焦于后一个时期。

引人深思

然而，以上这个矛盾是表面的。这部分因为如今的我们认为北方环境艰苦、条件苛刻、令人生畏且生活成本高昂，不适合我们喜欢的那种以定居为标志的、依赖农业的文明；部分因为我们坚信智人这一唯一幸存的"裸猿"物种，可能无法适应寒冷。但是寒冷环境下的猎物富含脂肪，每单位体积能产生大量的热量，这适合猎人的生活方式和口味。也许在智人出现之前很久有这么一个时代，那时人类的生活"贫穷、肮脏、粗野而且短命"，为生计四处寻找食物，无暇体会想象的乐趣。但是据我们所知，在随后的数十万年里，所有的人（就是我们的祖先）都是觅食者。他们中的许多人享受着"石器时代的富裕"：有丰富的野味、野生粮食作物和充足的能源，享有大多数农耕社会中无法想象的悠长时日，拥有足够的时间观察自然，思索观察的结果，并用艺术形式记录下来。膳食脂肪在今天名声不佳，但在历史上的大部分时间里，大多数人都渴望获得它。相对来说，动物脂肪是全世界提供能量的最佳食物来源，在热量上产生的平均回报是任何其他摄入食物的3倍。冰河时代在某些苔原地区，小动物的聚集可以为人类供应食物，其中易于诱捕的北极野兔或易用弓箭猎捕的动物大约出现在2万年前。然而，更普遍的情况是，猎人偏爱那些可以通过驱使其坠下悬崖或进入沼泽湖泊，进而大量捕杀的动物。对猎人来说，只要有猎物存在，并投入相对适度的力气，其捕杀结果是一场盛宴。一周只需两三天的粮食储备工作，他们的平均营养水平就能接近今天工业化或后工业化社会特权居民的标准。对于生活其间的人来说，冰河时代是一个多产的时代，它能支持专业精英以及大量的创造性思想和创新性工作。

脑力

在这一章涵盖的如此漫长而又气候多变的时间里，并不是每个人都以同样的方式看待世界，或者遵循同样的惯例描绘、预测或重新想象世界。然而，证据确实显示出足够的连续性，说明讲述单一故事是合理的。最显著的不变元素是人类的思维，它仍然和我们冰河时代的祖先一样，用同样的大脑皮质工作；当我们思考的时候，神经细胞会发生化学反应和产生电流，这从未改变过。突触像以前一样活跃，蛋白质也像从前一样涌出。相对于人口数量，人类的智慧与狡黠、天才与独创性的程度自冰河时代以来就不曾变化，尽管在冰河时代，思维过程可以使用的数据比我们要少，当然也比我们更难获得。

在本章涵盖的时间里，协调一致是冰河时代生活方式的一个关键要素，这可能与人类智力的产生和发展方式有关。本章中，所有的人都是我们的研究对象，他们都从事着相同的觅食活动，并在狩猎中获得了大量的营养。从某种意义上说，捕食对脑力是有益处的：它提升了预测猎物和竞争对手行动的能力。确认这一点的一个好方法是观察狩猎中的黑猩猩，它们相互合作来捕捉最喜欢的猎物疣猴，狩猎过程中它们沿某种轨迹越过树梢，不断调整路线、速度，并重新计算遭遇点。然而，与智人在进化过程所积累的两三百万年的专业知识相比，黑猩猩还只是新手和业余猎手，它们的捕食历史可能还很短暂。黑猩猩从猎物那里获得的

▲ 黑猩猩猎人啃咬它们最喜爱的猎物疣猴。

热量不超过人类觅食者通常所获热量的十分之一，在某些情况下还不到二十分之一。预感是猎人的关键能力，类似于想象。因为，想象是看到不在眼前的东西的能力（只是看不到），而预感是看到尚不存在的东西的能力。在我们的物种出现于化石记录中的年代，我们的祖先已经有超过200万年的历史了，他们是出色的类人猿猎手。尽管由于证据稀缺还无法明确地做出解释，至少在那个时期的相当一部分时间里，智人的祖先或与其同宗的人类都热衷于收集装饰物，使用颜料，并制作工具。但是，我们可以肯定地说，智人带着丰富的想象力拥抱生活，足以创造伟大的艺术和产生伟大的思想。

模仿生活的艺术

在大约10万年前，人类开始迁徙，定居全球。移民们携带着诸如贝珠和雕刻过的赭石板这样的人工制品，同今天一样，这些物品承载着思想和情感。令人惊讶的是，用来混合颜料的贝壳坩埚和刮刀可能制作于8万年前，发现这些物品的地点是非洲南部的布隆伯斯洞穴，这里的居民来自东非。同时期的艺术品十分精致，但是没有什么实用价值，比如在开普敦（Cape Town）以北180千米的狄普克鲁夫岩棚（Diepkloof rock shelter）发现了鸵鸟蛋壳碎片，上面有精心雕刻的几何图案。差不多同一时期，在博茨瓦纳措迪洛丘陵（Tsodilo Hills）的犀牛洞（Rhino Cave）里，装饰者研磨颜料，并从数英里[1]外收集五颜六色的石头。制作这些物品的人们符合"心智理论"，即他们能理解自己的意识状态。诸多证据都表明想象力富有创造性和建设性，上述理论很难被批驳。置身于变化了的条件和新环境中，他们拥有必要的思维手段去想象自己，试图通过针对性劳动并运用聪明才智来认识这些变化。

---

[1] 1英里约等于1.6千米。

冰河时代的人们留下的人工制品是创造性思维的关键。运用专家称为"认知考古学"（cognitive archaeology）的技术，实物可以像文件一样被"阅读"。例如，2万年前的人们在今天俄罗斯南部的冰河时代大草原上猎杀猛犸象直至其灭绝，他们留下了令人生畏但或许可以解读的线索。他们用巨大的象牙建造了圆顶状的住所。这个骨制房屋建立在一个圆形的平面上，通常直径为12或15英尺（约3.7或4.6米），确实是想象力的杰作。人类通过重新想象，把住所建造成猛犸象的样子，也许是为了借此获得它的力量或对它们施展魔法以便控制。族群社区平均不到100人，普通的日常活动在这些非同寻常的住所里进行，包括睡觉、吃饭和家庭生活的所有日常事务。但是没有一个住所是纯粹实用的，住所反映了人们对自己在世间的定位。

我们发现，现代人类学的研究可以提供进一步的指引，来帮助我们解读冰河时代有关宗教的证据；或者推断流传甚广的古代习俗，比如图腾崇拜和禁忌——它们没有史前证据，我们只能猜想，而无法发现。大约从4万年前开始，我们已经能够利用丰富的艺术资源，这包括一个庞大的符号库。3万年到2万年前对人物的逼真描绘展示了一种反复出现的用手势和姿势来表达的表意系统。旧石器时代的艺术品常常包含一些似乎是数字的标注，表现为点和凹痕。还有一些传统的标记，它们仍无法被解读，但不可否认是成体系的。在法国洛尔台（Lorthet）发现的一块骨头碎片上，雕刻着一个精致的场景：一头驯鹿穿过浅滩，周围是跳跃的鲑鱼，画面上还有规整的菱形图案。广泛使用的类似于字母P的标记被解读为一个意为"女性"的符号，因为它被假定与旧石器时代艺术家描述女性身体曲线时所用的钩状图形类似。我们很难否认冰河时代的人类是系统使用象征性符号的群体。一件事物可以表示另一件事物的想法看来有些古怪。这大概是源自联系，也就是发现某些事情会提示其他事情，或者某些事物与其他事物很相似。精神联系是思想的产物，即来自纷乱的思想链的声音。没有其他证据比我们能读到的更好，但过去发生的大部分事情都没有留下证据。抛弃如此大量的历史是难以承受的损失。至少在某些片段里，我们可以通过谨慎使用现有的证据使尚无文字时模糊的思维变得清晰。我们无法破译冰河时代的符号,但它们暗示了人们是如何看待、理解和重新想象他们的世界的。这在旧石器时代艺术的辉煌成就中可见一斑。

▲ 旧石器时代法国洛尔台的一块骨头碎片上,刻着驯鹿穿过满是跳跃着鲑鱼的浅滩的场景。这些显然具有象征意义的菱形图案意味着什么?

作为叙事方式的艺术

在曲折的通道背后的洞穴深处,借着闪烁的火把照明,3万年至2万年前的洞穴画家们秘密地工作着。他们尽力让脚手架的位置适应岩石的轮廓,拿着装有三四种泥土和颜料的调色板,使用树枝、麻绳、骨头和毛发制作的刷子,或用手指蘸着染了颜色的泥土作画。他们通常在绘画前会把石头表面刮干净,在涂颜料前先用木炭勾勒轮廓,利用岩石表面的凸起和瑕疵来增加浮雕和细节。他们在岩石上打孔，以生成眼睛的空洞，有时还会生成耳朵或性器官。有时候，如果表面合适，他们会在石壁上雕刻大量浮雕。在巴勃罗·毕加索（Pablo Picasso）和其他许多敏锐而见多识广的现代观众看来，这些都是之后任何时代都无法超越的艺术。某些世界上最好的艺术，的确就是最古老的艺术。

即便在当时，这种艺术也已经形成一种成熟的传统，出自熟练的、富有经验的专业手法。19世纪的探险家在西班牙和法国发现了3万年到2万年前的作品，他们对这些艺术家的天赋印象深刻，以至于不敢相信这些作品是真的。即使是现存最早的作品也能立即产生现代性的共鸣：画风奔放而沉稳，对主题观察细致、刻画入微。动物的外貌和形态给观众带来如沐春风之感。同时期的雕刻也体现出相似的成就。栩栩如生的图案出现在有着3万年历史的精美象牙雕刻上，比如飞奔的骏马，它来自在德国南部福格尔赫德（Vogelherd）发现的象牙；又比如同一时期德国地区某位雕刻师精心创作的欢快的水鸟，它们可能是鸭子或鸬鹚，正从猛犸象骨头上俯冲下来。有一座来自法国布拉桑普伊（Brassempouy）的半身像，大约有2.5万年的历史，塑造了一位发型齐整的美女，杏眼，高鼻梁，下巴有酒窝。这位美女的对手可能是发现于下维斯特尼采（Dolní Věstonice）的更古老的雕塑，她眼角尖细迷人，眼睑厚重，翘鼻子精致低垂。下维斯特尼采的一座窑炉有2.7万年的历史，里面曾烧制过熊、狗和女人的泥塑。在同一时期，猎物也被雕刻在洞壁或工具上。

我们已经习惯于欣赏这些冰河时代艺术家的作品。我们也应当知道，当证据最初被披露时，学术界拒绝承认其真实性。因此，当我们思考最近的惊人发现时，从过度怀疑中吸取教训是有益的。本章所述时期里最早的一批精美雕刻品在19世纪30年代开始出现在考古记录中，但直到其中一些被列为1867年巴黎世界博览会的展品，人们才普遍承认这些古老的、所谓"原始"的人类同样具有艺术才能。阿尔代什的埃布洞穴（Ebbou Cave）中的奇异绘画在1837年首次被报道，但在随后100多年中一直被忽视。当莫德斯特·库维利亚斯（Modest Cubillas）在1868年发现了阿尔塔米拉（Altamira）洞穴（那里是冰河时代最辉煌的"画廊"之一）的绘画时，学者们充满敌意地否认了这一发现，并以欺诈为由雪藏了证据。直到19世纪90年代其他地方类似的发现逐渐增多，这才迫使满是戒心的学术界给予认可。

冰河时代欧洲的彩绘艺术品得以幸存，是因为它们诞生于受气候驱赶的人群的避难所，地点选在难以接近的深处洞室。当时其他文化也创造了精美的作品，比如在纳米比亚的阿波罗11号洞穴（Apollo 11 Cave）的四块彩绘石板画，它与欧洲的艺术品同样古老。但是它们大部分已经消失了：在裸露的岩石表面风化，与所涂抹的尸体或兽皮一起消失，或者刻有作品的泥土被风吹散。洞穴形成了适宜的封闭环境，散落的遗迹表明欧洲冰河时代的艺术和思想在世界各地都有呼应，尽管时间可能晚于欧洲。巴什科尔托斯坦（Bashkhortostan）的卡波亚瓦（Kapoyava）洞穴排列着一组图像，可能有1.5万年的历史，图中包括猛犸象和类似萨满的人与动物的混合体，这让人惊奇地联想起更为著名的欧洲同类作品。在韩国的土罗邦洞（Turobong Cave），也有报道发现了关于鹿的绘画和雕刻，年代尚不确定，但可能是同一时期。在印度比莫贝卡特（Bhimbetka）的一个浅岩洞中发现了马、野牛和犀牛形象的绘画，这是散布印度的证据之一。印度的艺术品形式主要是雕饰过的鸵鸟蛋壳碎片。与之类似，在蒙古阿尔泰山脉洞穴中引人联想的发现可能也要被考虑在内，此外还有日本上黑岩岩阴遗迹中的鹅卵石雕刻，以及一块来自中国龙骨洞遗址的经过修饰的鹿角碎片，其年代大约在1.3万年前。更可靠的遗存是在澳大利亚被大量发现的，当地运用艺术描绘生活的观念的起源，可以从今天肯尼夫（Kenniff）的一块岩石表面上找到蛛丝马迹，岩面上有2万年前留下的人手与工具的印痕。在欧洲的一些有绘画的洞穴墙壁上，也可以看到类似的印痕。欧洲丰富的物质遗存看起来有些异常，但这可能是证据制造的假象，即欧洲是全球胜迹中一个异常持久且运作良好的角落。

如果模印是早期艺术家的技艺，那它很可能是脚印和手印带来的启发。学者们对艺术最初的功能争论不休。它当然讲述了故事，并有神秘的仪式用途：动物图像被反复砍刺，就像象征性的献祭。一个很好的例子是将洞穴绘画视为猎人的助记符（mnemonic）：蹄子的形状、季节习性、最喜欢的食物和野兽的足迹都是艺术家图像库中的重要项目。然而，这种跨时代流传的美学效果超越了任何实用功能。这可能不是为艺术而艺术，但它肯定就是艺术：这是一种新的力量，从那时起，它能够激发精神、捕捉想象力、鼓励行动、代表思想，反映或挑战社会。

◀ 维伦多夫（Willendorf）的神秘雕像，表现了旺盛的生育力，或者肥胖，或者两者兼而有之。

　　滋养艺术家的动物脂肪至少在审美、情感和思想生活中产生了影响。对于冰河时代的艺术家来说，丰满即为美。维伦多夫的"维纳斯"（这个名字尽管滑稽，但却传统）是一尊丰满女性的小雕像，有3万年的历史，以奥地利[1]的发现地命名。评论家把她解读为女神、部落首领，或者因为她可能是孕妇，又将其认定

---

[1] 英文原文误作"德国"（Germany），据实修改。

为生殖崇拜物。然而，比她稍晚而样貌相似的形象，被戏称为劳塞尔（Laussel）的"维纳斯"，雕刻在法国的一面岩壁上。就像我们大多数人一样，因为享受与放纵，她明显变胖了。她举着一只角杯，里面一定盛满了食物或饮料。

精神世界

艺术家们留给我们的财富启迪了两类思想：宗教和政治。也许持现代认知的人会感到惊讶，宗教始于怀疑，即对物质的独有现实性的怀疑，或者用今天的行话来说，是否眼见为实。人们发现现实里有些非物质的东西看不见，听不见，也摸不着，它无法通过感官接触，但可以通过其他方式感知。由此，精神就成了人类世界的一部分。

精神层面在最初被触及时，是一个微妙而令人惊讶的概念：突破被动屈从于物质生活世界的约束，走向无限可塑、具有无限莫测未来的自由。这是一种激发诗意、追求崇高，并推崇永生的生活环境。火焰终将熄灭，海浪终将平静，树木被连根拔起，岩石被打得粉碎，但是精神永在。相信神灵的人通常意识到他们对自然的影响：万物有灵论者通常在他们砍树或杀生前向目标申请许可。

有大量证据表明，冰河时代的思想家知道（或者认为他们知道）看不见的事物的真相：毕竟，他们已将其展示在绘画和雕刻里。在晚些时候狩猎采集者类似的岩画里，冰河时代的艺术描绘了一个想象的世界，里面充满了人们所需要和欣赏的动物的灵魂，这个神奇世界可能通过神秘传说进入。我们隐约看到冰河时代的精英人物，这些人被另眼相看，并与群体保持距离。鹿角状或狮子状的动物面具改变了这些佩戴者。从最近的人类学研究中，我们知道这种装扮通常是与死者或神交流的仪式的组成要素。为了看到和听到通常无法感知的世界，萨满可能会设法通过药物、舞蹈、击鼓或吹笛引发一种癫狂状态。早在4万年前，就有人在盖森克勒斯特勒（Geissenklösterle）吹响了由秃鹰骨头制成的笛子。

与精神对话

我们依然可以看到展示或暗示萨满活动的图画。一件在第二次世界大战爆发前从一个德国洞穴中挖掘出来,大约制作于4万年前的象牙雕刻作品,展示了半人半狮的所谓霍伦施泰因–施塔德尔(Hohlenstein-Stadel)"狮人"。他站在大约1英尺(约0.3米)高的地方,目光傲慢,身形挺拔,堪与肖维岩洞壁画中耀眼的雄狮媲美。

已知最早的似乎是在描绘萨满披着鹿角装饰起舞的作品,是一幅用红色赭石涂在一块维罗纳石灰岩(Veronese limestone)碎片上的信手涂鸦,画于3万多年前。米尔恰·埃利亚德(Mircea Eliade)认为萨满教是世界上第一个普遍的宗教,他注意到了一个伪装成鹿的人类舞者的图像,该舞者出现在冰河时代鼎盛时期比利牛斯山阿列日(Ariège)地区"三兄弟"(Les Trois Freres)洞的岩画上。

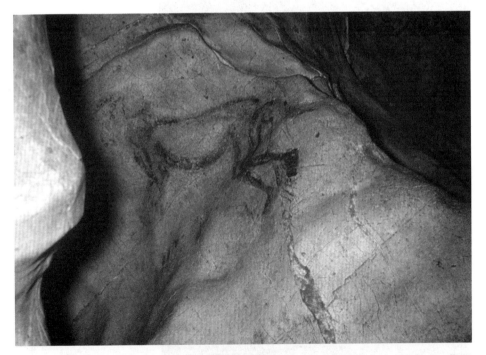

▲ 比利牛斯山阿列日地区"三兄弟"洞的壁画,描绘了一个伪装成鹿的人类舞者。舞蹈和伪装的结合表明萨满教可能是装饰洞穴者的宗教的一部分。

◀ 霍伦施泰因-施塔德
尔"狮人"：这是一
个戴着狮头面具的萨
满吗？

类似作品是来自拉斯科（Lascaux）洞穴中的鸟头人。赫伯特·库恩（Herbert Kuhn）自信地报告了他对蒂克·多杜贝尔（Tuc d'Audonbert）洞穴艺术的探索，在那里他面对的证据是一个使用动物魔法的古代祭司。他描述了经由被水淹没的洞穴进入史前地下世界的经历，随着灯光打破黑暗，冰河时代的场景浮现眼前。洞穴的高度很低，探险家们不得不先蹲下，然后趴在平底船的甲板上。洞顶"刮擦着船舷的顶部……突然，它们出现了。绘画和刻在石头上的野兽……还有萨满：戴着野兽面具的人，神秘又怪异"。

即使有冰河时代以来积累起的所有证据，萨满教仍然只是一个推断。不过，库恩的见闻似乎更有说服力。汇集所有的线索，我们可以建构一个有说服力的图景，以描述世界上第一个有记录的宗教。描绘在洞穴墙壁上的萨满，穿戴着神圣的装扮，经历精神上自我转换的挣扎，负责与精神世界沟通。这个精神世界深植于岩石中，神和祖先以画家崇敬的动物形象居留其间。

精神从岩石中生发出来，在石头表面留下了痕迹，在那里画家们填充了他们的轮廓，并重新获得了他们的能量。在同一块石头上，访客们留下了赭色的手印，好像要留下他们崇拜神灵或是想靠近他们的证据。精神的世界可能也是死者的世界，或许装饰墓地的赭石可以被理解为"鬼魂的血"，就像奥德修斯（Odysseus）在哈得斯（Hades）门前献上死者。

作为理解的艺术

总的来说，谈论萨满教（尽管是试探性的）看起来是合理的，但我们应该抵制试图用单一理论来解释所有冰河时代艺术的想法。当时并非所有的艺术家都必须与灵魂交流或模仿自然，也不是所有人都在精神药物的影响下创作——这些药物扭曲了他们的视觉，或使他们陷入眩晕，或使他们抖作一团。人类之所以把他们看到的事物画成图像，其中一个原因就是为了努力理解它们：理解必然先于控制。像今天的现代抽象派艺术家一样，冰河时代的前辈们试图捕捉所观察的自然的关键属性和模式，而不是复制它的精确外观。因此，在他们的动物艺术作品中，普遍存在着大胆的轮廓勾画、划痕、锯齿形线条、螺旋曲线、蜂巢结构以及倾斜交错的平行线。可以比较确定地说，随着时间的推移，旧石器时代的艺术变得越来越抽象和简化。

冰河时代艺术中的女性

在通常被归类为艺术传统最后阶段的作品中，画家和雕刻家对女性的描绘，似乎尤其被简化为几条素描线。这些作品的年代大约在1.4万年至1.2万年前，广泛分布于从波兰到英国中部的地区。在法国的蒙纳斯特吕克（Monastruc），在一个鹿角制成的凿子上，一个菱形的头从其他菱形中显现出来，这些菱形的形状是为了勾画出一个腰部丰满的人形，她臀部宽大，大腿以下逐渐变细，两条呈"V"字形的斜线表示阴部。在温斯特鲁特河谷（Unstrut valley）的内布拉（Nebra），以驯鹿、马、松鸡和野兔为食的雕刻家把骨头雕成女性形体的模样，看起来像一把小刀，平坦的胸部和丰满的臀部构成了握把，大腿逐渐变细直到刀尖。

在冰河时代的精神世界的某个地方，可能也曾有过女神崇拜——以臀部丰满的雕刻以及冰河时代雕塑上的其他线索为代表。像维伦多夫和劳塞尔的作品一样，风格化、肥臀的女性居多：各地的雕刻家（远至西伯利亚）几千年来都在精心雕刻怀孕的腹部和强健的臀部。世界上最古老的有确定年代的作品，是一件猛犸象牙吊坠，根据放射性碳年代测定，至少有3.5万年的历史。它可能与上述作品同属一类：有一个球状的女性身体，阴户张开，从脖子到膝盖都有刻痕。不久之后，下维斯特尼采的人们戴上了乳房形状的珠宝吊坠。一般的女性或特定的神的形象往往没有脸部特征，有时甚至没有头部。布拉桑普伊和下维斯特尼采的具有生动人类特征的美女雕像则更像是真实人物的个人肖像。不过，冰河时代艺术家

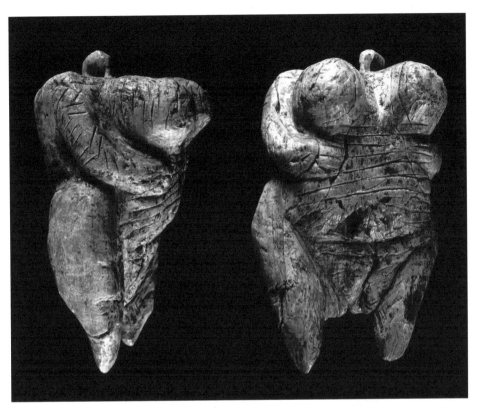

▲ 至少3.5万年前的猛犸象牙雕刻。这一世界上已知最早的雕像大胆地描绘了一名女性的身体。

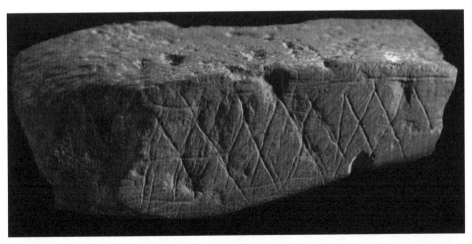

▲ 最早的巫师用具：刻有菱形图案的一块赭石板，是一具葬于7万年前的遗体的陪葬品。

对女性特质的处理并没有单一的解释。无论作为护身符还是宗教用具，无论是具有象征性还是代表性，这些艺术品都保留着近似魔法的力量，帮助今天的我们召唤出失落世界的碎片。

巫术

尽管证据模棱两可，学界业已提出巫术是宗教和科学的起源这一说法。当然，这三个传统都极其关注人类对自然的控制。确定巫术产生的时间或背景是不切实际的。赭石可能是最早的巫师用具，它看上去是最早在仪式中起作用的物品。在布隆伯斯洞穴，有着7万年历史的赭石上明显刻有交错的图案，是某种组合物的一部分。斯威士兰的狮子洞（Lion Cave）有4.2万年的历史，是世界上已知最古老的赭石矿。这种鲜艳血红的颜色在葬礼上被涂在尸体上，也可能是作为珍贵的祭品，这么做也许是为了象征血液，期望死者重获生命。有关史前巫术的推测，目的并不是要找到一个无法企及的精确年表，而是聚焦一个漫长过程的可能性。该过程发生在人类久远的历史当中，其间观察和想象不断相互滋养。有些明显的神奇变化是偶然发生的，可以通过经验来模仿。例如，良性细菌或咀嚼使食物易于消化；火可以上色，使物品焦化脆化，或使黏土变得不透水；把一根棍子或一段骨头制成工具或武器。然而，有些转变需要更激进的想法。编织是一项创造奇迹的技术，大概是在人类起源之前的漫长历史中逐渐被发现的。它将一股股纤维结合在一起，以达到单股纤维无法达到的强度和宽度，就像黑猩猩把树枝或茎拧在一起筑窝一样。为满足物质需要而即兴采取的实用措施可以作为"线索"，激发想象力，做出神奇的推论。例如，猛犸象猎人在更新世大草原上建造的骨屋看起来很神奇——骨头被转变成建筑物，而且很容易被归为庙宇。然而，在里面进行的日常活动与在不起眼的住宅中进行的没有什么不同。也许它们同时作为庙宇和住宅，而修建者不会认为这些功能是相互排斥甚至不同的。

艺术与来世

　　进一步的证据来自有4万年历史的坟墓，时间上近到足以和智人的时代吻合，但这些坟墓实际上属于不同的物种，我们称之为尼安德特人。智人与他的近亲尼安德特人的关系一直模糊不清。尼安德特人与我们的祖先生活在同一个环境中，他们的灭绝令理论家们困惑不已。进化论者的思想激发了推测：（进化）是残酷无情的，智人要么被淘汰，要么消灭假定的竞争对手。但我们对尼安德特人了解得越多，他们看起来就越像我们：与我们非常相似的思维、情感和技术，以及包括语言在内的能力——这些能力以前被认为是智人的特权。越来越多的DNA证据表明，尼安德特人与智人可以实现，而且确实实现了远缘杂交。著名的"尼安德特人项链"（Neanderthal necklace）是由一串狼和狐狸的牙齿组成，大约有3.4万年的历史，发现于屈尔河畔阿尔西（Arcy-sur-Cure）的雷恩洞（Grotte du Renne）的尼安德特人遗址。如果它不是尼安德特人的人工制品，那就来自智人。一个尼安德特人家庭一同埋葬在法国的拉费拉西（La Ferrassie）。墓中两个不同性别的成年人蜷缩成胎儿的姿势，这是遍布今天的欧洲和近东地区的尼安德特人墓葬的特征。他们附近，三个3—5岁的孩子和一个刚出生的婴儿躺在燧石工具和动物骨头碎片旁。从子宫中取出的未发育胎儿的遗骸，也和其他家庭成员一样被安葬，只是没有工具陪葬。其他尼安德特人的墓葬中有更贵重的陪葬品：一个年轻人旁边有一对野山羊角，另一个年轻人身上撒有赭石。在今天伊拉克境内的沙尼达尔（Shanidar），一位老人在失去一只手臂、两条腿严重残疾、一只眼睛失明的情况下，在社区的照料下又生活了许多年，遗体上还残留着鲜花和草药的痕迹。这些案例，以及其他许多类似于尼安德特人葬礼仪式的案例，都遭到了持怀疑态度的学者的质疑，他们把这些案例"解释"为意外或欺诈的结果。但这些案例太多了，以至于无法被忽视。另一种极端情况是，轻信者从这些证据中得出了不负责任的推论，他们相信尼安德特人有一个广泛的人性概念，信仰灵魂不朽，发展出了社会福利体系、老人政治以及哲学家统治的政治体系。尼安德特人可能拥有这些，但坟墓里没有可以证明这些的证据。

▲ 典型的尼安德特人墓葬，尸体蜷缩成胎儿的姿势。

　　葬礼确实揭示了许多令人费解的思考。只不过埋葬还只是物质世界的证据：为了阻止食腐动物侵袭，以及为了掩盖腐烂的气味。但葬礼仪式是生与死的概念的证据，当代文化仍然很难界定这些概念。在某些特殊情况下，比如病因不明的昏迷状态与靠生命维持系统续命的垂死之人的痛苦状态，我们无法确切地说出其间的区别。但是我们对生者和逝者的概念的区分可以追溯到大约4万年前，那时人们开始通过区分逝者的仪式来标记它。西班牙古人类学家胡安·路易斯·阿苏瓦加（Juan Luis Arsuaga）把尼安德特人的掘墓人诗意地描述为"发现死亡（然后）以庆祝生命作为回应的人。通过自我装饰和点缀，他们肯定了自己的存在，对抗着即将到来的最终悲剧。他们运用象征手法来表达他们对活着的巨大喜悦"。最初的死亡庆典使生命变得神圣。它们构成了一种信念，即生命是值得尊重的。这不仅仅是重视生命的本能的最初证据，从那时起这也一直是人类所有道德行为的基础。

　　即使是仪式性的埋葬也不一定证明人们相信有来世：它可能是一种纪念行为，或者是一种尊重的标志。陪葬品可能是为了对活着的人施展安抚魔法，为了在现实世界更好地活着，而不是为了过渡到另一个世界。然而，当坟墓中的物品包括一套完整的生活器具，诸如食物、衣服、可流通的贵重物品和个人购买的工具，这就很难抗拒一种印象，即它们构成了过新生活的必需品。4万年到3.5万年前，像这样的陪葬品在人类定居的世界里普遍存在。至少，作为礼物的赭石可以在坟墓中找到，甚至是来自社会底层的人的坟墓。工具和装饰物品的出现则构成了社会等级的标志，而社会可能已经被不平等撕裂了。

　　死亡的可延续性也不是一个难以理解的概念。在人的一生中，尽管我们的身体不断变化，但我们仍然保持着一种身份的连续性。如果我们能从青春期、更年期、创伤等大变化中幸存下来，不放弃自我，那为什么死亡——毕竟这只是一系列这样的变化中最根本的一个，会标志着我们的消失呢？

　　因此，来世的观念本身可能并不重要。早期墓葬的陪葬品意味着下一个生命将是这个生命的延长，它们肯定了地位的延续，而不是灵魂的延续。事实上，直到公元前1000年，所有的陪葬品似乎都是依据这种假设被挑选出来的。即便如此，这也只是在世界的某些地方出现。或许重要的是此后（当然，此后有文献记载）来世观念的演进，例如，声称来世将是一个有奖励或惩罚的地方，或者这将是一个可能经由转世过上新生活的机会。一个人想象来世的方式可能随之对现世生活产生某种道德影响，善加利用的话可能成为塑造社会的一种手段。例如，沙尼达尔的葬礼以及证明这个半瞎瘸腿老人在死前被照顾了多年的证据，似乎代表了这么一个社会，它考虑周全，道德准则规定要努力为弱者提供关爱。另一方面，那些照顾他的人可能是为了获得了老人的智慧或深奥的知识，以实现其自身利益。

作为社会与价值评判的冰河时代艺术

显然，冰河时代的艺术不可能产生于一个没有社会分化的社会，这个社会存在等级制度和有闲阶级。这样的社会很多，它保有大量昂贵的装饰品，因而它需要一个手艺精纯的熟练工阶层，否则无法用其他方式来解释。那个时代由于食物资源丰富，所以社区可能比大多数四处觅食的族群更稳定，一年四季都长期生活在定居点；拥有特权的人或失去正常生活能力的人居住在一起，其他人则长途跋涉，开辟新的狩猎区、新的原料供应地或与其他人群进行贸易的场所。下维斯特尼采地区的某些发现有着3万年的历史，其中包括一些泥人的碎片，上面有曾经包裹过它们的编织品的痕迹。生产这些古代纺织品的人中也许有些是女性，她们能够长时间不间断地从事生产，表明她们属于特权阶层。诸如经过精心雕琢的象牙饰品这样的昂贵物件似乎是为社会精英准备的，它们制作费时且原料稀有。有一件来自柯斯田基（Kostienki）的象牙饰物，年代在2.6万年至2.2万年前，外观细腻光滑，轻薄呈弯曲状，表面刻有数百个相互重叠的"之"字形，它们围绕着由几何图形构成的中心条纹带，那里有穿孔以便穿线佩戴。一根来自埃尔西维奇（Elseevitchi）的2万年前的猛犸象牙上，所刻的鳞片显然代表着一条鱼，鱼鳍仍然可见，另有放射状的切口，不过鱼头损毁遗失了。其他许多装饰性很强的手工艺品都是器皿，它们提升了制作和消费食物的档次，超越了单纯地供给营养。在过去的大部分时间里，儿童在大多数社会中都是一种宝贵的资源，可用来获利和交换。鉴于此，在那个时代的艺术中，怀孕和生育形象的流行表明了社区中女性的重要性以及对她们的尊重。早在4万年前，有价值的物品就被交易到不出产该物的地方。公元前30千纪中期（mid-thirty-thousands BCE），供应给梅勒堡（Castel Merle）艺术家的象牙来自100千米外，那时距海岸300千米的居民也拥有贝壳饰品。

▲ 2万年前的来自埃尔西维奇的猛犸象牙碎片，上面描绘了一条鱼，鱼鳍仍然可见，有放射状的切口。

◎ **宴会与权力**

激发了洞窟艺术的幻景同样也塑造了政治。冰河时代的政治思想已无从考察，但是反过来探讨领导能力、更广泛的秩序观念以及我们所说的冰河时代政治经济学则是可能的。在我们试图理解冰河时代社会权力等级制度时，最初的一些证据是来自富人餐桌上的残羹剩饭。按价格或数量差异来分享食物的仪式，是约束权力和建立忠诚的方式。某些游猎的人群没有这样的做法：他们只在猎人大规模捕杀或拾荒者发现大量腐肉时才偶尔为之。因此，宴会可能不像那些真正普遍存在的观念那么古老（不过，也可能这是证据展现的假象：某些游猎民族把宴会限制在边远和秘密的地点，远离他们的常住地，这可能不会出现在考古记录中）。然而，在早期的农业和游牧社会中，宴会是首领们控制剩余产品在社会中的分配的方式。往后，在某些情况下，特权阶层的宴会定义了那些有权接触他们的精英，并提供了建立联系的机会。在前一种情况下，宴会对社会凝聚力至关重要；在后一种情况下，宴会则关系到权力巩固。最早的明确证据可以追溯到1.1万年至1万年前，存在于一位食客［来自安纳托利亚的哈兰-切米丘（Hallan Cemi Tepesi）］餐后丢弃的肉菜残渣中，这说明人们已经开始生产食物，不再完全依靠狩猎和采集。然而，近期的考古研究将宴会的可能起源往前推到旧石器时代富足的拥有特权阶层的狩猎社会，现存的洞穴艺术也产生于同一时期。此外，在阿尔塔米拉，考古学家还发现了大规模烹饪产生的灰烬以及2.3万年前的食物的钙化碎片。该地区同时期保存下来的计数棒可能就是宴会开支的记录。

举办这样的宴会目的是什么？举办宴会费力费钱，当然需要正当理由。它可能具有象征或宗教意义，用来庆祝丰收和避免饥荒；也有可能是出于实际原因，为了增强主人的权力、地位或关系网，为了在宴请者之间建立互惠关系，或是把劳动力集中到主人需要的地方。与现代狩猎民族类似，人们进行奢华的娱乐活动，最有可能的原因是为了在群体中结成联盟。尽管有部分学术观点认为宴会是男性的交往场合，但迄今为止经由考古发掘的宴会遗迹都在妇女和儿童出没的主要定居点附近。相反，从它出现的那一刻起，宴会的观念就产生了实际的影响：建立和加强社会联系，强化组织宴会和控制食物的人的权力。

◎ 领袖人物

猿人、古人类和早期智人的社会都有领袖。据推测，与其他类人猿相似，雄性领袖通过恐吓和暴力来实施统治。但是，当我们转向冰河时代的政治观念时，壁画描绘的仪式也提供了关于政治思想的线索：政治革命使权力分配和选择领袖的方式成倍增加。幻象赋予幻想者力量，其超凡的魅力超越暴力，精神禀赋在文化等级制度中凌驾于强健体质之上。在某些社会中，酋长、牧师和贵族的权威是合理正当的，因为他们能接近神力或类似的力量来源，或能同它们保持联系。绘画和雕刻揭示了新型的政治思想，新的领导形式出现了。

萨满

像祭司一样的人物，穿着神圣的服装或动物的伪装，从事着奇异的旅行，这是那些在体力之外拥有新力量的人群崛起的明证。在近期的人类学研究案例中，这种伪装通常涉及与逝者或神的交流，是为了获得进入"他者世界"的途径。借由药物、舞蹈或击鼓进入极度兴奋的状态，萨满变成灵媒，神灵通过他与这个世界对话。生活在西伯利亚北部的楚科奇（Chukchi）猎人的生活方式和环境与冰河时代的艺术家相似，对他们而言幻象意味着一段旅行。使用动物伪装是为了适应动物的速度，或者是为了与图腾或假定的动物祖先（不一定是字面上理解的祖先）相一致。伪装的力量开启了另一种观念：通过与塑造现实世界的神灵（如神和逝者）接触，从而获得关于正在发生和将要发生的事情的内部消息。萨满甚至可以促使神灵改变他们的计划，诱导他们重新安排世界秩序，使之有利于人类，如制造雨水、阻止洪水，或让阳光普照增加收成。萨满通过操纵精神世界控制了自然。

▶ 今天的楚科奇人萨满仍
然以鼓为荣。鼓可以产
生令人兴奋的声音，有
助于诱导幻觉。

如果壁画中身披动物伪装的舞者履行了萨满的职能，那么他们一定具有巨大的社会影响力，人们愿意以礼物、恭敬、服务和服从来赢得这些能与神灵接触的人的青睐。萨满可以是强大权威的来源，比如成为政治革命的引爆点——由萨满来取代族长或男性领袖。当我们扫视洞穴时，一个知识阶层似乎与一个实力阶层同时出现。通过选择具有通灵天赋的精英，冰河时代的社会可以摆脱那些身强力壮者或特权继承者的压迫，从而产生可能被称为第一次政治革命的东西。萨满教用先知和圣人取代了强人。

在许多近代社会中，进入其他世界的特权一直是政治合法性的重要组成部分，"先知"对权力的主张、君主制的神圣权力以及教会对世俗的最高权威都建立在这一基础之上。作为确认统治者身份的一种方式，对那些具有通灵天赋的人表示忠诚，显然是臣服最强武力之外的早期甚至是最早的选项。

世袭领袖

认知考古学表明，在冰河时代最后1000年前后出现了世袭领袖。所有人类社会最大的问题都在于权力、财富和地位如何和平转接。早期的人类社会不需要不平等的概念：这对他们来说很自然。但是，后天获得的地位应该通过遗传来传承的观念是怎么产生的呢？从表面上看，这似乎是不正常的，因为父母的优秀并不能保证孩子的优势，而在竞争中赢得领导地位在客观上才是合理的。对于世袭统治，动物王国里没有类似的东西，迪士尼影片的动物传奇除外。然而，所有社会都在某种程度上承认了世袭原则。在历史的大部分时间里，大多数人都把它作为增补高层领袖的常规手段。

虽然我们不能确定冰河时代世袭权力阶级的性质，但我们知道它的存在，因为冰河时代人类的埋葬方式明显不平等。在莫斯科附近的松希尔（Sunghir）发现了大约2.8万年前的墓葬，1970年O. N. 巴德尔（O. N. Bader）在官方报告中所列证据展示的奢华生活，令读者感到震惊。记录在案的珠宝包括带孔的北极狐尖牙，用来串成项链、手镯和腰带；从猛犸象牙上切下的细圆片制成的手镯；猛犸象牙珠成排地缝在毛皮上衣上，围在死者头部，缝在连着皮靴的裤子上。乍一看，这个地位最高的人似乎是位老者。在一个权当墓碑的盛满赭石的女性头骨下面，他的陪葬品包括一顶缝有狐狸牙齿的帽子，大约25个象牙手镯，以及将近3000颗珠子。这些可能是现世生活的所得。不过，附近的两个孩子，可能分别是一个10—12岁的男孩和一个8—10岁的女孩，他们的墓葬有更壮观的装饰品。除了象牙手镯、项链、别着的衣领、狐狸牙纽扣和带扣，这个男孩的陪葬品还有马和猛犸象的雕像，以及精工制造的武器，包括一支6英尺（约1.8米）长的巨大的猛犸象牙棒（或长矛）。大概5000颗精美的象牙珠撒落在每个人的头部、躯干和四肢上。这是进一步变革的证据：一个从童年，也许从出生起就担起伟大领袖责任的社会开始了。这为世袭的观念提供了一个最早的解答。

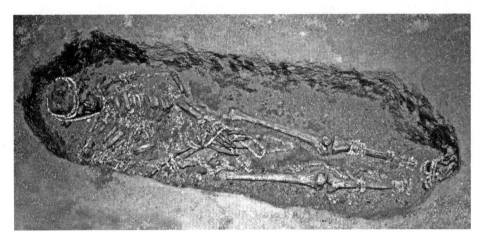

▲ 2.8万年前俄罗斯松希尔地区满是珠宝的墓葬。它表明存在着一个奢侈的精英阶层，也许还有世袭领袖。

对于世袭领袖的出现，人们提出了各种各样的解释。作为一个被普遍关注的问题，许多精神和身体特性是可以被遗传的——现代遗传理论为此提供了复杂的解释。这造成了一种理性偏爱，即倾向于选择白手起家的领袖的子女。人们有时会说，养育的本能使父母想把他们的财富，包括职位、地位或工作传给后代，因此他们乐意让别人照此办理。理论上来说，世袭制阻止了竞争，一定程度上有利于和平。专业化造成了精英和平民之间闲暇时间的差异，并使扮演特殊角色的父母能够培养他们的孩子继承他们的事业。一些国家仍然享有世袭制带来的好处（英国部分立法机构就是世袭的），不受大众政治腐败的影响，并超然于党派政治斗争之外。世袭在某些情况下是选择领袖的办法之一。

思考的年代

得到世袭保证享受权力延续的、专业且享有特权的精英们有空进行思考。当他们向天空搜寻工作所需的信息时，我们可以发现他们的一些想法。在没有其他书籍的情况下，星辰为早期人类提供了引人注目的读物。在某些人眼里，星辰是天幕上的小孔，通过它们我们可以瞥见来自一个无法接近的天堂的亮光。占有与天堂沟通的媒介优势，统治者成了时间的守护者。

时间是一个难以捉摸的概念（圣奥古斯丁说他以为自己知道那是什么，直到有人问他）。也许，最好的理解是，它通过比较一系列变化，来作为一种衡量变化的手段。例如，注意到"这项税收最初是在奎尼乌斯（Quinius）担任叙利亚总督时征收的"，或者一个努尔人（Nuer）的父亲在回答一个关于他儿子出生日期的问题时，可能会回忆起它发生在"我的小牛那么高的时候"。这样的方法似乎是普遍的。几乎同样广泛传播的是测量天体运动变化的方法，这种方法的优点在于提供了一个普遍且显然不可改变的测量标准，因为太阳、月亮和星星周期的不规律性在正常情况下可以忽略不计（虽然现在我们通过将铯原子的衰变率作为普遍标准而改进了方法，但原理没有改变）。像所有广泛传播的实践活动一样，计时的历法系统可以被认为是非常古老的。其起源可以追溯到冰河时代，我们可以用证据来支持推论（尽管不是绝对的），做出假设，即冰河时代的观星者洞察天际并将天体的运动与地球上的事件联系起来。已知最早的可能是日历的人工制品，大概制作于3万年前的多尔多涅（Dordogne）地区，它是一块扁平的骨头，上面刻有新月形和圆形，图形间隔看起来是系统化的，被解读为月亮相位的记录。此后，在漫长的证据空白期，许多遗址发现了计数棒，或至少是有规则切口的物体，但我们还没有把握将其确认为日历，它们可能是涂鸦、玩具、装饰品、仪式辅助物品或其他类型的数字记录。

环境对人类变化的影响

在冰河时代结束之前，一些世界上最好的观念已经涌现出来，并改变了世界，例如符号交流、生与死的区别、现存的物质世界之外其他世界的可及性、精神、神力，甚至神。政治思想方面，已经产生了各种选择领导人的方式，其手段包括魅力、世袭以及实力；也产生了调节社会的手段，包括与食物和性有关的禁忌，以及仪式化的商品交换。但是当冰川退却，人们珍惜的环境消失后，会发生什么呢？2万年至1万年前，当全球变暖断续重现，并威胁到人们熟悉而舒适的传统生活方式时，人们要如何应对？对不断变化的环境的积极反应或漠不关心又产生了什么新观念？

值得铭记的是，我们旧石器时代的祖先是冰河之子。对他们而言，气候寒冷的年代促进了分散和革新。为了理解这些，我们必须想象一个能够在今天的多尔多涅地区维持麝牛生存的全球气候。2万多年前，在昂古莱姆（Angouleme）附近的塞尔岩棚［Roc de Sers，离劳格里-豪特（Laugerie-Haute）岩洞距离不远，年代也相差不多］，雕刻家刻画了这些强壮的四足动物，包括肌肉组织和厚厚的毛发，还有张开的鼻孔，通过加热吸入的空气来保护肺部免受寒冷。塞尔岩棚的作品是一幅浮雕，麝牛专注地弯着腰，好像要吃草，像米开朗基罗的作品《奴隶》（《阿特拉斯》）（Captives，又作Atlas Slave）那样呼之欲出。劳格里-豪特岩洞的麝牛作品仅有头部得以保存，但是尽管经历了几千年的风化，它仍然立即让人联想到这种大型野兽的现实样貌，显示出麝牛卷曲的牛角间特殊的骨状前额，还有浓密的簇状鬃毛。从当时饭菜的残渣来看，刻画头部的艺术家很少（如果有的话）吃麝牛，废弃物里满是马骨。我们无法判断它对作者意味着什么，但我们可以肯定的是，当艺术家把握主题时，他感受到的不仅仅是食物，也许是一种情感表达，即承认野兽的伟大，以及借此靠近想象世界。麝牛得以幸存至今，但只在美洲最北部的冰封地带游荡。如今在北极圈附近的地衣上穿行的驯鹿和已经灭绝的为寒冷气候而生的长毛猛犸象，正是下维斯特尼采艺术中常见的形象。

▲ 麝牛是冰河时代艺术中可分辨的最受欢迎的对象之一。它很肥硕，是能获得丰厚回报的猎物，但很难捕杀。

　　气候变化威胁着冰河时代艺术家所反映的世界，以及他们所属和建立的社会。在某些方面，我们可以根据自己的感受来共情这一体验。我们也生活在一个令人担忧的变暖的世界。其间出现了一些波动，目前阶段气温的上升异常剧烈，部分原因是人类活动加剧了这种波动。但是，我们仍然忍受着导致冰河时代结束的气候变暖。当然，2万年至1万年前的人们对变暖的反应不尽相同。冒着过于简单化的风险，我们可以发现两种广泛的反应。有人为了寻找熟悉的环境而长途跋涉，而有人则留在原地试图做出适应。这些就是下一章的主题。

第二部

泥土与金属：

农业肇始到"青铜时代危机"的文化分化
（公元前1万年至公元前1000年）

第三章

走进变暖的世界

马丁·琼斯

随着当前的温暖期（或"间冰期"）的开始，世界范围内的冰盖已经明显消退，人类祖先的全球之旅已经到达南极洲以外的所有大陆。在每一块人类定居的大陆上，都有一些群体将开启与自然的全新交流，这会发生在世界的几个不同地区。这种新的交流将包括与我们赖以生存的食物链中的动植物建立更紧密的联系，例如通常与狗结成伙伴关系，一同进行全球旅程。在不同的地方，这些关联对象还包括一系列开花植物、不同种类的食草哺乳动物，偶尔还有鸟类。这种新的生态学改变了人类的生存环境，以至于几代考古学家和人类学家已经在食物采集和食物生产的世界之间划清了界限：一个是狩猎、采集和觅食的世界，一个是农业的世界。

关于前者向后者的转变有很多争论。有人认为，它们之间有某种不可避免的联系，所有社会都发现自己处于一条发展道路上的不同位置。其他人从文化和历史的角度来看待这种转变，探索导致革命性变化与积极传播新观念和新战

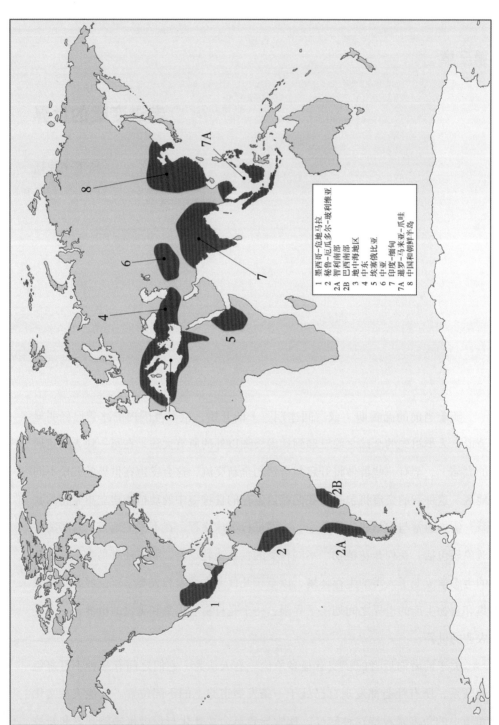

▲ 3.1 尼古拉·瓦维洛夫的"多样性中心"（注：假定的驯化作物起源地。）

略的条件和环境，而不是某种稳步线性的进化。这两种方法本身都难以完全解释这一转变。

渐进式进化的解释面临的问题在于，转变为何如此之晚。我们这个物种大约有20万年的历史，展示出所有的现代认知属性也至少有8万年之久。在农业出现之前的时代，人类适应了世界各地多样的气候、地理和生态环境，这些环境在一系列极端环境之间波动。后续年代有什么特别之处，有哪些新挑战导致了如此激进的变化？这些问题促进了考古学的实地调查，最初主要集中在西南亚和中美洲，随后是在中国和世界其他地区。这些调查项目为与特定地区和特定时间有关的解释提供了一系列证据。这些地方人类定居性质和方式的深刻变化表明，"革命"能够也确实传播了新的生活方式和习俗。新观念似乎可以解释大部分证据。然而，同样的证据在少数地区解释不通。转变显然在彼此相隔遥远的多个中心，以符合全球进化进程的方式重复发生。

因此，许多当前的解释将转变的革命性和进化性相结合，同环境波动、文化和人口的反应等主题一起探讨。此类叙述所依据的证据也发生了变化。最早的解释基于发掘出的手工艺品、打猎用的箭和矛尖、用于研磨的石头以及烹饪用的锅等。在探查人类食物的过程中，动植物残骸也及时补充了数据。最近有翔实的证据表明，在我们与自然的交流中，遗传转化是这一根本转变的核心。

过渡时期中的环境背景也更容易被理解。它在不同年代发生于不同地区，但在所有情况下都在"新仙女木时期"之后，即1.29万年至1.17万年前影响北半球大部分地区的一次急剧降温后，一系列长期的重大气候波动由此结束，我们称之为"全新世"的温暖时期开始了。此前几千年剧烈的温度波动已经威胁到许多大型生物的生存，尤其是大型陆生脊椎动物。在此期间它们当中有不少走向了灭绝，人类也不例外。在之前的间冰期，人类在世界上至少有五个分支。到1万年前，只有一支幸存下来，没有步其近亲的后尘走向灭绝，反而走向兴旺。在一个变暖的世界里，智人比它的任何前辈和表亲都扩散得更加充分和广泛。

了解自然

灵长目动物通常倾向于避开新环境，但有时会根据需要做出改变，就像山地大猩猩那样。人类在这方面尤其擅长，但在移居问题上仍然非常保守，要找到类似出发地的环境通常就得迁移很长的距离。例如，近代早期欧洲移民为了寻找"新欧洲"，跨越了全球。即使在现代穿行于各大陆时，他们也更青睐熟悉的城市环境。作为非洲血统里唯一幸存的一支，他们是如何应对走过的新世界？他们在最初稍显新奇但后来又明显不同的环境中做了些什么？当人类穿越四大洲到达南美洲最南端的巴塔哥尼亚（Patagonia）时，他们曾经逐渐适应的非洲动植物物种已经不见踪影。在这个从非洲出发，跨过亚洲和白令海峡，穿越北美、中美和南美的旅程中，动植物种群发生了多次巨大的变化，人类是如何适应的？

◎ 动物种群

这个问题在我们追逐和利用的动物中最容易解答。8万年至4万年前，人类的早期成员在南非好望角地区的西布度岩洞（Sibudu Cave）等地游猎，他们可能主要以南非野猪和蓝麂羚等动物为食，但没有把它们带到别处。这些种群在欧洲没有被发现，但属于同一种属的猪和羚羊，还是能在欧洲找到并得到利用。在某些情况下，新种群的体型或外观有很大不同，但替代效果是一样的。似乎有理由推断，早期人类的感知并不局限于对单一种群做出反应。他们可以做的不仅仅是识别和命名单个种群。

我们从近现代民族志中学到的一点是，尽管本地分类系统可能与我们的不一致，但它们总是详细而精确的。我们不难推断，除了特定物种的名称外，它们还有与我们的术语"哺乳动物"相似的通用术语。人类早期迁徙的关键在于能用一种"哺乳动物"替代另一种，并相应地改变捕猎策略。人们很容易拓展论点，推断出"鸟类"和"鱼类"拥有单独的通用术语，更具有推测性的是存在"猪科"（suid）、"鹿科"（cervid）和"牛科"（bovid）这样的细分。对我们来说，这些通用分类似乎是显而易见的，并且不证自明。然而，这样的多级分类并不普遍，也绝不能假设。值得注意的是，只有少数的原始人类（hominid）种群有过这样的旅行。

▲ 南非德班（Durban）以北的西布度岩洞，挖掘表明大约7万年前，那里的人们就已经开始缝制衣物、建造床铺、使用弓箭并调制黏合剂。

◎ **植物种群**

认知能力是如何限制人类离开非洲的，这仍然是个值得思考的问题。人类在遇到不同类型植物时面临的挑战，比他们遇到不同种类动物时要大得多。"动物"或"鹿科"这样的类别对专业和非专业人士来说都是相当明确的。然而，确定相同植物的种类则需要一些更细致的培训或指导，例如依据热带雨林和极地苔原的基本要素。除了片面地表述"呈绿色"和"依然存活"外，对内在相似性的阐述还有赖于我们都认可的"专业知识"。然而不知何故，早期人类将这些截然不同的生态系统进行分类，利用旧生态系统的知识来寻找和识别新的生态系统中可供食用的植物。我认为他们采取的这种做法类似他们对待动物的方式。他们有通用的分类，他们富有想象力并且敢于冒险尝试新的物种，直到找到能食用的植物。其中，有两类植物主导了旧世界的农业，在我们现代的分类学中，它们对应"豆科植物"（legume）和"单子叶植物"（monocot）。

从非洲出发后的每一个阶段，人类都熟悉这种典型的大种子线状豆荚。它们可以在种子完全硬化之前作为绿色豆荚食用。它们可能被看到悬吊在遍布非洲大草原的平顶的金合欢树上，或者从非洲湿润环境中茂密的野生豇豆藤上冒出来。在亚洲西南部岩石较多的侧翼丘陵区，它们会从微小的野鹰嘴豆里不可思议地膨胀出来。所以，在每一个新的生态系统中，我们熟悉的豆荚都并不遥远，如果没有更熟悉的豆类，还可以尝试使用不太熟悉的豆类。这大概是"风险可控"的策略，而不是低风险策略。一定程度的胃部不适，以及偶尔出现的更糟糕的危险，都是试验的一个长期特征。但最终的结果是，豆科植物的20个属中大约有10个在旧世界不同的农业生态系统中扮演着重要角色。

▲ 豆荚悬吊在平顶的金合欢树上。

在人类食物谱中，唯一在多样性和规模上超过豆科植物的群体是单子叶植物。它们可以是高大的（如椰子和竹子），也可以是矮小的（如莎草和洋葱），无论外观如何，都可以通过叶子上的平行脉络，以及茎和块茎的鞘状结构来识别。一旦覆盖着的叶基部被剥掉，核心茎内往往有一部分可食用的碳水化合物。这种情况在其他种类的陆生植物中并不普遍。比如，双子叶植物（阔叶植物，dicot）和针叶类植物在茎中都形成大量木质组织，人类的牙齿和内脏无法接受。双子叶植物鲜嫩的未木质化的部分可能看起来可以食用，但其化学（毒性）防护的范围和复杂性却难以预测。食用新遇到的或是不熟悉的植物的阔叶、果实和花朵是一个高风险的策略。越来越多的证据表明，未成熟的豆荚以及地上和土里的单子叶植物的茎是许多原始人类种群的日常食物，这成为进入新生态系统的另一种"风险可控"策略的一部分。在原始人类中，特别是我们的种群精心制作的工具箱，以另一种极其重要的方式，极大地促进了对每一个植物种群的利用。

任其成熟的话，豆科植物和单子叶植物一样（尤其是单子叶植物中的草科）可以形成干燥的种子或谷物。它们难以生吃，不太可能是我们祖先最早食用的部分，取而代之的是块茎、茎、芽和未成熟的果实部分。然而，人类发展出的工具箱的多样化使我们能够通过研磨、粉碎、烹煮等方法实现转化。干燥的种子或谷物现在是一种重要的食物来源，它们的另一个优势是易于储存和运输。单子叶植物消费的农业遗产反映在中纬度地区的一系列茎类植物上，特别是山药和芋头，还有姜科的许多块茎，比如竹芋。在温带地区，单子叶谷物占主导地位，而且的确主宰了农耕民族的饮食。它们包括至少50种谷物，其中小麦、大米和玉米这三种，在当今全球人类所摄入的生物能量中的占比超过一半。

◎ 为自然中的食物分类

这些观察结果同旧世界，更具体地说，同亚北方旧世界有关。虽然本章的重点是我们自己这个单一的原始人类种群，但可以说上述观察结果也适用于一系列的原始人类。如前所述，大多数原始人类种群并没有进行如此冒险的旅行，进入更广阔的全球生态系统。然而，同为人属的至少五个种群，在某一时期将其活动范围扩展到了非洲以外，其中一些到达了欧亚大陆北部的北方界线，他们捕食动物，并以豆科植物和单子叶植物来平衡他们的肉食。可能只有一个种群在北部极北区（Northern Boreal zone）完全立足，并在另一端的美洲大陆找到了自己的天地。从生态学的角度来看，这可能是一个充满挑战的旅程，因为一组特定的自然分类无法提供足够的灵活性，以实现对寒冷北方地区矮小、蜡质化及木质化的植被的成功利用。从他们留下的利用植物的证据中，我们可以推断出，在进行了无畏的旅程后，人类带着更复杂的植物表述向南穿越了美洲大陆。

更复杂的情况可以被勾勒，但不能被精确地描述出来。以茎类和块茎食物为例，单一主题在旧大陆里反复变化，如单子叶植物可控的风险。在新大陆的部分地区，这一主题反映在竹芋、美洲山药、椰子和所有高海拔地区的块茎中。除此之外，最重要的三种块茎来自周围一些最危险的植物家族。树薯（manioc）是大戟科植物（spurge）的一员，甘薯是旋花科植物（morning glory），马铃薯是茄科植物（Solanaceae或nightshade）中毒性最强的一种。为了与这些新资源建立可靠的关系，人类种群需要某种多层次的分类法，允许对群体和子群体进行专业的筛选和区分。言下之意，反过来这可能也意味着交流专业知识、允许进行试验并以这种方式加以利用。基于知识的自信不仅让使用者避免中毒，还能利用它们来寻找毒药、治疗药物和精神活性药物。

在新世界对干燥谷物的开发上，多样性更为明显：有真正的单子叶植物（玉米、五月草、一年生麦草）和许多豆科植物（芸豆、利马豆、洋刀豆和豆薯），也有来自藜科植物（Chenopod）、苋属植物（amaranth）和向日葵的硬种子。这并不是说无论是旧大陆还是新大陆，几千年后的后代都没有发展出可观的民族植物多样性。事实上它们都有了发展。然而，在旧世界和新世界的人类开拓者如何认识和利用自然的潜在形态中，我们会发现他们的差异。在旧大陆亚北方地区，保守的分类策略足以建立可行的植物开发模式。这种保守策略已经被几个人属种群所共享并付诸行动。但在穿越北方去向美洲的旅程的某个阶段，它就显得不足了。对于我们的非洲分类单元来说，更为复杂的自然语言（陌生而不友好）是无法直接恢复的，而这种语言是应对北方恶劣生态系统所必需的。任何迁移到陌生生物群落中的群体都必须在之后各阶段重新设计和学习分类方法。那些穿过可食用植物匮乏区域的种群，会选择性地使用动物食物来补充通常来自植物的必要营养素，因此不太可能保留其祖先的分类词汇。然而，它的印记和遗产仍然保留在独特的和尤其复杂的新世界民族植物学知识分类当中，仅有一类物种做到了这一点。

◎ 提供养分的自然

　　虽然本章着重论述了向种植作物的农业生产的转变，但现代饮食的两个特点要对这一重点加以限定。首先，如果我们在当今的全球美食中寻找公认的最健康的元素，它们很可能来自捕鱼和其他狩猎形式，或者来自世界上江河湖海的滨水地区蓬勃发展的园艺传统。日本绳纹文化至少与同时代的农耕社区一样具有对自然的深刻认识，并且可能无意识地呼应着现代挑剔且敏感的食客，它是为数不多的几个可以如此形容的文化之一，在本章所述时段内繁荣兴盛。其次，如果我们在当今的全球美食中寻找公认的地位最高的食物，我们很可能会转向来自食草动物的美味肉类，它们由横跨亚非大陆的游牧民族放牧照管。在最近1万年里，世界上的农耕者与这些平行的生活方式并存，在某些情况下，它们交织成单一的生活方式，年复一年地改变着劳作方式。还有另一种非常重要的生态模式，但考古学对它的了解更加稀少。世界上的林地已大为缩减，熟悉并生活于其中的群体也急剧减少，而深层林地考古学只是在最近才得以发展。

▲ 这一场景重建反映了大约1.2万年前日本绳纹文化中农业出现之前的定居生活。得益于丰富的水产，人们能够长久地生活在村庄里。他们在闲暇时会制作一些陶罐，它们通常尺寸较大，也很精致，是世界上已知最早的陶罐。

除了富饶的滨水地带、广阔的牧场，以及尚未知晓的林地人类生态系统的多样性之外，使农耕变得引人注目的关键因素是什么？答案大概是能量（卡路里）。农业最显著的产出是生物能量，其规模前所未有，并具有增产、储存积累和交易的潜力。这与下一章将探讨的一系列全新的人类文化方式有关。在这里，我们回过头来讨论我们与自然的新关系如何使农业成为可能。

驯化的生活

前面几节关于向农业世界转变的一些描述直接来自原始考古证据，但它在很大程度上还得依靠我们对这段生态之旅的回顾，尤其是通过其最显著的结果（驯化和农业本身）所做的回顾。被选择的草类、豆类以及动物在生物学、遗传学和地理学上的详细形态可以引导我们回到开发它们的深层历史。在这些动植物的开发史中，一个关键节点是每个物种都失去了生殖的自主性，并且最终依赖人类——这个它们的剥削者，来生产下一代。这种生殖自主性的丧失是"驯化"概念的核心，其程度是可变的。在驯化的过程中，我们的几种主要谷物的自然传播机制已经失效，两三年后它们将从无人照管的土地上完全消失。其他谷物，尤其是一些不太为人所知的小颗粒谷物或"黍类"，可能会在无人照管的地块上存活很长时间，并定期与野生近亲杂交。动物也有类似的变化。很难想象牛在人类生态系统之外生存，它们的野生祖先已经灭绝了。猪和野猪的关系则不是很清晰。纵观人类的食物链，可以看到其依附和独立的全景：从淡水鱼类和海鲜（直到20世纪养鱼场建立前它们几乎都是野生的），再到控制着我们食物链热量输入的三种草科植物（或谷物）——小麦、水稻和玉米全都严重依赖人类的干预来完成其生殖周期，因此被完全"驯化"。

◎ **驯化作物**

本书前几章已经追溯了人类走出非洲并扩散到全世界的轨迹，它由考古学和遗传学共同阐释。后者对于确定驯化是如何以及在哪里发生的，以及农业是如何在世界大部分地区传播的问题上，也起到了至关重要的作用。俄罗斯作物遗传学的先驱尼古拉·瓦维洛夫认为，可以通过观察现存野生作物近亲的多样性来追踪驯化发生和农业开始传播的地区。

他通过标记野生近亲的高度多样性，提出世界上有8个主要的农作物起源的核心地带，地域横跨非洲、亚洲和美洲。他注意到核心地带并不在世界生物生产力高峰地带的中心区域。巨大的赤道雨林就不在其列。相反，它处在高低海拔之间和干湿区域之间的过渡地带，那里的边缘生态系统对季节的波动非常敏感。这些过渡性生态系统有利于季节性植物生长，特别是种子植物，它们在核心地带占有优势。瓦维洛夫提到的两个南部核心地带只有少数驯化作物，而对于剩余的六个核心地带，每一个他都归纳出了38—138个驯化作物的源头——全世界有接近700种植物为满足人类需要而转变。

▲ 有着9000年历史的耶莫（Jarmo）遗址，位于扎格罗斯山（Zagros Mountains）山麓，高出底格里斯河800米。

二战后的一段时期，瓦维洛夫的地图启发并引导了一系列重要的实地考察项目，这些项目为选定的"起源中心"提供了历史和纪年。他对核心地带作物多样性的关注很快引起了考古学的兴趣，并在之后的年代通过持续的实地考察和分析来延续这一兴趣。

这些核心地带被研究得最深入的是小亚细亚地区，它也和詹姆斯·布雷斯特德（James Breasted）所提出的弧形地带相对应。这位学者把考古学和《圣经》历史结合起来，将尼罗河、约旦河、底格里斯河和幼发拉底河流域的土地连接成一个连续的弧形，将其命名为"新月沃地"。他的学生罗伯特·布雷德伍德

（Robert Braidwood）和琳达·布雷德伍德（Linda Braidwood）沿着这条弧线继续探索，连同他们协助发现的考古新证据把研究向前推进。如9000年前的耶莫遗址对我们了解农业的出现就至关重要。耶莫不在底格里斯河下游，而是位于扎格罗斯山山麓一座800米高的山丘上，底格里斯河从旁边流入山谷。这被证明是一种反复出现的模式，引发布雷德伍德夫妇强调"侧翼丘陵区"，即裸露的山脉和其底部堆积的山麓沉积物之间的接合部，作为农业出现的主要关注点，其次是稍后将完全被用于农耕的谷底地区。

从河谷到河谷边缘的山麓地带，这样的转变是一个在其他农业起源中心地区反复出现的主题。早在中国的考古工作开始之前，中国北方的黄河流域就被视为汉族祖先的聚居地。当20世纪第一批考古学家开始在新石器时代的仰韶等遗址进行实地考察时，他们确认了黄河的重要作用。到了20世纪60年代，由于在河姆渡发现了大量早期的稻谷，南方的长江也被认为是早期农业的重点区域。在过去20年里，在中国的北部和南部，更精细的勘测以一种与布雷德伍德夫妇的"侧翼丘陵区"相呼应的方式，将人们的注意力从河谷转移到了两侧的山麓，那里裸露的山岩再次被较软的山麓沉积物覆盖。

再来看新世界里瓦维洛夫提到的中美洲和安第斯山脉这两个中心地带。这些都是20世纪中期寻找农业起源的目标。当理查德·马尼士（Richard MacNeish）从墨西哥特瓦坎（Tehuacan）山谷上方荆棘丛生的高地上的科克斯卡特兰洞穴（Coxcatlan cave）中找到小玉米棒子时，这个位置与旧世界的侧翼丘陵区产生了共鸣。瓦哈卡山谷（Oaxaca Valley）上方的吉拉·纳奎兹洞穴（Guila Naquitz cave）说明了早期遗址的地势较高，这可能是中美洲植物被驯化的最早证据——大约在1.075万年前葫芦被驯化。

南美洲的安第斯山脉中心地带将海拔高度的主题发挥到了极致，那里种植了玛卡（maca）、苍白茎藜（cañihua）、块茎金莲花（mashwa）、酢浆薯（oca）和苦土豆等高海拔作物，每种作物都适应了4000米左右的海拔高度。南美洲的大部分资源多样性是垂直分布的，在每个海拔高度带都有丰富的驯化植物。

瓦维洛夫的中心地带不再与我们目前关于农业起源地区的考古证据有精确的对应关系，考古实地考察使地图有许多调整。然而，这些中心地带与地理的对应仍然存在，瓦维洛夫的方法仍然为考古学家提供了一个有价值的路标，指导我们继续寻找这些起源。某些起源地，如美洲东部，在那里生长着向日葵和某些藜科植物，而撒哈拉以南地区是几种非洲黍类的家园，这些地方都没有出现在瓦维洛夫的原始分析中；诸如地中海这样的地区则被瓦维洛夫过分强调。

现在有更多的与动植物进化密切相关的地区得到了证明。当考古学家最初试图寻找与瓦维洛夫地图有关的遗址时，植物考古学的方法才刚刚出现，而且只是为了使种子和果实的检测变得更加精确。最早出现的新石器时代世界地理学非常强调粮食作物，主要是谷物和豆类。这些地理区域因此偏向于野生谷物繁盛的草地生态系统。只是随着分析方法的逐步改进，通过烧焦的残骸和植物微化石得以探测地下贮藏器官，赤道地区重要的块根和块茎农业的起源才被更清楚地揭示出来。上述改进让我们发现了新几内亚的库克沼泽（Kuk Swamp）遗址，该遗址有着9000年的历史。当地社区为了种植芋头，将溪流改道并在土里挖掘深坑。在几千年间，这里也出现了培育甘蔗和香蕉的证据。

自从瓦维洛夫最初的分析提出以来，考古实地考察以多种方式扩展了农业起源的范围。瓦维洛夫提出了8个中心，而新的证据将这个数字扩大到至少12个。此外，放射性碳年代测定法应用的广泛和常规化分散了它们的年代，并引起了人们对另一个问题的注意，即变化的速度。

在人类和其他生命形式间的许多密切联系中，动植物的生物转化是一个可见的结果。野生形态变成驯化形态，草变成谷物，豆科植物变成豆类，狼变成狗。达尔文本人广泛使用了古代动植物驯化和当代动植物育种之间的密切类比。根据普遍的假设，有意识地选择更好、更方便、更可靠的形式有助于推动向农业的转变。然而，我们可以确定可见变化的不同阶段的时间，（它表明）这个过程似乎很慢，慢到参与其中的人类很难注意到它实际上正在进行。在这种情况下，"有意识"选择的概念就成了问题。

◎ **新月沃地**

关于变化速度，最丰富的证据仍然来自詹姆斯·布雷斯特德所说的亚洲西南部的"新月沃地"。在这里，大量利用野生谷物的记录可以追溯到2.3万年前黎凡特地区的奥哈罗二号（Ohalo Ⅱ）遗址。在同一地区，从瓦迪–哈梅二十七号（Wadi Hammeh XXⅦ）遗址建于1.4万年前的房屋中发现了石臼和石杵。其后1000年间野生谷物的利用在叙利亚北部得到了证实；再往后1000年间的利用在伊拉克北部也得到了证实。1.13万年前，像叙利亚北部的杰夫阿莫尔（Jerf EI Ahmar）这样的遗址存在着大量且多样的在石砌建筑里加工、烹饪谷物的证据。这一时期，沿着新月沃地可以找到一系列谷物和其他植物长期接触的证据，这些相同的植物没有表现出驯化的形态学迹象，它们在结构上是野生的。但这并不一定意味着没有人类的干预，因为定居的觅食者正培育着他们的食物来源。如果野生谷物足够丰富、相对容易加工成人类食物，干预措施可能不会留下驯化的证据，而有意识的过程，如风选、除草和重新种植，可以假设在杂交之前，不一定会产生可检测的结构或基因的改变。

通过直接观察不同年代谷物叶轴（茎承载谷物的部分）的形式变化，可以评估其形态变化的速度。在新月沃地西部，叶轴日益变得突出坚韧，此类驯化形式的证据出现在大约1.05万年前，在东部出现则大约比西部晚700年。即便如此，在这些性状变得"固定"（当形态变化作为种群整体的一个持久特征稳定下来时）之前，仍有1000年的时间间隔。这种"固定"在不同时间发生在新月沃地的不同地区，但不论哪种变化，都是发生在瓦迪–哈梅27号遗址的石臼和石杵出现几千年之后。

◀ 从约旦佩拉（Pella）的
建于1.4万年前的瓦迪–
哈梅27号遗址房屋中发
现的石臼和石杵。

在东亚稻米的案例中也观察到了类似的缓慢节奏。水稻的植硅体证据（植硅体是在一些植物组织中发现的由二氧化硅构成的坚硬的微观结构，在植物腐烂后仍然存在）表明，大约1.2万年前，中国江西省的吊桶环遗址就有水稻种植。大约5000年后，在保存于中国浙江省田螺山遗址的稻糠碎片中可直接观察到驯化性状的固定。6900年至6600年前，成熟时因破碎或"粉碎"而失去原始野性性状的种子的比例在27%到39%。与此同时，在遗址的考古范围内，水稻残余物占植物残余物总量的8%到24%。来自田螺山遗址的证据提供了一个有用的形态学驯化的记录，其整体缓慢的驯化特征和在西方观察到的小麦和大麦的驯化模式一样。

我们现在有证据表明，在世界上几个不同的地区里，各人群通常经由食草动物，有时是鸟类，慢慢地（对任何当代人类观察者而言都是在不知不觉中慢慢地）与几种植物发生关联，这种联系不断导致相关物种的生物变化（我们称之为形态驯化）——在每种情况下，都需要更大程度地依赖人类这个剥削者来完成生殖周期。在随后的农业世界中，定居点和社会采用了一些全新的形式，并最终以新的方式相互联系。

房屋、炉灶和窑炉

同它赖以为生的动植物的生命周期的密切联系，永远都是一个物种如何在一个生存环境中找到定位的驱动性特征。在人类历史的早期阶段，两种不同的定位方式同时存在。一种是在临时营地间灵活流动，尾随大型食草哺乳动物的季节性移动，它有时可以带着人类跨越很长的距离。另一种是在生态边界之间，即陆地和水域之间，或山地和平原之间的接合部，通过小心保持现状维持生命。对植物特别是豆科植物和单子叶植物的重视，伴随着一种新的定位方式的出现和发展，这种方式反映了人类开发植物的生态，以及随着植物对食用者依赖的增强，人类对植物进行培育和保护的持续关注程度。

在这个时期"人造空间"的观念并不新鲜。在地面上围绕可控的火源人为地建成可控空间，为小规模人群体提供庇护所和安全保障，有关这种行为的证据在年代上可能比驯化动植物的证据早至少3倍。最引人注目的是在旧石器时代环境里由猛犸象骨骼建成的房屋，猛犸象骨骼是一种建筑材料，有时被欧洲和亚洲的格拉维特人（Gravettian）和上格拉维特人（Epi-Gravettian）使用。驯化时代存在大量对材料在形式和种类上的精巧利用。两种特别常用的材料是开凿的石头和泥砖。与早期使用的有机材料相比，这些新产品使房屋的建造有了更多外形和不同的组合。

一个引人注目的早期案例是靠近今天杰里科（Jericho）的泰勒苏丹（Ein Es-Sultan）遗址。在公元前10千纪，70间直径5米的圆形房子由晒干的泥砖混合稻草修建而成。这个数字在随后的1000年间大为增加，定居点有了石墙环绕，占地4公顷，还有一座高3.6米的石塔。到了公元前8千纪，邻近土耳其科尼亚（Konya）的加泰土丘（Çatal Hüyük），其复杂和精巧程度堪比许多当代定居点，那里有成千上万的居民住在密集的住所中。

从那时起，旧世界不同地区的更多样的人造空间将社会与多产的植物联系起来。人造空间和周围的植物反映了在特定地方不断增加的投入，以及对其安全性的日益依赖。建筑结构强调空间上的联系和依赖，并通过间接提及祖先和死者强调时间上的联系和依赖。

　　随着世界气候进入全新世最温暖的阶段，也就是9000年至5000年前这个最适宜的时期，旧世界和新世界的几个农业起源中心地带最终形成了复杂而密集的建筑空间，被多样化地描述为"村庄""城镇""城市"。在公元前8千纪，印度河以西，今天巴基斯坦俾路支省（Balochistan）的卡奇平原（Kacchi Plain），种植小麦和大麦的农民建造了一片泥砖房和粮仓，这个地方将在未来3000年间走向繁荣。3000年后，梅赫尔格尔（Mehrgarh）已经发展成一大片定居的高地，占地超过200公顷。将目光转向东方，在中国黄河流域的西安，半坡遗址出现于公元前7千纪，在8公顷的广阔土地上，100多间建筑和两倍于此的坟墓，连同精致的陶器窑炉彼此相邻。

▲　大约从2万年前开始，猛犸象骨头建造的房屋在欧亚平原很常见，直到用泥土制成的建筑材料取代了它们（另外可参见第47页）。人们在这些非凡的住所里进行着普通的日常活动，包括睡觉、吃饭和家庭生活的所有日常事务。

▲ 大约1万年前，在土耳其科尼亚的加泰土丘，住宅蜂巢般紧靠在一起，屋顶走道被用作街道。

▲ 梅赫尔格尔（新石器时代，公元前7000年至公元前2500年或公元前2000年）。该遗址位于巴基斯坦俾路支省卡奇平原上的博兰山口（Bolan Pass）附近，印度河流域的西部。这里从"一片泥砖房"发展成一个占地超过29公顷的定居点。

能源与火

房屋和窑炉都凸显了人造空间的一个核心特征：对能源的控制。在作为能量核心与来源的炉灶周围，社会和集体的轮廓得以显现，围绕同一个炉灶的建筑的边界意味着分离和限制。就这样，随着这些主题的不断变化，建筑和社会继续着它们纠缠不清的共生过程。炉灶包含了另一种围绕燃烧技术的共生现象。用于实现密封的许多材料，如硬化黏土和灰泥，需要炉窑来生产。保持社区的温暖干燥、准备食物、制作建筑材料和人工制品形成了一个热量的连续体。这个连续体的运作要求对炉灶、燃料和空气的输入方式以及炉膛的样式进行改进。以炉灶为中心的人造空间为燃烧技术的试验提供了一个持续的舞台。

在我们回顾的这段时间里，烹饪所需的温度也可以用来烘干泥砖和煅烧石膏以制成灰泥。随着密封的加强和氧气的增加，温度可能会超过500摄氏度，足以将湿黏土转变成一种耐用的多用途材料。对封闭炉灶的进一步改造以及选择木炭作为燃料，就能够把二氧化硅熔化成玻璃，也能熔炼铜和金。为了炼铁，同样的主题（即封闭的火、精选的燃料和充足的氧气）将被聚集在一起，以达到地球表面前所未有的温度，甚至连火山表面也有所不及。

对火与装饰材料的迷恋一样深入人类历史。这两者的历史在欧亚大陆至少可以追溯到4万年到3万年前，在非洲这个时间还得翻番。世界各地的人类使用石膏和黏土塑造人类和动物的形状，并进一步用这些泥塑来制造功能性容器，到本章开始时已有几千年的历史。同样也是几千年来，他们在炉灶周围收集外表有趣的泥土、石头和骨骼，对它们做进一步的加工，将其串成珠子，弄成糊状来装饰脸和身体，并对他们已故祖先的头骨做一些类似的事情。

这种祖先的头骨是在约旦的艾因加扎勒（Ain Ghazal）遗址发现的。大约9000年前[1]，人们使用灰泥为这些头骨重新塑造了皮肉，后来灰泥常被时尚模

---

[1] 英文原文误作"7000年前"（7000 years ago），据实修改。

▲ 在约旦的艾因加扎勒遗址发现了约9000年历史的古人类头骨，"用灰泥重新塑造了皮肉"。

特使用。从很早开始，不同种类的灰泥也被用来涂抹地板和墙壁的表面，这些表面可能会进一步用彩色糊状物装饰。在这些糊状物中，可能有一种是用磨碎的彩色石头制成的。在许多这样的石头中，包括蓝色的天青石、绿色的孔雀石和红色的赤铜矿，它们由于富含铜离子而具有独特的色调。

铜是在自然状态下时常遇到的金属之一。早期的人群也可能遇到金、银、锡和陨铁的结核。当火焰温度达到600摄氏度至1100摄氏度时，金属就会从含量丰富的矿石中析出，例如装饰用的绿岩石。熔炼温度可以在明火中达到，但这不是偶然的：它们需要一个火坑，里面装满大量精挑细选的、可供自由燃烧一段时间的天然燃料。通过世界上最早的陶器，我们可以推断这样的坑火至少已经使用了2万年。早期经过烧制硬化的黏土碎片，可能来自烧制炉或窑炉里炉床的一部分。

烧制黏土制品的历史至少可以追溯到2.6万年前，旧石器时代晚期的定居点发现了"维纳斯"塑像，该遗址位于今天捷克共和国的下维斯特尼采地区。最早的烧制陶土容器是在欧亚大陆遥远的另一边发现的，中国江西省的仙人洞遗址中的陶土容器至少可以追溯到2万年前。到1.2万年前，东亚和日本列岛的某些地区对陶土容器已经很熟悉，它和一种由来已久的慢火炖煮多汁食物的烹调方法相对应。在同一时期，欧亚大陆西部的明火使用与一种以烘烤肉类和用面团制作甜食的烹饪方法相关联。在手抓食物面前，容器在制作或食用食物时都是多余的。尽管撒哈拉以南非洲地区在公元前1万年就已经开始生产陶器，但直到公元前7千纪，陶器才成为欧洲传统的一部分，公元前6千纪它才出现在美洲。

使用陶器的传统在全球的分布，说明世界各地的人们已经对黏土和火进行了很多试验。因此，如果这种试验在许多地方引发了更广泛的燃烧技术的成果，也就不足为奇了。接近1000摄氏度的温度可以通过明火传导，不同的人群都可能会多次遇到玻璃样物质和天然金属这样的制陶副产品。目前最早系统地炼烧铜矿石以获得金属铜的证据，来自塞尔维亚的一系列公元前5000年的遗址。类似的证据出现在几个世纪后的伊朗。

铜有时被制成高纯度的物品，当然偶尔有杂质，特别是砷，它会让铜变得更硬。冶金学家利用了这一特点，主动地添加了硬化材料，最初用到的是富含砷的矿石。在接下来的1000年里，一种不同的混合物产生了重大影响。如果铜被锡而不是砷稀释到十分之九左右，得到的混合物就会变硬，成为一种新的、坚固的、易于加工的材料。这种史前著名的青铜合金的出现改变了旧世界。

在公元前5千纪中期，塞尔维亚的温察文化（Vinca culture）遗址里精制的青铜被用来制作箔片，以用于各种装饰。在随后的几千年里，这种合金被用于各种实用设备、骑马配件和轮式运输工具，以及各种刀剑和武器。这种多用途的新材料、对其生产的限制以及与之相关的社会的复杂性之间的关系引起了后世学者的兴趣。当新石器时代的社会被想象为集体耕种土地并带来丰收时，青铜时代的社会被想象为等级森严、精英和专家并存的复杂社会。

展望公元前2千纪青铜时代的社会，对某些人来说，大量获得金属的想法带来了相应的武器、财富积累和精英权力的概念；拥有轮式交通工具的一部分高度流动性的社会，连接并协调了横跨大陆的地区的物质文化。然而，在之前的公元前3千纪，一些联系较为松散的当地社会仍在分享观念，传播他们的实用冶金知识。早在公元前5千纪到公元前4千纪，巴尔干半岛北部和喀尔巴阡盆地（Carpathian basin）就在某种程度上使用了铜和砷的青铜合金。到了公元前3千纪，颜那亚文化（Yamnaya culture）的定居点延伸到黑海和里海之间的北部弧形地带，阿凡纳羡沃文化（Afanasievo culture）的定居点则延伸到西伯利亚南部的阿尔泰山，他们的坟墓里都存放有金属器具。这些畜牧社会游弋于森林与草原的交界地带，那里为他们的牛、马、山羊和绵羊提供牧场，为他们的取暖和手工业（包括金属加工）提供木材。在此期间，横跨中国的丘陵和山地区域也发现了金属物品，地域从新疆到阿尔泰山的南部，通过内蒙古和辽宁向东，直到山东沿岸。

沿着欧亚大陆北部的森林大草原，一系列的联系可以通过金属物品和游牧生活方式来追溯。除此之外，组成社会的文化属性各不相同。大部分生活模式和文化特征仍然局限在当地。游牧社会及其为畜群寻找新鲜牧草的网状运动已经由考古学家迈克尔·弗拉凯蒂（Michael Frachetti）建立了模型，他证明了在没有精心设计的中央集权组织的社会中，邻里之间的联系网络是多么广泛。

管理水土

当畜牧业和冶金业沿着欧亚大陆的森林、草原和丘陵扩张时，世界不同地区的社会正在同特定生活环境、经过当地的水流以及水流滋养的土壤产生更紧密的联系。

过去，人类对经过当地的水流有多种干预形式，可分为三个相互关联的过程。首先需要减慢降水流向海洋的过程，使水在途中逐渐深入地渗入土壤。其次需要进一步挑战重力，通过物理方式将水从较低的蓄水池或渠道提升到高处。最后则要创造完全人工的水道，包括垂直的和水平的、地上的和地下的，以挑战和重新配置整个地区的排水模式。在公元前1万年以前，这些过程中的第一个得到了广泛的运用和确立；第二个以水井的形式出现；在本书后面章节的论述中，第三个变得更加重要。

◎ **梯田**

减缓水流的过程首先是通过大量相对较小的行为的组合，而不是集中的工程来实现的。这一系列小动作给我们留下了一些世界上最引人注目的仿佛雕刻般的人文景观。从秘鲁陡峭的安第斯山斜坡到东南亚与太平洋地区的稻田，再到中国北方的黄土高原和喜马拉雅山隆起的高原，梯田的综合格局成为显著的地形特征。可以说，它仍然是当代大多数农民辛勤劳作的农业形式，然而就农业系统的动力学和历史而言，我们对高处梯田的了解远远少于地势较低的平原。我们可以从它们的结构中推断出它们形成的方式。

▲ 青藏高原地区仍然在使用的耕作梯田。

梯田始于河流高处的河岸，靠近水的源头，那里水流很小，适当放置石头和泥土就能中断它的流动。然后水沿一级一级的平台向下流，每次都从上一级平台限制一个可控的流量。随着时间的推移，整个景观形成了条纹状地形，反过来定义了一系列必要的社会关系，在其中每个农民都依赖于上方的农民的选择，并支配着下方农民的繁荣。

这种景观可能是6000多年前在中国出现的。在昆山市绰墩遗址，稻谷和土壤有机质的放射性碳年代测定显示当地在公元前4270年就有水稻种植。江苏省草鞋山遗址发掘出的稻田年代稍晚一些。将目光转向世界的另一边，在秘鲁的扎纳山谷（Zana Valley）发现了支持农业系统的水道，其历史超过5400年。在公元前2千纪，在海拔3000米以上的青藏高原有小麦和大麦的种植。在欧洲，地中海地区的农业梯田可以追溯到青铜时代。在许多这样的地区，不仅山坡上的台阶使水更缓慢地流过景观，而且每级梯田内的垄沟耕作进一步疏松了土壤，并确保水流向每一棵需要照料的植物。

◎ 泛滥

从山坡转向谷底，水的流动速度以不同的方式减慢，这主要是通过向侧面堤岸分流达成的。这种方法在美索不达米亚和埃及的早期文本和图像中有一些详细的描述。公元前4千纪或公元前5千纪，与主河道成直角的水坝控制着亚洲西南部的底格里斯河和幼发拉底河，这些水坝连接了一系列水渠和河堤。当达到最高水位时，河水就会被分流到侧面的水渠中，使其漫灌农田，只有在作物得到滋润后，河水才会返回原位。到公元前3千纪，类似的盆地灌溉农业系统也在尼罗河沿岸得到应用。在亚洲遥远的另一边，像长江下游的茅山遗址也提供了公元前5千纪的稻田系统中管理河流的直接证据。

◎ 水井

起重技术具有悠久的历史。7000多年前，第一批到达北欧的农民已经打出至少7米深的用木材作内壁的简易水井，这些人属于带状纹饰陶器文化（Linear Bandkeramic Culture），以在其陶器上发现的带状纹饰命名。这就引入了使用"化石"水补充近期降水的选项，因为地下积累的一部分水已经存在了几千年。

◎ 土壤

对水的管理通常与对其所滋养的土壤的管理密切相关。如前所述，耕作产生的垄沟有助于管理水流。此外，土壤耕作在不同的地方实现了许多不同的目标，目的都是为选定的作物保持一个适宜的环境。在温带的低地，深耕的一个关键目标可能是破坏现存植被，以减少它与作物的竞争。在热带的山坡上，浅耕的一个关键目的是保持现存植被的完整，以保护土壤免受日晒和侵蚀。史前耕作技术的两个主要变量是耕作的深度和牵引力，这两个变量通常是相互关联的。

在最低能量水平上，耕种者使用一系列手持设备：铲子、镐和锄头。在史前这些设备通常由木头制成，偶尔也使用动物骨骼，如鹿角或肩胛骨。虽然后一种材料更有可能留存在考古记录中，但浸渍的沉积物反复被发现则说明木质耕作工具是史前的主流。在形式上，这些手持工具可以放大劳力，并与畜力牵引相结合，从而产生一系列的耕作技术。

◎ 耕作

一把"真正的犁"在严格意义上不是一个史前工具。虽然这个词通常也有更广泛的含义，但"犁"最严格的用法是指一种重型工具，它不仅能割开草皮，还能抬起和翻转草皮。它不仅割得很深，而且是所有耕作工具中最有效的"除草剂"。在古典欧洲和中国汉朝随处可见的这种工具，成为许多地区在随后的几个世纪里主要的农业工具。在史前时代，相应的工具是"耕刀"（ard）。

▲ 绘有木制耕刀、农民和牵引动物的壁画，来自公元前13世纪的森尼杰姆（Sennedjem）墓。墓主是一个挖掘工和坟墓装饰工，但他似乎想象自己来世是一个农民。

　　耕刀的尖端刺入地面，根据设计和使用方式，既可以浅一些也可以深一些。然而，它并不反转草皮。最轻的耕刀可由单个动物或单人拉动。最重的耕刀可能需要借助两头经过训练的牛的力量，并且可能会达到与后来的"真正的犁"同样的深度。其中的一些工具可能会加上"翅膀"，从而实现某种程度的土壤翻转，如果农民能够获得可实用的金属，他们的木制工具就可以配上更锋利的刀刃，当然甚至在"金属时代"我们都不能假设大多数人都能获得这些金属。后期"真正的犁"可能完全由金属制成，但在史前时代，金属在农业中的应用通常是适度和选择性的。对于那些能够获得这种高价值材料的人来说，优先考虑的是制作收割工具。已知的木质耕刀在底土上留下的痕迹，在亚洲西南部地区出现是在公元前6千纪，在欧洲则出现在公元前4千纪。到公元前3千纪，这样的证据出现在从欧洲西北部到中国的众多地区。在这一时期，耕作工具与农民和役畜一起，被很好地记载在各类图画中。

最早的农田极有可能是手工耕种的，而用耕刀或犁耕作过的土地仍是更广泛的手工耕种的园艺传统的一部分，它可以追溯到更久远的年代，并延伸到世界各个角落。有役畜辅助的耕作方式受到适宜动物分布的限制，马是在中亚开始被驯养的，而牛和驴最初来自亚洲和非洲。地形和生态环境限制了动物的使用。重视块茎和木本作物的热带园艺更适合手工种植。在新大陆，玉米、豆类和其他几种谷类作物的种植则很大程度上基于挖掘棒和锄头的使用。

扎根

农业生活方式的许多要素都包含了对一个地方、一片特定的土地的投入。这种投入可以超越主要的一年生作物的生命周期，随着土壤得到养护和改良而持续多年。它也可以在照料土地的个体农民的有生之年延续。中纬度地区农业系统的主要作物通常需要在从春季到秋季的连续生长季节中周期性种植。在热带园艺中，大部分受照料的植物从一开始就是多年生的，对它们进行多年照管也属正常。多年生作物最后也被引入中纬度地区。从公元前4千纪开始，一系列木本多年生植物，被纳入集中的土地种植以收获水果，它们每一种都有被广泛利用的悠久历史。其中值得注意的是地中海水果，包括枣、橄榄、葡萄、无花果和石榴。许多蔷薇科的亚洲水果，包括苹果、梨、李子、樱桃和杏仁，在各历史时期的果园中地位显著，并在史前时代就被广泛利用。对于一些蔷薇科水果（特别是桃，可能还有杏）的集中管理，可能在中国早已出现，就像史前地中海地区的果园一样。同样，东南亚的柑橘类水果可能在公元前1000年之前就已经被驯化了。在世界上许多不同的地区，生产性的农业地块以不同的节奏进行管理，从几个月内就完成生长周期的快速生长的草本植物，到多年生蔬菜和块茎类作物，再到在某些情况下年岁可能超过千年的干瘪的老果树。

尽管永远不可能接近1000年的时间尺度，动物也可以按不同的节奏进行饲养。虽然它们的生命周期通常是持续多年的，但如果重点是肉类，那么牲畜的集中育肥工作可以随着作物的生长而季节性进行。用于繁殖的群体可以养到冬季，但主要的生产力来自年轻的动物，春天养肥，秋天宰杀。安德鲁·谢拉特（Andrew Sherratt）认为，对肉类这种初级产品的强调正是农业在其发展的最初1000年里的特征。我们可以想象饲养工作的强度，在生长季节和一年中的其他时间里有着很大差别，后者不一定是农业性质的。直到公元前4千纪或者公元前3千纪，考古记录才从单一强调初级产品（动物死后的肉类）转变为二级产品，这些二级产品来自在更长的生命轨迹中对其进行管理的活着的成年动物，它们包括牛奶、畜力和羊毛。管理植物和动物的节奏周而复始，杂糅进更漫长的人类生态系统中，其间人类的投入和动植物对人类的依附是代代相传的。青铜时代地中海地区的混合培育系统是一个经典的例证，它反映了牛奶与奶酪生产，以及畜力与橄榄葡萄园管理相结合的可能性。

谢拉特将这些元素整合进"二级产品革命"（Secondary Products Revolution）的概念中。畜体产品，特别是肉类，都是"初级的"，而对活着的动物的任何生产利用都是"二级的"。二级产品包括牛奶、羊毛、畜力（拉马车、战车和犁）以及骑乘。正如概念名称所暗示的，谢拉特的"二级产品革命"的模板正是维尔·戈登·柴尔德（Vere Gordon Childe）提出的早期"新石器时代革命"。这两场革命都被认为有一个特定的空间上的起源（每次都是在近东）和时间上的起源，以及随后的新观念的传播。就像柴尔德提出的早期革命一样，"二级产品革命"的许多核心主题仍然是有价值的想法，然而其中的时间和地点受到了质疑，并且整体图景被认为应该更加多变和多样。挤奶就是一个清晰的例证，反映了新形式的证据如何澄清了问题。谢拉特最初关于挤奶的证据来自专业陶瓷工艺品，他初步认为其与牛奶过滤和奶酪制作有关。这一证据基础后来得到了加强，首先是通过对兽群结构的考古动物学研究，其次是通过直接检测附着在古罐上的牛奶生物分子。尤其后面的证据把挤奶的最早证据回溯到公元前7千纪的马尔马拉海的沿海地区。在驯化和挤奶的早期迹象之间仍然有1000年的时间间隔，但不再像最初设想的那么长。

　　谢拉特认为革命的地理源头是近东地区，这也引起了争论，尤其是同骆驼和马这两种旧世界的主要役畜有关的问题。人类与这两者的接触出现在中亚这个更远的东方地区，尤其是与马的关系已经通过随后的动物考古学研究得到了极大的澄清。哈萨克斯坦北部的波泰（Botai）和克拉斯雅尔（Krasnyi Yar）遗址提供了充分的证据，证明马对公元前4千纪中期的人类社会至关重要，但这种关系的性质仍然是一个有争议的话题。一方面，该遗址丰富的马骨遗存中有许

▲ 哈萨克斯坦北部的波泰和克拉斯雅尔遗址中大量宰杀后剩余的马骨充分证明了马的重要性。

多可能来自为获取肉类而捕杀的野马以及其他动物的尸体。这种活动可能更像狩猎野生动物，而不是放牧家畜。然而，对这两个地点的挖掘都发现了畜栏和马粪堆积的证据。此外，波泰遗址的一些罐子上保留了牛奶脂肪的痕迹，而一些马牙上的咬痕证据则暗示了马的使用。轮式运输的主要事实证据广泛分布于此后的欧亚大陆，比如公元前3千纪缓慢移动的马车，公元前2千纪快速移动的战车。然而，波泰遗址的证据表明，公元前4千纪在中亚马群里显然出现了二级产品的利用。

畜力的利用和动员与耕作土地的潜力之间有着直接的联系。大多数作物可以在种类繁多的耕作方式下有效生长，包括人力、畜力和机械工具的各种整合。我们关于早期农业的证据与使用人力以及利用木制、竹制和石制工具的耕作是相符合的。在之后的岁月里，这些资源得到了另外两个关键资源的补充，即畜力的利用和金属物品的常规生产。与此相关的另一个特征是，人们开始重视在大片土地上单独种植的特定作物。田地的大小和形状常常与如何耕种的实用考虑联系在一起，并且在最小的田地中可以使用的耕种工具确实是有限的。越多地利用畜力来牵引耕作工具，长条形耕地的优势就越大，它能够最大限度地降低用于转向的时间和能源成本。

史前农业的两个阶段

史前农业景观通常被描述为两个截然不同的阶段，大致对应于早期小块土地的轻度耕作和后期大块土地的重度耕作。新石器时代早期的粗放农业和青铜时代晚期的集约农业在形式上的差异，考古界早已进行过讨论。在缺少今天这样丰富数据的情况下，19世纪和20世纪早期的学者大量借鉴了人种学的相应研究。关于新石器时代粗放农业的观点最初是从所收集的当代赤道丘陵地区的观察资料中得出的，这些地区支持流动的刀耕火种式（Slash-and-burn）农业。关于青铜时代集约农业的观点同样来自对印度和中国农业景观的观察，这种景观围绕着高度集权和专制的统治体系。根据社会的线性进化原则，由此产生的农业景观被置于一个简单的序列中。虽然这些来自人种学观察的类比无疑为想象史前农业提供了一个早期的机会，但大量的考古证据让我们能够描绘出一幅更加生动的画面。新画面更详细，也更复杂和多样，并且跨越了空间和时间。然而，它与两阶段模型仍有一些相似之处。

热带地区的刀耕火种模式可能仍然与早期农业的一些直接证据相呼应。早期的农场有时（但不总是）表现出暂时性，这可能对应于游耕农业导致的流动性。随着全新世尤其是欧洲和北美地区花粉记录的激增，在这些序列中可以发现火灾和暂时性清除林地的证据。至于书面记录，许多古典作品和历史著作似乎描述了各个文明世界边缘的这种耕作制度。因此，一系列似是而非的观点认为，史前农业早期至少有一个要素就是，它实际上依赖用火清除林地以供暂时性的农业使用。然而，其他全新世的序列表明，新石器时代的林地匮乏持续了几代人或几个世纪。目前的证据支持了新石器时代农业的全球图景，这种农业在资源、耕作方法和跨越时空的土地使用策略上极其多样化。

正如关于过去农业的证据日渐丰富，我们对与之进行比较的当代刀耕火种策略的理解也在增长。我们现在更加意识到这些系统是对热带生态系统及其山坡土壤的特殊适应，而不是"史前遗迹"。这些方面并不能普遍地移植到世界其他地方的史前景观中。过去所有的农业生态系统也不可能期望在人种志记录中有一个现代的类似物。事实证明，过去比现在更加多样化。

然而，对于早期的史前农业景观，可能会有一些一般性的观点。在这些景观中，驯化和未驯化的资源各自在人类存续中扮演着重要的角色，这将是一种普遍的情况。另外同样普遍的是，尽管已经扩展到起源地以外，主要的驯化资源仍然留在起源地，并且保留了许多在该区域起效的适应性特征。

之后集约阶段的农业也同样被重构。这一时期在观念发展方面有两个重要概念，分别是卡尔·马克思的"亚细亚生产方式"（Asiatic mode of production）理论和卡尔·魏特夫（Karl Wittfogel）的"东方专制主义"（Oriental Despotism）理论。每种概念都基于各自作者对印度和中国高度集权且专制的治理体系的理解，这些体系被视为集中指导土地使用和管理的所有关键方面，其中魏特夫特别强调水的治理。这两种观点都曾因对中国和印度制度的好或坏的理解而受到批评。专制权力和控制形式与自然资源的管理之间的密切关系受到了进一步的挑战，因为人们对中国和印度的制度是如何运作的以及它们是如何形成的有了更多的了解。历史上和现实中都有错综复杂的治水系统的例证，它们要么缺乏专制精英统治的证据，要么在专制社会之前就存在了。

与我们对前一阶段的重新解读相类似，我们现在意识到一个史前晚期的农业世界比之前的阶段更加多样化，但仍然展示了一些反复出现的主题。在这些主题中，农民和特定土地之间的关系变得永恒持久，对水流、土壤、动物和某些作物的投入也必须是持久的，而预先投资是这种关系中不可分割的一部分。肥沃的土壤主要是能量密集型的，它继而又与畜力和金属冶炼技术有不同的联系。

在我们现在设想的更加多变和多样的史前世界中，粗放农业阶段和集约农业阶段各自都具有千年尺度，其一般性主题在世界不同地区以不同的形式发生，出现在不同的物质环境中，不同的时间、空间和祖先谱系中，不同的政治和社会影响潜力中。虽然这些阶段有一些广泛的共同特征，但目前可用的证据表明，不同地区之间的偶然性远远大于考古学早期流行的更直接的社会线性进化模型所隐含的偶然性。

家园与漫游者

离幼发拉底河上游和土耳其东南部不远的地方矗立着著名的哥贝克力石阵（Göblekli Teke）。今天的游客可以欣赏到雕刻精美的石柱，它们每根重达20吨，在1.1万年前就被排列成圆形，以此作为景观的焦点。这是一个几十代甚至几百代人都曾居住过的地方。该遗址位于亚洲西南部的早期农业和动植物驯化研究最深入的地区的中心，是标志着一个地区建立并定居发展早期的显著表现。然而，它不仅是一个地区长久存在的证据，也同其他类似证据一起证明了大规模人口流动的存在。

▶ 排成圆圈的石柱之一，是哥贝克力遗址的焦点。该遗址有1.1万年以上的历史，位于土耳其东南部，靠近幼发拉底河上游。

在巨大的石灰石石板中，散落着许多黑曜石片。黑曜石是一种玻璃状的火山岩，可作为化学原料。一些哥贝克力石阵的黑曜石片来自土耳其中部，另一些则来自土耳其东北部，无论来自哪里，它们都穿越了300英里（约482.8千米）左右的距离。

看似矛盾的是，这种特定地区展现出的定居和聚集应该促成更大的流动性，但在所有人类的旅程中都隐含着回归的预期。家园越安稳，向外探索的意愿就越强烈。不断移动的旧石器时代猎人，跟随猎物的迁徙，会季节性地返回家园，老家和季节性营地都留下了考古学的痕迹。如果以祖先的纪念物为标志的老家能保持数代安全无恙，那就可以设想和踏上更远的旅程。这可能不适用于所有人，甚至不适用于大多数人。在史前时期，就像现在一样，大多数人生活在大家庭的主要成员容易到达的范围内，这种推测合乎情理。除此之外，少数人更习惯于离开家，独自或与陌生人过夜。这个习惯可以使少数人在返回家园之前走很远的距离，甚至跨越大陆。在今天，这类少数人可能有很多，旅行时间以小时计算，最多以天计算。在史前，这类人可能更少，旅程以月或年为单位，但也具备跨越大陆的潜力。

生活环境中的这两种方式，一个在明确血统和传承的基础上留在家园开枝散叶，另一个则不停移动，不断重复以往经历；两者总是交织在一起，构建了不同社会的不同生态轨迹。

食物的全球化与跨欧亚大陆的交流

关于新的跨大陆规模的接触，一些最明显的迹象来自农业劳动的初级产品，即农作物本身。到公元前3千纪中期，在亚洲西南部肥沃的"新月沃地"驯化的小麦已经传播到中亚地区腹地，那里的史前营地发现了它的踪迹，地点是哈萨克斯坦巴尔喀什湖周边准噶尔西部山地（Dzhunghar Mountains）的山坡处。甚至在更东部的中国山东省赵家庄遗址，也有类似的古老而神秘的记录。回到准噶尔西部山地的山坡处，中国谷物向西移动的证据也遗存下来。还是公元前3千纪，拜尔什（Begash）遗址的一个早期牧民村落保存了烧焦的黍粒。几个世纪后，在阿塞拜疆的乌尔米耶盆地（Urmia Basin），哈夫塔万丘（Haftavan Tepe）的大型定居地的垃圾堆积物和壁炉中发现了黍类谷物，与此同时亚洲西南部的谷物在中国北部和西部也得以广泛种植和消费。除了亚洲黍类以外，欧洲史前的花粉记录也广泛证明了两种被认为源自中国的荞麦，这说明它们也在较早年代跨越了欧洲大陆。

至于这些农作物是如何在大陆的广袤地域上传播的，这仍然是个问题。由于最早的记录早于在后世的"丝绸之路"中到达巅峰的一系列物质文化足迹，我们缺乏更明确的物质线索。然而，这种缺乏可能说明，传播的证据不一定来自因物质财富而得到认可的精英阶层，以及他们坟墓中出现的这些财富。远离人类进化地区的农作物的最早出现，与欧亚大陆不同文化背景下金属和冶金术的最早出现大体一致。这两种现象在公元前3千纪里都得到了反复证明，而且偶尔可能会出现在更早时期。然而，早期阶段这两种模式存在地理上的差异，每一种模式都有各自不同的构成。尽管在拜尔什墓葬确实偶有发现用青铜装饰的耳环或黄金吊坠，出土的作物也同时来自东方和西方，但在欧亚大陆北部的森林草原所发现的冶金者的肉类饮食中，似乎没有任何谷物的补充。他们可能很好地利用了水边的野生植物，但向北扩张的黍类种植农业似乎是铁器时代的迹象。

如果我们从早期冶金学的地理分布回到早期作物传播的地理分布，就会看到景观中有一个独特的部分。小麦和黍类提供了很多细节，但它们并不是特例。大约到公元前1600年，一系列的作物传播已经同一个连续的道路网络结合起来，这个网络连接了欧亚大陆及非洲的大部分地区。新出现模式的典型例证位于一连串丘陵所形成的接合部，位于高山的坚硬地质和有季节性湍急洪水的平原之间。其间丘陵的顶部土壤肥沃，水流可控。这个丘陵地带在培育驯养的跨物种亲密关系方面起到了关键作用，也是远距离连接人群及其资源的关键。传播的主要驱动力可能是放牧的需求，而不是对农作物或货物的需求。沿"内亚山廊"（Inner Asian Mountain Corridor）的作物传播形成了一个网络，这一网络随后用于运输一系列其他商品和物品，最终成为丝绸之路的前身。在这一不断变化的网络的各阶段中，我们可以追踪动物、作物和人工制品的传播，我们也可以反思漫游者自身的身份。

保存着来自世界各地遗物和财富的精英坟墓，十分有利于追踪公元前2千纪晚期的相互关联。但是对于作物传播的早期阶段，我们依靠的还是作物本身，以及消费的直接证据。同时期墓葬中出土的人类骸骨的化学成分里保存了消费的证据。骨骼中碳同位素平衡的差异，为我们提供了一种追踪西部作物东移和东部作物西移的方法。

在欧亚大陆西部，最早在不同程度上以源自中国北方的黍类为食的是生活在新石器时代的人群，他们的饮食方式各不相同。迄今为止，这些人的坟墓在伊朗、希腊和匈牙利均有发现，年代可追溯到公元前3000年之前，个别匈牙利人的历史可能早至公元前6千纪。公元前2千纪期间，西方黍类消费模式发生了变化。在这一千年里，我们发现了存在大多数人而不是少数人定期食用黍类的群体。尤其是后半期，这些群体已知来自俄罗斯、意大利和希腊。虽然他们对应的是从多种形式的证据中显现出来的、东西方横跨欧亚大陆发生联系的时代，但迄今为止还没有发现他们与其他可识别的文化特性有明显关联。

西方作物东移的证据在某种程度上反映了这一点，其中一些烧焦谷物的记录表明，西方作物分散出现在公元前3千纪的中国，并在公元前2千纪形成了一种更连贯和持续的模式。在公元前2千纪开始之际，西方作物对甘肃河西走廊发现的人类骨骸的同位素特征产生了显著而广泛的影响。河西走廊位于甘肃省，是东西方之间一个重要通道。同位素特征显示，在公元前1900年之前，河西走廊没有人把西方作物作为黍类收成的补充，而在此之后，每个人都消费了大量西方谷物。

公元前3千纪的早期联系，在公元前2千纪变成一个旧世界的全球网络。这种形势主要通过普通社会的农产品而非财富遗产，在欧亚大陆各地区得以清晰地呈现。全球网络的重要节点在印度西北部，到公元前2千纪，那里获得了来自新月沃地、中国的北部和南部、南亚各地以及非洲的作物。这些都有助于形成一种多熟制，它能够很好地利用冬季和夏季的降水。

正如非洲的农作物，如高粱、龙爪稷、豇豆和扁豆，对史前的印度农业作出了重大贡献一样，印度的牲畜对非洲牛类的生态适应性也产生了重要作用。在南亚，瘤牛（zebu）最容易通过其隆起的鬐甲部和下垂的垂肉辨识出来。它们看不见的显著特征，则在于比起那些鬐甲部不隆起的"似公牛的"（taurine）近亲，对多变或分散的水资源有更强的适应性。非洲本土的牛都是"似公牛的"，对水的需求把它们限制在足够潮湿的北非和西非地区。在全球联系和资源交换的早期年代的某个阶段，部分印度瘤牛和非洲"似公牛的"牛进行了杂交。它们的后代具有抗干旱属性，成为讲班图语的南部移民的重要资源，公元前1千纪以来对非洲的人口产生了深远的影响。

被重塑的自然

当智人到达世界上每一个被植被覆盖的大陆的南端时，全球气候已经开始从严酷的冰河时代和新仙女木时期最后一次剧烈降温中逐渐得到改善。在接下来的几千年里，先期生长的林地将会逐渐蚕食在寒冷时期达到最大面积的草原和苔原环境。更茂密、更广阔、更多样的林地又将接着取代这些先期生长的林地，除了最寒冷的外围地区、最干燥的内陆和海拔最高的荒凉无植被的地区外，森林景观将延伸到世界各处。

通过改善生存环境，我们将自己的物种分布在一系列重要的生物群落中，它们通常位于生态系统之间的接合部，比如各种林地的边缘地区。草地和林地的边界以及沙漠和草地的边界因我们的耕种和放牧而拉锯波动，我们对这些生态边界的最终影响将是巨大的。随着气候变暖，地球表面覆盖了更茂密的植被，之后一代又一代农民会使它再次变得稀疏，并带着驯化的动植物占据开辟的土地。

全新世的气候最适宜期已经结束，此时驯化的物种已经远离它们的原产地，穿越欧亚大陆的广阔区域，为本地和外来资源的混合作出贡献。全球气温的总体趋势是下降。

这一总体趋势偶尔会被更突然的变化所打断。世界在5900年前和4200年前分别经历了温度骤降以及之后的恢复，许多地区出现了干旱期。在某些地区，后一次衰退的时间正好与持续扩大和完善定居点的时期的结束相吻合。在发生这种情况的地区，这种结局被解释和叙述为"文明的崩溃"。的确，我们有理由推断气候变化与社会组织的重大变化有关，气候的明显波动可能与政治组织和控制机构的消亡有时间上的关联。处于自我控制范围内的底层农民的境况是好是坏，则不容易确定。可以推断的一件事就是他们适应气候变化的选择已经改变。

与最早的农民相比，作为全球食物资源传播的结果，公元前3千纪的社会享受到了一套能更大程度减轻气候影响的策略。食物资源在跨大陆规模上的混合拓展了他们对温度、营养和水的适应性的选择，甚至在季节的模式和结构上也是如此。

最早的农民受到本地季节的约束，季节又与他们所依赖的植物密切相关。越多的作物四处传播并跨越大陆的距离，他们就越脱离季节环境。这些作物中的一些失去了季节敏感性，因此农民可以控制它们的生长时间。只要本地和外来作物混合成功，对水的适应性得到控制，土壤温度得以通过耕作而缓解，那么多熟制就成为可能。随着动物在冬天活动的减少，作物在同一块土地上连续生长。季节因素并没有消失，但发生了显著的调整，这归因于农业生产力更大规模、更可持续的发展潜力。

小结

这一章开篇就谈到了人类进程如今的规模，这一进程超越了我们的任何原始人类近亲。每个早期人类种群都在某种程度上包含在一个生态边界内，与世界上主要的陆地生物群落相分离。我们这个物种努力穿越了每一个边界而成为一个全球性的种群。全球时代的人类经常被描绘成"征服自然"。尽管对于今天关于过去的更细致的生态分析来说，"征服"这个词有些过于夸张了，但人类与自然的一系列交流清楚地彰显了在这个时代，交流的结果是显著和持久的，这标志着我们人类的活动是一种全球性的力量。

这些活动首先是清除大片土地上的植被。最早对深层花粉序列进行研究的人员并不期望会遇到一种史前花粉信号，而这不能完全用气候波动来解释。对新石器时代欧洲西北部许多地区"榆树衰败事件"（Elm Decline）的认识改变了这种看法，为全序列"人为指标"的检测和对长短时段内大量林地清除的研究开辟了道路。进一步的研究认为放火和林地清除与一些狩猎采集者寻找猎物有关，而不仅仅局限于农业群体的活动。

在本章所涵盖的这个时期，这些清除活动可以在地图上标记出来，它们的重要意义可以在特定的人文景观中观察到。如果我们回过头来，在更大的范围内观察世界，我们会看到这些干预行为合并在一起，形成现存的生态区之间边界转换的独特模式。林地的边界随着荒原和草原的前进而后退，它们的边界又随着更无生机的沙漠的推进而逐渐后退。人为因素造成的边界波动与寒冷气候造成的上述波动有很多相似之处。在这种情况下，人类的活动可以被看作对自然中正在进行的边界转移节奏的改变。

第二种人类交流活动是基因层面的。农业已经导致一系列动植物基因型的广泛改变，对世界生物圈的影响与日俱增，并提高了依靠人类完成其生殖周期的生物圈的比例。尽管基因结构的主动转变最直接地体现在被开发的动植物本身，但农业的基因后果已经在整个人类食物链中显现出来。植物、动物和人类的各种疾病、寄生虫，在动物管理和定居农业的背景下经历了一次进化爆炸。在全球范围内农业社会扩张的形塑下，人类自身的多样性越发显著。

第三种人类交流活动既是最不显眼的，也可以说是影响最为深远的。今天地球的大气中大约有78%的氮气和21%的氧气。还有两种气体的含量要低得多，它们是二氧化碳（大约占0.04%）和甲烷（大约占30000ppm）。虽然比例很小，只有用灵敏的科学设备才能检测到，但目前关于人类活动导致其比例上升，全球生物圈因此面临危险的问题，存在着很多争论。比例上升很大程度上归因于工业时代和当今时代——与使用化石燃料相关。然而，气体浓度与预期路径的偏离可能早就开始了。

评估这种偏离的方法之一，是将全新世期间随时间不断变化的气体浓度同之前的间冰期的等效波动进行比较。这样的比较促使人们推断，二氧化碳浓度偏离了它的预期路径发生在第一次农业扩张和它造成的大规模砍伐时期。几千年后，甲烷浓度也遵循了这种模式，这也许与水稻种植的扩张有关。在本章所述时期结束时，这些气体的浓度比之前间冰期时的浓度高出了20%到50%。有些人用这种上升来表示全新世的结束，为我们人类的跨大陆旅行确定了框架。"人类世"这个新的地质时代已经被提出，期间人类活动已经成为全球生态系统变化的主要驱动力。

本章考察时代的核心主题，是唯一幸存的人类种群与自然交流的新方式。这种新的交流方式影响了世界上除了南极洲以外的所有大陆。它对地球的沉积过程及其土壤的形成产生了重大影响。它从根本上改变了植物、动物和微生物物种的平衡，重新配置了其中许多物种的遗传和繁殖行为。最关键的是，它开始对整个系统所依赖的大气气体平衡产生了可测量的影响。无论这是否构成"征服"，事实证明，从这一史前时期开始，地球每一个层面上的动态变化都将由人类活动塑造。

第四章

农业帝国：农业国家和城市的兴盛与危机

费利佩·费尔南德斯-阿梅斯托

　　加速的文化大分化意味着越来越多的社会彼此不同，这是伴随着农业的传播和集约化而发生的变化中最显著的全球影响。在本章所述的漫长时期内，农耕民族之间的差异越发增大，这段历史可分为两个阶段。在第一阶段，公元前5千纪到公元前3千纪，在世界各地相距甚远的地方，我们可以通过共同的经历来追踪差异，这些经历包括定居的强化、人口的日益集中、社会类别与政府职能的多元化、新兴国家（在某些情况下它们向帝国转变）以及日益多样化和专业化的经济活动。埃及、美索不达米亚、印度河流域和黄河流域（分别位于现在的巴基斯坦和中国）这四个地区的发展尤其值得关注，因为它们的规模庞大，代表了全球的发展。第二阶段的年代大约在公元前2千纪后期，为了解释这些有时致命但常常发生的变化，我们必须再次拓宽视野，在世界之旅开始的地方——地中海地区，以及最先进入我们视野的新大陆——获得类似的共同经验。

人口密集的定居点和大型国家的扩张与增长

◎ 美洲

西半球已知最早的大型定居点出现在公元前4千纪，位于秘鲁海岸的冲积平原上，即今天利马（Lima）以北区域，特别是苏佩河谷（Supe Valley）。到公元前3千纪中期，阿斯佩罗（Aspero）筑有支撑着六个平台的土丘，上面修建了复杂的大型住宅和仓库。这里政治秩序井然：归功于盛放碎石的统一容器，监工得以测算工人的劳动量。在石磨下面的坟墓里，安葬着一个婴儿，他被涂上赭色，包裹在纺织品里，身边散落着数百颗珠子。在一个以谷物为基础的经济体系中，这些都是世袭财富或权力的证据。在这种经济体系内，磨制面粉的工具得以刻画出生与死的区别。阿斯佩罗占地超过32英亩（约12.9公顷），以当时美洲地区的标准来看这里的人口数量一定是独一无二的庞大。该地区包含多个居民人数超过3000人的中心，人们在这里交换着来自不同生态系统的产品，包括海贝、山货以及用安第斯山脉东部森林里色彩鲜艳的鸟类的羽毛制作的饰品。

大约3500年前，从秘鲁沿海冲积平原到不那么宜居的地区都尝试建立文明。在只有300英尺（约91.4米）高的谢钦山（Cerro Sechín）遗址，大约12英亩（约4.9公顷）的石台上建有一处令人惊叹的定居点，年代在公元前1500年前后，那里看上去曾经举行过庆祝胜利的仪式。雕像中数百名战士将他们的牺牲品砍成两半，露出内脏或斩去头颅。在公元前1200年前后，上谢钦（Sechín Alto）地区有世界上最庞大的祭祀建筑群之一，巨大的土丘和纪念建筑沿着两条类似大道的地形排列，每一条长度都超过1英里（约1.6千米）。最大的土丘几乎高达140英尺（约42.7米）。这些地方以及其他类似的地方，体现了应对自然环境和调整粮食生产的新试验，而谢钦山的暴力雕刻反映了为保护或扩大试验成果而付出的血的代价。

▲ 公元前1500年的秘鲁谢钦山遗址，一个戴着羽毛装饰的人站在用来献祭的头颅中间。

　　同一时期，在离海岸更远的库普斯尼科峡（Cupisnique gorge）周围形成了新的定居点。虽然环境相似，但物质遗迹显示了一种不同的文化和政治，即在一个相当小的空间内，相互联系的人群之间有着非凡的文化多样性。例如，在雷耶斯瓦卡（Huaca de los Reyes），矗立着几十座经过粉刷的建筑和由粗大石柱构成的柱廊，巨大的锯齿状陶土人头守卫其间。在卡纳克鲁斯草原（Pampa de Caña Cruz），一个类似头像的图案由数以千计的彩色岩石碎片在地面镶嵌而成，长达170英尺（约51.8米）。观众只能从很高的地方欣赏它的形状，而制作它的人达不到这个高度，但他们的神或许可以。不久之后，附近的高地也出现了规模宏大的纪念建筑。

　　大多数位于安第斯山脉的文明都夭折了。凭借有限的技术，他们在动荡的环境中挣扎求生。厄尔尼诺现象始终是一个威胁，它意味着太平洋洋流正常流动的周期性逆转。厄尔尼诺现象的时间间隔并不规律，通常每十年出现一到两次，它将文明发生地淹没在暴雨中，毁灭或带走原本丰富的海洋鱼类。当人口水平超出食物供应，过度开发导致土壤贫瘠，或者心存嫉妒的邻居发动战争时，安第斯山脉的文明也面临着成功所蕴含的危机。

与此同时，在公元前2千纪的中美洲地区，我们称之为奥尔梅克（Olmec）的文化在今天的墨西哥南部兴起，在那里，塔瓦斯科（Tabasco）沼泽支撑当地农业至少延续了1000年。我们可以借助他们留下的雕像来描绘奥尔梅克人：雕刻在玄武岩石块和石柱上的巨大头像最高重达40吨，从接近100英里（约160.9千米）外的地方搬运而来。有些雕像戴着美洲虎模样的面具，有些头"蹲"在地上，长着杏眼，嘴唇张开，表现出一副冷笑的表情。雕像刻画的也许是萨满统治者，拥有神圣的自我转化的力量。

▲ 巨大的玄武岩头像代表了奥尔梅克人的神或英雄，或者至少是雕刻家希望观众看到的面孔。

奥尔梅克人选择了红树林沼泽和热带雨林附近的居住地，那里靠近海滩和海洋，便于他们开发各种环境。充满了水生猎物的沼泽湖泊也十分诱人。为了种植而从沼泽中挖泥，借此筑成的土丘成了仪式平台的原型，在它们之间流淌着盛产鱼和乌龟的运河。已知最早的仪式中心，其年代大概在公元前1200年，建在夸察夸尔科斯河（Coatzalcos River）旁的一处高地上。不久之后，在托纳拉河（Tonala River）上的红树林沼泽深处，30米高的拉本塔（La Venta）土丘用100千米外运来的石头修筑，为最重要的仪式提供场所。在其中一个仪式庭院里，建造者铺设了一条马赛克人行道，看起来像一个美洲虎面具。类似的铺设被置于其他建筑物之下，也许就像一些基督徒把圣人的遗物埋在教堂的地基和圣坛下面一样。大约在公元前1000年，圣洛伦索（San Lorenzo）附近修建了大量的水库和排水系统，它们被集成到一个具有堤道、广场、平台和土丘的规划中。人口密集的定居点都集中在这些仪式中心周围。

这些雄心勃勃的改变环境的尝试是如何以及为何开始的？纪念建筑需要充足的食物供应来维持人力和额外产生的能量。许多学者仍然相信，奥尔梅克人可以通过砍伐森林、焚烧树桩和直接在灰烬中播种来生产足够的粮食。然而，更可能的是，向城市建设的过渡是从开发高产玉米品种开始的。与豆类和南瓜一道，玉米提供了完全的营养。这三种作物对奥尔梅克人的生活非常重要，它们出现在神和酋长的头饰上。虽然证据不多，但似乎是坚定而有远见的领导——他们由萨满教赋予力量，推动了奥尔梅克文明向前发展。考古学家们发现了埋在沙里的可能是用于献祭的精致场景，它似乎是一场正在进行的仪式。仪式中的雕像围成一圈站在石板上，雕像畸形的头部显示出其头骨好像是故意为之。除了腰带和耳饰，他们没有穿着其他服装。他们嘴巴张开，姿势放松。类似的形象还包括一个一半是美洲虎一半是人类的小生物。另有一些人则用阴茎状物品举着火炬，或跪或坐，摆出一种不安分的姿势，仿佛随时准备从萨满转化成美洲虎。为了举行转化仪式，奥尔梅克人建造了阶梯式平台，它们也可能是后来新世界文明中典型的方形土丘和金字塔的前身。

▲　一位雕刻家眼中的奥尔梅克仪式：裸身雕像聚集在巨石前，其头部可能被故意扭曲。

统治者下葬时穿着带有奇异生物的仪式服装，包括鳄鱼的身体和鼻子、美洲虎的眼睛和嘴，覆盖着羽毛的眉毛，使人想起举起的双手。他们躺在有石柱的墓室里，身旁放着由玉或黄貂鱼脊骨制成的放血工具。我们仍然可以看到他们雕刻在宝座般的玄武岩长椅上的雕像，他们曾坐在那里夺走自己人和俘虏的生命。其中一件雕刻展示了一个顺从的君主被绑到一个带有鹰头装饰的人物面前，后者身体向外倾斜，好像在向观众发表讲话。

那些相信文明扩散论的人把奥尔梅克人誉为美洲文明之母。简而言之，扩散主义认为文明取得了如此非凡的成就，我们只能将其归功于少数有天赋的民族。然后，或者通过榜样示范和指导，它扩散到那些创造力匮乏的民族。这个理论几乎肯定是错误的。尽管如此，奥尔梅克的影响似乎在中美洲甚至更远的地方广为传播。奥尔梅克人生活的许多方面成为后来新世界文明的特征：土丘建筑，在艺术和建筑中寻求平衡和对称的倾向，围绕着方形寺庙和广场的雄心勃勃的城市规划，用纪念性艺术来表现的包括酋长的专业精英，包含放血和活人祭祀的统治仪式，一种植根于萨满教并由国王和祭司进行血腥祭祀仪式和狂热表演的宗教，以及以玉米、豆类和倭瓜为基础的农业。

◎ 欧亚大陆

新世界模式可以概括为农业国家和城市的出现。然而，与整个欧亚大陆的类似变化相比，美洲的这一过程是缓慢而不完整的，并且在大多数情况下是程度有限的。最有可能的解释是隔绝阻碍了变化，无法超越的地理状态将新世界各文明中心隔绝开来。相反，气候的连续性、适于航行的海洋和长距离的陆上商路促进了文化交流，刺激了欧亚大陆大部分地区的发展。

然而，就我们所知，大约公元前5千纪和公元前4千纪之交，在东欧部分地区，技术和政体的创新似乎没有受到该地区以外区域的任何影响。在喀尔巴阡山山麓，如今塞尔维亚多瑙河中游的鲁德纳格拉瓦（Rudna Glava），有欧洲最古老的铜矿，也是早期的冶金中心。蒂萨（Tisza），地处今天的匈牙利，在这里冶炼工人将铜加工成珠子和小工具，这一"神奇"的过程让他们变得神秘起来。在保加利亚富含黄金的山丘上，壕沟和栅栏围绕着定居点，入口正好对应罗盘上的点，就像后来的罗马军营一样。在史前的欧洲，没有什么地方比黑海旁的瓦尔纳更令人惊叹。在那里，一位酋长埋葬于地下，手里握着一把金柄斧头，阴茎戴有金套，还有将近1000件黄金饰品陪葬，其中数百个圆盘必定曾使耀眼的外套闪闪发光。从罗马尼亚特尔特里亚（Tartaria）附近出土的泥板上，不可思议的标记看起来很像文字。

同样是公元前5000年前后，第聂伯河中游的斯莱德涅斯多格（Sredny Stog）东部不远处，已知最早的驯马者在废物堆里堆满了马骨。在公元前5千纪的坟墓中，放置着带有铁箍制成的拱形结构和大型实木车轮的货车，它可以在牛的牵引下隆隆前行，仿佛是为了在来世使用。它证明富有的酋长们有能力进行雄心勃勃

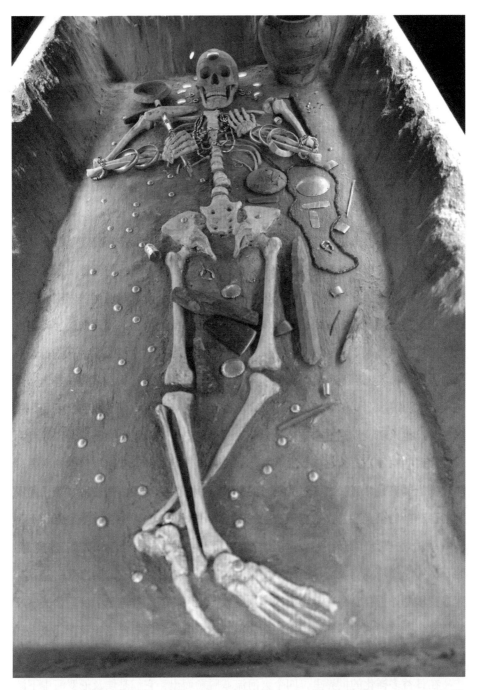

▲ 铜器时代富有得令人难以置信的酋长，埋葬于保加利亚的瓦尔纳（Varna），有几百件金饰品陪葬，其中包括阴茎护套。

的建筑工程，尽管游牧生活需要不断的移动。很少有其他社会富裕到可以埋葬如此大小和价值的陪葬品。欧亚大陆中部成了运输技术的发源地，最早的可辨认的战车可以追溯到公元前3千纪早期的乌拉尔山南部地区。

从扎格罗斯山脉向东延伸到俾路支省，更为神秘的建筑散落在南部的广大区域。例如，苏萨（Susa）的人们用泥砖建造了有台阶的高台，面积超过75平方米，高度超过10米，比美索不达米亚地区最早的金字塔早了近1000年。从稍晚时候开始，同样的发掘发现了彩色的圆柱形石头，上面雕刻着许多带窗户的建筑的正面轮廓。

与此同时，大型纪念建筑项目正在地中海地区进行，其规模只有农业社会才能支撑，而且也只有国家才能组织。已知的第一批大型石屋的遗迹出现在马耳他。公元前4千纪到公元前3千纪，这里围绕着三叶草叶子形状的宽敞庭院，至少有六座石灰岩寺庙建立起来。其中一座里，由黏土制成的所谓睡美人，与一座高大的丰臀女神像相伴。这里还有祭坛，墙壁雕刻中有些是螺旋图形，有些是鹿和牛的形象。公共坟墓里则堆放了数以千计的尸体。

在欧洲的大西洋沿岸，大约在同一时间或不久之后，奢侈品找到了市场，纪念性建筑也出现了。在贵族的尸骨旁边，陪葬的财产定义了显赫的地位，并且揭示其往昔的生活方式，比如曾经伴随作战的武器和曾经盛酒或向神敬酒的酒杯。酋长们埋葬在巨大的立石下，周围石圈的设计可能类似于他们之前作为礼拜场所的森林中的空地。例如，在奥克尼群岛（Orkney Islands）的麦豪石室（Maes Howe），一座寺庙建筑旁有一座精致的坟墓，在仲夏的白天阳光充沛。它附近的石圈的作用是观测太阳，或许还可以通过魔法控制自然。它的西边有一个石头建造的村庄，仍存有壁炉与合适的家具。人们很容易想象这里是一个遥远的殖民站，保留了英国西南部和法国西北部的远方老家的风格和习俗——老家那边也发现了类似但更大的坟墓和石圈。

在日益多样化的世界里，四个大河流域脱颖而出，它们是埃及尼罗河中下游地区、印度河的哈拉帕（Harappa）地区和如今已干涸的沙罗室伐底河（Saraswati

▲　马耳他塔尔欣（Tarxien）地区的一座神庙，是世界上现存最早的石制建筑。

▲　塔尔欣地区出土的"睡美人"塑像：一位衣着华丽、臀部丰满的沉睡女神。

River）地区、今天伊拉克所在的底格里斯河和幼发拉底河之间的美索不达米亚地区，以及中国的黄河流域。在这些地区，人们开发的土地比其他地方更多，改变的速度也更快。那里的农田和灌溉工程改造了景观，纪念建筑覆盖了地面；那里的废墟和遗迹仍然激发着广告商、艺术家、好莱坞编剧、玩具制造商和电脑游戏设计师的创意，正是它们塑造了我们关于文明面貌的观念。当我们听到"文明"这个词时，脑海中就会浮现出埃及金字塔、狮身人面像和木乃伊；中国的青铜器、玉器和陶器；美索不达米亚的金字形塔庙和刻有楔形文字的写字板；或者，我们会想象狂风侵蚀着几乎消失的城市，使其沦为沙漠。我们称它们为种子文明，就好像它们是文明成就传播到世界各地的温床；或者称其为伟大的文明，通过描述它们来开始我们传统意义上的文明史。如果我们把它们综合起来考量，可以看到在共同的生态框架内，持续的分化如何打开了文化的差异。这个共同的生态框架包括了不断变得温暖干燥的气候、相对干燥的土壤、对季节性河流泛滥以及灌溉的依赖。

人口稳步增长了百万之众，文明的中心地带人满为患。在埃及，人口相当均匀地分布在狭窄的尼罗河泛滥平原。但在公元前3千纪早期，下美索不达米亚地区已经遍布城市，每座城市都有自己的神灵和国王。乌尔（Ur）有埋藏着惊人财富的王陵和高耸的金字形塔庙，它们令人印象深刻以至于几个世纪后人们将其中最大者奉为神迹。在同一个时代的任何一座哈拉帕城市里，市民都会有家的感觉，因为到处都是同样的街景和住宅，连每块砖的规格都是统一的。摩亨佐达罗（Mohenjo-daro）的面积大到足以容纳5万到6万市民，在哈拉帕也能超过3万。其他定居点规模没有如此庞大，但是数量众多，仅考古学家发现的就有至少1500座。中国的部分地区也逐渐呈现出城市面貌。公元前2千纪，边境城市反映了文明的传播和国家的壮大。例如，湖北的盘龙城，其官衙就被43根柱子所形成的柱廊围绕。

这些相同的环境适合专制，或者至少适合强大的国家对臣民生活的方方面面进行控制。在泥沙淤积、易发洪水的河岸上，为保证生命安全需要采取集体行动来治理水患。公元前4千纪一位埃及国王的权杖杖头显示他挖掘了一条运河。众所周知，那时公正的法官是"受害者的堤坝，守护着他以免被淹死"，而腐败的法官是"流动的湖"。在美索不达米亚的拉尔萨（Larsa），一份以灌溉承包商鲁伊吉萨（Luigisa）命名的档案留存下来。鲁伊吉萨调查了运河建筑用地、工资和规章，组织并监督了挖掘和清淤。招募工人是关键任务，挖掘水渠需要5400人，偶尔出现的紧急维修一次就要1800人。他控制闸门开关的工作具有潜在的好处，这意味着控制了水的供应。他得遵守誓言以免丢掉工作。当他失去了水渠的控制权时，他向一位更高级别的官员抱怨说："我有什么罪过，国王把我的水渠夺走了交给额特鲁姆（Etellum）？"

人们很容易将自由的丧失归因于强势领袖的崛起，但这两者之间没有必然关系。在古埃及，最常见的国家形象是牧群，国王像放牧人一样照料着国家。这一比喻可能反映了早期游牧群体的政治观念。农业比放牧涉及更多的土地争夺，关于土地的纠纷和战争加强了领袖的统治地位。战争和财富的增加也会让元老和长者失去最高权力，取而代之的是更强大、更明智的领导人。

也许，受害最深的是女性。伴随着出生率的迅速上升，从母系血统到父系血统的转变将妇女与养育孩子联系在一起。从现存的美索不达米亚

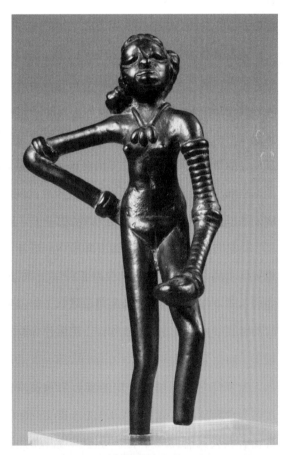

▲ 公元前3千纪消失的哈拉帕文明遗存下来的人物塑像之一，表现的可能是舞女，也可能是后来印度传统中的寺庙妓女。

法典和中国文献来看，女性的才能越来越集中于家庭。然而，在家庭之外，城市生活为女性专门从事劳动创造了新的机会。例如，在美索不达米亚北部的亚述，妇女和儿童可以是纺织工人，他们也可能在哈拉帕的城市里纺棉花。与此同时，艺术把她们描绘成卑微的角色，比如哈拉帕那些噘着嘴、无精打采的青铜舞女，或许她们是寺庙里的妓女。然而，妇女可以作为统治者、女先知和女祭司行使权力。家庭生活给了她们非正式的机会。现存的文献显示，她们有权提出离婚，有权收回财产，有时还有权从前夫那里获得额外赔偿。埃及的《教谕书》（*Book of Instructions*）中说，妻子"是一块有利可图的田地，不要在法律上与她争辩，要防止她获得控制权"。

储存和保护食物的需求也赋予了统治者权力。在依赖少数几种作物的社会中，粮食短缺是家常便饭，特别是在收获前的无产出季节。《圣经》里有以色列人约瑟（Joseph）的故事，他作为法老的宰相将埃及从饥饿中拯救出来，使人回想起"七个荒年"。这些不好的时段已经成为民间记忆的一部分，就像"人人食其子"的年代一样。如果要反抗自然，那就要增加储备以应对天灾人祸。阿玛纳（Amarna）的一个墓地显示，一个仓库里只堆放着六排食物，包括成袋的谷物和成堆的干鱼，它们存放在砖柱支撑的架子上。拉美西斯二世（Ramses Ⅱ）在位时期大约是公元前1300年，古埃及年表中的日期并不确切。用来存放其遗体的神庙建有巨大的仓库，其储备足以养活2万人一年之久。一位高官坟墓中的壁画自豪地展示着税收情况，形象地用菜单展示了帝国的粮食耗费，包括一袋袋大麦、成堆的饼和坚果，以及几百头牲畜。国家作为仓库而存在，似乎不是为了重新分配物资，而是为了赈济饥荒。

为了使王权合法化，理论家们向神灵求助。在埃及，人们称国王为神。在名为"阿玛纳书信"（Amarna letters）的外交信函中，巴勒斯坦某座城市的统治者在公元前1350年前后写道："致我的国王，我的太阳神，我是拉布阿育（Lab'ayu），您的奴仆和脚下的尘土。"大约在此前400年，一位名叫赛赫特普–艾比–热（Sehetep-ib-Re）的父亲给他的孩子写下这样的建议，"一个永恒的建议和正确的生活方式"，国王"照耀埃及胜过日光，他使大地充满生机胜过尼罗河"。埃及人称其国王为神有什么意义？他们在神灵可能显灵的地方建造神像和神殿，只有当神灵降临到神像里的时候，神像才是神。法老本人也发挥着类似的作用，充当神灵降临的载体。

在埃及，法律出自神圣的法老之口，把它写成文字的需求从来都不强烈。相反，宗教定义了一种国家不能轻易修改或颠覆的道德准则。大约在公元前2000年，出现了一种新的来世的观念。早期的墓葬是重复现世生活的居所。那些后来建造的坟墓在墙壁上画着众神称量死者灵魂的场景，这是在为来生做好道德准备后去到的审判所。通常，死者的心脏放在天平的一端，另一端放着象征真理的羽毛。阿努比斯长着豺头，是掌管天平

▲ 公元前3千纪末的一部镌刻在陶土圆筒上的苏美尔法典。

的阴间之神。被检视的灵魂宣布脱离一长串的罪行，典型的有渎神、性变态和对弱者滥用权力。善行也会被播报出来，如服从人的法律和神的意志、行善、祭拜神和祖先、帮助缺衣少食者，以及"对孤立无援者施以援手"。对善良的奖赏就是在奥西里斯（Osiris）的陪伴下获得新的生命——他曾是宇宙的统治者。对于那些审判不合格的人，惩罚将是被灭绝。

在美索不达米亚，国王不是神，这可能是为何已知最早的法典出自那里的原因。形成于公元前3千纪的《乌尔纳姆法典》（Code of Ur-Nammu）已经残缺不全，其本质是一份罚款清单。但是苏美尔和阿卡德国王李必特–伊什塔尔（Lipit-Ishtar）解释说法律规定，"依照恩里尔（Enlil，苏美尔神话中的至高神）的话"，"使父辈和子女相互支持……消除仇恨和反叛，驱走哭泣与哀悼……带来正义和真理，并给予福祉"。汉谟拉比（Hammurabi）是公元前18世纪中期巴比伦的统治者，他在历史上备受赞誉，原因在于其法典被当作战利品带到波斯而完整保存下来。法典刻在石头上，表示国王从神的手中接受了法条。它代替了统治者的实际存在和言语。"凡有争讼受欺压的人，要到我公义之王的像面前，仔细读我的石刻，留心听我宝贵的言语。愿我的石头使他明白他的道理。"这些法律都不是我们所熟悉的那种通过传统流传下来或是为了约束统治者权力而制定的法律。更确切地说，它们是延续皇家命令的手段。在美索不达米亚，服从被严格地执行，在田地里服从维西尔（vizier，宰相），在家里服从父亲，一切事情服从国王。一篇代表性的文献提到："国王的话就像神的话一样，是不能改变的。"即使我们没有书面证据来证实这一点，王权也会从塞满统治者坟墓的奢华艺术品中体现：一把雕刻成公羊形状的镀金竖琴、镶嵌贝壳和磨光的宝石的骰子与游戏板、贝壳和天青石做眼睛的栩栩如生的金银动物雕刻、锥形金器和鸵鸟蛋造型的金杯。在美索不达米亚的雕刻中，国王通常是包括他在内的任何场景中最大的人物形象：他畅饮美酒；他接见求助者以及向他致敬的市民和使节；他统率军队和驴拉的战车；他以火使砖块洁净并用油赋予神性，用它建造城市和神庙。把泥土制成第一块砖是国王专享的权利。官窑制作的砖块都印有王室记号。王室印章清楚地说明了制作原因。这表明众神用泥土建造了世界，他们把泥土混合起来，抬上梯子，一层一层地扔给砌砖的人。把泥土变成城市是一种王室魔法。

神谕被认为是了解未来的手段，它指示国王该做什么。占卜师是神谕的世袭诠释者。他们从献祭的羊的肝、焚香所产生烟雾的飘浮状态，尤其是在天体的运动中，读取神的旨意。在幸存的记录中充斥着他们对王室胜利、危险、愤怒和从疾病中康复的预言。然而，宗教并不一定限制王权。通常情况下，国王控制着神谕。有时为了得到带有预兆的梦，他们就睡在寺庙里。尤其是发生危机期间，比如尼罗河没有泛滥的时候。当然，他们公布的预言可能只是为他们已经决定要执行的政策提供合法性。

然而，这些统治者也要服务大众：代表整个社会与神沟通；组织集体的耕作和灌溉；为防备困难储存粮食；为共同利益重新分配粮食。阿卡德的一段喜剧对话说明了在公元前2千纪里控制粮食供应的微妙的政治和经济因素。"仆人，顺从我，"主人开始说话，"我将给我们的国家提供食物。"

> "给我吧，我的主，给我吧。为他的国家提供食物的人将保住自己的大麦，并且通过别人支付的利息致富。"
> "不，我的仆人，我不会给我的国家提供粮食。"
> "不要给，我的主，不要给。给予就像爱……或者像有了儿子……他们会诅咒你。他们会吃你的大麦并且毁了你。"

古代美索不达米亚文学最著名的遗存《吉尔伽美什》（*Gilgamesh*）史诗，进一步揭示了领导力的本质，或者至少是英雄主义的本质，而领导力就是以英雄主义为原型的。现存的版本大约写于公元前1800年，自然力量塑造了美索不达米亚的环境，也塑造了故事。当诗中的主人公吉尔伽美什与一只吞吐着火和瘟疫的怪物对峙时，众神用灼热的风吹瞎了这只怪物。在探索死亡之海以求找到永生的秘密时，他遇到了原始洪水中唯一幸存的家庭。这场由神的心血来潮造成的灾难摧毁了其余的人类，甚至让众神自己"像狗一样蜷缩在墙边"。

诗中的吉尔伽美什是一个文学形象，有传奇素材为其渲染。但是，确实有一个吉尔伽美什，或者至少在历史资料中有一个叫这个名字的国王。史诗引用了关于历史上的吉尔伽美什的一个众所周知的说法："谁曾像他那样强有力地进行过统治呢？"根据最广为认可的年表，他是公元前2700年前后乌鲁克（Uruk）的第五个国王。在他统治期间，这座城市出现了一些真正的胜迹，包括城墙、花园，以及市中心神灵居住的圆柱神殿。

中国最早记载的王权传统与埃及和美索不达米亚相似。它们同样表明了皇室地位与水资源管理和粮食分配之间的联系。传说中的治水者大禹因为"湮洪水，决江河"而受到称颂。早期的民间诗歌描述了他那个时代之后的一个城市建设时期，其建设速度之快"鼖鼓弗胜"。传说中的统治者亶父：

"……俾立室家。其绳则直，缩版以载……"

我们所知的最早的中国是一个单一制的国家。在公元前2千纪的大部分时间里，被称为"商"的王朝统治着黄河流域。龟甲和兽骨上的卜辞显示，专职占卜师把这些甲骨加热到开裂，沿着裂纹解读神灵对于君王所提问题的解答。这些卜辞表明商王经常征战，有时也开展外交。联姻是其中的一部分，后来的帝王们称其为"施恩"。对他们的士兵来说，"王事"让他们陷入无尽的苦难，"匪兕匪虎，率彼旷野"。最重要的是，商王是神的媒介，举行祭祀，解读神谕，开疆拓土，祈雨建城。他把一半的时间花在游猎上，这可能是一种取悦大臣和使节、训练骑兵以及补充食物的手段。学者们声称从卜辞中发现了一种日渐高效的语气。随着时间的推移，关于梦境和疾病的内容逐渐减少，风格变得更加简洁，语气变得更加乐观。有时，这些甲骨揭示了不同统治时期礼仪行为的变革，证明了君王们在与传统做斗争，试图给世界打上他们自己的印记。例如，公元前2千纪晚期的商王祖甲，停止祭祀神话中的祖先和山川，增加对历史人物的祭祀。毫无疑问，他正在改变这个朝代最长寿且最著名的君王武丁所留下的传统。

▲ 古代中国的甲骨，它在火中被加热到开裂。裂缝的图案是占卜者预测未来的线索。

　　虽然年表不够确切，但武丁在位的时间肯定是在公元前1400年前后。作为"有天下，犹运之掌也"的征服者和统治者，1000年后他仍然得到纪念。他的64位配偶中的一位[1]葬在当时最奢华的坟墓中，陪葬的有她的仆人、狗、马、数百件青铜器和玉器以及成千上万的用作货币的贝壳。尽管宫廷用相同的名字称呼不同的人的习惯可能会造成混淆，但宫廷记录得以正确地辨别她的身份。武丁反复向神询问有关她的生育和疾病的问题。她是他的三名正妻之一，不仅是妻子和

---

[1] 指妇好。妇好墓于1976年在河南安阳殷墟被发掘。

母亲，还积极地参与朝政。她有自己的领地，包括一座带围墙的城邑，并能调动指挥3000名士兵。

通过接管对甲骨的占卜，商王把巫术和宗教最重要的政治功能转移到国家上，这个功能就是预测未来和解释神灵的意愿。记录和保存占卜结果成了一项世俗的非宗教的工作，不再掌握在占卜者手中。商王成了世俗官僚制度的捍卫者，一批官方史官正慢慢成长，他们基于经验做出的预测比巫师用虚假洞察力做出的推断更为可靠。

在这个阶段，中国人从实际的角度来看待王权，即统治者对他的臣民照顾得怎样。商朝统治者宣称自己作为圣神正义的执行者，其权力夺取自之前的夏朝。这是有争议的、可能只存在于神话中的王朝，其最后一位君王[1]由于"舍我穑事"而丧失了统治权，就像农民没有好好照看田地一样没有尽到管理国家的义务。最早的学者描述中国起源的文献可能相当准确地反映了传统的宣传口径。他们描绘了致力于天下太平的善良而慷慨的统治者。黄帝这个神话人物，被认为发明了马车、船只、铜镜、锅、弩以及"蹴鞠"（一种足球）。然而，诗歌和民间传说更多地揭示了王权的血腥，这继承自古代氏族首领的生杀大权。一把刻有行刑者标志（饥饿的微笑和贪婪的牙齿）的斧头象征着统治的最初阶段。"自今至于后日，各恭尔事，齐乃位，度乃口。"《尚书》中记载了商王的话，"罚及尔身，弗可悔。"财富和战争是王权不可分割的要素。公元前1500年的商王陵墓显示了他们权力的本质：成千上万串的贝壳、铜斧和战车、漆器以及数以百计的精雕细刻的珍宝玉器和骨器。最珍贵的宝物是用陶范铸成的品质无与伦比的青铜器。青铜铸造是商代中国最高超的艺术，其产品代表着特权等级。成千上万的人牲陪葬在国王的墓中，目的是在另一个世界为国王服务或衅祭王陵。

在印度河流域，也就是今天的巴基斯坦和印度西部，哈拉帕世界在城市布局和建筑设计上表现出非凡的一致性，这并不必然源自政治上的统一。等级森严的

---

[1] 指夏桀。夏桀在鸣条之战中被商汤击败，随后商朝取代了夏朝。

居住空间暗示着阶级结构，甚至是更严格的种姓结构。在阶级制度中，个人可以在社会的等级中上升或下降。在种姓制度中，他们一生都被自己出生时的地位束缚。在哈拉帕的城市里，广泛的公共区域肯定与人力组织有关，也许涉及士兵、奴隶或学者。巨大的仓库说明形成了一个分配食物的体系。垃圾处理系统看起来像是城市规划的杰作，街道下面铺设了陶制排水管道。统一的砖块肯定来自国家砖窑和砖厂。宏伟的城堡或要塞将空间封闭起来，可能具有召集精英人士的功能，比如摩亨佐达罗的宽敞浴池。然而，哈拉帕遗址没有奢华的坟墓，也没有君王的住所或王室设施，这不禁让人把哈拉帕社会想象成共和国或神权政体，后者是由祭司们管理的以神为中心的政府。

　　对于像哈拉帕这样还无法解读其文字的社会，我们希望从艺术作品中了解一些东西。但是没有绘画艺术得以留存，除了一些小型的陶土（偶尔是青铜）塑像外，哈拉帕的艺术家们似乎没有制作多少雕塑作品。摩亨佐达罗有一尊与众不同的人像，他神情非常严肃，长着一双杏眼，蓄着一撮粗犷的胡须，头上戴着一条镶有宝石的头巾。一件华丽的外衣搭在一侧肩膀上，手臂的其余部分伸在外面，这肯定是一种象征性或仪式性的姿态。他被称为祭司王或哲学王，但这些浪漫的术语并无价值。尽管关于哈拉帕政治的一切仍然神秘莫测，但其文化影响范围甚广，以至于很难想象除了动用武力之外，它是如何能传播到如此之远的不同环境中。当你看到要塞拓展到亚洲内陆无法得到灌溉的沙漠以及岩石裸露的丘陵时，你一定会明显感到哈拉帕的边界充满扩张和暴力的氛围。在今天的阿富汗北部，在绿洲定居点进行的天青石和铜的贸易向西延伸至里海。蒙迪加克（Mundigak）是一个设防的贸易中心，那里设施齐备，可以容纳整个商队。今天，在令人生畏的方形堡垒的城墙之后，一座巨大城堡的遗迹兀立于大地之上，它的侧面露出一排排高大的圆柱，就像一只蹲伏着守卫商路的巨大猛兽的肋骨。

◀ 摩亨佐达罗幸存的一尊塑像，此人物塑像长着杏眼，蓄着粗犷的胡须，戴着头巾和肩带饰品，可能让人回想起哈拉帕精英的模样。

在埃及、美索不达米亚和中国，用来揭示国家是如何通过武力征服而发展起来的资料非常丰富。在埃及，尼罗河是支撑一个统一国家的脊梁。法老们沿着河流巡视王国。通过河流航行是现世与天堂共有的特征之一。为了陪伴在天空遨游的不朽神灵，法老基奥普斯[1]（Cheops）置备了运输工具。在他的金字塔旁边的一个深坑里，安放着一艘将他的尸体运到墓地的驳船。埃及古物学家目前正在挖掘另一个相邻的深坑，那里埋葬着他的天船。法老将乘坐这艘天船在黑暗中航行，加入装载太阳的舰队，每夜将太阳带回生活中。

---

[1] 即胡夫（Khufu），"基奥普斯"是希腊人对他的称呼。

回溯过去，埃及的统一似乎是"自然"的，由河流形塑。美索不达米亚的统一却没有这么简单。致敬城市守护神的铭文上写满了击败对手的胜利记录，每座城市的宣传又都自相矛盾，令人困惑。大约在公元前2000年，最喜欢炫耀的铭文作者，苏美尔城邦乌玛（Umma）的国王卢加尔扎克西（Lugal-Zage-Si）说得更离谱。他说最高的神恩里尔把从东到西的所有土地都放在他脚下，从波斯湾到地中海都臣服于他。这几乎可以肯定只是自我吹嘘。就其自身而言，敌对的苏美尔城邦从未有过长期的统一。然而，大约在公元前2500年，来自美索不达米亚北部的入侵者推动了政治变化。征服者阿卡德的萨尔贡（Sargon）是古代伟大帝国的创建者之一。他的军队顺流而下，使他成为苏美尔和阿卡德的国王。"我持青铜战斧征服了巍峨群山。"他在现存的编年史残片中这样说道。在他之后野心勃勃的国王们也是照此办理。据说，他的军队曾到达叙利亚和伊朗。

如此庞大的帝国难以持久。一两个世纪后，当地的苏美尔人驱逐了萨尔贡的继承者。尽管如此，萨尔贡的成就为该地区的政治史确立了一种新的向帝国方向

▲ 绘制在可能是某座竖琴的共鸣箱上的图画，反映了古代乌尔宫廷生活，这个场景刻画的是统治者和朝臣接受贡品时进行宴饮。

发展的模式。城邦通过相互征服来寻求扩张。乌尔的北部邻国拉格什（Lagash）曾一度统治了苏美尔。它的一位国王正是幸存的27幅画像中的主角，我们没有比这更好的描述统治者权力的指标了。但在公元前2100年前后，乌尔取代了拉格什。这座新的都城开始呈现出世人所知的模样，包括耀眼的金字塔和令人生畏的城墙。在一个有着4000年历史的很可能是某座竖琴的共鸣箱上，生动地描绘了一整套乌尔帝国的王室生活，包括胜利、纳贡集会和庆典。此后，该地区的领导权在各敌对中心之间反复易手，但始终保持在南部。

在中国，公元前1500年的王家巡游揭示了一种不同的政治地理学。国王们在王国的纵向大动脉黄河的东部支流上来回奔忙，狂热地绕过城镇和领地，向南一直到淮河。偶尔，他们会到达长江的北缘。这是一个泄露天机的迹象。商文明从黄河中游的中心地带向南扩张，发展成一个具有区域性主导地位的超级大国。长江流域逐渐被纳入中国的文化和政治版图。结果是一个独一无二的国家拥有了互补的环境：种植黍类作物的黄河流域和种植稻米的长江流域。中国新的生态有助于保护它抵御某一区域的生态灾害，也为后来中国历史上展现的惊人的韧性和生产力奠定了基础。它的影响在本书的其余部分也是显而易见的。

此外，开疆拓土的雄心刺激着古代中国的统治者，他们变得不受约束。宗教和哲学走向合作。天是一位强力神灵，他无边无际且慷慨赠予光、温暖和雨水，但发怒时也带来风暴、火灾和洪水的威胁。一个触及其极限的国家将执行一种"天命"，即天意的反映。中国人开始认为帝国的统治是上天安排的。君王把整个世界看作其正当或潜在的臣民。

在欧亚大草原上，广袤的平原和广阔的天空激发了类似的思考。直到很久以后，我们才有了关于草原王朝野心的文献记载。但是，正如我们将看到的那样，满怀征服欲的草原民族在公元前1千纪一再挑战欧亚大陆边缘的各大帝国。可以说，几百年，也许几千年以来，世界统治权的观念推动了帝国主义在欧亚大陆的发展。

公元前2千纪末的危机

大河流域文明的辉煌成就引发了人们对其可持续性的质疑。它们的财富和生产力招致外人的嫉妒和攻击。持续的人口增长要求对环境进行更加密集的开发。灌溉、储存和修建纪念建筑所需的大规模的集体劳动造就了大量受压迫的各阶层民众，他们对精英阶层充满怨恨。由于这些怨恨以及其他压力，从大约公元前1500年开始，变革或崩溃的威胁到来了。

与此同时，生活在贫瘠环境中的人们找到了繁衍人口、挑战或超越大河流域成就的意愿和手段。例如，公元前1800年至公元前1500年，在安纳托利亚中部，自称哈梯（Hatti）子孙的赫梯人（Hittite）在共同的忠诚下，将百万人口集合成单一的生产和分配网络。这个完全可以被称为帝国的国家，拥有宫殿建筑群、仓库、城镇，以及赫梯人可能最为看重的庞大军队。所有这些在规模上都可以与大河民族相媲美。埃及法老平等地对待赫梯国王。有一个没有继承人的法老去世了，他的遗孀就致信赫梯国王："您的一个儿子将成为我的丈夫，因为我绝不会选一个奴仆来当丈夫。"

我们可以通过赫梯人给我们留下的雕像来描绘他们：钩鼻子、圆脑袋，而且经常列队准备打仗。但他们的帝国是如何在如此不利的环境中建立起来的呢？

赫梯王国的强大之处在于它将农民和牧民纳入了一个单一的国家和经济体系。这就涉及如何最大限度地利用崎岖不平的安纳托利亚地区的环境，在牧场围绕的集中的小块可耕土地上耕作的问题。专业化的牧民的羊毛生产与少量农民的粮食生产结合起来，这些农民并非奴隶或雇工。牲畜生产肥料，而富含牛奶的饮食所提供的能量和营养促进了人口的繁衍。总的来说，其结果是正面的：经济专业化和城市化得到了更多的发展机会，因此在战争中能动员的人力也更多。

蒂瓦帕特拉（Tiwapatara）是一个典型的赫梯农民，他的财产清单得以保存下来。清单显示这个五口之家有1所住房、36头牲畜、1英亩（约0.4公顷）牧场以及3.5英亩（约1.4公顷）葡萄园，葡萄园里还种了42棵石榴树和40棵苹果树。

那块牧场一定是为他的8头宝贝公牛准备的。他的山羊是适应性很强的动物，可能自行觅食。正是有蒂瓦帕特拉这样的农民作为兵源，赫梯军队一度所向披靡。战争期间，他的孩子从事农作，经常恰巧赶上播种和收获的季节。蒂瓦帕特拉这类人大概非常愿意支持国家，而国家反过来也保护他们，因为赫梯法律对盗贼或侵犯私人财产者都施加严厉惩罚。我们还不清楚这种经济的生产力总量，但仅仅从主要城市哈图沙（Hattusa）挖掘出的谷仓就能储存供3.2万人食用一年的谷物。

国王是太阳神在人间的代理人。臣民称他为"我的太阳"，就像现代君主被称为"陛下"一样。他的职责包括战争、司法和与神沟通。几乎所有的法律案件都要呈送给国王，尽管在实践中，绝大多数案件都是由职业官员代为处理。在他周围簇拥着一大群人："王室仆从、卫兵、金枪仪仗、祭酒、膳长、御厨、传令官、马童以及千夫长。"这是一个官僚化的宫廷，文字书写使国王的命令流传后世，并将其传达给下属、将领、总督和藩王。嫔妃们维系着国运延续。后宫的规模和起源反映了他的政治影响力。反过来，他也要生养很多女儿，以便与同盟和属国联姻。

从现存的法典来判断，赫梯人遵守许多明显不合常理的性禁忌。与猪或羊发生性行为可被处以死刑，但不包括涉及马或骡子的案件。赫梯人显然是通过关于乱伦的法律的严厉程度来衡量其他社会的文明程度的。他们自己的法律禁止同胞或堂表兄弟姐妹之间的通婚。然而，任何性行为在某种程度上都是不洁的，必须通过祈祷前的沐浴来净化。如果我们对赫梯宗教有更多了解，我们可能会更深刻地认识他们的道德。强烈的性禁忌通常出现在"二元论"宗教中，该宗教也相信善与恶或精神与物质之间进行着永恒的斗争。赫梯人对性的态度与美索不达米亚形成对比。在美索不达米亚，性在某种意义上是神圣的，寺庙就雇用妓女，这似乎是一种更典型的模式。

在某些方面，赫梯是一个男人的世界，具有典型的战争国家的男性态度和价值观。违背军官的命令会"把士兵变成女人，让他们穿得像女人，用一块长布盖住他们的头！折断他们手中的弓箭和棍棒，让他们拿起卷线杆和镜子！"然而，女性也行使着权力。年长的女性在王室担任占卜师。其他社会等级较低的则成为医者，在被诅咒的受害者面前晃动着祭品小猪喊叫："就像这头猪再也见不到天空和其他小猪一样，不要让诅咒看到牺牲者！"

赫梯王国在战争中令人生畏，也必须如此。其国内经济十分脆弱，本土缺乏关键资源，但它需要成长。在极端情况下，为了保证食物供应能够促进人口增长以及有足够的锡来制造青铜武器，征服就成了唯一途径。但是，即便取得胜利，国家也会由于过度扩张权力和贸易受阻而被削弱。换句话说，增长是矛盾的。对许多国家来说，征服既是生存的手段，也是生存的障碍，它终将到达不可突破的界限。在赫梯的例子中，这些界限是埃及和美索不达米亚的边界。

赫梯王国还有其他弱点。如同所有向农业过渡的社会一样，它容易遭受饥荒和疾病的困扰。大约在公元前1300年，国王穆尔西里二世（Mursili II）因一场瘟疫而责备众神："现在没有人在你们的田地上收割或播种，因为所有人都死了！曾经给众神做面包的磨坊女都死了！"两代人之后，当普杜赫帕（Puduhepa）这位令人敬畏的女王写信到埃及时，据说曾写到"赫梯没有粮食"，因而要求把粮食作为女儿嫁妆的一部分。图特哈里四世（Tudhaliya IV）是赫梯后期的一位国王，对他来说禁止扣押驶往赫梯王国的运粮船是"生死攸关的事情"。来自边远地区的游牧匪徒是另一个常见的危险。被赫梯人称为"卡斯卡"（Kaska）的人为获取战利品或勒索保护费曾多次入侵。至少有一次，他们在突袭中抢劫了王宫。

公元前14世纪末，赫梯王国明显衰落。图特哈里四世在一封责备下属失职的信中亲口承认，在向上美索不达米亚扩张的过程中，赫梯已经丧失了南部诸省并且至少有一场重要的战争遭遇了失败。国王要求臣子向其效忠的誓言中也弥漫着绝望：

"假如无人留下为王驭马……你必须表现出更多的拥护……假如……战车驭手弃车而逃，仆从逃离王宫，甚至一条狗也没留下，即使我甚至都找不到一支弓箭御敌，你也必须尽全力拥护你的王。"

在宫廷发布的最后一批文件中，有对以前的臣属国王忽视纳贡或外交礼仪的不满。在公元前1210年之后，赫梯王国就从历史记载中完全消失了。

赫梯人的故事是对当时存在的诸多问题的总结。它展示了农业社会如何统一为国家，扩张成帝国，以及具有代表性地衰败而无法延续到公元前1000年以后。

例如，学者所说的米诺斯文明（Minoan）或克里特文明（Cretan），在公元前2千纪形成于地中海上的克里特岛，位于今天的希腊和土耳其之间。在不远处的伯罗奔尼撒（Peloponnese），即构成了希腊南部地区的半岛，我们所说的迈锡尼文明（Mycenean）就在这里兴起。这两个文明都激发了西方的想象，欧美人把两者看作自身历史的组成部分，认为他们可以把古希腊、由此甚至将整个西方世界的文明历史向前追溯到3500年前这些迷人又奢华的文明。现在看来，这个假设值得怀疑。到公元前4世纪柏拉图和亚里士多德阐述古典希腊哲学时，迈锡尼最后一批城市已经被废弃了1000年之久。克里特和迈锡尼作为神话的主题，它们对于希腊人来说几乎同对于我们来说一样，是神秘而遥远的文明。尽管如此，其本身及其对所处时代的影响，还是值得研究的。

克里特岛方圆3200平方英里（约8288.0平方千米），大到足以自给自足，但是山地占到总面积的三分之二，留下的可耕种土地十分稀少。对于今天的希腊大陆来说，这是一个无法生存的岛屿，一块充满毁灭性干旱和地震的土地。但是对于任何在今天看到公元前2000年的壁画的人来说，当第一座宫殿在那里出现时，古克里特岛似乎是一个富足的天堂：种满谷物和葡萄藤的田野，栽有橄榄、杏和温柏的果园，满是蜜蜂和猎物的森林环绕着种植百合、鸢尾、剑兰和番红花的花园，海洋里有大量的海豚和章鱼，天空中有鹧鸪和色彩鲜艳的鸟在飞翔。

这个富足的世界是历尽千难万险从贫瘠的土壤和危险的海洋这一艰难的环境中开辟出来的。它依靠两种专制手段来控制不可预测的食物供应：像赫梯一样包括种植业和畜牧业的有组织的农业以及国家管制的贸易。宫殿作为仓库的功能是这个系统运作的关键环节。岛上最大的宫殿建筑群克诺索斯（Knossos）占地超过4万平方英尺（约3716.1平方米）。它已化为一片废墟，当来自希腊的游客看到它的画廊和走廊时，便会想象出一个巨大的迷宫，里面住着一个以人类祭品为食的怪物。事实上，迷宫是一片巨大的陶罐储存区，里面的陶罐高12英尺（约3.7米），装满了酒、食用油和谷物，有些依然留在原地。收集来的8万头绵羊的羊毛也存放在此。内部衬铅的石柜保护着里面的食物，犹如中央银行里等待分发或交易的保险箱。克里特人是技艺高超的水手，以至于希腊人说克里特人的船会自己认路。贸易给精英阶层带来了具有异国情调的奢侈品。在扎克罗斯（Zakros）的另一个宫殿建筑群中，仍然可以发现象牙和鸵鸟蛋。宫墙描绘了来自埃及的蓝色狒狒。宫殿内的手工作坊通过纺织精美的服装、制作彩绘的石罐以及将黄金和青铜锤打成珠宝和战车，增加了进口商品的价值。宫廷记录显示工人人数达到4300人。

▲ 古代克里特宫殿壁画上起舞的海豚，它因为肉质美味而备受称赞。

不过，克诺索斯和类似的建筑也是真正的宫殿，它是一位生活奢侈的精英人士的住所。雄伟的楼梯通向高贵的楼层，支撑在顶端像大南瓜一样的矮柱上。这些柱子和支撑主室的柱子被漆成红色，壁画闪着奇妙的天蓝色，描绘了宴饮、闲聊、玩耍和公牛跳跃的场景。在扎克罗斯，一个从未遭受掠夺的地方，你可以看到大理石纹理的酒杯、石头储物罐以及一只装有化妆品软膏的盒子，上面有一个别致的小把手，形状像一只斜卧的灰狗。从壁画中女性出现的频率来判断，她们活跃在宫殿建筑群的各个角落，担任女祭司、抄写员和工匠，还有作为狂欢者参与危险激烈的斗牛游戏，在斗牛的犄角间翻筋斗。

较小的住宅集中在城镇里，是宫殿的微缩版。许多住宅都有圆柱、阳台和高层走廊。在更富裕的居民的房子里，遗留了大量像瓷器一样薄的彩色陶器、磨成诱人曲形的精致石制花瓶以及精心粉刷的石制浴池。然而，社会下层既没有奢侈的资本也没有闲暇的时间。大多数人的寿命也就四十出头。如果国家的目的是让食物循环，那它的效率是有限的。骨骼显示普通人生活在营养不良的边缘。地震加剧了所处环境的潜在破坏性。在附近的锡拉岛（Thera）上，大约在公元前1500年的一场火山爆发把它震得四分五裂，火山灰和岩石掩埋了奢华的阿克罗蒂里（Akrotiri）。克诺索斯宫和克里特岛沿岸的类似宫殿在被未知原因（可能是地震）摧毁后，都经历过一两次重建，每次重建都愈加奢华。

宫殿的重建方式表明还存在另一个危险，即内部战争。要塞开始建造。一些来自该岛东部和南部的精英显然在宫殿重建时搬到了克诺索斯附近的别墅。可能有过一次政权更替。在克诺索斯最后一次重建时，通常被认为是公元前1400年前后，发生了重大的文化变化。档案开始使用早期的希腊语书写。因此，我们现在能够读懂它们。而以前使用的是一种未知的语言，它的记录还无法解读。此时，克里特岛的命运似乎已经与另一个爱琴海文明，即迈锡尼文明紧密纠缠在一起。

▲ 刻在陶土写字板上的古代皮洛斯（Pylos）宫廷官员的活动记录，这些活动包括储藏货物、记录贵重物品以及征税。

迈锡尼文明的设防城市和金碧辉煌的王陵出现在公元前16世纪。该地区的国家已经有了发动战争和狩猎狮子（此后不久这些动物就在欧洲灭绝了）的国王。王宫集中在类似克里特的宫殿式仓库群里。皮洛斯建有迈锡尼最大的宫殿之一，陶土写字板列出了无数宫廷官员重要而又琐碎的日常事务，包括征税、检查地主阶级履行其社会义务的情况、为公共工程调动资源，以及为生产和贸易收集原材料。在皮洛斯的王宫里，手工作坊生产青铜器和香油以出口到埃及和赫梯帝国。然而，官僚们的主要职能不仅仅是提供奢华的生活，更重要的是为战争做准备。除了内部互相争斗外，王国还感受到了来自蛮族腹地的威胁，国家最终可能被这些蛮族征服。皮洛斯壁画展示了战士与披着兽皮的野蛮人作战的场景，这些战士戴着同克里特岛和锡拉岛士兵一样的野猪头头盔。

到公元前1100年，受地震惊吓并被战争消耗，迈锡尼城市跟随克里特岛城市的脚步沦为废墟。令人惊讶的也许不是它们最终的灭亡，而是它们依靠复杂而昂贵的食物收集、储存和再分配手段支撑的脆弱经济，竟然能够供养城市并支撑精英文化这么长时间。

尽管我们可以从当地政府运作不当或生态灾难的角度来解释克里特、迈锡尼和赫梯的灭亡，但将它们与地中海东部的普遍危机联系起来的尝试还是很有吸引力的。原因在于，不仅爱琴海文明的辉煌被抹去，安纳托利亚的赫梯帝国被击败，而且附近的国家也记载了致命的或接近致命的动荡。埃及人几乎就要屈服于身份不明的侵略者，他们摧毁了该地区的许多国家和城市。埃及人称这些人为"海上民族"（Sea People），他们的袭击大约在公元前1190年被详细地记录下来。法老拉美西斯三世（Ramses Ⅲ）击败了他们，为此他镌刻了一篇长篇的碑文以彰显自己的成就。这是明显的宣传，是对法老权力和谋略的称颂："野蛮人"，碑文含糊地说，"在他们的岛屿上密谋……没有什么地方能抵挡得住他们的进攻"。接着列出了受害者名单，包括赫梯和安纳托利亚南部以及地中海东部沿岸的一系列城市，而上美索不达米亚的一位痛苦不堪的国王向城市守护神祈祷："伸出威胁之手的恶人将面对没有阳光的黑暗。""他们正挥师埃及"，拉美西斯三世继续说道，"而我们在他们面前准备好了烈火……他们染指世界尽头的土地，内心充满自负和执念"。然而，尼罗河三角洲"就像一堵由战舰组成的坚固城墙……我是勇敢的战神……在河口处，火焰在他们面前熊熊燃烧，而在岸边，一座长矛扎成的围栏将他们团团包围。他们陷入其中，四面受困，趴在岸边，被杀得尸首枕藉"。抛开宣传的意味，我们可以确信法老的吹嘘反映了真实的事件。例如，叙利亚的乌加里特（Ugarit）大约在公元前12世纪早期沦陷，此后再也没有被收复，而请求海上增援的信息一直没有停歇。位于通往赫梯和美索不达米亚商路上的卡赫美士（Carchemish）是内陆贸易中心之一，其统治者对来自乌加里特的请求的答复十分典型，简短而滞后："至于你写信告诉我'我们在海上看到了敌人战船'，好吧，你必须保持坚定……加固你的城墙。让你的军队和战车布置在那里，严阵以待。"

蛮族入侵带来普遍危机的印象对西方历史学家来说有着几乎不可抗拒的吸引力，因为他们受到自己历史中相似一幕的影响，那就是罗马帝国的衰落与灭亡。

普遍的危机也符合一种把过去看作野蛮对文明的战场的流行观念。然而，这种观念充其量是一种过度简化的概括，因为野蛮和文明都是相对且主观的词语。我们最好把海上民族的武力入侵看作这一时期更为普遍的现象的征兆，即饥饿和土地短缺导致了普遍的人口振荡。埃及的雕塑反映了绝望的移民驾着满载妻儿的牛车冒充入侵者的情景。美索不达米亚和安纳托利亚都有证据表明，在公元前13世纪末发生了野蛮人的劫掠。但是，可能并不是移民导致了他们所劫掠国家的衰落。相反，他们是衰落的结果。环境史和经济史学家已经搜寻到一些更深层次的显露衰败迹象的证据，比如地震、干旱或商业失败，这些可能解释了粮食短缺和贸易中断的原因，但是他们没有发现任何当时有移民入侵的证据。

危机的原因在于这些衰落或灭亡的国家共有的结构性问题，即它们的生态脆弱性和不稳定的竞争性政治。从这个角度来看，危机甚至更加普遍，不仅仅局限于海上民族青睐的地中海东部的文明。如果我们转而追踪亚洲其他地区社会的命运，甚至是新世界的案例，我们会发现类似的张力和类似的影响。

例如，在印度河流域，城市生活和集约农业面临崩溃的危险，即使当时它们处于最高的生产力水平。许多遗址当初只居住了几个世纪，一些遗址早在公元前1800年前后就被废弃了。到了公元前1000年前后，所有的遗址都沦为废墟。与此同时，在伊朗高原北部的土库曼（Turkmenia），乌浒河（Oxus River）上相对年轻但繁荣的设防定居点，如纳马兹加（Namazga）和阿尔廷（Altin），都萎缩到村庄的规模。我们对这些地方知之甚少，导致其衰落与消亡的原因引发了学者的激烈争论。一些人认为是突然的暴力入侵，但更可能的解释是逐渐衰落。哈拉帕文明在一个转折点后崩溃，城市随之被遗弃。

印度河流域的气候变得越来越干燥，地震可能已经改变了河床位置。与地中海东部的危机不同，印度河流域的事件似乎契合环境灾难的年表。沿岸曾经密布居民点的沙罗室伐底河（Saraswati River），消失在前进的塔尔沙漠（Thar Desert）中。然而，甚至一条河流的消失也不足以解释城市的废弃。印度河仍然年复一年地给广阔田野带来肥沃的泥土，这足以维持城市人口。大概发生了食物供应的问题，它与气候干燥或人类对环境资源管理不善有关，这些管理包括用牛和其他产品补充农田种植的小麦和大麦。

另外，或者更重要的是，居民显然是逃避某种比人类学家在骸骨中检测到的疟疾更致命的瘟疫。在需要长期水源灌溉的环境中，蚊子就会滋生，疟疾不可避免。正如《梨俱吠陀》（*Rig Veda*）所说，人们"被火神驱逐"，并"迁移到了一块新的土地上"。这种说法可能有些夸张。人们在衰落的城市里苟且求生，几代人都居住在废墟中。但是哈拉帕文明的衰亡，仍然是公元前2千纪大规模衰败的最引人注目的例子。广义而言，哈拉帕遭受了与赫梯和地中海东部文明相同的命运，即食物分配系统超出了资源基础。当权力网络开始崩溃时，入侵者乘虚而入。

中国没有遭受大规模的人口损失，没有大规模的区域被整体废弃，也没有城市的毁灭。尽管如此，这一时期中国的经历在某些方面与其他民族类似，这看起来越来越像是一种全球模式。商朝的统治基础一直摇摇欲坠。战争、仪式和神谕都是赌徒的权力手段，运气不佳便会遭受挫折。例如，控制天气、降水和收成是国王工作的一大部分，但实际上，这当然不是他能完成的。他的工作描述中就蕴含了失败。这是当时君王普遍面临的问题。它使法老因自然灾害而受到指责，使赫梯国王依赖占卜者。

商朝末期，国家正在萎缩。从公元前1100年开始，附属国、贡品和盟国的名字逐渐从甲骨文中消失。商王的猎场也越来越小。随着臣子和将领数量的减少，国王承担了更大的个人责任，成为唯一的占卜者和将军，以前的盟友变成了敌人。

与此同时，就像美索不达米亚文化输出到安纳托利亚，克里特生活方式输出到迈锡尼一样，商文化也输出到了商朝之外，其影响也越来越明显。举一个例子，在贸易的影响下，新的酋长领地正在不太有利的环境中发展。远在越南北部和泰国，类似于中国的青铜铸造技术出现在酋长的宫廷里，他们喜欢个人装饰品和痰盂，在越南还喜欢装饰华丽的鼓。更为危险的是，在更靠近商朝本土的边境，一个国家在模仿中崛起，并越来越多地与商对抗，这就是周。公元前12世纪最早的周人遗址是位于中国西部渭河流域梁山[1]中的墓葬群。这里可能不是周人的中心地带，他们从更北的牧场（豳地）迁徙而来。他们自己的传说将这段时间称为"混夷駾矣"。周人是高原牧民，对商朝造成来自上游高地的威胁，就像阿卡德对美索不达米亚的苏美尔一样。

▶ 在遥远的越南北部和泰国，与中国相似的青铜铸造技术出现在酋长的宫廷里，他们喜欢个人装饰品和痰盂，在越南还喜欢装饰华丽的鼓。

除了他们坟墓里可见的物质文化遗存之外，我们对周人在进攻和征服商朝之前的过往一无所知——不知道他们的起源，不知道他们的经济或政治制度，甚至不知道他们的语言。直到他们可能出于模仿商朝文化和垂涎商朝财富而接受了商朝的语言文字后，我们才得以了解他们。他们还学习了商朝最有成就的艺术：青

---

[1] 英文原文作"梁山"（Liang Mountains），但未见相关墓葬遗址。下文"混夷駾矣"（living among the barbarians）语出《诗经·緜》，该诗叙述了古公亶父率领族人迁居岐山周原的故事。《史记·周本纪》载古公亶父与私属"去豳，度漆、沮，踰梁山，止于岐下"，按《史记正义》，"梁山横长，其东当夏阳，西北临河，其西当岐山东北"，则此处所谓"梁山中的墓葬群"或为岐山周原遗址。

铜铸造。

根据编年史的记载，商朝样式的甲骨卜辞鼓舞了周人的征服，后来的周朝统治者延续了这一传统。公元前3世纪编写的编年史所讲述的故事与数百年前的文本相同。如果它们可信的话，周人在公元前1046年的一场战斗中击败了商朝，并在黄河下游沿岸建立了要塞。考古证据表明，他们把帝国的中心向北转移到了陕西丘陵地区，在黄河转弯处以西。

周人完成征服后没有延续所有的商朝传统。的确，除了虔诚的祷告，他们逐渐放弃了最神圣的商朝仪式：甲骨占卜。周朝在公元前8世纪解体，即便他们在此之前拓展了中国的文化疆域，但他们的领袖并不是商朝模式下统治所有世界的全能君王。敌对的国家在他们周围成倍增加，自己的权力则日趋受到侵蚀和分散。但他们首创了天命的意识形态，即天命使周从一块小地方崛起。中国后来建立的所有国家都继承了同样的观念，即君权天授。此外，所有随后的政权更替都有同样的宣言，即天命将权力从一个腐朽的王朝转移到一个更具美德的王朝。周朝为中国的统一和延续创造了令人印象深刻的神话，这个神话主导了中国人对自己的看法。这个神话经久流传，现在也成为西方标准的中国观，即在西方世界眼中，中国是一个整体，有着庞大且异常持久的统一文化。

连续性不易实现。到公元前1000年，前一个千年里走向衰亡的国家遍布欧亚大陆。世界上某些最壮观的帝国解体了，神秘的灾难也中断了许多最为复杂的文化的历史。宏伟的宫殿控制的食品分配中心关闭了，贸易中断了，定居点和纪念碑也被遗弃。哈拉帕文明消失了，克里特和迈锡尼文明消失了，赫梯也消亡了。在美索不达米亚，阿卡德军队沿着底格里斯河和幼发拉底河传播着他们自己的语言。苏美尔语退出了日常使用，慢慢成为一种如同今天西方世界的拉丁语一样的纯粹的象征性语言。苏美尔的城市崩溃了。它们的记忆主要保存在来自高地和沙漠的入侵者用来颂扬其国王统治的称号中。乌尔沦为一个宗教仪式中心和旅游胜地。

类似的事情也发生在中国，此时中国处于周朝的统治时期。文明的某些方面幸存了下来，但是它的重心被转移到了上游地区。社会和日常生活本质上保持原样。这是中国历史上经常重复出现的模式。与此同时，在新世界，中美洲和安第斯山脉地区也有有关环境的雄心勃勃的行动，但都没有表现出很强的持久力。

尽管在公元前2千纪的转折点后，失败者多于成功者，但埃及的顽强幸存成了一个突出的案例。公元前2千纪末抵御外敌入侵的成功使埃及农业系统的基本生产力得以保持。即便如此，埃及的发展也受到限制。努比亚也就是今天的苏丹，位于尼罗河上游的瀑布区，公元前1000年它从埃及的记录中消失了。这是一个重大的逆转，因为沿尼罗河扩张其帝国一直是埃及最坚定的目标之一。大量的象牙、努比亚提供的雇佣兵，以及使埃及的黄金"像大海的沙子一样充沛"的河流贸易，长期以来一直将埃及的注意力引向南方。埃及开始对中非产生兴趣是在公元前2500年，当时探险家哈尔胡夫（Harkhuf）进行了三次探险，带回了"香料、乌木、香油、象牙、武器和各种上好的特产"。哈尔胡夫俘虏了一个侏儒，"这个来自精灵之地的人会跳神圣的舞蹈"，这令年幼的法老佩皮（Pepi）着迷。在给探险者的信中，法老下令要非常小心地看护他："每晚巡查十次。因为我希望见到这个侏儒，比见到西奈（Sinai）和蓬特（Punt）的所有产品更为迫切。"

交流和商业导致位于第二瀑布以南，与埃及相仿的努比亚国家的形成。埃及试图影响或控制这个国家，有时建立要塞据点，有时发动入侵，有时将自己的边境向南推进到第三瀑布之外。当努比亚人变得越发强大，越发难以驾驭时，法老们的铭文里出现了对努比亚人的诅咒。最终在公元前1500年前后，法老图特摩斯一世（Tut-mose Ⅰ）发动了一场进军第四瀑布以南的战役，征服了库施（Kush）王国，使努比亚成为其殖民地。埃及在努比亚修建了大量要塞和寺庙。最后一座寺庙是位于阿布·辛拜勒（Abu Simbel）用来纪念拉美西斯二世的神庙，它是埃及建造的最宏大的纪念建筑，存在了2000年之久。从那以后，它一直是权力的象征。然而，就在他的继任者执政期间，埃及农业赖以成功的尼罗河只有很小规模泛滥的记录。这已临近公元前13世纪末期，埃及濒临毁灭。在投入了如此多的努力和情感之后，埃及在公元前2千纪末放弃了努比亚，这说明了埃及对收缩的需求是多么急切。

四个大河流域以及后来较小的国家出现不稳定局面的原因比一般的危机理论所解释的要普遍得多。如果哈拉帕社会在淤泥丰富的印度河流域都无法持续，那么赫梯人或奥尔梅克人或克里特人或安第斯人在更不利的环境中的野心又有什么现实意义呢？

悖论困扰着那个时代最雄心勃勃的国家。他们致力于人口增长，但随着被征服的领土离中心越来越远，所推行的扩张目标变得不可持续。他们的社会建立在集约化生产方式的基础之上，这迫使他们过度开发环境。他们聚集了大量人口，这令他们更容易遭受饥荒和疾病的威胁。敌人包围着他们，嫉妒他们的财富，憎恨他们的权力。他们激发了自己边远地区的对手和模仿者，为自己制造了更多的敌人。当他们的食物分配程序失效时，就会产生具有破坏性的移民浪潮。他们的统治者在失败和反叛面前自我谴责，因为他们生活在谎言中，操纵着不可靠的神谕，与心不在焉的神谈判，与敌对的自然讨价还价。在某些情况下，大转折期间失败或衰退的传统只是被转移，并在其他地方重新出现。在另一些情况下，大转折之后是持续时间不等的黑暗时代，也就是成就减少的时期，对此我们几乎没有什么证据。

第三部

帝国的震荡：

从公元前1千纪初期的"黑暗时代"到
公元14世纪中期

第五章

物质生活：从青铜时代危机到黑死病

约翰·布鲁克

从青铜时代晚期文明的危机到黑死病的出现相隔了两千余年。伴随着小冰期的来袭，14世纪中叶暴发于中亚地区的腺鼠疫横扫欧亚大陆和北非，多达一半的人口丧命。

它的破坏性影响将推动社会与经济的革命性重构，并为文艺复兴时期现代性的兴起奠定基础。公元前1200年前后突现的青铜时代危机也是如此。随之而来的铁器时代带来新的技术和新的社会形态，重塑了人类世界。这种特殊的撕裂引发了一种动态的变化，其规模堪与未来的工业革命相提并论。

如若上述所言不虚，则该变化与其过去和未来都关系密切。回顾过去，公元前1千纪的变化是巨大的，当然比起公元1350年后的情景还是相形见绌。尽管存在差异，仔细审视各自时代的早期阶段依然十分重要。自从脱胎于早期农业社会的文明出现以来，人类社会处于一个技术变革匮乏的前科学智识世界，处于一个人的潜力被束缚的民智未开年代，停留在基于太阳能的有机经济之中，受到广大自然力量的掣肘。不过即使限制重重，青铜时代之后的复苏也带来了重大变化：新秩序出现了。

广阔的全球地理形态和广泛的全球气候机制都发挥了关键作用。在欧亚大陆，关键的地理区域是一个紧密相连的区域，包括干燥的大陆草原、半干旱的中纬度地区以及水分充足的海洋和热带赤道周边地区，所有这些都与非洲内陆的沙漠、大草原和赤道雨林密切联通。新世界的地理场景，则是西部濒临太平洋的高山山系和东部的大陆水系对陆地的区域分割。

全新世晚期的全球气候机制在世界各地都有大致同步（可能内容不同）的表现。模式化（可能不规律）的太阳活动周期和更捉摸不定的火山喷发作用于大气环流系统，影响极地涡旋之外的赤道季风区和中纬度西风带。其结果是，两个长时间的气候适宜期使人口稳定增长乃至繁盛，其间人类社会发生振荡，在三个危机和衰退的时代间起起落落。它们依次是青铜时代危机期、铁器时代复苏期、古典时代气候适宜期、"黑暗时代"（古代晚期）、中世纪气候适宜期，然后是小冰期。本章所讲述的全球故事，跨度从公元前1000年前后青铜时代危机的余波一直到公元1350年小冰期危机爆发前的几十年。

青铜时代到铁器时代的气候背景：
哈尔施塔特太阳活动极小期（公元前1200年至公元前700年）

无论早期文明受到多大的局限，它们都实现了人口增长。在公元前9500年前后的冰河时代末期，全球人口数约为700万人。经过6000年，到公元前3000年前后最早的一批国家出现时，全球人口数增加到约4000万人。接下来的两千年里，我们先祖的人数在青铜时代危机期达到了约1亿人，其中至少有一半集中于中纬度地区的青铜时代帝国或王国，比如埃及、美索不达米亚、中国和印度。类似地，公元前1500年前后，美洲安第斯山脉和中美洲地区也出现了人口聚集，大量以种植玉米为生的村落日益发展起来。由此形成了根本性的差异，尽管这些政权尚不完善，它们还是沿着欧亚大陆南部边缘和美洲山系一带孕育了大量农业人口。

如前所述，漫长的青铜时代气候适宜期开始于公元前3000年前后，在其晚期人类社会经历了适宜期和危机期的大循环。在公元前1200年前后的全球危机中，无人能够置身其外。最重要的因素是太阳的能量输出，它在"最大值"到"最小值"间相对规律地变化。这些变化可以从11年的周期变成数百年或数千年的更大周期。太阳活动极小期通常归因于火山活动，受北半球降温影响，它会造成全球范围的恶劣天气。其中时间最长的，是长达2000年的哈尔施塔特太阳活动周期，从公元前4000年开始持续到公元前2000年，并且还将在小冰期开始时卷土重来。这就是人类事务中适宜期和危机期交替反复的背后驱动力。大约从公元前1200年开始，地球获取的太阳能量逐渐减少，北半球因此变冷，冰山在北大西洋形成，寒冷干燥的冬季风（即西伯利亚高压）向南吹过欧亚大陆并进入北美。围绕着"印度–太平洋"大环流，亚洲夏季风减弱，而美洲则因厄尔尼诺现象降水增多。就在美洲大陆遭受（有时是受益于）降水增多的同时，欧亚大陆南部遭遇旱灾的频率和强度都在增加。在地中海东部地区，干旱的趋势似乎因一波地震而加剧，这些地震据估计发生在公元前1225年至公元前1175年。

正如第四章里所讨论的，在从中国到埃及的欧亚大陆，气候变化的结果既有人口的繁盛，也有大帝国的衰亡。青铜时代地中海东部的强盛国家，如迈锡尼、克里特、埃及新王国、赫梯帝国、东南部的米坦尼王国（Mittani Kingdom）和巴比伦的加喜特王朝（Kassite regime），都在公元前1050年前后灭亡了。不论原因是地震、叛乱，还是外敌入侵，城市都被焚毁，宫殿遭到劫掠并被夷为平地。在中国，有着700年历史的商朝在公元前1046年被来自西部沙漠边缘的周人推翻。在这一冬季干燥严寒且季风活动减弱的时期，周人打败了商朝的统治者，建立了第一个君权神授的朝代，国家仅由一位贤者统治，他乃天命所归并得到神的庇佑。如果季风（以及它所带来的益处）消失了，那么像商朝这样的王朝就可能丧失统治地位，这种情形在接下来的2600年里将会反复上演。

在整个太平洋地区，厄尔尼诺现象所带来降水的影响因地区而异。沿安第斯山脉，雨水在狭窄的河谷地带形成了毁灭性的洪水，它在公元前1000年至公元前700年达到顶峰，破坏了人类文明的延续。另一方面，早在公元前1500年，中美洲不断增加的降水量促进了小部落的发展和巩固，这些小部落联合成村落，迈出了形成国家的第一步。在北美东部，北方的严寒加上公元前1200年以后的厄尔尼诺现象摧毁了大型动物的生存环境。

瘟疫与欧亚草原

旧世界的证据表明，在危机时代的混乱状况中，瘟疫肯定与青铜时代的危机有关。从公元前14世纪的赫梯帝国，到特洛伊围城战，再到公元前12世纪的以色列，不少文献得以流传下来。它们显示，那些曾经被认为是中世纪晚期特有的瘟疫似乎有着更久远的源头。最早的遗传学证据来自中亚阿尔泰地区的一个大约公元前2800年的集体坟墓，它表明在整个青铜时代，鼠疫以某种形式在大草原上流行，并且同向西进入欧洲的印欧游牧民族密切相关。在青铜时代晚期，它很可能通过商业活动和战争，广泛传播到地中海东部地区。

当然，尽管面临着公元前1千纪早期恶劣环境的压力，强盛文明的崩溃可能也带来某些健康方面的益处。这些压力真实存在，但却是局部的。青铜时代晚期，克里特岛的定居点都在沿海地区，住所直面海风侵袭，后来的幸存者则挤在避风的山顶村落里，紧闭门窗抵御严冬。我们可以想象天空中弥漫着冬日的炊烟，聚集的村民们越来越多地承受着呼吸系统疾病的重负，其中可能包括肺结核。对人类骸骨的化学检测表明，极少有人敢于冒险到危险的海洋中捕鱼。从欧亚大陆西部出土的可追溯到铁器时代的遗骸显示，与青铜时代晚期相比，这些人的健康状况普遍较差，身材也较矮。另外，这也可能是一种权衡。商业的衰退和大规模军事征服使铁器时代那些规模较小且压力重重的社区隔绝开来，让它们远离了四处传播的瘟疫。

尽管如此，瘟疫与骑马的草原游牧民族的兴起和扩散之间的关联，奠定了地缘政治结构的关键要素，这种结构将延续到近代早期，并在近四千年的时间里塑造欧亚大陆。最早的瘟疫发现于青铜时代早期的墓穴，它们属于大约公元前2800年的阿尔泰和波罗的海地区的讲原始印欧语的人群，以及大约公元前2200年的里海北部的大草原上的辛塔什塔人（Sintashata people）。

公元前2000年后的某个时期，辛塔什塔人将笨重的四轮马车变成了轻便的两轮战车。战车武士、战车战争，还有操着印欧语的人群开始向四面八方扩散。战车武士大约在公元前1600年到达地中海东部，塑造了青铜时代晚期的战争形态；战车，或者说操着印欧语系语言的战车武士，抵达了中国，并被商朝及其继任者周朝同化。草原与帝国腹地的联系紧紧围绕着马匹交易，它既可以拉动战车，也可以运送其他重要商品。这些战士和商人中有人讲古印度语，其中部分人向西迁徙到安纳托利亚，向南进入伊朗，向东南则到达旁遮普（Punjab），那里宏伟的哈拉帕城在公元前2000年消亡。七百年后，这些人的一个分支在印度河北部支流地区定居下来，把《梨俱吠陀》写成了文字，并准备开始向东长途迁徙到恒河流域的森林中。

然而，随着青铜时代的结束，草原上发生了两大重要转变：一个是草原武士从马拉战车转移到马背上，另一个是瘟疫的毒性增强并且传播途径增多。大约从公元前800年开始，黑海北部的大草原上出现了一种新的斯基泰人（Scythian）的军事文化，他们或许与中亚地区有更深的渊源。不同于老式的长弓，他们使用的是短的复合弓，可以在马背上使用。在横跨欧亚大陆的大草原上，斯基泰人是第一批出现在草原上的尚武民族，未来匈人、突厥人和蒙古人将陆续到来。随着世纪交替，不断涌现的游牧民族袭击和征服了欧亚大陆南缘主要的古文明。公元前800年之后的太阳活动减弱时期（被称为荷马太阳活动极小期，Homeric minimum），从斯基泰人开始，这些军事社会——或者更准确地说是他们的马——将生存于气候更寒冷的时期，其间潮湿的西风和冬雪遍布从黑海到蒙古的草原与大漠。这种气候使土拨鼠和大沙鼠的领地发展壮大，这些啮齿动物正是耶尔森氏鼠疫杆菌（Yersinia pestis）的重要宿主。值得注意的是，遗传学研究表明，大约在公元前1700年至公元前950年的某个时段，鼠疫杆菌以两种方式发生突变：发展出了可借跳蚤传播的基因；发展成可感染淋巴腺的具备完全毒力的形态。因此，从斯基泰人的崛起到草原军事社会的消亡，以及18世纪对鼠疫的遏制，草原仿佛草与灌木构成的内陆"海洋"，一直威胁着欧亚大陆南缘的大量人口，影响范围从中国和印度直到中东和欧洲。草原武士与季风地带的统治者及其治下的农民组成了一个相互影响的世界体系。

▲ 位于尼尼微（Nineveh）的亚述国王辛那赫里布（Sennacherib）宫殿中的亚述骑兵浮雕（公元前700年）。公元前2000年前后，草原武士最早利用马拉战车作战，之后在公元前800年前后发展出骑术。马背战争的扩散可以反映瘟疫从大草原向欧亚大陆传播的轨迹。

进入钢铁时代

上述形势显然不利于迅速恢复。哈尔施塔特太阳活动极小期（Hallstatt solar grand minimum）并未不稳定地持续，而是可能结束于公元前700年，但它造就了公元前400年至公元前300年间更加寒冷的气候条件。之后的六七百年，世界大部地区的气候相对有利，北半球更加温暖，亚洲季风强劲，拉尼娜现象频发。在这几个世纪里，亚洲内陆地区（或许还有北美地区）很可能遭遇干旱，但除此之外，气候条件对大规模扩张有利。

危机时代里，世界人口数量很可能从公元前1200年的1亿人这个峰值迅速下降，但到公元前300年，人口数量又反弹到大约1.85亿人。其中，有1.3亿人分布于中国、印度和西南亚/埃及这三大欧亚文明区，囊括了世界人口总数的70%以上。如果我们把欧洲的2200万人口也算上，旧世界的核心人口数量就占到世界人口总数的80%以上。人口增长高峰期一直持续到公元300年，当时全球的总人口达到了2.5亿人。世界其他地区的人口分布于大俄罗斯及亚洲内陆、撒哈拉以南非洲和中美洲及安第斯山脉这三大区域，数量占比大约为15%。所有这些地区在公元1千纪的变化和扩张日益显现，起初是缓慢的，但随即遍地开花，不断加速进入全球性的古典时代。

这一缓慢但不断加速的进程，在旧世界和新世界都有类似的轨迹。不过我们的重点是相互关联的欧亚大陆和非洲，特别是中国和埃及的核心人口。在此弧形地带上，青铜时代晚期等级森严的政治面临着危机和崩溃，这带来了新的机遇。

在许多领域，新的地方自治体制和环境压力都为创新开辟了道路。随着王朝的崩溃，书记官及他们使用的古老的象形文字书写系统消失了，它们逐渐被新的字母书写系统取代，而后者更容易为普通人所接受。类似卡尔·雅斯贝斯（Karl Jaspers）所称的横跨欧亚大陆的"轴心时代"（Axial Age），睿智的历史学家常常把这几个世纪看作在没有直接接触的情况下，多种原生文化实现了平行发展的时代。神职人员和宗教学者摆脱了青铜时代君主权力具有天然合理性的约束，发展出以强烈的普世伦理和哲学传统为框架的一神论的世界宗教传统。

在技术方面，冶金的创新至关重要。在公元前1千纪，铁取代青铜成为整个旧世界的主要金属。正如第三章所言，青铜是纯铜和锡的合金。锡不易找到，在古代其开采地点位于安纳托利亚、伊朗、阿富汗、中亚、北欧、中国北部和东南亚。锡的获取主要靠贸易往来。随着矿脉枯竭，交易网络向欧亚大陆更遥远的地区延伸。王朝统治者控制着上述贸易，也监督着青铜的生产。当青铜时代晚期辉煌一时的统治政权，因地震、叛乱或暴动而崩溃时，至少有一段时间贸易网络也被波及。随着贸易的中断，金属工人可能失去了获得锡的途径。

青铜没有销声匿迹，但日渐稀有，日渐难于生产。作为替代者，铁慢慢成为重要的金属。铁的生产涉及更复杂的化学过程，但一旦其中奥秘被广为知晓，它就成为一种更优越、更容易获得的金属。生产流程一开始类似冶炼铜锡，粉碎后的铁矿石和木炭一同在熔炉里加热成液体。诀窍在于熔炉的通风，以及使用含钙物质（石灰石或者贝壳）将游离的铁离子从木炭渣和杂质中分离出来。待到鼓风高炉发展起来后，熔炉最后出产的是"铁块"（bloom），即一种由熔炉炼出的海绵状铁，然后就可以将其在铁砧上锻打成为熟铁。

在整个古代社会中，掌握熔炼制铁的奥秘为金属的广泛使用提供了可能。青铜制作成本高昂，只有精英人士负担得起；普通的农家依旧使用磨利的石制工具进行切割。但铁是"一种平民的金属"。铁器生产只需木材和钙，并且铁矿分布广泛，比起产地遥远且昂贵的铜矿石和锡矿石，普通人更容易获得铁矿石。一旦掌握了通风和熔炼的诀窍，使用炼铁炉就相对简单了。炉子可能坐落于一个浅坑之上，上面有经过黏土密封的砖砌炉体，配备了陶管让空气进入炉床。有些炉子可能配有一个皮革风箱来鼓风，大多数则是利用盛行风进行自然通风。熔炼出的铁是一种具有延展性的材料，可能比锻造良好的青铜更为柔软。但铁可以通过回火和碳化转变为不同等级的钢，做法是在木炭上反复加热后置于空气中冷却，或在水中淬火并进一步加热后渗碳。可能是钢铁的易于生产，而不是锡的严重缺乏，改变了技术革命的方向。其结果是武器的大规模生产，但更重要的则是各种用于耕作、伐木以及铁器深加工的工具的诞生。在切割、挖掘、锯切和敲击的过程中，人类应对自然和物质世界的力量显著增强。

钢铁是铜匠们在生产实践中发现的一种罕见的化合物，在整个青铜时代，其制品偶尔作为稀有的装饰品出现。铁的规模化生产显然首先始于塞浦路斯，有证据表明在公元前1200年以后，当地自制铁的产量激增。铁饰品和武器，也许还有工具，都从塞浦路斯流传开来。小规模生产也在扩散，但直到公元前9世纪，铁的生产才得以在地中海东部广泛传播。迄今为止在大陆上发现的最古老的铁块，其年代可以追溯到公元前800年至公元前700年。

制铁不仅需要铁矿石，还需要采伐大量木材用来制作木炭。铁矿和硬木森林的资源组合成为经济存续的决定性因素。大约在公元前500年，埃及地区才开始使用铁器。其所在区域（美索不达米亚南部）历史悠久但缺乏矿藏和森林，造成了古文明的衰落。埃及从未真正从公元前11世纪新王国时期的崩溃中恢复过来，在接下来的几个世纪里，权力从尼罗河下游转移到努比亚库施王国（Nubian Kushite

▲ 巴塞尔（Basle）的木刻版画（1566年）。画中展现了工人操作炼铁炉的场景。

Kingdom），该王国从南部统治着埃及，直到公元前760年遭遇亚述人的入侵。努比亚人向南退却，在公元前600年前后建立了麦罗埃（Meroe）王国。尼罗河上游和阿特巴拉河（Atbara）交汇处的地利带来了大量矿石和木材，造就了麦罗埃王国铁器生产的数百年声名。其他地区的铁器生产沿萨赫勒（Sahel）北部森林边界在非洲扩展，东至大湖区的大裂谷（公元前600年），西至尼日尔河（Niger River）畔诺克文化（Nok culture）地区（公元前500年）。它由此继续向南传播到居住在森林里的喀麦隆班图人（Bantu people）当中，这些人又通过大迁徙将制铁工艺带到东部和南部。印度可能独立发明了铁器生产工艺。随着印度雅利安人的东迁，铁器生产于公元前1000年在恒河流域兴盛起来，导致了大量原始森林的毁灭。在印度南方森林地区制铁业也存在独立的发展。几乎同一时期，横跨欧亚大陆内陆的草原游牧部落似乎将铁器生产带到了东西两端。在东方，斯基泰人及其他游牧民族被认为将铁器带到中国新疆。中国的铁器生产在公元前8世纪开始起步，差不多就在这一时期游牧民族的骑兵进攻了周朝国都，迫使其迁到东方，对其政权造成了致命打击。接下来的春秋时期[1]，吴国这个小国的铁匠在公元前500年前后开发了最早的高炉铸铁技术，这可能脱胎于中国的青铜铸造技术。早期的鼓风炉更高，矿石和木炭的排列更仔细，通过风箱吹出的压缩空气流动更快。这种高炉显著提升了铁的产量和品质，而它传播到欧洲则用了几乎2000年。

在遥远的西方，草原游牧民族的影响持续扩展（可能不是通过直接迁徙的方式），著名的有色雷斯–辛梅里安（Thraco-Cimmerian）文化。与之相伴，制铁技术在公元前7世纪深入欧洲大陆，形成了考古学上所说的哈尔施塔特文化（不要同周期长达2000年的哈尔施塔特太阳活动极小期混淆）。值得注意的是，这些游牧民族在大陆两端产生影响的时期正是荷马太阳活动极小期，其间较低的温度给中亚带来了更多的降水。更多的雨水滋养了更多的马和土拨鼠。公元前8世纪到公元前7世纪，大陆边缘地带很可能迎来的不只是草原武士和铁器，还有瘟疫。

---

[1] 英文原文误作"战国时期"（Warring States period）。虽春秋战国的历史分期莫衷一是，但"公元前500年前后"的"吴国"当属"春秋时期"。

▲　使用鼓风高炉炼铁的古代铁匠。

商业与帝国

　　与遍布的铁器生产一样，青铜时代王朝的崩溃逐渐导致了相对自主的贸易和商业的发展。当时的贸易遵循自己的逻辑，不再是霸权王朝指令下的经济，市场或许就是在这个时代诞生的。当然，商人们按照自己的规矩运输货物，达到自己的目的。鉴于敌人和海盗的威胁，这种贸易必须小心进行。当地短途运输陶器和金属商品的记录表明，日用品贸易满足了非精英普通家庭的需求。在铁器时代早期兴起的某些贸易中，骆驼商队不断壮大，往来于近东地区。此外，大部分贸易通过海运进行。贸易催生了小型自治政权的崛起，一些是准共和制的商业城邦，还有一些是小型王国。比如，黎凡特海岸和丘陵地带出现了腓尼基和非利士城邦、以色列王国、犹大王国、以东王国、摩押王国和亚扪王国。它们在某种程度上都是贸易中心，坐落在贸易路线上，连接埃及、爱琴海、美索不达米亚和阿拉伯半岛。以东王国控制着从也门经阿拉伯半岛向北流通的高利润的香料贸易。腓尼基人和新兴的希腊城邦以及爱琴海人控制着跨地中海贸易。长距离海运贸易刺激了殖民地的建立。公元前8世纪，腓尼基人和希腊人在地中海沿岸开拓殖民地，并加快同化当地人。这些殖民地散落在北非沿岸的迦太基（今天的突尼斯）地区、意大利南部、西西里岛和撒丁岛。意大利北部的伊特鲁里亚人（Etruscan）则源自安纳托利亚海岸的移民。贸易从这些沿海飞地深入遥远的内陆地区。热门商品从希腊和意大利向北流入欧洲大陆的武士文化所在地，以换取盐、铜、铁和马匹。迦太基的腓尼基人则穿越撒哈拉沙漠向南交易，换取盐和奴隶。

最终，这些贸易路线将旧世界的大部分地区连接起来，形成我们所说的世界体系。在青铜时代晚期，波斯湾同印度河流域的城际贸易已初见端倪。在铁器时代早期，通过从阿拉伯到黎凡特的香料贸易，同样的贸易线在向北延伸。贸易的兴起推动了帝国掠夺性的复兴。新兴强国的军队日益壮大，拥有钢铁制造的新武器，还通过草原贸易获得了可在马上使用的复合弓。小型商业国家被迫加入新兴国家的朝贡体系。在东西两个方向，公元前1046年建立的周朝和公元前934年建立的新亚述帝国都采用了松散的朝贡帝国的组织形式，地方势力向新政权纳贡以保平安。到公元前8世纪晚期，新亚述帝国已经征服了从埃及经安纳托利亚中部到波斯湾的大片领土，不料却在草原游牧民族的进攻下崩溃了，后者是辛梅里安人（Cimmerian）与其不久前招降的米底人和巴比伦人结成的联盟。最终，在公元前480年前后，新亚述帝国的广阔疆域被阿契美尼德王朝的波斯人占领，该王朝统治着从黑海到印度河、从阿拉伯半岛到埃及的广大地区。

在波斯人的统治下，帝国的疆域开始进一步扩大。新亚述人曾控制的领土范围可与埃及和青铜时代晚期的大国商朝比肩。在公元前480年前后的鼎盛时期，波斯阿契美尼德王朝宣称其领土规模是之前的五倍。接下来几个世纪的一些大帝国，如塞琉古、巴克特里亚和帕提亚、印度的孔雀王朝、蒙古高原的匈奴，都宣称其拥有的领土规模是青铜时代晚期帝国的两倍。当然，那个时代最强大、最稳定的帝国是在公元前1千纪末期崛起的东西方新贵，即中国的秦帝国和后来的汉帝国，以及占据地中海广大地区的罗马帝国。经过残酷的征服，这些地区被有效地统治了几个世纪，它们倚靠的不仅仅是单一的朝贡体系。这些古典强国开创了官僚治理的初级形式，其中官吏等级体系保证了中央与地方的协调有序。

在美洲，由于缺乏马匹和金属熔炼，情势大为不同。但是在安第斯山脉和中美洲地区，从压力重重的公元前1千纪早期到全球古典时代，不难看出大致平行的发展序列。这些地方，厄尔尼诺现象造成的洪水和干旱的重压使更广泛的融合变得困难。但在公元前1200年至公元前800年，安第斯山脉、中美洲和北美东部的人们都发展了所谓"互动圈"（interactian spheres），他们在广阔的土地上共享着相同的仪式和图形，这反映出一种基于不同层次的共同交换系统。

极端的厄尔尼诺现象盘踞在美洲科迪勒拉山系（Pacific Cordillera）太平洋沿岸地区，带来了不稳定的降水和干旱，这使南美洲沿岸居民和不断进入内陆山谷的人群压力倍增。上述影响似乎在公元前1200年至公元前700年达到了顶峰，当时超级厄尔尼诺现象造成了巨大的海滩脊，再加上高地的再冰川化以及海啸，剩余的沿海定居点被摧毁，人口锐减。安第斯山脉地区的复苏出现在公元前800年至公元前200年的所谓"初期"（Early Horizon），在大型防护设施的保护下，人口得以增长。此背景下的酋长制社会相互竞争，一种更广泛的融合在强大的共同仪式文化中形成，这种文化被称为"查文"（Chavin），包括对超自然的美洲虎的崇拜。类似于公元前5世纪和公元前4世纪铜器时代美索不达米亚的互动圈，这些社会在干旱的气候条件下管理着复杂的灌溉系统，用成群的驮畜（美洲羊驼而非驴）运送货物，并用铜、银和金精心制作金属装饰品。查文文化与轴心时代的各种宗教也可以相提并论，后者孕育于铁器时代的旧世界社会。"查文互动圈"的影响在公元前400年至公元前200年的一段严重干旱时期达到顶峰，它为后来安第斯山脉的帝国提供了一个地理关联体系，其所跨越的地区为无法预测的干旱和洪水所困扰。

在中美洲，全球气候衰退的温和版本产生了重要影响，文化序列也惊人地相似。厄尔尼诺–南方涛动现象大概在公元前1500年扩大到这个地区，带来了降水模式的改变，使一些重要地区受益。以玉米为基础的园艺农业始于公元前1500年前后的"早期形成期"（Early Formative），它支撑了不断增长的村庄和人口，尤其是在中部高地和墨西哥湾沿岸。到公元前1200年，与查文文化大致同步，墨西哥湾沿岸的大奥尔梅克朝圣地开始为中美洲的大片地区带来宗教融合。在北美，哈尔施塔特太阳活动极小期的影响更为明显，公元前1200年至公元前800年规模相对较大的晚期古代社会都走向衰落。当被称为"早期林地"（Early Woodland）的原始农业稳定下来时，一个范围极其广泛的互动圈也发展起来。它首先出现在阿登纳文化（Adena culture）中，然后是霍普韦尔文化（Hopewell culture）。这两种文化都有丧葬崇拜并从事着遍布整个北美东部的大范围贸易。

大约在公元前200年，随着厄尔尼诺效应的消退，新的地方政权在安第斯山脉地区出现，包括莫契（Moche）、纳斯卡（Nasca）和蒂瓦纳科（Tiwanaku）等不断扩张的军事国家。在中美洲，奥尔梅克文明在公元前600年开始衰落。就像中国和罗马在安第斯山脉的翻版，新兴的军事城邦〔其中最重要的位于特奥蒂瓦坎（Teotihuacan）山谷〕在公元前300年统治了墨西哥。同一时间，玛雅作为一个礼制国家出现在危地马拉佩滕低地（Petén lowlands）。

因此，至少从公元前200年至公元200年，逐渐改善且稳定的气候条件（气候适宜期）见证了相对较大且稳定的军事化国家在全球范围内的巩固。中美洲和安第斯地区的国家回应积极但规模有限，旧世界则是群雄并起，包括中国的汉朝、印度的孔雀王朝与笈多王朝、波斯帝国、短暂的亚历山大帝国以及罗马帝国。

古典帝国建立在一个巨大的悖论之上：在边疆社会动用压倒性的军事力量之后，统治政权和臣民才有了稳定甚至有所改善的经济形势。帝国统治提供了某些预期和安全保障，这促进了人口的增长和集中。公元前100年前后，全世界超过80%的人口位于广阔的欧亚大陆核心地区，其中6500万人在中国，4500万人在印度，6000万人在西南亚和北非，3000万人在欧洲。在美洲和撒哈拉以南非洲地区，数字可能要更少一些。大约1500万的美洲人口中可能有三分之二生活在安第斯山脉和中美洲的政治区内。大约1300万撒哈拉以南非洲人口中有三分之一或更多居住在非洲之角、苏丹和大萨赫勒地区、麦罗埃王国的继承者阿克苏姆王国（Aksum Kingdom）的领地，以及加纳帝国将要强化统治的地区。

旋转的机械力

如果我们把铜和青铜视作技术上的革命性转变——就像早期驯化带来的革命一样，那铁的发展和传播就类似于新石器时代晚期的二级产品革命。动物和植物（尤其是羊、牛和果树），不仅仅是直接当作食物，还为了收获羊毛、牛奶和水果这些二级产品。正如新石器时代晚期见证了农业的全面发展，铁器时代见证了金属的全面使用，这些都是早期经济真正巩固的时代。在公元前1千纪，铁的传播（当然还包括特殊用途的钢），促成了当时的工业变革。

只要人类或动物仅靠肌肉直接做出诸如切割、劈砍、脱粒和牵引的动作，将自然资源转化为生存所需物质，人类改善物质条件的努力就会遇到真正和绝对的限制。青铜和铁这样的金属提升了肌肉在这些直接动作中的效率。不过，旋转动作的（间接）机制进一步提高了直接肌肉动作的效率，这个机制正是所有现代技术的基本原理。

如果说这一机制最早的用途是轮子，那么直到公元1世纪，旋转动力才扩展到运输用途以外。地中海东部地区最早出现持续发展的旋转动力，这是铁器时代晚期的创新。在被烘焙成面包之前，谷物必须被磨成面粉。从新石器时代开始，这个过程就包括在两块石头之间碾磨谷物，用手往复运动来推动上面的石头。从公元前5世纪开始，各式旋转式碾磨机在地中海各地区发展起来，用于碾磨谷物和压榨橄榄。有些是小型手动装置，即手推石磨；有些是像绞盘一样工作的大型装置，磨石装在密封箱里，连上一根轮轴，由一人或多人或一头驴来驱动。随着齿轮结构的灌溉设备的发展，旋转研磨机逐渐转变成水力研磨机，例如公元前240年前后在亚历山大里亚（Alexandria）工作的希腊化学者建造的"萨琪亚"（saqiya）水磨。公元前1世纪之前，立式水磨在安纳托利亚西部很常见，在接下来的几个世纪里，它从那里传遍了罗马世界。到了3世纪，罗马城就有大型的碾磨机轰隆运转。同样，罗马人在1世纪初将水力矿石破碎锤应用于西班牙的矿山。这种机器的发明，起源于研磨谷物的脚踏倾斜锤和希腊式往复凸轮。

似乎直到5世纪，水力磨坊才在中国发展起来——这可能是中国从中亚希腊帝国[1]那里接触到了地中海地区的磨坊技术。尽管如此，汉朝（公元前206年—公元220年）出现了创新，从根本上提高了农业生产率。公元前600年以后，定居农业取代刀耕火种建立起来。在接下来的几百年里，休耕和施肥模式得到了发展。汉朝人发展出了弯曲的铸铁犁和马拉的播种器具，前者在国家兴建并控制的铸造厂里制造，后者用于在北方的皇家土地上种植小麦和小米，那里新实施的更为合理的耕作与种植制度，也推广到大地主阶级当中。大约在同一时间，手摇扬谷机在出产小麦和小米的北方被发明，用于将谷物与谷壳分离，它后来又传播到种植水稻的南方。新发明的更有效的胸带和颈圈使更多的马匹牵引力转化为有用的能量。这些发展都促进了中国农业生产力的提升。

在大陆的另一端，罗马帝国向南攻入突尼斯（以往迦太基人的领地），侵占了尼罗河畔广阔的产粮区，向北穿过高卢进入英格兰南部。但它的农业并没有随着扩张而得到大幅提升。该地区的关键创新是帝国的景观和建筑。罗马人建造了一个分布广泛、设计精良的道路系统，促进了整个帝国的快速交通。他们还建造了令人印象深刻的沟渠，将洁净的水输送到不断发展的城市之中。城市里满是宏伟的帝国建筑，例如帕特农神庙、罗马竞技场和罗马城市广场。桥梁、高架水渠和大型帝国建筑的修建都体现了罗马的主要创新，包括连续的分段拱门和混凝

---

[1] 即巴克特里亚，汉文史籍称其为"大夏"。

▲ 由两块石头构成的用来研磨谷物的手推旋转石磨。旋转石磨减少了体力消耗，取代了数千年来在水平面上前后往复的研磨机械。

至排水渠

▶ 据推测，巴贝加尔（Barbagel）的磨坊由16架以上的水轮驱动。

土，这使建筑历经2000年依然得以保存。如果没有铁器时代首创的钢锯和切割工具，没有希腊化学者的数学知识，这些建筑是不可能完成的。急性子的罗马人，据说是尤利乌斯·恺撒（Julius Caesar）本人，为了更快地获取信息，放弃了古代的记录方法和古抄本卷轴（一种装订好的书）。

▲ 位于英格兰兰开夏郡（Lancashire）布莱克斯通地区（Blackstone Edge）的典型罗马式道路，具有为排水而设计的鹅卵石路面，历经2000年依旧可以通行。

▲ 嘉德水道桥是现存最高的罗马引水渠，为在今天被称作尼姆（Nîmes）的罗马属地供水。

在更漫长的铁器时代，铁、钢和旋转机械都应被视为一场关键的能源革命的组成部分，推动了技术创新，使生活环境更宜居。当然，人类社会不断膨胀的人口很可能抵消新技术的经济优势。帝国臣民可能只是原地踏步，而不是勇往直前。前人骸骨中的证据也表明，古生物学家正在揭开一个关于不健康的生活环境的故事。总的来说，农业人口的生育率高于狩猎采集人口，但生活得不健康。气候逆转和国家社会阶级不平等的压力似乎又加重了负担。从新石器时代开始，骨骼的创伤反映出蛀牙、贫血和间歇性营养不良的比率在不断上升。

早在公元前500年，随着气候适宜期的到来，生活环境可能已经得到普遍改善。但是，实例表明罗马帝国时代成年意大利人的身高比铁器时代或后帝国时代要矮，而且比北欧的蛮族要矮得多，后者在人口密度较低的情况下饮食更好。尽管如此，帝国的政治安全意味着大面积饥荒相对较少出现，因为食物供应可以而且确实在帝国疆域内流通，缓解了当地的供应压力。

瘟疫与气候逆转：进入"黑暗时代"

在罗马世界，食物的流通主要依靠从尼罗河向北方运送谷物到意大利的大型船队。公元前30年，奥古斯都（Augustus）征服埃及引发了一种新的海上贸易，即运输来自印度的高价值货物。自青铜时代以来，埃及人就一直在红海进行贸易，当时一个松散的海上网络将印度河与阿拉伯半岛连接起来。公元前700年，印度和地中海之间的贸易经由穿越阿拉伯半岛的陆上香料之路得以恢复。该贸易此前曾由于印度高级文明的崩溃而中断，之后又慢慢被希腊和罗马沿阿拉伯海岸的海运破坏。罗马人对东方商品需求的增长为阿克苏姆王国的兴盛奠定了基础，它在尼罗河畔的库施王国衰落时期建立，位于厄立特里亚和埃塞俄比亚海岸地区。阿克苏姆人与阿拉伯南部海岸以及索马里蓬特地区港口的商人一起控制了来自印度、锡兰（今斯里兰卡）甚至中国的肉桂等香料的高利润贸易。

如果食物和奢侈品可以在帝国内流通，那么疾病也会流动。虽然瘟疫在罗马世界很常见，但有三次尤为突出，其影响可能和14世纪50年代的黑死病不相上下。第一次是安东尼瘟疫（Antonine Plague），它沿红海贸易路线传播，在公元165年袭击了原本相当稳定的帝国。这场瘟疫通常被认为由天花引起，肆虐长达15年之久，在结束前可能还杀死了马克·奥勒留（Marcus Aurelius），他是公元96年以来"罗马五贤帝"的最后一位。此后每隔25—30年，瘟疫就会袭击帝国的各个地区，比如公元200年在努比亚，公元232年在幼发拉底河地区的军队中，然后是公元251年出现在埃塞俄比亚的塞浦路斯瘟疫（Cyprian's Plague），它可能由出血热引发，再一次持续了15年。4世纪到5世纪已经有了地方性疫病的记录，它通常与战争紧密相连。公元542年暴发的查士丁尼瘟疫（Justinian's Plague）将改变欧亚大陆西部的面貌。它的暴发、消退与再暴发，持续了好几个世纪，直到9世纪才消退。它似乎也沿红海贸易网络传播。现在我们明白这是腺鼠疫，通过印度或伊朗丝绸贸易中的宿主传播，其遗传学上的起源地则在亚洲草原的中东部。

这些瘟疫的影响是灾难性的。安东尼瘟疫似乎是罗马帝国环境在2世纪发生变化的最佳解释。埃及农村地区年度纳税人名册显示，在2世纪50年代末到60年代末，某些地区的人口损失高达70%至90%，这肯定破坏了农业生产。一系列年代久远的文件和手工艺品表明，2世纪60年代末到70年代，罗马的经济活动、建筑工程、大理石生产，甚至造币业都可能出现了急剧的短暂衰退。西班牙的罗马银矿在这几年倒闭了，当然北非武士的突袭显然也是重要因素。罗马遗址中动物骨骼的数量大为减少，这说明饮食更差，而发现的船只残骸数量下降，也表明贸易萎缩。意大利、西班牙和法国的人口从2世纪晚期的高峰开始下降，直到中世纪才真正恢复。红色陶器是帝国疆域内使用最广泛的陶器类型，可以作为一个有用的判断标记。对非洲红色陶器分布的考古分析表明，随着公元250年塞浦路斯瘟疫的暴发，生产出现大面积凋零，进入了漫长的"3世纪危机"。公元165年至公元400年，地中海地区的人口可能减少了三分之一。

　　直到6世纪，气候才成为一个全球性的关键因素。它大体上维持了400年以来的气候表现，即北半球温暖，亚洲夏季风强劲，太平洋海域的厄尔尼诺现象稳定。公元9年出现了短暂而剧烈的季风逆转，同期西汉政权被推翻。但很快东汉重新获得上天眷顾并继续统治中国，直到公元220年另一场更持久的气候逆转导致了它的最终灭亡，并由此开启了长达四个世纪的战争与分裂的时代。公元200年前后，北半球温度确实开始有些许下降，但全球系统直到公元400年以后才决定性地转向"黑暗时代"（我们现在称之为"古代晚期小冰期"）的气候机制，那时大规模的火山爆发不断，并在大约公元650年至公元700年出现了汪达尔太阳活动极小期。这种趋向更冷的全球机制的特点是北大西洋海冰不断扩张；地中海可能还有中亚地区的冬季降水增多；厄尔尼诺–南方涛动系统转向更强的厄尔尼诺模式，它削弱了从东非到印度和中国的夏季风，并给美洲带来更多的雨水和不稳定的严重干旱。如果古代晚期这一持续了近500年的全球体系会趋向寒冷，那西伯利亚高压就不会像青铜时代末期那样进入极端模式，也不会在现代小冰期早期再次反复。因此，这是一次"温和"的半周期性气候衰弱，将于公元400年前后结束的古典时代气候适宜期同公元900年后的中世纪气候适宜期分割开来。

　　随着全球气候形势变得更加严峻，亚洲草原的生态和居民再次成为欧亚历史的决定性因素。古典时代气候适宜期里北方气候温暖，草原并没有对欧亚大陆的边缘社会产生决定性的影响。在中国，秦朝曾有过短暂统治（政权后来归于汉朝），它阻挡了北方的匈奴，并下令大规模修筑长城。但在随后的几个世纪里，这些努力失败了，来自北方的游牧部落带来了战争、饥荒和瘟疫。他们还迫使大量汉族人离开北方，进入长江流域，不得不在那里从传统的小麦和小米农业转向在潮湿的稻田里种植水稻。同样，在大陆的另一端，境外蛮族从4世纪开始向罗马帝国逼近，并在一个世纪内控制了西欧的大部分领土。公元350年至公元370年毁灭性的草原干旱正是这些入侵的诱因。匈人也是如此，阿提拉率领他们在4世纪离开草原，宣称拥有从里海到德国的领土。被蒙古高原的游牧帝国柔然驱逐的阿瓦尔人，在6世纪60年代到来并在东欧和安纳托利亚之间建立了一个汗国。众多讲突厥语的民族也都参与了这一扩张运动，并于650年在里海以东建立了一个汗国。

6世纪开始的这类入侵活动，很可能是由更寒冷的北方气候和草原上更大的降水量促成的，这为他们的马提供了草料。中亚草原如此高的湿度可能很好地解释了瘟疫的再次出现，它在542年侵袭了地中海地区，并可能对中国产生了长达几个世纪的影响。在地中海地区，查士丁尼瘟疫导致了欧亚大陆边缘地区人口锐减。到400年，中国人口减半，印度人口损失了三分之一。到700年，西南亚、埃及和欧洲丧失了一半人口。200年至500年，旧世界的核心人口数量从2.11亿人下降到1.47亿人，世界人口占比从82%下降到71%。

严峻的气候形势也打击了美洲科迪勒拉山系地区的人类社会。随着亚洲季风的消退，降水向东移过太平洋，所有证据都表明400年至1000年存在一系列极强的降水。这一黑暗的厄尔尼诺时代的开启导致了两个早期秘鲁中等发达文化的解体，即莫契文化和纳斯卡文化。它们在公元前200年前后出现，在6世纪早期由于超级厄尔尼诺现象带来的洪水和严重干旱而终结。大致在同一时间，强大的城市国家也因干旱袭击墨西哥高地而毁灭。随着莫契和纳斯卡的衰亡，"中期视野"（Middle Horizon）的新文化出现了，它采用新的定居和生存战略，以应对不稳定的厄尔尼诺时期的挑战。位于南部高地的瓦里人修建了大规模灌溉系统，从高海拔的水源中取水；位于高海拔的"的的喀喀湖"（Lake Titicaca）地区的蒂瓦纳科文化，在湖中独特的凸起河床上种植作物。这两个帝国以聚集的城市为中心，延续了几百年。在尤卡坦半岛，前古典期玛雅文化在形势相对稳定的古典时代气候适宜期里发展了几个世纪。直到200年前后，一系列严重的干旱来临，聚居点被大量遗弃。古典期玛雅文化发展了300多年，直到6世纪80年代又一场遗弃的发生〔所谓"玛雅间断"（Mayan hiatus）〕。它当时所遭遇的旱灾也同样摧毁了墨西哥特奥蒂瓦坎王国以及秘鲁的莫契文化和纳斯卡文化。

在地中海地区，古代世界的崩溃对环境产生了深远的影响，其中瘟疫导致的人口减少更甚于严冬降水的加剧。在罗马时代，不断增长的人口已经扩散到边疆地区，他们在山地开辟梯田，精心耕作。随着查士丁尼瘟疫造成大量农民死亡，无人照料的山坡梯田在冬季暴雨的重压下垮塌，破坏了前几个世纪的农业进步，引发了又一轮土壤侵蚀。山坡梯田被损毁后，幸存者也离开了。在罗马的意大利地区，农业人口密集分布在低地和高地。随着古代晚期战争的肆虐，人们放弃了低地的城镇和住所，像铁器时代早期那样，挤进筑有围墙的山区村落。

吊诡的是，幸存者中的许多人比他们古典时代的祖先过得更好。更少的人口意味着平均每人拥有更多的资源，帝国贸易的崩溃也使致命瘟疫传播的可能性降到最低。如果以成年人的身高来衡量，人口减少有益于日常健康。虽然没有全球数据，但欧洲人的身高证据相当惊人。那些在瘟疫的打击下幸存，并适应了日渐寒冷的气候和帝国结构的解体的人，比他们的祖先更加高大。各种研究结果表明，相比帝国时代，生活在6世纪的欧洲人的身高要高出2—2.5厘米。尽管这些身高数据在接下来的几个世纪里有所下降，但它们仍然高于罗马时代的平均水平，并且在中世纪气候适宜期的前两个世纪（11世纪和12世纪）常常有所上升。通过对牙齿缺失、哈里斯线（童年饥饿程度的标志）以及龋齿（蛀牙）的测量，当时英国人的骨骼情况表明，后罗马时代的人不仅更高，而且更健康。值得注意的是，丹麦维京人的身高下降了，那里的人口增长、内部阶层分化、远程袭击和贸易可能是造成这一结果的原因。流行的解释是：只要摆脱了帝国时代的拥挤、不平等和疾病，欧洲人的健康状况就会有所改善。

黑暗时代的转变、竞争与危机（公元400年至公元950年）

古代世界末期，或者我们现在所说的更广泛的古代晚期，见证了强大的新宗教的崛起。基督教是罗马帝国鼎盛时期的一个激进教派，随着瘟疫的暴发而传播。新宗教对兄弟情谊和慈善的强调很可能是其存续和招募信徒的手段。380年，即野蛮的哥特人在哈德良堡（Adrianople）战役中击败罗马军队两年后，基督教被确立为帝国国教。伊斯兰教出现于阿拉伯地区，时间大概是寒冷的古代晚期气候机制开始后200年。在6世纪后期，随着可能是536年火山爆发带来的严冬及其后续气候动荡，以及542年查士丁尼瘟疫的暴发，罗马帝国的权威更加急剧地瓦解。大约570年，先知穆罕默德诞生，在610年前后接受神启，并于622年逃到麦地那，在那里创立出一种新的世界宗教。

短短五十年间，伊斯兰教已经从阿拉伯半岛东部穿过美索不达米亚和波斯，向北进入安纳托利亚，向西传播到埃及和北非海岸。到750年，它从西班牙传到信德（Sind），并进入干旱的南部草原地带。古代晚期的气候模式似乎有助于伊斯兰教的兴起和传播。6世纪和7世纪的灾难性洪水，加上查士丁尼瘟疫的持续影响，无疑削弱了拜占庭这个罗马帝国继承者的抵抗力。另外，西南亚、北非海岸和波斯继续受益于大西洋冬季西风带强劲的南风气流，获得了相对较多的降水。这种气候模式很可能为阿拉伯-伊斯兰教领地内崛起的大城市奠定了农业基础。它也可能塑造了西非萨赫勒地区加纳王国的命运。当加纳王国最终被伊斯兰武力征服的时候，我们会发现同期当地中等强度降水量的起落，年降水量低点时450毫米，高峰时则达到1050—1100毫米／年。

新皈依基督教的欧洲遭受着苦难。外敌入侵的时代很久以前就开始了，哥特人、阿兰人和匈人从东方草原接踵而至。711年，倭马亚王朝的穆斯林战士横扫西班牙，夺取了哥特国王统治的城市。尽管他们在732年的图尔（Tours）战役中被法兰克人阻挡，但外敌入侵的威胁持久存在，并因维京人的崛起而加剧。维京人从793年开始袭击北欧海岸，之后其袭击持续了两百余年。在这几个世纪里，加洛林王朝的法兰克人声称曾短暂地恢复了罗马帝国的权威。查理·马特（Charles Martel）是732年图尔战役的统帅，他的孙子查理曼（Charlemagne）在800年被教皇加冕为皇帝。在古代晚期气候体制逐渐加强的压力下，加洛林王朝的法律改革以及对天主教会的支持将为未来几个世纪的重要发展奠定基础。

8世纪60年代至10世纪40年代，上述压力在欧洲表现为一系列严冬和极端多雨的夏季，这似乎是由一系列严重的火山爆发直接造成的。最引人注目的是在9世纪的820年至845年以及867年至874年，伴随着加洛林王朝的日渐衰败，恶劣的天气影响了人类和动物，造成了一系列的饥荒和物资短缺。这些饥荒伴随着两场牛瘟大流行。这期间，欧洲牛群中暴发的疫病似乎也蔓延到人类身上，之后在公元1000年前后出现了现代形式的麻疹。

黑暗时代晚期，太平洋两岸地区也发生了与欧洲类似的事件。900年玛雅人的最终转变就是这种更广泛的全球性事件的代表。7世纪，玛雅人重新建立等级制度来应对黑暗时代的干旱环境。他们建造有神庙的城市来布置复杂的水务管理系统，把神庙修在高处，并利用邻近的采石场和潟湖来收集雨季的降水。然而从长远来看，玛雅的农业实践和人口增长可能是无法持续的，当危机到来时，他们还是受制于外部的气候条件。历经复苏以及持续两百年的进一步扩张之后，玛雅城市面临着一轮始于760年的严重干旱。大约一百五十年后，大型的低地城市都彻底瓦解。这种不断加剧的干旱与厄尔尼诺现象引起的洪水和干旱的波动有关，该现象在安第斯山脉地区不断恶化。公元800年后，瓦里帝国分崩离析，蒂瓦纳科也在公元1100年前后步其后尘。确切地说，玛雅人可能并没有消失；相反，城市文明的各中心在高地得以存续，在尤卡坦半岛沿海地区，也有人转向以贸易为主导的经济。

与此同时，类似的事件也在大洋彼岸的中国上演。220年至589年，随着汉朝的覆灭，相互角逐的势力都挣扎于一个气候寒冷且不稳定的分裂时期。最终隋朝统一了中国，之后又在618年被唐朝取代。夏季风记录显示，整个分裂时期季风比较温和，但在550年前后日益加强。589年至617年的隋朝虽然短暂但意义重大，它自汉朝以来第一次统一中国。它赶上了强盛季风期的尾巴，王朝末年遭遇了一系列的洪水，引发了颠覆政权的叛乱。唐朝存在于617年[1]至907年，这几乎

---

[1] 李渊于617年起兵，同年进封唐王。618年，隋炀帝崩，李渊称帝。此处唐朝存在时间，作者取前者；上文取代隋朝时间，作者取后者。

同玛雅的后古典期以及秘鲁的瓦里和蒂瓦纳科的鼎盛时期相吻合。在其政权的头一百年里，唐朝成功地统治了一个统一且不断扩张的中国。在8世纪早期（大致在710年至730年），唐朝政权遭遇了洪水、干旱和蝗灾的反复侵袭。与此同时，它卷入了西部边境的战争。这些边境战争耗损了唐朝的资源，削弱了其权威，并最终引发了755年至763年致命的安史之乱。叛乱的最后几年，可能经由叛军从游牧草原传入的黑死病席卷了中国南部沿海的广大地区，造成人口大幅减少。由于叛乱的打击、中央权威的瓦解以及瘟疫的影响，唐朝衰弱了大约一个世纪，最终在907年灭亡。正是持续50年的强劲冬季风和孱弱的夏季风，以及30年的夏季气温骤降带来了干旱、洪水、蝗灾和饥荒，引发了一波又一波的叛乱。

全球气候变暖：进入中世纪（公元950年至公元1260年）

950年前后，造就黑暗时代的气候条件开始消退。北半球温度急剧上升，出现了持续五十年的太阳活动极大期，黑暗时代的火山爆发也停止了。温度在一个半世纪内达到顶峰，它是自古典时代太阳活动极大期以来的最高温度，也是20世纪前的最高温度。整个全球气候系统因温度变化而变化：冬季西风得到加强，并从南欧移向北欧，浮冰因此从北大西洋消退；使印度和中国变得湿润的夏季风也得到恢复。同样，南半球的西风带向南极移动，使潮湿的空气从印度洋吹向非洲东部和南部的沿海地区。所有这些转变将支撑北欧、印度和中国以及东南亚地区的繁荣。但是世界其他地方却没有这么幸运。在太平洋对岸，美洲被拉尼娜现象引发的严重干旱笼罩。1100年至1250年，从加利福尼亚到密西西比河河谷的广大地区都遭遇了特大旱灾。此外，干旱也侵袭了非洲萨赫勒地区。在埃及，尼罗河遭遇自930年开始的历史最低水位而无法泛滥。随着冬季西风向北移动，地中海的大部分地区变得更加干燥。中亚地区也是如此，那里经历了14世纪初以前最严重的干旱。因此，这段时期曾被称为"中世纪暖期"；现在的说法更加中性，称其为"中世纪气候异常期"。

雨水稀少的地方遭遇了艰难时期。在中美洲，权力分散在各式各样的地方势力中，他们也许是通过所谓羽蛇神宗教崇拜联合在一起，这种石雕神像被广泛传播。安第斯山脉沿线，随着干旱的加剧，较大的政治势力的控制范围逐渐缩小，奇穆（Chimu）这个新兴的沿海群体则是个例外，它以其太平洋沿岸的远海贸易而闻名。北美持续的干旱造就了原始国家形成的紧密聚合期。在西南部的高原地区和密西西比河中游地区，随着900年温暖干燥条件的显现，出现了大量以种植玉米为生的村庄。在密西西比河以东，则是"晚期林地"（Late Woodland）时期的人群。强有力且具有强制性的社会等级制度迅速出现在所谓密西西比文化中。西南部的查科峡谷（Chaco Canyon），以及俄亥俄河与密西西比河交汇处的卡霍基亚（Cahokia）城邦是周边地区的重要中心。13世纪中叶，在中世纪拉尼娜现象导致的干旱达到顶峰时，这两个地区及其各自的中心都明显衰落。在西南部，1120年至1150年是特大旱灾的第一阶段，它使查科的宗教仪式中心被遗弃。1250年前后，在持续干旱的影响下，古普韦布洛人（Pueblo）聚集在弗德台地（Mesa Verde）为防御而建造的大型悬崖城镇，之后在1300年前后他们突然放弃了高原地带，前往格兰德河谷（Rio Grande Valley）。在密西西比河流域，1100年至1245年，干旱以一系列逐步加强的波动形式出现，使卡霍基亚的人口从1075年至公元1100年的顶峰时期开始逐渐减少。1140年，第一次真正致命的干旱来袭，迫使伊利诺伊（Illinois）的卡霍基亚人抛弃赖以生存的草原农业社区。1140年至1150年的干旱以及1245年连续的三场干旱，每次暴发都恰好伴随着防御工事的修建，这表明战争和掠夺性的难民群体的反复出现。1350年，卡霍基亚完全解体了。类似地，干旱似乎也引发了1250年至1375年在南部修建土丘的密西西比小型政权的各种遗弃行为。

在中东地区，强盛的伊斯兰教的中心地带也受到气候变化的严重影响。尼罗河的断流以及冬季西风的北移给地中海东部社会带来了灾难。严重的干旱始于

950年前后，尤其集中暴发于1020年至1070年，这正好是欧洲从寒冷的古代晚期复苏的时期。埃及的歉收之后，是从意大利南部到伊拉克的严寒干旱，然后是伊朗和巴格达农业与政权的瓦解。在这些地方，城市被削弱，土地被遗弃，游牧民族不断入侵。旱灾期间，埃及发生了灾难性的饥荒，10世纪60年代、11世纪20年代以及1200年前后出现的地震和瘟疫则雪上加霜。

然而，在其他地方，中世纪却是复苏、繁荣和扩张的时代。中世纪多变的气候体制对人类的影响，也许可以从人口的角度得到最好的描述。700年，全球人口数量可能是2亿人，这也是黑暗时代的低点。位于古老欧亚大陆核心区的中国、印度、中东和北非加上欧洲，尽管人口数量已大大减少，但仍旧囊括了世界人口的绝大部分，占比达到75%。到了1000年，撒哈拉以南非洲也已经加入上述名单中。但在接下来的两百年里，进入中世纪气候体制后，中东和北非的人口减少，而中国、印度、欧洲、撒哈拉以南非洲以及东南亚的人口则得到复苏甚至在短时间内翻倍，总数达到4亿人，几乎占到世界人口的80%。

人口的增长得益于新的气候体制。大约在公元1200年以后，印度的人口得到迅猛增长。加强的季风延长了古典时代印度教和佛教王国的存续时间，尤其是在印度南部，更为强劲的季风支撑着干旱的内陆地区的农业扩张。到1000年，印度南部王国的商人同孟加拉湾新兴的复杂社会进行了频繁的贸易。在东南亚，中世纪强季风促成了一个平行发展的繁荣期，促进了该地区国家政治的初期发展，包括缅甸的蒲甘（Pagan）、柬埔寨的高棉（Khmer）、越南中部海岸的占城（Champa）以及越南北部红河流域的李朝和陈朝。同样，潮湿的热带东风气流为非洲东部和南部沿海地区带来了夏季降水，使从事印度洋贸易的斯瓦希里（Swahili）海岸地带的新兴城市国家受益，以牧牛和炼铁为主要经济方式的班图人穿过内陆，并建立了原始国家，类似的政权形式在今天的津巴布韦仍有遗存。在西非，位于已崩溃的加纳帝国中心地带的西面，以冈比亚河和塞内加尔河流域为核心的马里帝国，控制着黄金贸易，贸易路线从森林地区穿过沙漠再向北到达摩洛哥以及更远的地中海世界。

▲　柬埔寨的吴哥窟是世界上最大的寺庙，由苏利耶跋摩二世（Suryavaram Ⅱ）建于12世纪。

最大规模的扩张发生在中国和欧洲。700年至1000年，温暖的气温和规律的降水帮助伊斯兰世界发展成欧亚大陆西部最有活力的地区，这一气候条件现在开始移向欧洲。当欧洲的人口翻了一番，从3600万人增加到7900万人时，中东和北非的人口却从4200万人下降到2900万人。欧洲人口的增长依赖于蓬勃发展的贸易和得到改进的农业。欧洲的复兴可以追溯到9世纪，当时与伊斯兰教治下地中海地区的贸易发轫。到了11世纪，随着市镇的出现，这种贸易有了内部和外部的动力，商人阶层在商业领域内部的运作，受到确认财产关系的新法典的保护。扩张的农业从干燥的高地转移到肥沃潮湿的河谷中，古老的轻型浅耕犁被一种新的重型轮式犁取代，这种犁最初由成群的牛牵引，后来逐渐转由更快且更强壮的马来牵引。轭式马具最早由中国发明，比起古代和罗马时期的胸带马具，它效率更高，不会让马在负重时呼吸不畅。尽管欧洲由一群相互竞争的王国构成，但天主教会提供了一个整合的制度框架，拉丁语则作为一种共同的上层语言推动了手抄书籍的大规模出版以及大学在全欧地区的崛起。教会的共同思想和制度结构得到教义的加强，由此形成的普遍的"上帝治世"（Pax Christiana），使中世纪的大型商业博览会得以繁荣发展，并推动了连接佛兰德、法国和意大利的远距离贸易圈的运行。教会本身也是一个经济行为体，它资助修建了很多石质结构的大型教堂、大型修道院和大学。由于建筑业对钢铁的需求，教会在冶金业也发挥了作用，西多会修士（Cistercian）尤其以金属加工而闻名。不过，尽管在各领域都取得了进步，欧洲在炼铁方面仍然使用铁器时代早期的熔炉，直到15世纪末鼓风高炉才在欧洲全面出现；碾磨技术也基本上仍停留在罗马时代的水平。

▲ 图中展现的戴着轭头的牛拉犁耕作的场景，说明了《旧约·诗篇》第93篇中经常被误译的一段文字："假装说话行事的你，岂可依附于罪恶的宝座？"（Shalt thou cleave to the throne of iniquity, thou who feignest work in thy speech?）[1]

---

[1] 英文原文作第93篇，然不见相关语句。考其文义，或为第94篇第20节："那借着律例架弄残害，在位上行奸恶的，岂能与你相交吗？"（引自《圣经》和合本，后文同。）

宋代中国（960—1279年）的故事更加引人注目。1000年至1200年，中国的人口增加了一倍多，从5600万人增加到1.28亿人，城市居民数以百万计。这一爆炸性增长得益于持续两个世纪的温暖气候和强劲的夏季风，以及一场短暂的经济改革。宋朝支持创新和商业化。政府开放了七个新的港口与日本和东南亚展开贸易，并大量铸造货币来发展商业。通过应用新的工具和方法、种植新品种作物以及大规模投资灌溉设施，水稻生产提升到每年收获两季甚至三季。用于商业贸易和战争的铁器生产也出现革命性的变革，产量增长了12倍。铁器生产的扩大导致了中国北方木材供应的危机。4世纪以来，煤炭一直被少量使用，但在1050年至1126年，它成为中国北方主要的日用和工业燃料。宋朝在经济领域的创新无处不在，包括造纸、印刷、火药和最早的纺织机械。通过海上和陆上贸易，宋朝在中世纪掌控了一个新兴

▲　沙特尔大教堂。在12世纪和13世纪，教堂数量成倍增加，被异教徒视作神圣的森林被砍伐，在教会赞助的巨大工程中用作椽子和脚手架。

的世界体系，该体系向西[1]覆盖了中亚和印度。历史学家威廉·麦克尼尔（William McNeill）认为，中国在宋朝的经济革命"打破了世界历史的关键平衡"，使之朝着现代市场经济发展，并走向实力和势力范围的顶峰。

小冰期、黑死病及哈尔施塔特太阳活动极小期的回归
（公元1260年至公元1350年）

由古到今的振荡再次造成了损害。全面左右中世纪全球社会的气候体制在13世纪开始逆转，小冰期的初始阶段由此一直延续到18世纪初。恰巧1258年埃尔奇琼（El Chichón）火山大爆发，13世纪60年代以六十年为一周期的沃尔夫太阳活动极小期突然来临，这似乎都是促使新气候体制到来的契机。沃尔夫太阳活动极小期位列三大主要太阳活动极小期之首，它们共同构成了更大的哈尔施塔特太阳活动极小期，青铜时代危机以来它还未出现过。在小冰期的高峰，北大西洋的浮冰继续蔓延，亚洲季风逐渐减弱，卷土重来的强厄尔尼诺现象又给美洲海岸带来降水。北方的冬季西风南移，再次给地中海地区带来了强降水，也给干燥的欧亚大草原带来了水汽。随着冬季西伯利亚高压的加强，北方的气温急剧下降，在16世纪60年代到17世纪90年代降到最低点。13世纪70年代到14世纪50年代的短暂时期里，小冰期的初始阶段给欧洲带来了不稳定的潮湿夏季。

这些不断变化的气候模式也再次对人类社会产生了不同影响。印度南部的印度教王国以及横跨东南亚的新国家，都面临南亚季风减弱的情况。在美洲，厄尔尼诺现象带来的降水增多可能促成了两大帝国的崛起，分别是墨西哥的阿兹特克帝国和安第斯山脉的印加帝国。在欧洲，人口的爆炸性增长已经对有机经济造成了压力，穷人的饮食和健康状况不断恶化就是明证。13世纪末的潮湿夏季引发了

---

[1] 英文原文误作"东"（east），据实修改。

▲ 《旧约·创世记》第11章第4节[1]："来吧，我们要建造一座城和一座塔。"巴别塔象征了人类的傲慢，也代表了人类对生态灾难的一种反应。据《圣经》记载，洪水过后，巴别塔的建造者在巴比伦找到一个地方定居下来。

[1] 英文原文误作第11章第1节，据实修改。

加洛林时代的最后一次灾难。自13世纪80年代开始，绵羊饱受疥疮、肝吸虫和家畜传染病的折磨，庄稼也出现歉收。1315年至1321年，过多的降水导致了遍及欧洲大陆的饥荒。紧随其后的一场牛瘟又造成欧洲牛的数量减半。

中国的危机更具灾难性，其爆发原因包括气候因素和草原游牧民族的长久威胁。这场危机分为三个阶段。最初，12世纪20年代末，宋朝的北方领土遭遇突然袭击，落入女真人的手中。九十年后，1214年至1215年，成吉思汗领导的蒙古人入侵了中国北部。宋朝在南方地区继续发展经济，最终于1279年被蒙古人征服。严寒时期的暴力征服造成了大规模死亡。蒙古人对中国北方的征服极具破坏性，农民被屠杀或被迫在战场上充当炮灰，粮食生产被中断，瘟疫估计也造成了损失。中国北方的人口从1195年的5000万人下降至1235年的850万人。总的来说，中国总人口从1200年高峰期的1.28亿人减少到1400年的7000万人。女真人和蒙古人的入侵似乎都发生在特殊的气候节点，当时中国的冬季寒冷干燥，同时期北方草原短暂的夏季温暖而多雨。

成吉思汗和他的儿子们锻造了一个强大的、组织严密的军事机器，这些优势很好地解释了为何蒙古人能够如此神速而强势地向西穿过仍旧异常干旱的中亚地区。当成吉思汗在1227年去世时，他们已经抵达里海，并于1241年摧毁了基辅罗斯，挺进到中欧地区的边缘。1258年，他们占领并洗劫了伊斯兰阿拔斯王朝的首都巴格达。13世纪80年代，四大汗国控制了从黑海到波斯再到中国南部的欧亚大陆广大地区。草原再次吞噬了旧世界文明两个主要的中心地带。

从14世纪40年代开始，蒙古人对欧亚大陆的征服将对整个旧世界产生毁灭性的影响。它已经同欧洲和伊斯兰教产生了竞争和冲突。在中世纪中期，基督教欧洲将注意力投向黎凡特地区。1096年，应保卫拜占庭并对抗突厥人的号召，十字军进军到耶路撒冷，并越过它在安纳托利亚南部建立了一批小国家。威尼斯人和热那亚人（Genoese）带领欧洲商人从这里出发，向东到达印度海岸，获取香料和丝绸，从而展开利润丰厚又令人着迷的贸易。随着形势逆转，这些国家中的最后一个在1291年被马穆鲁克摧毁。此前的三十年里，随着越来越多通往东方的海上路线被切断，这些商人转移到金帐汗国（Golden Horde）边缘的黑海北部沿岸地区，以拦截从东方经陆路向西的贸易。

旧世界瘟疫的暴发与大草原的气候条件密切相关。雨水为运输游牧军队的马匹提供了草料，也为鼠疫杆菌的滋生提供了温床。在经历了炎热的中世纪之后，冬季的雨水开始回到大草原上，在13世纪20年代到70年代还是轻微和断续的，之后的14世纪30年代到40年代则更加明显，伴随着小冰期气候机制的影响，还会发生一些剧烈的波动。瘟疫大约在1331年袭击中国，也可能在1338年至1339年袭击吉尔吉斯斯坦伊塞克湖（Issyk-Kul）地区的市镇。遗传学研究表明，瘟疫源自丝绸之路的东端，差不多刚好在吉尔吉斯斯坦和黄海的中点处，即青藏高原。1346年的一场小规模冲突后，金帐汗国包围了黑海北岸克里米亚（Crimea）半岛港口城市卡法（Kaffa）的热那亚商人。1347—1348年，逃离卡法的船只将黑死病带到地中海东部港口。仅仅两年，欧洲和中东地区就有多达三分之一的人口死亡。这场瘟疫还越过撒哈拉沙漠蔓延到西非海岸。

小冰期的开始和黑死病的蔓延标志着一个循环以灾难性衰退作为结局，这个循环可以追溯到两千年前青铜时代结束时期，甚至更早。这种振荡模式的全球性和一致性来自全球气候史上反复重现的模式。从青铜时代危机到铁器时代危机再到小冰期，温暖的古代和中世纪被黑暗时代分隔，这些都印证了以两千两百年为单位的哈尔施塔特太阳活动周期。在旧世界，特别是欧亚大陆广大地区，这些更温暖和更寒冷时期的影响因那些曾经形塑了内陆大草原的干湿条件而加剧。

人类可以调动有限的资源来对抗强大的自然力。他们的遗骸讲述了一个发人深省的故事。在这两千年里，人类的健康状况不佳，无法发挥潜力，寿命也很短。旧世界的冶金业转向以炼铁为基础，这是整个时代最重大的技术变革。对绝大多数人而言，生活条件的根本变革还需等待科学革命。但随着自然波动以及文化和制度实践的每一次转变，一代又一代人都为未来奠定了基础。

▲ 5.1 第五章中出现的地名

第六章

思想传统：哲学、科学、宗教和艺术
（公元前 500 年至公元 1350 年）

大卫·诺思拉普

人类一直在探索他们的世界，试图理解他们所看到的事物，并推测那些太遥远而无法观察或根本看不到的事物。考古学家布赖恩·费根（Brian Fagan）指出，世界各地的人们在 1 万年前已经得出结论，认为人类的生活是由季节循环、天体运动和无形的灵魂所控制的。他们相信在某些特殊的自然场所能够与灵魂进行交流，如洞穴、高山和圣泉，以及人造金字塔、高塔、神殿和寺庙。人们认为逝去的祖先也参与了这种交流，就像某些活着的人会通过梦境、幻觉或其他形式改变意识。虽然这种信仰很普遍，但每个社会都有自己的祖先神灵、神祇、圣地和灵媒。因此，一个社会的思想及其实践对它的邻居而言，和每个社会所使用的不知所云的语言一样千差万别。

大约从 2600 年前开始，思想家们创造了新的思想体系，它成功地跨越了文化的界限并流传至今。其中包括起源于南亚、东亚和希腊世界的思维方式，也就是今天所说的哲学，还包括早期的数学和科学探索，以及由耶稣和穆罕默德在近东地区创立的两种新宗教。尽管将哲学、科学和宗教描述为不同的实体并不困难，但在这个时代的大部分时间里，它们之间的界限并非泾渭分明。伦理的逻辑系统参考超自然的存在；超自然启示的信徒试图用理性思维来调和它们；那些进行科学研究的人也不排除神奇或神秘的解释。因此，炼金术是化学之母，占星术是追踪天体运动的基础。

　　本章对这种思想传统的探索仅限于亚洲、欧洲和非洲部分地区，这是因为以下两点。首先，在这些地区诞生的传统留下了大量证明其存在的证据，不仅包括

▲ 西西里岛阿格里真托（Agrigento）的康科德神庙，建于公元前430年，在建成一千年后成为基督教教堂。这座保存完好的多利安式神庙位于西西里岛的希腊殖民地，它融合了希腊古典时代的设计，两侧各有13根圆柱。

石制建筑和艺术，还有丰富的书面证据——这些证据记载了其思想传统的发展和传播。尽管纪念建筑、艺术和文字也存在于这一时期的其他地方，比如玛雅文明所在的中美洲，但在其他地方还无法写就一部连贯而真实的思想史。其次，偏重欧亚大陆是因为它的可推测性。事实表明，这些地区人口密集，城市中心熙熙攘攘，贸易产生的跨文化互动可能会增加当地出现思想家的可能性。换句话说，即便伟大的思想家可能存在于世界的其他地方，但很少有证据能证明他们的存在，也没有理由令人相信他们的教诲可以在没有记录手段的情况下留存和传播。

一个"轴心时代"？

第二次世界大战后，一位多产的德国存在主义哲学家卡尔·雅斯贝斯使古代晚期一个独特的"轴心时代"的概念广为人知，在"轴心时代"包括宗教和哲学在内的基本思维派别诞生了，并一直延续到他的时代。雅斯贝斯认为，这一时期是世界历史的转折点，将早期文明与新时代分开。这个想法引发了广泛讨论和争议。即使并非雅斯贝斯的所有观点都被历史学家接受，但不可否认的是，这个时代见证了印度的印度教和佛教、中国孔子和老子、（稍早时）波斯的琐罗亚斯德[1]（Zoroaster）、古代以色列的犹太先知、希腊的柏拉图和亚里士多德以及许多其他思想传统的兴起。同样不可否认的是，这些传统在其发源地之外传播开来并长期存在。

是什么造就了这个时代的思想家？尽管每种思想传统都有其独特的起源，但一些学者认为它们共享相似的哲学原则或宗教见解。其他人则注意到，这些伟大的圣贤出现的时候，读写能力、帝国和货币也在传播。虽然帝国、钱币、写作同知识传统没有直接联系，但似乎可能是共同的物质条件推动了它们的传播。商

---

[1] 即查拉图斯特拉（Zarathustra）。

业和帝国的扩张促进了互动网络的形成，思想和商品都可以在其中流动；在人口稠密的社会中，社会经济等级制度给了一些人闲暇时间去追求思辨的观念，这些人可能是老师，也可能是学生。轴心时代的才俊可能因为他们的智力和精神洞察力而广受称赞，但他们的教诲经久不衰的一个关键原因是被书面记录下来。文献可以被隐藏起来以躲避灾祸，可以被带到遥远的地方，也可以在书写后几个世纪被重新发现。然而一个奇怪的事实是，在本章中谈到的哲学和宗教传统的创始人里，没有一个自己著书立说，相反，都是他们的追随者记录了他们的话语。

人们可能声称其传统是理性、神启或两者混合的产物，但历史表明，它们的创始人和早期追随者也融合了他们时代的信仰、习俗和趋势。正如艺术和建筑的风格随着时间和空间的推移而融合或修改一样，后世历代追随者既巩固并阐述了这些思想传统的信仰和实践，又在它们传播到的社会中重新解释了它们。由于这样和那样的原因，更多成功的传统分裂成不同的教派或学派。

所有的消息来源都认为乔达摩·悉达多是佛教的创始人，通常认为他的在世时间大约是公元前563年至公元前483年，但他生活的年代可能更早。重建佛陀的原始教义也是一项挑战，因为最古老的经文写于他死后几个世纪，当时互相竞争的佛教派系已经发展出截然不同的教义。即便如此，学者们相信某些事实可能是真实的。乔达摩生长在喜马拉雅山南麓的一个富裕家庭。他对领悟的追求使他谴责物质享受，并开始严格的禁食和冥想，这是他那个时代印度圣贤的共同道路。六年后，他得出结论，苦行僧的生活并没有让他比以前的舒适生活更接近最高精神洞察力。乔达摩选择了两者间的"中间道路"。在35岁时，他成功地完成了精神追索，成了佛陀，即觉悟者。

佛陀的见解被概括为"四谛"：生命是受苦（苦谛）；苦的根源在于欲望和依恋（集谛）；苦的解决之道在于控制欲望（灭谛）；如果信奉佛教就能控制欲望（道谛）。简而言之，修行的道路（八正道）包括正确的观点（正见）、思想（正思维）、言语（正语）、行为（正业）、生计（正命）、努力（正精进）、注意力（正念）和专注（正定）。这个极简的列表可以细分为三个不同且略有重叠的类别或支柱。第一根支柱涉及智慧，即放弃物质价值，拥抱仁慈和非暴力的态度。第二根支柱涉及道德，劝人远离暴力、谎言、盗窃和不当性行为。第三根支柱是冥想技巧，它给人智慧和洞察力，并最终使人超越感知和感觉。后一种状态叫作"涅槃"（nirvana），这个词的意思是"重生"（像蜡烛的火焰）。尽管悉达多吸收了他那个时代印度人的共同信仰，即人类是被迫一次又一次转世的灵魂，直到他们以某种方式逃离物质存在，但他认为涅槃与其说是一种精神幸福的天堂状态，不如说是一种虚无，一种存在的灭绝。就目前所知，佛陀的原始哲学不包括对造物主或其他神灵的信仰。

在其一生中，佛陀吸引了一众信徒，有男有女，有世俗人群也有僧侣。他们进行了世界历史上第一次大规模的传教运动，最初遍及印度，后来几个世纪则横跨整个亚洲。亚历山大大帝（Alexander the Great）远至印度河流域的征服可能开启了一路通往地中海地区的交流路径，那里的古代资料曾提及佛教僧侣的早期访问。亚历山大在公元前323年去世后，随着帝国的解体，旁遮普的孔雀王朝的崛起为佛教传播提供了有利条件。在阿育王（Asoka，公元前269—公元前232年在位）的大力支持下，佛教在他那包括了印度大部分地区的庞大帝国里传播开来。阿育王的支持使佛教比其他印度宗教传统更具优势，并使它走上了成为主要宗教的道路。据说阿育王的儿子带领传教士南下斯里兰卡，还有其他报告称僧侣们将佛陀的教诲带到了缅甸、泰国和苏门答腊。到了1世纪，有证据表明佛教僧侣住在阿富汗一座高山山口的洞穴里，继续着佛教与该地区的联系，这种联系可以追溯到乔达摩在世的年代。

在中国，孔子（约公元前551—公元前479年）可能与佛陀是同代人。受战争和统治者腐败的困扰，孔子重新树立了统治者受"天命"统治的信念，要求他们公平公正地使用权力。孔子还重申了中国传统的家庭至上的信念。他鼓励孩子们尊重他们的父母和已故的祖先，家庭成员要彼此忠诚，妻子则要服从丈夫。尽管孔子相信祖先的精神、神灵和天体的力量，但他所传授的与其说是一种新的宗教，不如说是一种如何有道德地高尚地生活的哲学。

孔子教导世人，真正的高贵或有教养是教育和行为的产物，这与高贵源自世袭的观念有很大的不同。在孔子的弟子及再传弟子编著的《论语》一书中，孔子提出了以下见解：君子关注的是正途（也就是"道"），而不是奢侈、贪食和物质上的成功；君子应该勤于工作，言语谨慎，敬畏天意和圣贤的教诲。《论语》和其他与孔子的家乡、占卜、历史和诗歌有关的文本被尊称为"四书"[1]。

▲ 南京夫子庙建于公元7世纪，历经反复重建，证明了儒家思想在中国的持久性。

儒家学说的后继者是孟子（约公元前372—公元前289年[2]），他通过巧妙的故事、谚语和寓言来表达儒家价值观，极大地增强了儒家学说的吸引力。与此同时，他为中国的不平等进行辩护，认为脑力劳动者比体力劳动者更重要。他捍卫

[1] 英文原文误作"五经"（Wu Ching），实则"五经"指的是《诗》《书》《礼》《易》《春秋》，《论语》《孟子》《大学》《中庸》同属"四书"。
[2] 英文原文作"公元前327—公元前269年"（327-269 BCE），据《辞海》修改。

天命观，同时也提醒统治者注意其根本责任在于关注人民的福祉。随着儒学得到普及，其追随者开始把孔子当作神来崇拜，并加入了其他的宗教特性，所以到了1世纪，它就变得类似于一种宗教。

大约与孔子同时代，另一种有影响力的中国哲学也出现了，即道家或道教。他们对道（道路或路径）的理解就是与自然一致。早期道家强调正确的生活方式，通过神秘的沉思从欲望中解脱出来，但与儒家不同的是，它主张最少的政府干预。道教逐渐呈现出宗教的特征，拥有许多神（包括其假定的创始人老子）、道观和仪式。正如本章后面所讨论的，道教的进一步发展受到了与佛教相互作用的强烈影响。

大体与此同时，古希腊出现了一种复杂的教义，被称为希腊主义。早期导师苏格拉底（公元前469—公元前399年）教授的伦理观点类似于孔子和佛陀，他善于从命题中得出逻辑结论。苏格拉底称他的方法为"哲学"，这个术语来自希腊语，意思是"对智慧的热爱"，希腊思想家萨默斯的毕达哥拉斯（Pythagoras，约公元前570—约公元前495年）可能在一个世纪前创造了它。苏格拉底对主流思想的质疑如此强烈，以至于其敌人指控他是宗教异端并在腐蚀年轻人。尽管他否认了指控，但他被判有罪并被迫自杀。他最出众的学生柏拉图（约公元前427—约公元前347年）记录了我们所知道的苏格拉底式哲学。柏拉图试图规避公众的批评，并可能隐瞒了老师的一些更先进的观点。他在雅典创办了一所名为"阿卡德米"（Academy）的学园，教授数学和哲学。柏拉图主义的核心是这样一种理论，即存在诸如真、善、美的思想的理想形式，个人可以通过这些形式认识真实的但不完美的真、善、美的事物。纯粹的形式存在于物质世界之外和人类心灵之外。同苏格拉底一样，柏拉图认为探寻知识是美德和幸福所需，正确的理解是从一个被称为辩证法的过程中形成的，在这个过程中，所有的假设都受到质疑，细节需要与理想状态进行比较。在柏拉图写的各种对话中，苏格拉底和其他哲学家对某些命题的逻辑进行了辩论，但往往没有得出最终结论。柏拉图在《理想国》中有一种不同的见解，他认为哲学家是最好的统治者，与诸如战士或劳工等其他人一道，执行最适合他们天性的任务。

亚里士多德（公元前384—公元前322年）在柏拉图的学园里学习了很多年。但之后，他从柏拉图的演绎推理转向一种更具经验性和分析性的理解方法。像柏拉图一样，他珍视对真理的理性探索，但拒绝接受老师的信念，即事物的形式和质料是可分离的。对亚里士多德来说，球的形状是它滚动的内在倾向。更为深刻的是，他认为生物的自然构成决定了它的行为方式，而且因为人类的本性包括很强的推理能力，人类应该以道德、理性的方式生活。亚里士多德的写作涉及大量的主题，涵盖自然界的许多方面，包括生物学、地质学、物理学和心理学，以及逻辑和形而上学、伦理学、政治学和修辞学。他也是亚历山大大帝的导师，亚历山大大帝在埃及和印度河以东的征服有助于希腊思想和美学在广大地区的传播。

科学的基础

除了探索生活和理性的最佳方式，轴心时代的思想家们还在实践以及世界各地早期人群的学术成就的基础上对自然世界进行了重要的研究。这些早期人群创设了历法，能提炼金属和制造合金，驯化了动植物，并习得了草药的秘密。新的科学贡献尤其重要，因为它们被后人记录下来、重复并研究。

一个关键的研究领域是数学。在公元前500年之后的一千年里，印度学者设计了一套巧妙的位值记数数字系统（包括0），以及表示未知数和数学运算的符号，包括初级运算的加法和减法，以及高级运算的运算法则、二次方程、平方根和微积分。后来，伊斯兰学者借用了印度的数学系统和符号，在13世纪将其传给了阿拉伯人治下西班牙地区的犹太学者，最终它被传播到拉丁西方（Latin

West）[1]的其他地区。在早期中国，数学家也在书写数字时使用了位值，为空值留下空白，并记录小数位数。在欧洲，最著名的古代数学家之一是萨默斯的毕达哥拉斯，尽管还不能确定他个人是否在阐述以他的名字命名的著名定理[2]中发挥了作用。更早的时候，直角三角形的边和角的数学关系已为巴比伦人和印度人所知晓，因此他可能是在旅行中学会这个定理的。另一位希腊数学家，亚历山大里亚的欧几里得（Euclid，约公元前323—公元前283年[3]）在他著名的《几何原本》中总结并系统化了几何的基本原理，这为后世设定了研究的起点。

对天文学感兴趣的数学家帮助改良了太阳历，确定了日食的成因，并预测了它们的发生。例如，毕达哥拉斯计算出地球可能是球形的。印度在独立研究了1000年之后，伟大数学家兼天文学家阿耶波多（Aryabhata，476—550年）不仅预测了日食和月食，还推测地球是球形的并绕地轴自转。欧几里得也在进行球形天文学的研究。中国天文学家首次记录行星分组是在前5世纪，一个世纪后他们有了关于彗星的最早记载。波斯的萨珊王朝（226—652年）也是数学和科学研究的中心。

医学、生物学和物理学也取得了进展。据说，一位印度人发明了一种摘除白内障的原始手术，而中国医师发明了至今仍在使用的针灸系统。在希腊，亚里士多德在自己细致研究的基础上，写出了现存最早的实验生物学文献。通过直接观察，他识别了500种动物物种，并设计了一个与现代相似的分类体系。为了准确详细地描述海洋生物的发育，他每隔一段时间就去观察胚胎的发育。在物理学方面，中国学者在光学、声学和磁学方面作出了贡献。

自然哲学家警告说切莫不必要地把自然的解释和超自然的解释混为一谈。例如，在公元前7世纪末，鲁国大夫申繻认为人看见鬼魂实际上是反映了自己的恐惧和内疚。孔子对此做出回应，认为一个人"未知生，焉知死"。大约在同一时

---

[1] 与"拉丁西方"相对的概念是"希腊东方"（Greek East）。

[2] 指毕达哥拉斯定理，即勾股定理。

[3] 《辞海》所记欧几里得生卒年为约公元前330—公元前275年。

期，希腊科学之父泰勒斯认为闪电和地震是自然原因，而不是神的力量和愤怒的表现。直到很久以后，天文学才不再与算命和预兆有关。自然界中和我们关系更为密切的其他部分就不那么神秘了。成功的建筑需要精确的测量和角度计算，尽管为了确保成功，可能会向神献上一点小礼物。

将理性和超自然的原因分开并不容易，即使对未来的科学家来说也是如此。在许多文化中，太阳、月亮和星辰被视为超自然生物的家园，或者它们本身就是神。严重的疾病通常被归因于精神附体或邪恶的魔法诅咒。对化学反应的研究被炼金术士主导，比起科学研究还是追求魔法的成分更多。天文学可能作为一个独立的研究领域存在，但在大多数地方它是占星学的附庸——研究天体如何控制人类命运。

人类观察的局限加剧了古代科学在其他方面的局限性。例如，希腊人想象天堂肯定由非物质材料构成，轻到可以飘浮在地球之上。古代科学中的许多东西似乎是建立在过度概括的基础上的。人们普遍认为物质世界由土、水、火、气四种元素组成，对研究而言这个基础是薄弱的。第五种元素据说是构成了天堂的以太，它形成了一个长期存在的错误的二分法。几乎同样持久的观点是，人体由四种体液组成，包括黑胆汁、黄胆汁、黏液和血液，它们维持平衡时人体才是健康的。

世界宗教：基督教和伊斯兰教

"世界宗教"这个短语有多种含义。一些人用它来总括任何在全球分布上已经达到某种程度的信仰传统，包括今天在许多地区拥有追随者的犹太教或神道教等信仰，尽管他们的追随者分别局限于具有犹太和日本血统的人。另一些人将这一短语限于普世宗教，即那些从其早期历史开始就试图超越其起源地的特定种族，要成为容纳所有人类的宗教。本章使用了第二个定义，出于篇幅的原因重点放在基督教、伊斯兰教和佛教，在共同发展的十三个世纪中，它们是规模最大且分布最广的三种普世宗教。

由于基督教和伊斯兰教都有受到犹太教的影响，所以有必要先解释一下为什么犹太教没有成为世界宗教。早期以色列人建国后，发展了以上帝耶和华为基础的民族宗教。后来犹太神学家认为，耶和华不仅仅是他们的神，也不仅仅比邻近民族的神更强大，而是唯一的神。犹太人解释了他们与耶和华的特殊关系，声称他选择了犹太人并使其凌驾于所有其他民族之上。犹太人和外邦人（犹太人对非犹太人的称谓）之间的界限被信仰打破，这种信仰认为耶和华意在让以色列成为世界的灯塔，他的普世救赎计划将通过以色列人在未来的某天得以实现。早期的基督徒和穆斯林都像犹太人一样虔诚地信奉一神论和他们的神圣计划，两种宗教都成功地迈出了艰难的一步，向所有人开放了他们的信仰。

基督教起源于拿撒勒（Nazareth）的耶稣的学说，他是罗马帝国治下巴勒斯坦地区的一个犹太人。与其他已经涉及的思想传统一样，这位创始人的信息是通过之后追随者的记录和阐释才得以被我们知晓的。被称为《新约》的基督教经典把历史事件和神学内容混合在一起。四部《福音书》展示了耶稣的生平，包括他鼓励谦逊、忏悔，善待不幸之人和调解纷争的事迹，以及某些犹太统治者的反对如何导致了他被钉死在十字架上的细节。除了这些简单的历史事实，还有一些更神秘的事件。像其他圣人一样，耶稣被认为具有治愈和驱魔的能力。还有一些说法就更离奇了：他的母亲是处女；他死而复生并且升天了。无论这些自然和超自然事件以何种方式联系在一起，很明显，1世纪末的基督徒们都完全相信它们。信徒们认为耶稣是上帝的儿子，是《圣经》所预言的弥赛亚。《使徒行传》叙述了早期基督徒的活动，描述了犹太人如何排斥耶稣，以及耶稣的使徒如何将耶稣的信息从圣城耶路撒冷带到罗马这个外邦世界的首都。在使徒保罗写给罗马人的信中，他阐明了基督预言的普遍性，认为皈依者并不需要通过男性割礼成为犹太人，然后才成为基督徒。

基督教很幸运地出现在罗马帝国的政治边界和亚历山大大帝征服后发展起

来的希腊化世界的文化边界内。耶稣说的是阿拉米语（Aramaic），但《新约》的所有文本都是用希腊语写的。当圣保罗写信给在罗马的羽翼未丰的基督教团体时，他用希腊语写作，直到3世纪中叶那里的基督徒一直说希腊语。这里所说的希腊语是通用希腊语（Koine Greek），或亚历山大希腊语（Alexandrian Greek），这种跨区域语言后来成为希腊东正教的仪式语言，是现代希腊语的前身。甚至连《希伯来圣经》（即《旧约》）也在公元前3世纪中叶被翻译成通用希腊语。由于希腊语中用来表示弥赛亚的单词是"Christos"（受膏者），于是新宗教的成员称自己为"Christian"（基督徒）。到了100年，基督教团体已经在叙利亚、小亚细亚（安纳托利亚）、希腊、意大利，以及亚历山大里亚（埃及）和的黎波里（利比亚）兴起。它很快就传遍了罗马的阿非利加行省，即北非的西部。早期基督徒大多是穷人和市民。

尽管政治和文化的统一使信仰更容易传播，但早期基督徒也面临三方面严峻的挑战，即罗马人的迫害、希腊哲学的挑战以及关于神学的争论。早期罗马迫害的目的是强迫基督徒遵守承认罗马诸皇帝为神明的仪式，其结果是使基督徒四处躲藏。虽然不是很有效，但这些迫害导致了殉道者的出现，他们的坚贞鼓舞了其他人的信仰。然而，皇帝戴克里先（Diocletian，284—305年在位）确信，罗马军团无力抵抗北方入侵者的原因在于罗马众神不满基督徒士兵可以佩戴十字架的标记而不是提供传统的祭品，于是发起了更为严厉的迫害。303年，戴克里先将基督徒从军团中清除，然后开始对其他基督徒进行残酷的迫害，包括摧毁教堂，对那些拒绝向既定神灵献祭的人实施大规模的拷问和处决。

比迫害更持久的是希腊文化带来的思想挑战。受过更多教育和思维更缜密的人往往发现基督教的信仰缺乏逻辑或过于神秘。基督教领袖对此有不同的反应。例如，迦太基伟大的基督教辩护者德尔图良（Tertullian，约155—220年）问及雅典（的古典学）和耶路撒冷（的犹太-基督教启示）必须互相提供些什么。对此他回答道："我们信仰的第一条就是，除此之外我们别无信仰。"当时更睿智的基督教领袖采取了不同的策略，运用希腊哲学来捍卫他们的信仰，反对非信徒的批评，并由此对他们的宗教有了更深入的了解。亚历山大里亚的革利免（Clement，150—215年）是雅典人，也是第一个受过高等教育的基督徒，他谨慎地提出哲学可以提供与基督教"第三种《圣约》"（Third Testament）相符的信仰，甚至支持它们。亚历山大学派才华横溢但又有些古怪的思想家奥利金（Origen，182—254年）走得更远。他在埃及长大，早期的迫害杀死了他的父亲和朋友，他认识到有必要反击基督教的批评者。他以勤奋和坚韧的精神研究希腊哲学，以至于基督徒的强烈反对者提尔的波菲利（Porphyry）都称赞他："奥利金生活时像一个基督徒，但他思考时像一个希腊人。"

希波的奥古斯丁（Augustine，354—430年）在早期教会中创立了最伟大的信仰和哲学的综合体。奥古斯丁的母亲来自北非，是一名基督徒，父亲是一位非基督徒的罗马人，年轻的奥古斯丁曾在宗教和肉体的诱惑间反复挣扎。在386年夏天阅读圣保罗写给罗马人的书信时，奥古斯丁感觉到他的挣扎消失了。次年，他接受了基督教的洗礼，并献身于苦修生活，最终在391年被授予神职，五年后被任命为希波的主教。奥古斯丁写了大量的文章来捍卫基督教正统，反对各种异端教派，包括多纳图派（Donatist），他们拒绝重新接纳在戴克里先迫害期间交出经文的基督徒，导致北非教会分裂。他用柏拉图主义的理想形式构建了神学，其思想主导了拉丁教会千余年。他写道，人是灵魂和肉体的结合，教会是上帝之城。汪达尔人围攻希波时期，奥古斯丁病逝。

早期教会面临的第三个挑战来自基督教信仰内部的紧张关系。耶稣的人性如何与他的神性相调和？耶稣是上帝之子的信仰如何与一神论相调和？为了解决这些及其他难题，教会领袖召集会议以找出信仰的共同表述，他们借鉴拉丁语词汇"credo"（我相信）将其称作"creed"（信条），并以此作为声明的开头。哲学话语中获得的希腊语的细微差别有助于为这些神学信条找到正确的措辞。当翻译成拉丁文时，这样的术语看起来很容易理解，但对那些不太熟悉希腊语的人来说，细微的区别似乎是荒谬的。有人认为，这是许多埃及、叙利亚和埃塞俄比亚基督徒不接受451年卡尔西登公会议（Council of Chalcedon）批准新柏拉图派成立的原因。其将耶稣确定为两"性"（神性和人性）完美结合的一个"人"。当然，如果认为任何争议都是由单一原因引起的，那就太简单了。语言不能解释为什么希腊宗主教聂斯脱里（Nestorius）也拒绝接受这一提法，进而导致他创立了被称为景教的基督教教派。个性、竞争、种族和地区认同也在神学冲突中扮演了重要角色。

在戴克里先皇帝患病，约克的罗马军团宣布君士坦丁（Constantine）为新皇帝后，基督徒与罗马帝国、基督教神学与希腊文化的争端进入了新阶段。据说君士坦丁展示了一面印有基督教十字架和"此标志即征服"标语的基督教旗帜后，就战胜了他的对手。这个故事不能从字面上理解，但这位新皇帝确实在313年采取了行动，使基督教成为一种可被容忍的宗教。他还采取行动解决基督徒之间的冲突，使用武力镇压罗马帝国阿非利加行省的多纳图派，并在325年召集尼西亚公会议（Council of Nicaea），批准了一项重要的信经[1]。在400年，基督教成为帝国唯一合法宗教。到430年，基督徒占了人口的大多数——尽管信奉基督教以讨好当局的皈依者缺乏早期和艰难时期基督徒的热情。如果说学者们关于帝国的基督教化有多深的争论尚无共识，那确定无疑的是教会彻底罗马化了。教会法和头衔来源于他们的罗马同行；富裕的罗马人的时尚服装作为礼拜仪式的法衣而存在；一段时间里，教堂建筑反映了罗马的建筑样式。

帝国的庇护也助推了东西方基督徒之间分歧的形成。一方面，它鼓励罗马教皇声索一个远远超出拉丁西方范围的权威；另一方面，君士坦丁在东方的君士坦丁堡（Constantinople，今伊斯坦布尔）建立第二个行政首都的决定加强了希腊宗主教的教会自治概念。经过几个世纪的龃龉，在1054年当双方领袖都将另一方逐出教会时，永久性的分裂产生了[2]。最后，当西罗马帝国崩溃，日耳曼人及其他入侵者占领了它以前的大部分领土时，拉丁教会的机构成为保存并最终重建罗马

---

[1] 即《尼西亚信经》。

[2] 1054年，东西教会大分裂，分出了希腊正教（东方正教会）以及罗马天主教（罗马普世公教会）两大宗。

法律、文化和文明的手段。在这一进程大步向前推进之前，从7世纪开始的另一次阿拉伯入侵将征服北非、伊比利亚和中东的大部分地区。随着时间的推移，这些曾经属于基督教的土地变成了穆斯林的领地。

▲ 位于君士坦丁堡的圣索菲亚大教堂的圆顶和长方形廊柱大厅。当前的结构是皇帝查士丁尼（Justinian）在6世纪30年代下令修建的，其地址可追溯到4世纪的早期教会建筑。它上面建有一个巨大的圆顶。最初的装饰在8世纪和9世纪被基督教的圣像破坏者毁坏，在第四次十字军东征中遭到拉丁世界的基督教十字军的劫掠和亵渎。

从609年开始，一位来自麦加名叫穆罕默德的阿拉伯商人，说他通过大天使吉卜利勒（Archangel Gabriel）接受了神的启示。穆罕默德不识字，但他的同伴记下了他背诵的内容。这些文字被汇编（并稍加编辑以消除小的矛盾）成一本名为《古兰经》的书。这些启示读起来更像是孔子《论语》的神秘版本，因此不容易总结。内容主要包括：穆罕默德在传教期间同阿拉伯半岛多神教徒和犹太教徒斗争的记述，伊斯兰教的神学思想、宗教功修、道德规范和社会主张，以及古代先知故事和其他人物传说等。《古兰经》规定了法律和惩罚，鼓励对不幸之人施以善行，并呼吁服从真主的意志。"伊斯兰"这个新宗教的名字，意思是"顺从"，它的信徒叫"穆斯林"，也就是"顺从真主的人"。

　　尽管穆罕默德的教义遭到了他的家乡麦加的传统主义者的反对，但这位先知个人最终得以成功，伊斯兰教也在阿拉伯人中取得胜利，这与耶稣被处决以及他的犹太同胞普遍拒绝接受他的教义形成了鲜明的对比。穆罕默德在反对他的城市麦地那争取支持，与麦加当局讲和，并巩固了在那里的权力。穆罕默德于632年去世，此后他的教义在阿拉伯半岛被广泛接受，并第一次将阿拉伯部落团结起来。在他死后的一个世纪内，阿拉伯的穆斯林征服者建立了一个向北延伸到里海、向西延伸到大西洋、向东延伸到印度河的帝国。

▲ 位于耶路撒冷的穆斯林圣岩金顶清真寺（Dome of the Rock）的岩石圆顶，修建在早期犹太寺庙的遗址上。它的设计可能反映了耶路撒冷早期拜占庭教堂的风格。

早期伊斯兰教受到阿拉伯地区的犹太教和基督教团体一神论的影响。穆斯林礼拜场所借鉴了基督教和古典设计，这在现存最古老的清真寺的建筑和马赛克装饰中显而易见，这座圣岩金顶清真寺坐落在耶路撒冷圣殿山上，于691年建成。最重要的是，早期伊斯兰教借鉴了阿拉伯文化。只有阿拉伯语被认为传达了《古兰经》中的全部启示。克尔白（Ka'aba）是麦加的一块巨石，长期以来因与许多神有联系而备受尊崇，成为穆斯林朝圣者的目的地。该遗址清除了许多偶像，伊斯兰教严格禁止在宗教场所展示人和动物，以免这些形象成为崇拜的对象。伊斯兰教也延续了阿拉伯人的男性割礼习俗和多元婚姻的可能性，尽管妻子的数量最近被限制在四人。

阿拉伯文化和权力的主导地位在他们的帝国内慢慢被侵蚀，但同化是双向的。在阿拉伯人众多的地方，尤其是在要塞周围，许多当地人皈依了伊斯兰教，阿拉伯语更快地传播开来。经过几代人，阿拉伯人和非阿拉伯人之间的界限变得越来越难划定，因为阿拉伯男人娶了当地的女人，并拥有了实际上是双重文化的穆斯林家庭。在伊朗，阿拉伯人总的来说开始说波斯语，穿得像波斯人。在帝国之外，阿拉伯化在穆斯林中不太明显。在印度、东南亚和撒哈拉以南非洲，穆斯林保留了他们当地的语言，在接受阿拉伯习俗时更具选择性。阿拉伯人和非阿拉伯人之间的界限模糊，促使伊斯兰教成为一种多元文化的世界宗教。

然而，在此后的几个世纪里，伊斯兰世界在宗教上仍然是非常多样化的。最初，阿拉伯帝国的大多数居民是基督徒，他们被邀请加入伊斯兰教，但如果他们不加入，通常也能得到宽容和保护。穆斯林承认基督徒和犹太人是"经书中的人"，他们分享着启示的悠久传统。因此，在伊拉克，景教徒重新获得了他们在拜占庭统治下失去的大部分自治权，可以更自由地管理自己的法院、教堂和学校。在埃及，穆斯林领导人为科普特（Coptic）基督徒提供保护，这些人广泛受雇于政府部门。埃及南部的努比亚和埃塞俄比亚的非洲基督徒保持着政治独立和宗教活力。证明埃塞俄比亚基督教在12世纪和13世纪早期仍然具有活力的证据是宏伟的教堂，它由原生岩石开凿而成，与拉利贝拉（Lalibela）国王有关。如果西方人认为基督徒被迫成为穆斯林的观点被夸大了，那么伊斯兰教的统治也是一个沉重的负担，因为建造或修复基督教教堂通常是被禁止的，皈依伊斯兰教的人不允许反悔，没有宽容可言。（案例见本章下一节）

▲ 位于埃塞俄比亚的拉利贝拉圣乔治大教堂，大约建于1200年。将火山凝灰岩开凿到40英尺（约12.2米）深之后，这个十字形结构被煞费苦心地挖空建为教堂。它被认为是在拉利贝拉建造的11座岩石教堂中的最后一座。

从神学上讲，伊斯兰教避开了分裂基督教的各种争议。穆罕默德从未声称自己有超过真主使者的地位，他的追随者也没有在他死后为其争取更高的地位。与基督徒冗长、复杂以及充满争议的信条相反，穆斯林有一个简单的信仰声明：万物非主，唯有真主；穆罕默德是主的使者。总的来说，伊斯兰教强调"行为的正确"（orthopraxy）多于"信念的正确"（orthodoxy）。一个好的穆斯林听从真主的指示，依特定的时间间隔祈祷、布施、在神圣的斋月期间禁食、戒酒、着装得体，如果力所能及的话，要去麦加朝圣。

然而，伊斯兰教因一场长期且激烈的争端而分裂，这场争端从根本上说是政治性的，但在表层之下包含了个人、宗教和地区问题。7世纪中叶，关于谁将成为阿拉伯帝国下一任哈里发或统治者的继承争端导致穆斯林分裂为什叶派（Shia）和逊尼派（Sunni）。前者支持穆罕默德家族的世袭继承，而后者则支持通过选举产生哈里发。逊尼派占了上风，但两派却结了世仇。

当基督教和伊斯兰教在西方传播时，这些宗教和其他世界宗教的分支也在亚洲扩张。到了1世纪，儒学已经具有了宗教的特征：信徒们把孔子奉为神，在神庙里向他供奉祭品。儒学传播到朝鲜、日本和东南亚，虽然它在地区内变得很重要，但它并没有跃升为世界宗教。大约1世纪，中国第一批佛像被竖立起来，它也许是受到了希腊的影响。后来中国的佛教徒发展出了一种独特的艺术风格。

佛教信仰的转变可能以大乘佛教为代表，它首先在印度，然后在中国盛行起来。两种新的教义出现了。首先，佛陀不再仅仅被视为一个异常开悟的人，相反他被尊为无所不在的真理。延续这一教义的是佛陀在不同地方和不同时代多次转世的故事。与这一观点密切相关的是"菩萨"的概念，他们作为精神拯救者，选择为他人服务，而不是通过涅槃逃离。这些新概念使佛教扩大了早期佛教的抽象哲学体系和想象空间，印度大众因此被吸引——他们致力于追求众多的神灵和神秘的可能性。

除了迎合大众，印度大乘佛教还推动了对思想的追求，其中最突出的例子就是那烂陀（Nalanda）的学者和学生群体。7世纪的中国朝圣者对寺院做了描述，它由几座三层建筑组成，数千名学生在这里跟随来自不同佛教流派的学者进行严肃的学术辩论。直到7世纪中叶，印度统治者还在继续推动佛教的传播。然而，在那之后，关于废弃寺庙殿宇的记载表明佛教开始衰落，部分原因是印度教日益强大，它与佛教争夺追随者和政治支持者。对佛教的最后打击是来自印度北部的穆斯林征服，它捣毁了寺院和藏经阁，并在1197年将那烂陀的佛学院摧毁。僧侣们遭到迫害、杀戮或驱逐。佛教基本上从它的发源地消失了。

早在印度的佛教被毁之前，佛教就已经在亚洲的其他地方传播了。它在公元前1世纪就已经在中亚地区立足，之后传到中国。公元400年之前，它又从中国传到朝鲜。在6世纪，它从朝鲜传到了丝绸之路的东端日本。到9世纪末，佛教在西藏长期存在。佛教成功地成为中国的主要宗教，这一点尤其重要，因为这片土地拥有庞大的人口和文化威望。

▲ 佛陀坐像雕刻，位于斯里兰卡波隆纳鲁瓦（Polonnawura）的伽尔寺（Gal Vihara），建于12世纪。尽管在印度受到抑制，但从长远来看，佛教被证明和基督教、伊斯兰教一样，完全能够适应各种文化环境，因此有能力成为一种"世界宗教"。

宗教皈依策略

随着世界宗教在1350年之前的千年里大幅扩张，每一种宗教都遵循着自己的轨迹，但都采用了相似的策略。一种策略是利用当时在陆地和海洋上不断拓展的商业网络。第二种策略是与强大的政治当局结盟，有时还包括军事征服。传教工作是获得皈依者的第三种途径，这依靠杰出的传教士，他们通常是纪律严明的宗教团体的成员，通过他们圣洁的榜样作用或直接劝诱来获得皈依者。下面的案例展示了这些策略是如何相互重叠的。所有这些都涉及如何调整宗教观念和行为，以适应潜在皈依者的文化——通常把当地文化纳入特定宗教的核心价值是其长期战略的一部分。

三种宗教都沿着丝绸之路传播，这是一条横跨欧亚大陆中部到远东的复杂陆路。景教徒是第一批沿着这条路线扩张的基督徒，但佛教徒取得了更大的成功，尤其是在东亚，就像穆斯林后来在中亚做到的那样。

丝绸之路沿线最古老和最壮观的证明佛教存在的证据就是石窟网络，它们都与中国西部边陲的克孜尔附近的一座寺庙有关。一代代艺术家用许多不同风格的辉煌壁画装饰了石窟的墙壁。一幅石窟壁画描绘了佛陀照亮商人前行的道路，这有力地提示了宗教和商业之间的密切联系。到了500年，中国的记录显示佛教势力强大，在中国北方有7.7万名僧侣和成千上万的寺庙，在南方还有8.3万名僧侣。同时，佛教已经传入朝鲜，并在6世纪传到丝绸之路东端的日本。

穆斯林比佛教徒更倾向于从事贸易，巴格达是丝绸之路上重要的贸易中心，也是穆斯林的政治中心。在波斯和中国之间的广大地区，许多当地商人接受了路过的穆斯林商人的宗教，因为共同的信仰促进了不同背景的商人之间的信任。部分当地统治者也信奉伊斯兰教，目的是从接待商人中获利，并避免遥远的西方穆斯林统治者的军事打击。尽管这些动机看起来颇有心机，但大多数皈依是虔诚的，中亚穆斯林随后在中东产生了强大的政治和文化影响。随着伊斯兰教在中亚突厥民族间的传播，塞尔柱（Seljuk）突厥人于1055年攻占巴格达，建立了政权。塞尔柱哈里发成为逊尼派伊斯兰教的捍卫者，并推动了其领土内的突厥化。在中国西部，沿着贸易路线定居的外国穆斯林商人通过与当地女子结婚和收养被遗弃的孩子，逐渐扩大了他们的社区规模，那些孩子则被抚养长大成为穆斯林。随着蒙古人征服整个亚洲，13世纪的"蒙古治世"（Pax Mongolica）大大增加了

▲ 女神与天神，来自7世纪中国西部克孜尔佛教洞窟的绘画，画高2.03米。这幅画与其他中世纪传统的宗教艺术画相比，主题更轻松，构图更具活力。它是数百幅洞窟壁画中的一幅，这些洞窟群分布在丝绸之路上，商人在那里资助寺院的修建，传播佛教和景教。

丝绸之路沿线的贸易量，以及穆斯林的数量。

蒙古征服也开启了罗马天主教对中国的传教之路。作为统治波斯的蒙古人和罗马教皇之间短暂沟通的成果，一位名叫约翰·孟高维诺（John of Montecorvino，1247—1328年）的方济各会士成为拜见忽必烈的使者。孟高维诺于1294年到达蒙古首都大都（又名汗八里，今北京），在那里晚年的忽必烈帮他安了家，但拒绝成为一名基督徒。在接下来的十年里，方济各会（后来其他团体也加入进来）建造了一座带钟楼的教堂，给大约6000人施洗，将《新约》和《旧约·诗篇》翻译成蒙古文，还买下了150名贫困男孩，给他们洗礼，让他们学习拉丁语和希腊语，并组成了唱诗班。在1307年，孟高维诺被任命为天主教汗八里总教区第一任总主教。如果有任何新的中国天主教徒活到了1369年，他们将会同景教一起受到明朝驱逐所有基督徒的影响。

印度洋的海上航线也促进了世界宗教的传播。到3世纪（如果不是更早的话），基督徒已经到达印度南部，并建立了圣托马斯基督教社区，约翰·孟高维诺在去中国的路上曾拜访过那里。伊斯兰教沿着印度洋的商路传播得更广，几乎每个港口都有穆斯林社区。大约9世纪，阿拉伯和波斯商人定居在城邦国家中，它们位于长达3000千米的以"斯瓦希里海岸"闻名的东非海岸。他们与当地非洲人杂居，后者逐渐皈依了伊斯兰教。摩洛哥学者伊本·白图泰（Ibn Battuta）在1331年访问了斯瓦希里的城镇，他笔下的城镇十分热情好客，清真寺宏伟壮观，经济繁荣富足。

伊斯兰教也通过与商人的接触传播给撒哈拉以南的非洲人，当地商人是最早皈依伊斯兰教的人，随后是当地贸易国家的统治者。穆斯林地理学家巴克里（al-Bakri）记录了在11世纪一个北非商人如何促成一位西非国王的皈依。他说土地所遭遇的可怕干旱可以通过背诵《古兰经》祈祷文来解决。这两个人祈祷了一整夜，非洲国王在这位商人的阿拉伯语祷告中又加了一句"阿门"。国王对伊斯兰教力量的信仰在拂晓的倾盆大雨中得到了证实。虽然这个故事在历史上可能并非如此，但它说明了一个更大的现实，即在通过市场向撒哈拉以南土地的宫廷传播伊斯兰教方面，虔诚的商人起到了重要作用。

正如巴克里的故事所暗示的，表面上看皈依伊斯兰教可能是一个简单的过程。皈依者只需要知道几个阿拉伯语单词，通常只需简单的信条，"万物非主，唯有真主；穆罕默德是主的使者"。一个新的穆斯林需要遵守伊斯兰教的基本习俗：祈祷、布施、在斋月期间禁食、力所能及的话去圣城麦加朝圣。其他习俗和信仰可以逐渐习得——通常是在男孩子们背诵《古兰经》的学校里，但完全转变的过程可能需要几代人的时间。在大马士革出生的编年史家奥马里（al-'Umari）讲述了西非马里帝国的著名苏丹[1]（Sultan）曼萨·穆萨（Mansa Musa）的朝圣之旅。苏丹穆萨并非新的皈依者，奥马里形容他"祈祷时虔诚而勤勉"。但是1324年他在开罗第一次学习祷告时，伊斯兰教不接受马里的娶自由臣民的女儿为妾的习俗。"即使是国王也不行吗？"苏丹惊讶地问，然后他发誓要改过自新。

使统治者皈依在其宗教中是一种常见的策略。在西罗马帝国崩溃后，基督教传教士试图在欧洲所谓"异教徒"民族中赢得统治者。5世纪初，在圣帕特里克（St Patrick）使爱尔兰人皈依的早期努力中，重点就是当地首领。法兰克国王克洛维（Clovis）在这个世纪末的受洗非常重要，因为它确保了其继承者强大的墨洛温王朝和加洛林王朝成为罗马教皇的盟友。一个世纪后，坎特伯雷的圣奥古斯丁（St Augustine）说服肯特国王成为一名基督徒。

在更遥远的东方，统治者和基督教说客也找到了共同点。最著名的早期传教士是希腊兄弟君士坦丁［后来被称为西里尔（Cyril）］和美多迪乌斯（Methodius），他们继在巴尔干地区的斯拉夫人中获得成功后，又在9世纪60年代同摩拉维亚（Moravia，今捷克共和国的一部分）国王拉蒂斯拉夫（Ratislav）一起使臣民皈依基督教。拜占庭最大的成功是基辅罗斯国王弗拉基米尔一世（Vladimir Ⅰ）的皈依，他于980年至1015年在位。弗拉基米尔似乎受到邻国统治者的鼓励，放弃了旧信仰，这些统治者要么信奉基督教要么信奉伊斯兰教。听

---

[1] 阿拉伯语中国王或酋长的称号。

了穆斯林和犹太人的演讲后，割礼习俗和禁食猪肉让弗拉基米尔感到不适，所以他选择了基督教，而且偏向东方传统，原因在于宏大的希腊仪式以及他的祖母奥尔加（Olga）于957年由拜占庭皇帝以这一传统施洗。尽管与希腊有这种联系，但从一开始，俄罗斯教会就采用了由圣西里尔和美多迪乌斯创造的斯拉夫礼拜仪式。弗拉基米尔的决定对未来有着巨大的影响，因为基辅罗斯王国将发展成俄罗斯帝国，在希腊和罗马主教决裂后，它对东正教的信奉是对东方正教的一大重要助力。

220年汉朝灭亡，此后获得北方侵略者支持的中国佛教徒也开始从政治庇护中获益。在4世纪，入侵的北魏统治者接受了佛教，因为它提供了进入高级文化和复杂宗教的途径，这一举动在5世纪早期给予了中国佛教徒最广大和最强大的政府庇佑。作为赞助人，北魏朝廷和许多个人支持了5世纪晚期的一项大规模工程，用超过5万尊佛教雕刻装饰了云冈（位于今山西省）的53处石窟墙壁。在北魏迁都洛阳后不久，另一组纪念性的石窟造像在龙门开始动工，这个项目持续了四个世纪。不幸的是，统治者可能是赞助人，也可能是迫害者。其中最具破坏性的事件发生在9世纪，当时中国佛教徒的财富和影响力引发了社会对该宗教的批评，认为它与儒家家庭价值观不相容甚至对立。唐武宗在845年发动了猛烈的攻击，据称摧毁了4600座寺院和4万栋殿宇，并杀害了40万名僧尼。尽管中国佛教从未完全恢复，但据记载，到1021年中国佛教徒已超过45万名，并在元朝（1279—1368年，由蒙古人执政）又回归了受朝廷庇护的传统，不过在王朝终结后再次遭到攻击。

如前所述，佛教寺院在中国各地普遍存在，而且是和平的存在。作为祈祷、沉思和学术研究的场所，寺院有助于克服印度和中国之间的文化和语言差异。在精通语言的半印度僧侣鸠摩罗什（344—413年）的监督下，数百名僧侣在首都长安（今西安）的一座寺庙里把数千份手稿翻译成了中文。这一开拓性的努力在7世纪被一位名叫玄奘的中国佛教徒重复，他在628年去了印度，在著名的那烂陀寺学习。玄奘在643年回到中国，带回了数百份佛教手稿和许多宗教物品，并成立了一个新的翻译机构。从梵语到汉语的翻译显示了对文化接受和文字准确性的关注。因此，中文术语"道"被用来翻译"达摩"（dharma）、"菩提"（bodhi）和"瑜伽"（yoga）等概念。不仅是道教术语，儒家术语也加入了这一过程："孝"这一中文词被用来翻译梵语中的"道德"一词。

基督教团体的成员同样在传播他们的宗教方面发挥了关键作用。派往德意志的传教士先驱圣卜尼法斯（St Boniface）既是一名僧侣，也是一名主教。修道院是早期爱尔兰教会的中心。一个非常有影响力的新团体是本笃会（Order of St Benedict），它在6世纪兴起于意大利，到9世纪其修道院已经遍布西欧。本笃会的虔诚和学识给当地人留下了深刻的印象，他们的慈善和医疗工作也是如此。在13世纪早期，两个重要的新团体建立起来，它们分别是方济各会和多明我会，两者都以与普通人互动以及他们的学识而闻名。方济各会祈求慈善，多明我会则都是传教士。

拉丁教会还有军事宗教团体，其成员为信仰试图开疆拓土或收复失地。这些团体崛起于第一次十字军东征（1096—1099年）的宗教热情之中，这次远征成功地解放了被穆斯林统治了大半个世纪的圣地。十字军东征重塑了中世纪的骑士精神，把重点放在保护基督教和无畏地与异教徒作战上。与其他军事团体一起，新的圣殿骑士团（Knights Templar）参与了从穆斯林统治下再征服伊比利亚半岛的活动。到13世纪中期，只剩伊比利亚半岛最南端仍在穆斯林手中。俗称条顿骑士团（Teutonic Knights）的德意志军事团体，参与了在波罗的海东部传播基督教的军事行动，其巅峰是在14世纪中叶使强大的立陶宛国王决定成为罗马天主教国家。到1000年，拜占庭帝国还利用军事力量从穆斯林手中收回控制权，首先是在地中海的克里特岛和塞浦路斯岛，后来在亚美尼亚和叙利亚。希腊教会的僧侣更有可能是隐士，在偏远的地方过着苦修的生活，但即使如此，有些人还是有着强大的影响力。例如，10世纪的苦行僧斯特里斯的圣卢克（St Luke）在克里特岛的坟墓，就变成了一个以具有奇迹般的疗效而闻名的朝圣之地。

某些类似于基督教宗教团体的穆斯林社群推动了改宗，其他人则组织了带有宗教动机的征服运动。什叶派的分支伊斯玛仪派（Ismailis）从事一些最纯粹的传教活动。该教派非常神秘，相信弥赛亚（马赫迪）会来揭示终极真理并建立正义。在紧迫感的驱使下，伊斯玛仪派9世纪在阿拉伯、叙利亚、伊拉克和北非的农民以及波斯的城市居民中传播他们的信息。他们对平等、正义和改革的革命热情也引发了许多反对阿拔斯王朝的叛乱。

在逊尼派伊斯兰教中，被称为"苏非"（Sufi）的宗教运动扮演着类似的角色。像欧洲的宗教团体一样，苏非派以其创始人的名字命名，他们通常被尊为圣人。苏非派希望做的不仅仅是遵守伊斯兰的法律和义务，而是追求自己的内心意志与真主的意志一致。这种宗教虔诚自然而然地影响了他们周围的许多人，他们皈依了伊斯兰教，或者成了更好的穆斯林。1206年德里苏丹国在印度北部建立，一个世纪后，一位名叫巴巴·法里德（Baba Farid）的著名苏非派圣人逃离首都，来到今天巴基斯坦的平原上隐居。他的苦修生活和冥想逐渐得到当地人的尊重，他们寻求他的建议或治愈的力量。巴巴·法里德作为圣人的名声也吸引了土地所有者、酋长和商人中有权势的人。感恩者送的小礼物最终让他开了一家收容所。受他的榜样鼓舞，许多印度人皈依了伊斯兰教。许多低种姓的印度教徒也加入了穆斯林，他们受到了平等的欢迎。

除了印度的穆斯林征服者，还有其他狂热的征服者，他们的功绩与早期的阿拉伯穆斯林相似。例如，在11世纪，阿尔摩拉维德王朝[1]（Almoravids，来自阿拉伯语"al-Murabitun"）将他们的统治强加于马格里布（Maghreb，北非西部）、西班牙，并攻击撒哈拉以南地区。12世纪，阿尔摩哈德王朝[2]（Almohads）征服了马格里布，取代了阿尔摩拉维德王朝，并在被邀请帮助阻止基督教十字军的进军后，将伊斯兰治下的西班牙并入了他们的帝国。新的征服者往往比那些被他们赶走的人更加严苛。例如，阿尔摩哈德王朝向马格里布幸存的基督徒提供了皈依

---

[1] 又译"穆拉比特王朝"。
[2] 又译"穆瓦希德王朝"。

伊斯兰教或死亡的选项,这一政策导致基督教在那里灭绝。

另一种严苛的穆斯林征服发生在埃及南部的努比亚。那里的古代基督教社区在11世纪非常活跃,新的教堂得以建立。但在1171年法蒂玛王朝崩溃后,当地的基督教社区遭到削弱,这为阿拉伯游牧部落大规模进入该地区开辟了道路。14世纪初,一名穆斯林取代了努比亚最后一名基督教统治者。教堂变成了清真寺,基督教被强行消灭。当然,这种极端严苛的穆斯林行为在被基督教十字军征服的土地上也有对应的例子,那里的穆斯林纷纷逃离,清真寺变成了教堂。例如,在耶路撒冷,圣岩金顶清真寺被重新奉为教堂;在伊比利亚,自13世纪基督教再征服运动之后,宏伟的科尔多瓦大清真寺(Great Mosque of Córdoba)被改造成了大教堂。

在谈到穆斯林和基督教文人的思想全盛时期之前,重要的是要讨论为数更多的普通人的宗教信仰深度。如前所述,统治者通常在信仰上接受细致的指导,但是群众的转变可能是一个粗糙和现成的过程,因为很少有时间(有时甚至没有共同的语言)进行仔细的个人指导。更深层次的基督教化过程就这样持续了几代人。就像向"异教徒"喷洒圣水就可以赦免他们的罪一样,几滴圣水也可以把"异教徒"的圣地变成基督教崇拜的场所。教区神职人员的不良纪律导致教皇格列高利七世(Gregory Ⅶ,1073—1085年在位)十分愤怒:"我几乎不敢睁开眼睛,因为我对那些贪婪的异教徒和愚蠢的天主教徒感到愤怒,这些人还在继续频繁地进行由……因通奸而被定罪的神职人员执行的宗教仪式。"任何读过图尔的格列高利(Gregory of Tours)的《法兰克人史》(*History of the Franks*,约公元500年)、可敬的比德(Venerable Bede)的《英吉利教会史》(*Ecclesiastical History of the English People*,约公元720年),或一个世纪后的《贝奥武夫》(*Beowulf*)的人可能都会得出结论,教皇谴责的"贪婪"行为是所有基督徒的常态。虽然详细的记录很少,但新皈依伊斯兰教和佛教的人的情况可能是相似的。事实上,这三种宗教中改革运动的频率表明,融合仍然是一个长久的问题。

思想复兴

伊本·西纳（Ibn Sina，980—1037年）出生于一个波斯官员家庭，在乌兹别克斯坦的布哈拉（Bukhara）接受伊斯玛仪派教师的教育，这座城市位于通往中国的商道上，在巴格达以东1000英里（约1609.3千米）。除了掌握伊斯兰教义和法律之外，他还学习了亚里士多德的逻辑、欧几里得的几何和克罗狄斯·托勒密的天文学著作（后来以其阿拉伯名字《天文学大成》而闻名）。托勒密是一个希腊–埃及人（Greek Egyptian），以地理学研究闻名。伊本·西纳还研究自然科学、医学和形而上学。仅仅16岁时，这位才华横溢的小伙子就被授予皇家图书馆的管理权，以此作为治愈国王疾病的奖励。很快他开始写书，最终完成了50册（或者可能是这个数字的两倍），涵盖哲学、医学、诗歌、天文学和数学。去世后，伊本·西纳的书在远至西班牙的穆斯林和犹太思想家中广受赞誉。1200年出现的拉丁文译本将其称作"阿维森纳"（Avicenna），相信对基督徒来说一个拉丁语发音的名字会使其穆斯林身份更容易被接受。

伊本·西纳是阿拔斯王朝哈里发曼苏尔（al-Marsur，754—775年在位）开创的思想繁荣局面的一个极佳例证。曼苏尔创立了一所翻译学校，翻译了第一批阿拉伯语版本的亚里士多德、托勒密、欧几里得的著作，以及古印度动物寓言、梵文天文表和其他作品。为了满足穆斯林对世俗文学的需求，拜占庭的抄写员复制了古典时代的希腊手稿，巴格达的叙利亚基督徒将这些手稿翻译成阿拉伯语。到了10世纪，数千份古典时代和后古典时代希腊作者手稿的廉价手抄本在伊斯兰世界广泛传播。布哈拉的伊本·西纳是其受益者。此外还有伊本·路世德（Ibn Rushd，1126—1198年），他在西欧被称为"阿威罗伊"（Averroes）。他出生于穆斯林治下的西班牙，因其对亚里士多德的评论而闻名。

随着时间的推移，这种穆斯林的学术复兴从伊斯兰治下的西班牙传播到了拉丁西方，后者正从罗马统治、城市生活和古典学术的崩溃所导致的"黑暗时代"中慢慢恢复。古典学术在拉丁西方的复兴是分阶段进行的。在9世纪，有小规模的"加洛林文艺复兴"。在接下来的三个世纪见证了正规教育的发展，首先是教会学校，然后是大学。意大利最早的大学以医学和法学为主。更大规模的12世纪的复兴与更深奥的学问、新发现的古典文献和经院哲学的发展相关联，本质上是理性和宗教的结合。13世纪，由西班牙犹太人准备的阿拔斯王朝复兴时期著作的拉丁文译本在新建立的大学里找到了现成的市场，那里的哲学、神学和科学研究得到蓬勃发展。巴黎大学在哲学和神学方面成绩斐然，而牛津大学和剑桥大学的强项在科学方面。这三所大学中，神职人员占据了大部分教职。

在1257年，教皇任命了两个杰出但截然不同的人在巴黎的神学院工作。方济各会的主席派出波拿文都拉（Bonaventure，1221—1274年），他成了基督教新柏拉图主义传统的支持者，这种传统可以追溯到几代前希波的奥古斯丁。多明我会的主席派出托马斯·阿奎那（Thomas Aquinas，1225—1274年），他设计了一个大胆而有争议的基督教神学和亚里士多德主义的综合体系。阿奎那认为信仰和理性是相辅相成的，坚持理性可以帮助传播信仰和拓展知识，但它永远不会战胜信仰。1227年，就在阿奎那死后不久，巴黎主教发表了一份详细而尖锐的谴责，直指大学里基督教亚里士多德主义的兴起。尽管谴责主要针对的是受阿威罗伊影响的更激进、更世俗的哲学流派，但它在一段时间内给新经院神学蒙上了一层阴影。然而，半个世纪后，教皇约翰二十二世（John XXII）宣布托马斯·阿奎那为圣徒，这一荣誉在150年后才授予方济各会的波拿文都拉。1568年，天主教会正式承认圣托马斯的神学体系的地位，授予他神学精英团体的"教会圣师"称号。20年后，圣波拿文都拉获得了同样的荣誉。

与此同时，在中国传统哲学也在复兴。在衰落了几个世纪之后，儒学在宋朝（960—1279年）经历了复苏和重新阐释。同佛教和道教更加神秘和出世的做法相反，复兴的儒学强调现实和理性。第二个与拉丁西方相似的地方是，宋朝还重建了研究儒家文献的国子监，并改革了科举考试制度来选拔国家行政官员。与大学的神职人员统治相反，这种儒学复兴带有世俗性和政治性。儒家学术在元朝（1206—1368年）继续得到发展。

在这两个朝代，中国学者也提升了他们在科学和数学方面的全球领先地位。长期以来，无论是在军事、医疗、航海、造船、印刷还是冶金方面，中国的科学一直强调实际应用。这一时期所取得成就的一个例证是博学的苏颂（1020—1101年）在开封建造的水运仪象台。其建筑使用一个水轮来转动一个带有棘轮装置的机械时钟系统，有木人来报时，同时伴有钟锣声，建筑内部还有一座旋转的浑仪。该建筑反映了中国的天文技术以及来自印度和西亚的影响。仪象台虽然壮观，与之相比宋朝的其他成就意义更加重大。到11世纪末，中国已经成为最大的钢铁武器产地。在下一个世纪里，宋朝还进行了火药、火箭和炸弹的实验。为了满足应试学校学生的需要，书籍使用金属活字印刷术大量生产。

▲ 陶器上的羚羊图案，出自那斯里德（Nasrid）时期的阿尔汉布拉宫（Alhambra Palace），年代可能是14世纪早期。

▲ 《哈里里故事集》（*Maqamat Al-Hariri*）中巴格达的胡尔宛公共图书馆的场景。作者生活在1054年至1122年的波斯。皮革装订的书被堆放在墙上的壁龛里。阿拉伯语文本的最后一行是一句仍然在使用的谚语："在考试中，一个人要么是光荣的，要么是耻辱的。"

▲ 813年完工的亚琛大教堂内景，查理曼的墓地所在。这座八角形教堂是"加洛林文艺复兴"时期建筑的一座里程碑，其穹顶高度在欧洲北部维持了两个世纪都未被超越。

拉丁西方也出现了新的科学思想，"1277年的谴责"（Condemnation of 1277）专门非难亚里士多德的命题——后者认为世上只存在一个世界，而那个世界（地球）处于一组天球的中心。

尽管被迫相信上帝可以创造其他世界，但没有一个中世纪的思想家严肃地认可上帝已经有此作为的观点。但它确实开启了关于已知世界是否被真空包围的讨论，在真空中上帝可能行使他的权利创造另一个世界。牛津杰出的数学家托马斯·布拉德沃丁（Thomas Bradwardine，约1297—1349年）看到了通向无限宇宙的大门，但由于他也是坎特伯雷大主教，他不愿意把天堂变成一个物质的所在。相反，他提出无限宇宙和上帝可能具有同一性。像圣托马斯一样，中世纪欧洲的自然哲学家受到莫大约束，他们需要调和信仰与理性。并且他们也缺乏将观察延伸到人类感官之外的工具，没有发展出使科学进步的有用概念。

小结

本章所考察的漫长的几个世纪既有中断也有延续。政治制度的剧烈震荡（第七章将会详细论述）使破坏变得显而易见，所以在本章所述时代开始时得到巩固的古典传统，其持久的活力是值得关注的。希腊罗马时代的思想和价值观在罗马帝国崩溃后幸存下来；尽管历经朝代更迭冲击，但中国的传统仍在延续；在印度，印度教传统经受住了穆斯林对印度北部的征服，尽管佛教没有做到。同样引人注目的是佛教、儒学、基督教和伊斯兰教在灾难性变化中传播和幸存的方式。这种连续性部分反映了它们的追随者在这些传统中找到的力量。与此同时，这些传统往往需要进化才能求得生存，这种情况在宗教传统传播时的思想和文化的适应中表现最为明显。尽管佛教在南亚发源地失去了土壤，但它在东亚获得了新的力量，部分原因是它选择性地接受了当地的传统。随着它们的传播，基督教和伊斯兰教同样适应了当地的习俗，并将希腊化的和其他的思想传统与其核心信仰相结合。借鉴是非暴力变革的一部分。穆斯林帮助将印度数字传播到欧洲；穆斯林天文学家为忽必烈的天文机构效力；13世纪蒙古人的扩张促进了火药、罗盘和印刷术的传播。

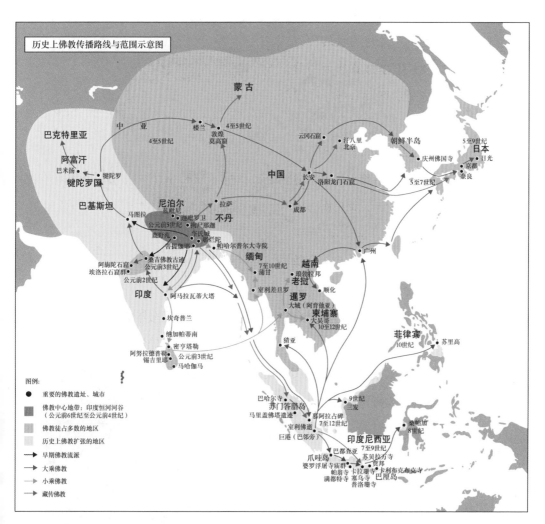

历史上佛教传播路线与范围示意图

图例：
- 重要的佛教遗址、城市
- 佛教中心地带：印度恒河河谷（公元前6世纪至公元前4世纪）
- 佛教徒占多数的地区
- 历史上佛教扩张的地区
- 早期佛教流派
- 大乘佛教
- 小乘佛教
- 藏传佛教

▲　6.1　佛教扩张至1300年前后

然而，尽管宗教信仰发生了转变，这个时代仍然非常保守。基督徒照搬了希腊罗马建筑的风格，有时把寺庙变成教堂。旧神的雕像可能会被扔掉，但是它们的祭坛经常被转给具有类似吸引力的圣徒使用。在其他地方，基督教教堂或印度教寺庙变成了清真寺，对人像的描绘被抹去或被覆盖。恢复和重现古典时代的辉煌也体现在已讨论的时期里发生的几次"复兴"当中。正如沙特尔的贝尔纳（Bernard）在12世纪观察到的，他那个时代的学者可能看得更远一点，因为他们"像站在巨人肩膀上的侏儒"，而古代学者就是巨人。其他人指出，侏儒看得更远的能力并没有使他们比古代的巨人更聪明。世界宗教的信徒也尊崇他们的创始人和早期门徒规定的教义。

传统是力量的源泉，但也可能阻碍了创新。在13世纪的巴黎大学，当谈及他的教学目标是传递其老师黑尔斯的亚历山大

▲ 绘画卷轴《葛稚川移居图》，由14世纪中国元代宫廷画家王蒙所作，他是当时"元四家"之一。画中记述了道教天师葛洪来到神圣的罗浮山炼丹制药的旅程。

（Alexander）和其他大师的见解时，圣波拿文都拉十分谦逊而真诚，并补充道："我并不……反对新观点，但要发展旧观念。"这种观点在穆斯林法学院或佛学院中应该会引起共鸣。

这种对思想连续性的忠诚可能会令人沮丧，但没有必要。许多思想家和艺术家在传统的外衣下找到了创新的空间。14世纪中国的著名山水画家王蒙摒弃了同时代人的简约风格，采用了一种更古老、更粗糙的形式，通过堆积笔触来创造景深和彩度。他后来被誉为中国现代山水画之父。甚至圣托马斯·阿奎那著名的亚里士多德哲学和基督教神学的结合也证明了两者可以兼容。

其他背离传统的景象更引人注目，在程度上也许哥特式大教堂最为严重。罗马式风格表现为厚实石墙支撑的圆形拱门和桶形拱顶，法国的某些建筑大师采用了尖拱作为替代，这在伊斯兰世界中东地区的一些建筑中更早被使用。这一变化极大地改变了其余部分结构的形式，产生了外部的飞扶壁，吸收了结构的横向推力，并允许在侧壁上安装巨大的彩色玻璃窗户，使侧壁闪闪发光。

这种风格也传到了英国，成了大教堂和牛津、剑桥等新大学建筑的特色。这些大学同欧洲大陆的其他大学一道，成为拉丁西方的标志。无论是在形而上学中，还是在自然世界的研究中，它们对促进哲学研究的发现、讨论和传播都发挥了特殊的作用。然而，在中世纪晚期，伊斯兰世界仍然处于科学知识的前沿，而宋朝的中国人在天文学方面最为先进，甚至记录了两次超新星爆发。尽管西方学者的科学知识比较有限，直接观察比较滞后，但他们的大学把对自然哲学的严格探究提升到了一个新的高度。某些历史学家认为，这种方法解释了为什么西方在日后取得了科学上的领导地位。

▲ 法国圣但尼（St Denis）教堂的唱经楼。1144年完工的圣但尼教堂被认为是第一座哥特式教堂，它展示了后来法国哥特式教堂中著名的高拱顶、尖拱和彩色玻璃。

第七章

增长：社会组织与政治组织
（公元前 1000 年至公元 1350 年）

伊恩·莫里斯

故事

　　和所有动物一样，人类需要合作才能成事。本章要讲述的是人们如何组织起来相互合作的故事，时间跨度是公元前1000年至公元1350年。

　　在大部分历史中，亲属关系是合作的主要基础，在本章讨论的整个时间段里，家庭、宗族和部落仍然是重要的组织。然而，以亲属为基础的组织有其局限性（即使仅仅为了自己的兄弟姐妹如约赶到便修建一条通往罗马的道路），而早在公元前1000年之前，人们就开始组建非亲属团体。许多社会科学家会说，国家，这样一个声称垄断使用暴力或授权暴力的组织是其中最重要的。大约在公元前3500年，第一批国家在中东地区建立起来。在本章中，"社会组织和政治组织"主要是指家庭、宗族、部落、城市、国家和帝国，当然我也提及其他类型的组织，特别是教会和企业，因为很难将社会、政治组织与宗教、经济组织分开。

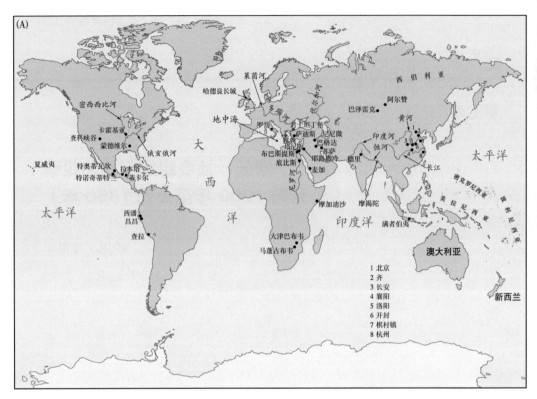

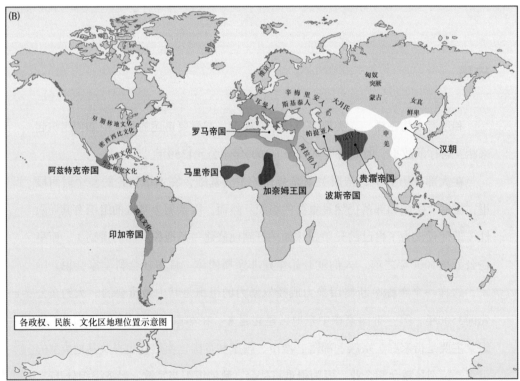

各政权、民族、文化区地理位置示意图

▲ 7.1　第七章中出现的地名

得益于一代又一代的历史学家和考古学家的研究，我们得以讲述公元前1000年至公元1350年关于社会组织和政治组织的故事，它的细节既丰富又引人入胜。本书并不是要在关于大主题下的短章节的要点中塞满尽可能多的事实；相反，它要退后一步，追求以小见大。当我们这样做的时候，我们所看到的这个持续2350年的故事可以总结为一个词：增长。

随着小型组织被大型组织吞并，大型组织变得更大，人类学会了以越来越大的规模合作。然而，"合作"是一个具有"杀毒效果"的词，掩盖了许多罪过。多数时候，合作是通过暴力或威胁达成的，其成果分配非常不均衡。尽管如此无情，公元前1000年至公元1350年所创建的社会组织和政治组织还是留下了非凡的遗产。今天世界上的大多数人都把这一时期看作一个经典时代，这不是没有原因的：没有这24个世纪的增长，就不可能出现本书第四部和第五部将要描述的那些革命性转变。

更大，更广，更强，更深

增长的事实很容易证明。最基本的层面是人口的增长。在公元前1000年，世界上大约有1.2亿人。到我们故事的中间点，175年，人口大约翻了一番，达到了2.5亿人。直到14世纪初，人口一直在增长，但只增长了50%，接近4亿人，然后回落到1350年的3.5亿人，原因我们后文再述。

社会组织和政治组织由更多的人创立，也发展得更快。在公元前1000年，世界上最大的城市可能是伊朗的苏萨，或者在中国的齐国，它们各自大约有3万居民，但到了175年，罗马城的人口则多了30多倍，大约有100万人。7世纪的长安和11世纪的开封可能与此相当，到1350年，最大的城市杭州大约有75万人。

国家的大小遵循类似的模式。空间和人口统计学是两种常见的衡量手段。

从空间上看，公元前1000年时最大的国家可能是埃及，其国土大约有40万平方千米，但到了175年，罗马帝国和中国的汉帝国比它大10倍以上，各自都统治了大约450万平方千米的土地。到了1350年，我们很难得出一个数字，因为有不止一种计算方法。传统的农业帝国，如德里苏丹国和埃及马穆鲁克（Mamluk）王朝，各自统治着大约200万平方千米的土地。然而，征服了中国的元朝统治着1000万平方千米的国土，另一个蒙古人的帝国——金帐汗国，又控制了超过500万平方千米的疆土。然而，历史学家经常犹豫是否可以将草原游牧民族的帝国与传统的农业帝国归为一类，因为在大多数游牧民族的领土上没有人居住。

如果算上人口，格局多少有点相似。公元前1000年时人口最多的国家还是埃

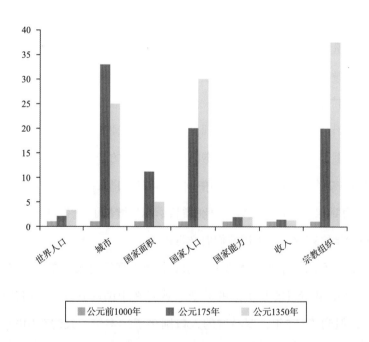

▲ 组织增长的某些维度（公元前1000—公元1350年）。在每一类别的分析中，蓝柱表示公元前1000年，分数为纵轴上的1.0。红柱和绿柱列分别表示了175年和1350年的平均分数。在此期间，世界人口几乎翻了两番，但最大的变化发生在最大组织的规模上。财富、不平等和发展这三个维度的增长更加缓慢。

及，大约有250万臣民。在175年，罗马和汉朝的人口都是它的20倍以上，有大概5000万人。随后增长继续，但速度变慢，中国的人口数在1350年达到了7500万人到1亿人的规模。

如何衡量国家的能力就更加棘手了，社会学家设计度量标准已经有一个世纪之久了。我以前曾建议用另一种方法，这是一种社会发展的数字指数，它衡量社会的组织能力和完成能力，范围从1到1000分。该指数使用的标准包括城市工程的应用、基础设施的例证、与商业和税收有关的经济标准、高度组织化的公共艺术和教育设施等。公元前1000年时，在这套评价体系中得分最高的地区是埃及，略高于22分；在175年，得分最高的是罗马帝国，刚过43分；在1350年则是中国，略高于40分。

▲ 一件罗马世界制造的玻璃器皿，可能在遥远的朝鲜被某人欣赏。

家庭和国家的历史可能很难与公司或教会的历史分开，部分原因在于它们重叠的主要方式之一就是较大的国家为经济和宗教的合作提供更大的舞台。例如，贸易网络经常延伸到政治边界之外，但当政治边界扩大时，供应链往往随之延长。在公元前1000年，埃及在地中海的贸易路线几乎没有延伸到希腊，而创作于公元前1076年的《温阿蒙历险记》（*Story of Wenamun*）则生动地描述了法老在家乡腓尼基遇到的困难，在那里，比布鲁斯（Byblos）的统治者对木材出口附加了苛刻的条件。然而，到了2世纪，各方联系发展得如此之快，以至于一位罗马使节一路走到了长安；一位埋葬在意大利的逝者的DNA显示，他是来自东亚的移民。考古学家巴里·坎利夫（Barry Cunliffe）对此有精彩的评论："一位朝鲜精英可以欣赏罗马世界制造的玻璃器皿，而驻扎在哈德良长城上的士兵可以用印度黑胡椒给他们的食物调味。"在1世纪70年代，罗马地理学家老普林尼（Pliny the Elder）担心富有的罗马妇女从中国购买过多的丝绸，会耗尽其帝国的白银储备。但这仅仅是开始：到1350年，密集的陆路和海路将中国与东南亚、印度、欧洲和阿拉伯世界连接起来。到15世纪20年代，来自南京的水手甚至走在摩加迪沙和麦加的街头，明朝瓷器在肯尼亚沿岸地区已司空见惯。

随着市场越来越广，越来越深，人们的生活水平得到了提高——尽管与现代相比其增长仍然极其缓慢。将古代的消费转化为现代的货币显然有很多问题，但经济学家安格斯·麦迪逊（Angus Maddison）的一项研究表明，工业化之前农民的收入通常相当于每人每天1.50—2.20美元。公元前1000年，在埃及这个世界上最富有的地方，收入处于这个范围的低需求。在公元前4世纪的非凡的希腊城邦中，他们有时每人每天的收入激增到3—4美元，但即使在175年的罗马帝国的大部分地区，他们每人每天的收入最多也不超过2美元。在1100年，像开封这样的中国大城市，其居民收入可能位于麦迪逊收入范围的顶端，尽管到1350年他们的收入可能在下降。根据世界银行的定义，我们可以说，在这一时期的开始，世界上几乎每个人都生活在"极端贫困"中，但在后半期，大多数人的情况有所好转，但也仅仅是达到"贫困"而已。

也就是说，有些人总是生活在贫困线以上。总体来看，不平等随着收入的增加而加剧。经济学家通常用基尼系数来衡量不平等程度，基尼系数的范围从0到10表示每个人都拥有数量完全相同的货物，1表示所有货物都只属于一个人。在工业化之前的农民社会中，基尼系数大多在0.30—0.60，平均值大约是0.48。我们没有关于公元前1000年的埃及的有效数据，但是考古证据表明分数在这个范围的下半部分。罗马的数据好一些，它在175年的基尼系数在0.44左右。就1350年的中国而言，可信的数据也是缺乏的，但数值似乎可能高于罗马。在整个2350年间，穷人变得稍微不那么穷了，而富人变得更富了。

宗教组织的数量和影响力也在增长。多神教社会通常边界模糊。例如，我们该把崇拜1世纪，并且因为拥有无可置疑的希腊式名字而欢呼雀跃的赫利奥多罗斯（Heliodorus）置于何地呢？他曾设立碑文以纪念印度教的毗湿奴神。然而，总的来说，在我们所述时期的前半段，宗教扩张的主要机制是通过帝国的征服来传播他们的神或者类似神灵。在公元前1000年大概有200万人崇拜阿蒙和拉；在175年，大约有4000万人认同朱庇特、宙斯或同源的神。然而，在公元1千纪，宗教组织越来越独立运作，超越或与国家并存，并极大地加强了其传教力量。到1350年，世界上超过一半的人口追随耶稣、穆罕默德或佛陀，人数分别大约是7500万人、6000万人和5000万人。

▶ 纪念毗湿奴以及庆祝赫利奥多罗斯石柱在毗底沙（Vidisha）竖立的铭文的细节。请注意太阳纹饰，这大概是暗指竖立者那听起来非常希腊化的名字。

那么，最宏大的叙事是增长，尽管——通常是这样——仔细观察会发现有几种方式来讲述它。迄今为止，没有任何两个特征遵循完全相同的路径；甚至在任何一个特征中，通常都有比最初看到的更多的事情发生。国家能力（成事的能力）的例子已经被最详细地量化了。在全球层面，这遵循一个双峰模式，在公元前1千纪快速升高，在公元1千纪的前半个千年下降，后半个千年复苏，然后在13世纪和14世纪进一步下降。

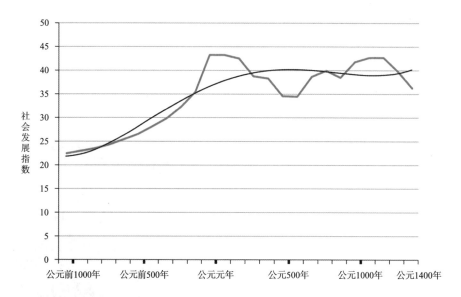

▲ 社会发展的起落：在全球范围内国家能力的增长和崩溃的循环（公元前1000年—公元1350年）。该图显示了当时世界上最高的分数，按世纪来衡量，并拟合成一条四阶多项式趋势线。

然而，即使这样也使故事过于简化了。第一，因为它只向我们展示了地球上最大的组织；第二，因为全球范围的图景融合了两种不同的区域模式。首先，我想把图中显示的数据分解成欧亚大陆西部和东部的曲线，因为在公元前1000年和公元1350年，世界上最高的发展指数总是来自位于伊拉克和意大利之间的社会或中国的社会。接下来的两幅图中，双峰消失了，但只是表达方式不同。

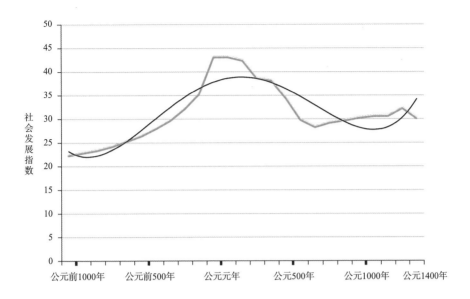

▲ 吉本是对的：西方社会发展指数的四阶多项式拟合趋势线。

这幅图表明，从15世纪到20世纪中叶，西方的发展对许多受过教育的欧洲人来说是有意义的。那时，历史学家倾向于描绘辉煌的希腊罗马时代，接着是萧条的中世纪，最后是中世纪晚期的复兴。自20世纪70年代以来，修正主义者反对这类"衰败和瓦解"的模式，认为它们无视了中世纪基督教世界和伊斯兰教世界的文化成就。但是尽管如此修正后，关于西方经济发展的指数表明，从彼得拉克（Petrarch）到A. H. M. 琼斯（A. H. M. Jones）的学者并没有像许多现代人想象的那样误入歧途。正如爱德华·吉本（Edward Gibbon）在1776年所说，罗马帝国的终结确实是一场"可怕的革命……这将永远被人们铭记，并为世界各国所感受"。

相比之下，东亚的情况则截然不同。有起有落，这在一定程度上与中国特定朝代的兴衰相吻合，但广义地说，东方的社会组织和政治组织在公元1200年之前已经稳定地发展了2000多年，公元1200年之后则开始走下坡路。

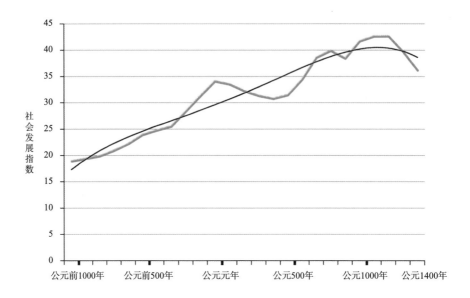

▲ 中国文明的持续性：东方社会发展指数的四阶多项式拟合趋势线。

　　表明增长和崩溃周期的数字将显示西方社会发展指数的图左侧的分数，和显示东方社会发展指数的图右侧的分数合并在一起，这意味着，虽然它给出了全球平均趋势的公平概述，但它将任何特定地方发生的事情抛之一旁。为了了解这个星球的各个部分是如何结合在一起的，并了解最大的社会组织和政治组织的故事与较小的单位的故事相比如何，我们需要从图表切换到地图。

　　以下三幅世界地图分别显示了公元前1000年、公元175年和公元1350年的社会组织和政治组织形式在世界各地的分布，分为六个粗略的类别：觅食家族、游牧部落、游牧国家／帝国、农业村庄、低需求国家和高需求国家（这些术语将在本章后面更详细地定义）。

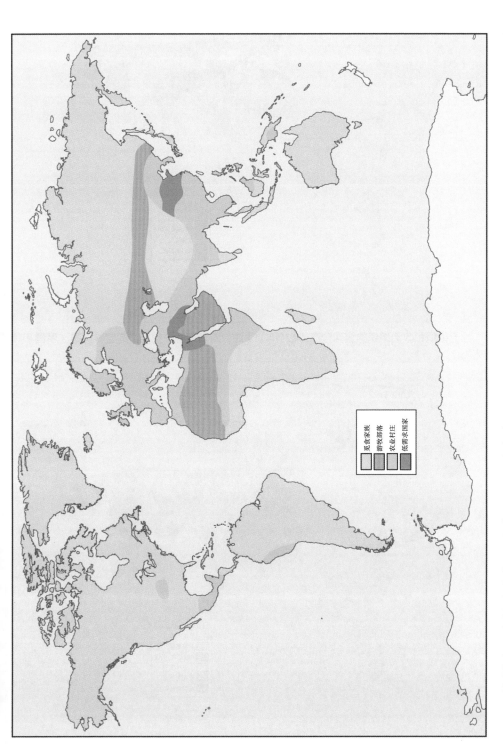

▲ 7.2　社会组织和政治组织的全球分布（公元前1000年）（注：可粗略地分为四类，即觅食家族、游牧部落、农业村庄和低需求国家。）

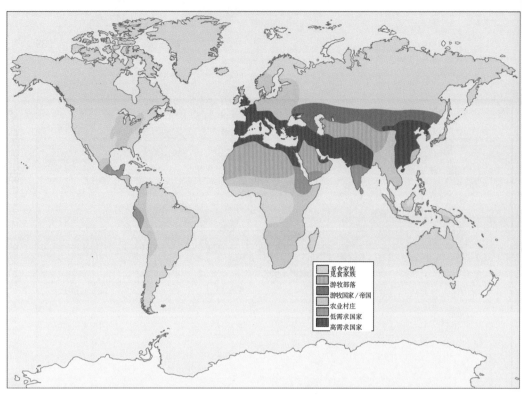

▲ 7.3　社会组织和政治组织的全球分布（175年）（注：新增了两个类别，即游牧国家／帝国和高需求国家。）

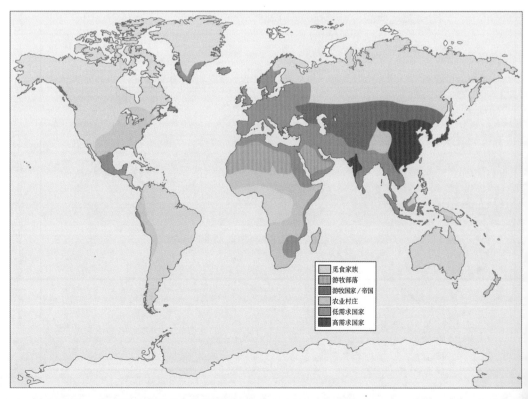

▲ 7.4　社会组织和政治组织的全球分布（1350年）

这些地图填补了图表的一些缺失。基本上，在公元前1000年至公元1350年，觅食家族所占据的区域不断缩小，农民将游猎觅食者从他们的家园驱逐出去，将他们赶往农民不想要的（如西伯利亚）或尚未到达的生态位（如澳大利亚沿海）。随着大面积的草原被游牧国家/帝国控制，游牧部落占据的地区也在缩小。农业村庄所占面积的增加是以牺牲公元前1000年至公元175年的觅食家族为代价的（尤其是在非洲），但随后面积缩小了，因为国家控制村庄的速度快于农民驱赶游猎觅食者的速度。在整个时期，农业国家所占的面积大幅增长，主要是以牺牲农业村庄为代价，但低需求和高需求国家之间的比例差异很大。在公元前1000年，没有高需求国家，但从那时到175年，出现了两种不同的模式。在美洲和非洲，低需求国家的增长是以牺牲农业村庄为代价的，但在欧亚大陆，低需求国家在很大程度上被高需求国家消灭了。在175年之后，这种情况得到了部分扭转，因为欧亚大陆西部的低需求国家取代了高需求国家。在南亚和东亚，高需求国家接管了一些曾经是低需求国家的地区，而在东南亚、东北亚和美洲，低需求国家急剧扩张。

在长期、大规模的增长背后，隐藏着更复杂的短期、小规模的故事。本章无法回应所有问题，但它至少提出了五个有趣的问题。第一，为什么公元前1000年至公元1350年的社会组织和政治组织在规模、财富、等级、复杂性和有效性方面都有所增长？第二，为什么在175年前后的增长差异如此之大？第三，为什么增长往往变成崩溃？第四，为什么在任何给定的时间点，组织的形式从一个地方到另一个地方变化如此之大？第五，在175年后，为什么欧亚大陆东部取代了西部，成为世界上最大、最强大的国家的心脏地带？

我认为，这些问题的答案让我们得出了一个宏大的结论：从公元前1000年到公元1350年，社会组织和政治组织已经达到了纯粹农业条件下可能达到的极限。两千年前，罗马帝国是第一个达到这一上限的；一千年后，宋朝时期的中国重复了这一情况。然而，在每一种情形下，增长都变成了停滞和崩溃。直到18世纪，一个社会才通过释放化石燃料中的能量打破了旧秩序，这就是英国。从那以后，正如第四部和第五部中的章节所显示的那样，一切都将完全不同。

超人（Homo superans）

从某种程度上说，所有这些问题的答案都很简单。自大约公元前1.27万年冰河时代的主要阶段结束以来，发生的所有事情几乎是连续不断的，公元前1000年至公元1350年发生的也不例外。这2350年仅仅是一个更长的增长故事中的一个章节。

为了解释这个问题，让我们快速回到史前时代。在公元前1.27万年，地球上大约有400万人，他们中没有一个人生活在成员人数超过20人的社区中，而今天全球有70亿人，其中有二十分之一居住在拥有1000多万居民的"超大城市"。平均每个国家有3400万公民，中国和印度各有超过10亿人的人口。据麦迪逊估计，公元前1.27万年的平均生活水平相当于每人每天1.10美元，而在今天这一数据是25美元。1.5万年前，典型的狩猎采集群体的基尼系数大约是0.25，而今天大多数国家的基尼系数都要更高，大概是0.30—0.35，尽管这与1350年的典型系数0.40—0.50相比已大幅下降。经济学家所说的1920年至1970年的收入"大收缩"是与长期趋势显著背离的，而长期趋势现在似乎已经恢复。国家权力大为增加。在我的衡量成事能力的指数中（前面已经讨论过），得分从公元前1.27万年的5分以下跃升至2000年的906分。自1800年以来，组织飞速增长，在这约1.5万年的时间里，它已经成为生活的重要组成部分。

然而，日益壮大的社会组织和政治组织并不总是生活的重要组成部分。增长需要两个条件：第一，智人大约在10万年前进化出的异常高效的大脑；第二，自冰河时代结束以来温暖潮湿的气候盛行，考古学家布赖恩·费根称之为"漫长的夏天"。在公元前10万年以前有过几个"漫长的夏天"，但没有智人通过创建更大的组织来应对；在公元前10万年至公元前1.5万年智人出现了，但没有"漫长的夏天"。只是在最近的1.5万年，这两个条件都满足了，这使智人（"认识自我的人"）变成了超人（"成长中的人"）。

在温暖潮湿的后冰河时代的世界，植物将大量的太阳能转化为自身的能量，动物又吃掉了大量的植物（以及动物）并进行繁殖。包括智人在内的每个物种都在繁衍，直到其数量超出可利用资源的承受范围，于是它的种群崩溃了。然而，智人的大脑运转得如此快速和灵活，以至于我们可以通过创新和改变我们收集植物和捕猎动物的方式来应对匮乏（就此而言，也包括应对富足）。没有人知道结果会是什么，但是通过对食物来源施加新的选择压，人类创造了世界上第一种转基因生物。一些植物和动物进化成新的驯化类型，为人类提供了比它们的野生祖先多得多的食物。

驯化既带来了成本也获得了收益。更多的食物为更多的人提供了更好的生活机会，以及更多的工作。人们不得不重组他们的社会来管理日益扩大的组织。重组通常意味着更多的永久性村庄、更强大的财产控制权以及更大的政治、经济和性别不平等，但它也带来了知识、劳动专业化和复杂性的增加。人们有自由意志，可以（也确实）选择抵制部分或全部的这些趋势，但几千年来，走向"有利于增长"的制度和价值观的群体取代了那些没有这样做的群体。这些制度和价值观包括父权制、等级制度和奴隶制，以及文学和高雅文化。

公元前1.25万年，乡村生活在中东出现，驯化出现在公元前9500年，而农业则在接下来的2000年中走向成熟，没有哪一个是一蹴而就的。农民不断学习轮作谷物和豆类以免耗尽土壤肥力；学习使用梯田；学习把动物套在犁和车上，利用它们的粪便来增加农作物产量；学习使河流改道以灌溉庄稼；学会去除土壤中的盐分，因为灌溉造成盐分在土壤中沉积；学习使用金属工具挖掘他们的土地；等等。创新提高了产出，支持了更多的人口，也就需要更大规模的社会组织和政治组织。但是为了支持这些创新并团结这些群体，人们必须不断革新他们的制度和世界观。每一种解决办法都产生了新的问题，但从长期来看，最常采用的战略之一便是扩大社会组织和政治组织的规模。

一个公式解释了本章开头的很多统计，即"超人 + 漫长的夏天 = 增长"。然而，它显然不能解释迄今为止所见图景中的全部内容。有些人比其他人更优秀，我们需要知道个中原因。

地理位置的力量

上文地图显示，世界上最大的社会组织和政治组织通常聚集在我所说的"幸运纬度"（lucky latitudes）上，这是一个在旧世界从中国延伸到地中海，在新世界从秘鲁延伸到墨西哥的带状地区：在这里，环境和历史结合在一起，促进了经济繁荣，刺激了创新，加速了变化。进化论者和地理学家贾雷德·戴蒙德（Jared Diamond）在他的经典著作《枪炮、病菌与钢铁》中解释了原因，但历史学家并不总是理解他关于公元前1000年至公元1350年的讨论。如果不了解一些史前地理情况，我们就无法理解这几个世纪。

戴蒙德指出，严酷的事实是，在冰河时代末期，潜在的可驯化动植物分布非常不均匀，绝大多数是在幸运纬度上进化而来的。考虑到人类在任何地方都大同小异，这意味着那里的人极有可能比其他地方的人更早地驯化动植物。这在幸运纬度地区更容易达成。

此外，戴蒙德观察到，即使在幸运纬度地区，资源分布也不均衡。欧亚大陆最富饶的地区是我们今天所说的中东，其次是东亚和南亚，然后是墨西哥和秘鲁。因此，驯化的迹象首先出现在中东（大约公元前9500年），接着是巴基斯坦和中国（大约公元前7500年），然后是墨西哥和秘鲁（大约公元前6250年）。在资源稀缺的幸运纬度之外的地区，北美东部大约在公元前4500年开始了驯化，萨赫勒和南部非洲则是在大约公元前3000年之前，新几内亚是个迷人的局外之地，其驯化至少早在公元前6000年就开始了，我后文将会谈到。

总的来说，一旦开始走上增长之路，世界各地都会遵循大致相似的时间表。从第一次干预其他物种的基因组到拥有数百名居民的永久性农业村庄，通常需要2000—4000年的时间。然后，农业村庄又花了同样长的时间成长为我所说的低需求国家，它已经出现了君主、神职人员和贵族，通常还有书写文字。再经过1500—2500年，这些国家变成拥有数千万臣民和极其复杂的精英文化的高需求国家。

时间进度的细节取决于当地的资源、每种文化的特点及其成员的具体决策。

在新世界，也许是因为可驯养的大型哺乳动物太少，人们从简单农业到先进农业的时间一般是欧亚大陆幸运纬度地区的两倍（4000年而不是2000年）。而新几内亚人尽管拥有足够多的可驯化植物，几乎可以像墨西哥人和秘鲁人一样很早就开始耕种，却缺乏资源来生产足够的剩余粮食，无法像幸运纬度地区那样供养第一批国家。当地的主要作物如芋头和香蕉，不如水稻、小麦和大麦那样适合长期储存，这可能也是重要的原因。

每个地区都是独一无二的，但是在公元前1000年，一个地区越早开始走上社会政治发展的道路，其组织规模就越大，这一点大体上是正确的。因此，最大、最富有、最不平等以及最复杂的社会组织和政治组织聚集在欧亚大陆的西端（特别是在今天的埃及、土耳其和伊朗西部形成的三角地带），其次是中国北部和印度，然后是墨西哥和秘鲁。

世界上的某些地方，如澳大利亚和西伯利亚，缺少可驯化的动植物，以至于他们几乎到1350年都没有开始走上这条路，而其他地方则找到了不同的增长途径。在草原地带，从中国东北到匈牙利横跨旧世界的干旱草原上，几乎没有什么东西是人类可以食用的，但是牛羊马都在此茁壮成长，人类能够以它们为食。到了大约公元前5000年，农民已经从巴尔干半岛迁移到西部大草原变成牧民。在公元前4000年之前，今天哈萨克斯坦的牧民已经驯养了野马。公元前1000年到公元1350年，草原骑马民族创造了截然不同的游牧国家和帝国，他们与幸运纬度地区的农业社会作战，甚至颠覆了这些社会。

本章的大部分内容仅仅是对自公元前1.3万年以来一直发挥作用的趋势的演绎。人类不断发现，更大的社会组织和政治组织是解决问题的好办法，因此这些组织几乎遍布各地。幸运纬度地区的组织自冰河时代结束以来一直是世界上最大的，并且这种比其他地区的组织更大、更富有、更复杂的状况一直在持续。

然而，地图也表明这并不是故事的全部。虽然到175年世界上最大的组织都在欧亚大陆西部，并且已经存在了1万多年，但到了1350年，东亚已经领先了，地中海和中东地区则已经见证了其最大规模国家的萎缩，这些国家既不是最大的宗教组织，在某种意义上也不是最大的经济组织。这是历史上财富和权力的最大转变之一，但迄今为止人们对其原因尚未达成共识。

我们应该承认，生物学和地理学在回答本章前面提出的五个问题上做了很多工作，但它们并不能回答所有问题。是时候通过三张世界快照来观察其他原因了，它们分别位于我们所述时段的起点、中间点和终点。

公元前1000年的世界

到公元前1000年，农民已经遍布世界上大部分可耕作地区。到1350年，几乎所有上述地区的土地都有人耕作。考古学家还在争论细节，但是班图人的大迁徙可能在公元前1000年之后不久就开始了，这次迁移将农业、牧业和炼铁业从西非和中非带到了非洲大陆的东部和南部地区。会使用金属的稻农在公元前600年从印度殖民斯里兰卡，在公元前500年从朝鲜殖民日本南部，同时，其他东亚的农民已经乘独木舟来到大洋洲最西部的岛屿定居。在农民到达之前，这些岛屿通常是无人居住的。但在大多数地方，农业的发展意味着狩猎和采集的撤退。

公元前1000年，可能还有不到百分之一的世界人口仍然生活在奉行平等主义的游猎群体中。这些群体大多流动性很强，以家庭为基础，通常不到十几个人。他们的社会等级通常非常有限，主要基于年龄和性别。多个群体偶尔进行节日聚会，举办需要更大团体参加的活动，为交换结婚对象提供一个人口繁衍的基因库，这点同样重要。这些聚会可能是由临时的首领来主持。

也就是说，游猎觅食社会高度多样化，在资源非常丰富或有可能储存所收集的食物的地方，更大、更持久和分等级的群体成长起来。这些"富裕的觅食者"中最著名的生活在太平洋西北部，在那里，800年前后发明的支架独木舟使他们能够捕获大量的野生鲑鱼。

还有在世界人口中占比较小的人群过着牧民生活，他们大多生活在欧亚大陆

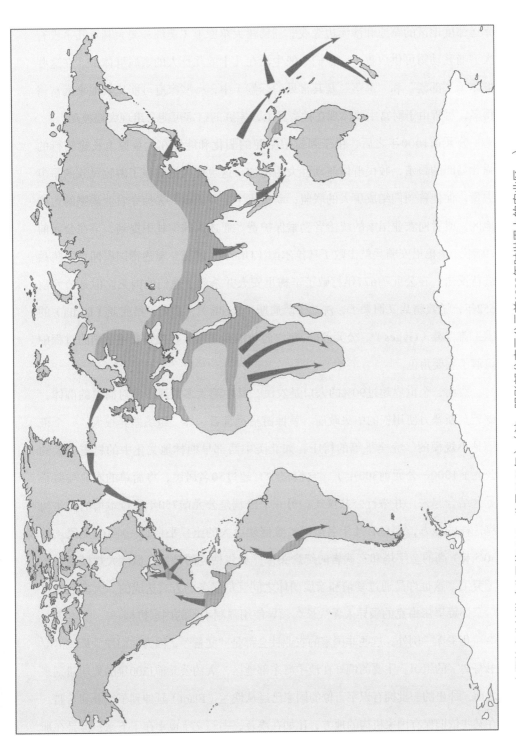

▲ 7.5　主要的农业扩散（公元前1000—公元1350年）（注：阴影部分表示公元前1000年时世界上的农业区。）

幸运纬度地区的草原和沙漠边缘或非洲稀树大草原上（美洲和澳大利亚几乎没有大型哺乳动物可供放牧）。他们一般生活在几十或几百人的亲属群体中。在这些群体（"部族"和"部落"是其常见的标签）中，一些家庭可能比其他家庭富裕得多，尽管由于财富主要体现在牲畜身上，家庭的财富可能会出现大幅波动。

公元前1000年之后，由于阿拉伯骆驼的驯化和能够在大草原上长途骑行的强壮马匹的繁殖，牧民群体流动性大为增加。这也极大地加强了游牧民族的军事力量，促使首领们结成更大的联盟，动员成千上万的骑兵去掠夺农业国家的边境地区，或者向农业国家的统治者勒索保护费。亚述人的信札中提到，早在公元前707年，辛梅里安骑兵就击败了乌拉尔图（Urartu）国王。亚述帝国雇佣草原骑兵进行反击，在公元前677年打败了辛梅里安人并杀死了他们的国王。但是公元前652年，游牧骑兵又回来了，洗劫了萨迪斯（Sardis），杀死了吕底亚（Lydia）的国王盖吉兹（Gyges）。公元前652年，游牧的斯基泰人在摧毁亚述帝国的过程中扮演了重要角色。

然而，全世界超过90%的人口是农民，其中绝大多数属于相对简单的群体，缺乏垄断暴力使用权的中央政府。就像游猎觅食者一样，组织差异很大。一个极端是小规模的、完全平等的村庄，如北美中西部早期林地文化中的村庄（大约公元前1000—公元前300年），它们很少有超过50名居民，将简单的农业与游猎觅食结合起来，并举行公共仪式。另一个极端是公元前750年像拉本塔的奥尔梅克这样的地方，那里有几千名居民忙着修建巨大的土丘平台、一座100英尺（约30.5米）高的金字塔和玄武岩的纪念头像。奥尔梅克的领导人显然大规模地动员了劳工，这也许是通过宴请和亲属团体之间互尽义务的方式达成的。大多数考古学家怀疑奥尔梅克的领导人无法长久领导使用强制手段的国家机构。

几乎无一例外，这些非国家的农业社会都是"文盲"，因为他们缺少那些需要书写文字的组织。主要的例外在地中海东部地区，大约公元前1200年的大崩溃到来之前，那里的一批拥有识字官僚的国家已经从埃兰（Elam）延伸到了埃及和希腊。在某些依旧保有国家机构的地方，比如在埃及，书写文字也幸存了下来；但是在那些国家完全消失的地方，比如在希腊，书写文字也消失了。然而，希腊人还是与仍然识字的社会保持着联系，并在公元前800年前后改造了腓尼基字母。因此，希腊和以色列的公元前1千纪早期的文献生动地展示了非国家的农业社会的内部运作，形象地描述了不稳定的政治组织经历着痛苦且往往是暴力的国家形成过程。

公元前1000年，世界1.2亿人口中的1000万到2000万人生活在位于欧亚大陆的幸运纬度上的城邦里。在埃及和埃兰之间的一些分散的地方，政府在公元前1200年的崩溃中幸存了下来。但是在南亚，从公元前1900年前后印度河流域国家的瓦解到公元前900年之后新的城邦国家的形成，已经过去了1000年。在东亚，最早一批国家只是在大约公元前1900年才形成，但是到了公元前1000年，他们的后继者已经统治了中国北方的大部分地区。然而，在新世界，前面提到的奥尔梅克人和秘鲁的查文文化充其量只是国家的雏形。

人类学家兼哲学家欧内斯特·盖尔纳绘制的图表是对这些屈指可数的早期国家如何运作的一个抽象但有用的概括。盖尔纳将这种理想型的早期国家称为"阿格拉里亚"（Agraria），并认为在这个神秘但典型的社会中，"统治阶级只占人口的一小部分，与大多数直接农业生产者或农民严格分开"。盖尔纳图表中的双轨线标志着这种严格的大众与精英的区分，而单行线标志着统治阶级在军事、行政、文书及其他任务领域中专业人士的内部分工，他们有自己的等级地位和法律规定的边界。

盖尔纳解释道："在顶层横向分层的少数群体之下，还有另一个世界，即社会其他成员的横向隔绝（laterally insulated）的小规模社区，也就是农民村庄。"盖尔纳称之为"横向隔绝"，因为农民外出不多，在历史上的大部分时间里，大多数农民可能都住在离出生地步行可及的地方。在阿格拉里亚，每个地区的农民都有自己的方言、仪式和传统，这种生活就是盖尔纳所说的"内向的生活"（inward-turned lives）。图中的虚线象征着农民世界的分裂，与统治者生活的更大的世界形成鲜明对比。盖尔纳认为："国家感兴趣的是征税、维持和平，而不是其他。"

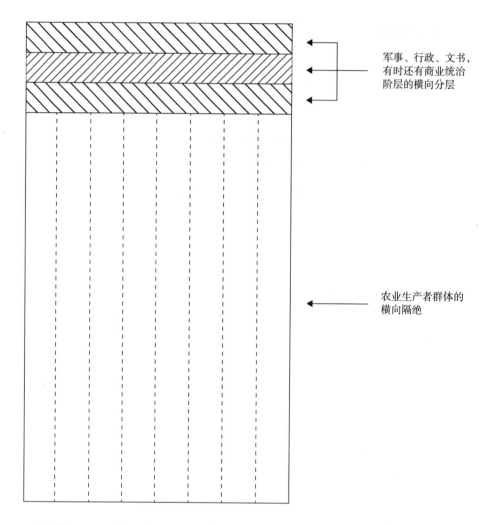

▲ 阿格拉里亚：人类学家兼哲学家欧内斯特·盖尔纳的理想型农业国家模型。

在公元前1000年，只有少数几个社会和阿格拉里亚相似，按照后来的标准来看，它们甚至也明显是站不住脚的。因此，我称它们为低需求国家。埃及可能最为广阔和强大，但是到公元前1100年，它已经丧失了黎凡特和努比亚。到公元前11世纪60年代，它在尼罗河流域的统治也已经支离破碎。其中一个王朝由位于三角洲地区的塔尼斯（Tanis）统治，而阿蒙神的高级祭司却在底比斯（Thebes）以国王的身份行事。到了公元前10世纪40年代，"梅什韦什人（Meshwesh）[1]的诸首领"在布巴斯提斯（Bubastis）建立了利比亚王朝。到了公元前9世纪，埃及的统治更加分崩离析。这些小国相安无事，似乎只是因为势均力敌。至于法老，则在一封写于公元前1072年的信中问道："他到底是谁的统治者？"这些小国的政府很少记录文本，很少增加税收，也很少发起远征。当统治者确实要建造纪念碑时，他们通常会从旧建筑中拆卸材料。到公元前12世纪50年代，拉美西斯三世的政府显然已经失去了执行法律和维持秩序的能力。由于没有钱支付工资，皇家工人的罢工此起彼伏。

其他同时代的国家也陷入动荡。例如，公元前1046年，当周朝推翻了统治中国黄河流域的商朝时，他们意识到自己缺乏在被征服领土上驻军和实施管辖的能力，甚至没有尝试过这样做。相反，周天子鼓励他的家族成员在商朝故地建立新的城市。每个新的封臣都将成为自己的主人，按照自己的意愿发展致富。这为周天子节省了统治成本。他只要求当他去打仗时，诸侯会从他们自己的城市带来军队协助作战。胜利之后，周天子将与诸侯分享战利品。

社会上层都是赢家。这种低需求国家并没有为周朝统治者带来多少收入，但也没有多少花费，因为周天子和他的继任者不用支付工资，还把一部分战利品留给了自己。只要收入大于支出，统治者就能保持偿付能力。除了建造宫殿、祭奠祖先、举办大型聚会（通过劝说诸侯接受"周天子受命于天，因而他是唯一权力来源"的说法，来降低确保精英服从的成本）和发动战争之外，他们没有能力做更多的事情，也确实不需要做更多。

尚不清楚处于社会底层的人是否也是赢家。国家的弱势可能意味着农民只向政府缴纳很少的税或不纳税，但这并没有让穷人过得更好，这也可能只是意味着农民有更多的财产可供诸侯作为地租来榨取。很难弄清哪种结果占主导地位，因为很少挖掘出普通的村庄和城镇。一方面，后世文学传说认为周朝统治的第一个

[1] 在古埃及语中常简称为"Ma"。

▲ 大约公元前10世纪或公元前9世纪的一尊大青铜鼎，同它的主人一起埋葬在一座西周精英的坟墓中，用以在死后延续他在生前所拥有的威望。［解说信息来自牛津大学考古研究所杰茜卡·罗森（Jessica Rawson）教授］

世纪是公平且正义的黄金时代，但另一方面，在精英坟墓中发现的巨大青铜器皿和整队战车表明了不断升级的贵族竞争，这或许也反映了对农民的压迫，至少在公元前850年之前是这样，之后情况得到了一定程度的缓和。

这种低需求模式被多次改造。例如，在亚述王国，政府在公元前12世纪彻底崩溃，以至于公元前1076年至公元前934年没有任何存留至今的文献。在公元前934年后最早的一份文件中，国王阿舒尔·丹二世（Ashur-dan Ⅱ）说道："我带回了疲惫的亚述人民，他们在匮乏、饥饿和饥荒面前放弃了他们的城市和房屋，去了其他地方。我把他们安置在城市和房子里。"阿舒尔·丹二世和他的后继者留下的碑文坚持认为他们的主要工作是恢复失去的土地，并迫使每个人认识到亚述的主神阿舒尔是所有神中最伟大的。为此，他们需要集结军队，将该地区变成"阿舒尔的狩猎场"。

亚述王国的国王们确实就是这样做的。他们在身边召集杰出人才（通常是亲属）拱卫自己，称他们为"上天之子"（mar banûti），他们行使了类似周朝诸侯的职能。国王授予"上天之子"大量的财产，作为回报，他们被要求带着他们的随从去参加国王的战争。战争胜利之后，国王将和他们分享战利品。再一次出现这种情景：进入王家国库的收入相对很少，但支出也相对很少，尽管各国除了作战、宴会和举办节庆活动之外，没有能力做更多的事情，但这基本上满足了统治者的要求。

有一个国家可能是上述概括中的例外，这就是以色列联合王国。根据《希伯来圣经》，在公元前950年，所罗门王统治着从西奈半岛到叙利亚的所有地方，掌管着一个庞大的官僚机构，该机构为大型建筑、贸易和战争调动税收和人力。据说，他受到精英和平民的反对。由于抵制税收，王国在公元前930年一分为二。但是如果《圣经》中的说法是真的，所罗门时代的以色列是地球上中央集权程度最高的国家。

然而，这种说法有问题，与《圣经》故事和考古细节都严重不符，尤其是关于耶路撒冷的问题。争议围绕着每一个细节，但许多学者怀疑，《圣经》创作于事件发生的数百年后，作者将公元前9世纪和公元前8世纪的环境往前放到了公元前10世纪，夸大了以色列国家的能力。一些人甚至认为联合君主制完全是虚构的，这可能有些过了。但是根据现有的证据，我们可能会得出结论，在公元前1000年，所有的国家都是小型的、低需求的组织，与后来的情况相比非常脆弱。

他们最大的弱点是一味追求军事胜利。只有成功才能证实国王有上天（或阿舒尔，或任何当地类似的神）的授权，并提供战利品与他的封臣分享。所以，当战争机器失败时，一切都失败了。例如，在公元前957年，当周昭王攻击邻国时，周朝的情况变得非常糟糕。《古本竹书纪年》记载："天大曀，雉兔皆震，丧六师于汉……王南巡不返。"

周朝再也没有恢复。公元前950年前后，来自黄河流域东端的铭文已不再提及周天子。到公元前900年，王朝外部的"蛮族敌人"和内部诸侯都发起攻势。公元前841年，国人暴动，周厉王"出奔于彘"。[1]最后一击发生在公元前771年，当时申侯联合犬戎进攻都城，诸侯拒绝出兵帮助周幽王御敌。

到那时，或许可以把中国北部和埃及看作独立的城邦群，而不是脆弱但统一的阿格拉里亚。在公元前1千纪早期，类似的小单位（通常人口不到1万人，以一座设防的城镇为中心）统治着包括从南部的非利士人到北部的新赫梯人的黎凡特地区。随着公元前8世纪人口的增长，希腊人和意大利人采用并适应了类似的组织形式。在整个公元前1千纪，城邦国家在中亚的绿洲中蓬勃发展。他们的商业精英通常比阿格拉里亚的同行享有更多的自由和权力，他们的等级制度通常不那么严格，一些人对惊人的文化创造力情有独钟。

长期来看，一群城邦国家趋向合并成更大的阿格拉里亚，要么是因为一个城邦国家征服了其他城邦国家，要么是因为所有城邦国家都被外敌征服。但是，当

---

[1] 英文原文作"公元前885年，周懿王被废黜"（In 885 BCE, King Yih was deposed）。按《史记·周本纪》，"懿王崩"，并未被废黜。此处或指周厉王"行暴虐侈傲"，引发国人暴动，遂"出奔于彘"；召公、周公接管政权，"二相行政，号曰'共和'"。按夏商周断代工程，事在公元前841年。

一个阿格拉里亚分裂时（就像埃及和中国发生的那样），它可能分解成几十个城邦国家。在公元前1千纪，这种循环往复是一个重要的动力。但是，我们应当看到，长期趋势是大国吞并小国。印度史诗《摩诃婆罗多》称其为"鱼的法则"，即在干旱时期，大鱼吞噬小鱼。

175年的世界

到了我们所述时期的中点175年，情况发生了很大的变化。最明显的是，世界人口大约翻了一番（从1.2亿人增加到2.5亿人），而居住在各个国家的人口也猛增了10倍（从2000万人增加到2亿人）。

随着农民在世界上更多的可耕地上殖民，游猎觅食活动持续萎缩。到了2世纪，考古学家称之为"希丰巴泽复合体"（Chifumbaze Complex）的农场和牧场在南部非洲牢固地建立起来了。美拉尼西亚（Melanesia）和密克罗尼西亚（Micronesia）最好的土地也已经被挖开用来种植红薯。霍普韦尔文化的农民正沿着北美的俄亥俄河和密西西比河流域扩展。

在公元前1千纪，欧亚大草原上的牧民见证了制度层面的惊人增长。当希腊历史学家希罗多德描述公元前5世纪的斯基泰骑马游牧民族时，他们正生活在国王的统治下。国王有时会建立大型联盟来劫掠农业社会。然而，在公元前209年，冒顿单于在今天的蒙古建立了一个极为庞大的匈奴联盟，以至于完全有理由称其为游牧国家，甚至游牧帝国。

草原上游牧社会和政治组织的发展与幸运纬度地区农业帝国的发展齐头并进，像冒顿这样的人通过向定居社会勒索财富来笼络部落首领，从而形成了自己的追随者群体。西伯利亚南部阿尔赞（Arzhan）的1号墓和2号墓分别是公元前8世纪和公元前7世纪最丰富的草原墓葬；巴泽雷克（Pazyryk）2号墓是公元前3世纪最丰富的草原墓葬。两者的对比很有启发性：前者以巨大的坟墓、成堆的金饰以及献祭的马为特色，而后者则堆满了波斯、印度和中国的珍宝。

农业国家很难抵挡住这些流动性很强的游牧民族，他们的优势是进攻时出其不意，防守时可以选择逃到大草原。愿意在后勤上花费巨资的农业国家国王有时会大开杀戒，以至于幸存者在几代人的时间内都不敢来袭，就像波斯的大流士一世（Darius Ⅰ）在公元前519年对付"尖帽子的斯基泰人"，以及公元前134年之后中国的汉武帝对付匈奴一样。然而，更常见的情况是，农业社会被迫进行贿赂以换取游牧民族不进行掠夺的承诺（尽管游牧民族经常接受贿赂，然后继续劫掠）。当没有富裕的帝国可供抢劫或勒索时，游牧民族有时甚至控制了幸运纬度的部分地区，并更彻底地掠夺它们。

▲ 公元前1千纪早期图瓦（Tuva）地区的阿尔赞大型墓葬群，包含了用大量金器装饰的墓葬。这个金碗的装饰是一条咬着自己尾巴的蛇。

　　然而，农业国家的增长主要在两个方面超过了草原国家。地理上，阿格拉里亚扩展到以前不为人知的地区；组织上，低需求国家变成了高需求国家，加强了他们干预臣民生活的能力。

　　有两种主要的增长机制，我们可以称之为初级国家形态和中级国家形态。初级国家形态意味着不借鉴先前存在的国家的思想和方法来建立政府，而中级国家形态则涉及有关团体通过采纳和调整其政府形式来对邻国做出反应。当然，在实践中，这两种机制很难截然分开。例如，在公元前800年至公元前100年，地中海地区从东到西掀起了一股国家形成的浪潮，但学者们很少就本土发展的相对重要性、腓尼基人和希腊殖民者的影响或罗马征服者的影响达成一致。

▲　毛毡地毯上的图案，来自公元前5世纪或公元前4世纪的巴泽雷克古墓。图案捕捉到了埋葬在那里的游牧部落首领显赫生活的片段。这块地毯也许是从波斯带来的，虽然那里没有类似的古代地毯幸存至今。

相比之下，我们可以肯定，在美洲经常要处理初级国家形态问题。西潘（Spian）奢华的陵墓和巨大的太阳金字塔肯定意味着到175年，安第斯山脉地区的莫契人已经找到了通往阿格拉里亚的道路。在今天的中美洲，玛雅城邦正在蒂卡尔（Tikal）和其他地方形成。而拥有壮观的纪念碑和15万人口的特奥蒂瓦坎，则显然是一个国家的首都。

▲ 太阳金字塔，高200英尺（约61.0米），建于200年前后。它俯瞰着特奥蒂瓦坎大都市的废墟，其鼎盛时期占地约8平方英里（约20.7平方千米）。

由于新旧世界的联系太少，它们提供了一个"自然的实验"，让我们能够通过比较两个独立的案例来检验"超人"的概念。在某些方面，两个世界走的是十分相似的道路。在两个世界里，组织能力都随着人口的增长而强化，大体上遵循相同的时间表。在墨西哥和安第斯山脉，就像在中东、印度和中国，从开始培育动植物到首批国家崛起大约经过了6000年。我们可能还会注意到，早期国家的统治者都严重依赖宗教来使其权力合法化，并经常用金字塔形的纪念碑来宣传他们神一般的品质。

然而，两个世界也有显著的不同。在旧世界，国家形成、冶金和书写通常是一个整体。但在新世界，只有玛雅人进行了大量的书写，而且尽管精英们拥有铜和黄金饰品，但当克里斯托弗·哥伦布（Christopher Columbus）到达的时候，人们仍然主要生活在石器时代。解释这些相似之处和不同之处应该是历史学家优先考虑的问题。

早于新世界社会约两千年开启农业和组织的增长路径，175年的旧世界以拥有更大更强的国家为荣。事实上，在175年之前很久，旧世界最大的国家已经达到了一个临界点，超过这个临界点，低需求机构就无法很好地运作。低需求机构能够应对人口几百万的国家，但不是人口数千万的社会。在公元前1千纪，在遵循过时的运作方式的压力下，最大的旧世界国家要么自我重构，要么分崩离析。

自冰河时代结束以来，中东地区就拥有世界上最大的社会政治组织，因此它第一个达到这一临界点也就不足为奇了。在公元前8世纪80年代，随着国王失去对贵族的控制，亚述王国突然陷入危机。公元前744年一位名叫普卢（Pulu）的将军发动的血腥政变最初看上去是恶性循环的又一步。然而，到公元前727年普卢〔更广为人知的是他的君主名，提格拉·帕拉萨三世（Tiglath-Pileser Ⅲ）〕去世的时候，他已经改变了亚述国家的力量。

各方资料并没有告诉我们他到底做了什么，但是提格拉·帕拉萨三世不知何故绕过了以前的"上天之子"。他没有向他们索要军队，然后与他们分享战利品，而是建立了一个官僚机构来提高税收，并雇佣自己的军队，为国家保留所有的战利品。国王继续信任拥有高级行政职位的高级贵族，但现在他们是为他工作并由他支付工资的雇员，而不是可以随意撤回支持的自由代理人。这种高需求国家的运营成本比旧的低需求组织高得多，但它也带来了更多的利润，并被证明更具可扩展性。之前最大的低需求国家是公元前14世纪的埃及和公元前9世纪的亚述王国，每个都控制了100万平方千米的疆域和300万到400万的人口。但到了175年，罗马帝国和中国各自统治了超过500万平方千米的疆域和5000万人口。

亚述帝国在公元前8世纪30年代从低需求走向高需求的过程肯定是痛苦的，但其结果引人注目。仅仅用了五十年，它已经成为当时最大、最富有的帝国。它的增长迫使它的邻国在吸收、模仿还是反击之间做出选择。足够多的国家选择了后者，在公元前612年，一个大联盟（包括如前所述来自草原的斯基泰人）摧毁了尼尼微。但是增长循环无法被打破。名为高需求国家的妖怪已经逃出了瓶子。

到公元前490年，波斯已经通过征服建立了一个更大的帝国，从巴尔干半岛一直延伸到印度，统治着大约3500万人口。在公元前6世纪10年代，国王大流士一世已经创立了现代化的高端机构，能够调动巨额的收入和庞大的军队。然而，在公元前4世纪30年代，马其顿的亚历山大推翻了它的统治者，而在公元前301年之后，他的继任者将帝国分裂成更小的单位，它们开始互相争斗。从大约公元前245年开始，帕提亚游牧民族从大草原渗透到伊朗；到公元前135年，他们将伊朗和美索不达米亚统一在自己的统治之下。

同时，巨大的新帝国也已经出现在更遥远的东方。征服印度河流域的波斯和马其顿肯定影响了印度的发展，但统一也在恒河流域的东端开始独立进行。公元前6世纪到公元前5世纪，城市国家摩揭陀周围逐渐形成了更大的王国。在公元前321年，旃陀罗笈多（Chandragupta）建立了更庞大的孔雀王朝。历史学家对孔雀王朝高需求程度存在争议，尽管由旃陀罗笈多的首席顾问考底利耶（Kautilya）撰写的《政事论》（*Arthashastra*）一书确实让它听起来很有说服力。在公元前3世纪60年代，阿育王声称其权力大到可以完全放弃暴力。

在公元前185年发生军事政变后，帝国瓦解了。一个较小的巽加王国在摩揭陀周围形成，剩下是几个城市国家和被外来者征服的地区。亚历山大的马其顿帝国的后代在西北部建立了希腊–印度王国（Greco-Indian kingdom），斯基泰人建立了两个新的斯基泰王国（Shaka kingdom），但最成功的征服者是贵霜帝国（Kushan Empire）。1世纪中叶，月氏游牧民族在希腊–印度王国和斯基泰王国的废墟上建立了这一帝国，一个世纪后，其君主迦腻色伽（Kanishka）统治了恒河平原的大部分地区。

中国经历了自己的巩固和增长过程。史料记载，由于战争摧残，城市国家从大约公元前700年的148个减少到了公元前450年的14个阿格拉里亚，到公元前221年只剩一个秦帝国。经历了公元前209年[1]到公元前206年[2]的突然崩溃和内战之后，汉帝国创造了一个灵活而稳定的制度，尽管1世纪20年代的内战导致大部分权力被交还给豪族。到175年，王朝正竭力遏制精英间的争斗、内部的叛乱以及应对边境的压力。

最大的帝国在欧亚大陆的西端，那里有着自冰河时代结束以来最大的社会组织和政治组织。罗马城邦国家在公元前的最后三个世纪里，一路上使用暴力吞并了希腊城邦，统一了整个地中海世界。这是有史以来最成功的城邦国家体系，从西班牙到克里米亚，分布着数百个独立小国。这些城邦支撑着600万人口，享受着惊人的经济增长，创造了一种具有强烈吸引力的文化，但军事力量无法与罗马匹敌。罗马甚至将其边界推到幸运纬度之外，夺取了欧洲西北部和部分中欧地区。

到1世纪，罗马的共和城邦国家体制已被证明不足以完成管理世界上最大帝国的任务，于是它在残酷的内战中解体了。当和平在公元31年后再度降临时，最后一位在位的军阀屋大维（Octavian）改名为奥古斯都，声明他和其他人并无二致（只是富裕了很多），宣布共和国已经恢复，并在罗马悄然开始了长达40年的独裁统治。

---

[1] 公元前209年，陈胜、吴广揭竿而起。随后，刘邦、项羽等亦举兵反秦。

[2] 公元前206年，秦朝灭亡，刘邦受封为汉王。此后经过4年的楚汉之争，刘邦击败项羽，于公元前202年称帝。

◀ 供奉奥古斯都的庙宇旧址前，一座石碑上的碑文用拉丁文和布匿文（Punic）庆祝皇帝克劳狄（Claudius）于53年[1]在利比亚的大莱普提斯（Leptis Magna）重修旧广场。

　　所有这些欧亚帝国都在不同程度上走向高需求模式，其特点是拥有强大的中央机构，能有效地削弱贵族，并在政府和农民之间建立直接联系。一个国家越是朝着这个方向前进（罗马和中国走得最远，帕提亚和贵霜次之），精英和农民群众之间的界限越走向消解，国家越过此界限授予农民对其土地的合法所有权（而不是作为大领主的佃农），作为回报农民向国王纳税并接受征召加入国王的军队。富有且受过教育的人仍然担任行政官员和将领，175年最富有的人比起公元前1000年最富有的人更甚，但此时贵族的权力通常取决于国王的青睐，而不是相

---

[1] 英文原文误作"公元前53年"（53 BCE），据实修改。

反。在高需求国家，税收优先于地租。一旦这一模式被颠倒，国家就开始滑向低需求，正如1世纪时在中国所发生的那样。

最终，国王们需要通过征税来建立大规模的由铁质武器武装的军队，它通常以步兵为主，这样他们可以威慑或对抗敌对的国王，同时也可以震慑他们自己的贵族和农民。税收、军队和专业化精英结合在一个紧密的圈子里。一旦像提格拉·帕拉萨这样的人把一个国家推向高需求，其邻国唯一求得生存的方法就是跟随它的脚步。

高需求国家重塑了各种组织。大帝国需要大城市，那里聚集了各种服务。尼尼微在公元前700年大概有10万居民，罗马城在公元100年则有100万居民。为了填饱这么多居民的肚子，罗马帝国把整个地中海变成了一个市场体系，把食物输送到永远嗷嗷待哺的首都。农业产量必须提高（早在公元前4世纪，希腊人就已经在土地上施肥和复种，直到1900年才再次出现人口密度与产量不适应的情况）；道路、船只和港口必须得到改善，这样人们才能把食物运送到各处；需要新的支付手段，所以铸币在地中海东部和中国被各自发明出来，希腊人和罗马人还发明了越发复杂的信贷和银行工具；必须有更多的人能够阅读和写作，所以教育得以扩展，在地中海地区，简单的字母表取代了复杂的音节表，尽管即使在雅典和罗马城，可能也只有十分之一的男人（以及更少的女人）学习过；需要大量廉价的工具和武器，所以铁取代了青铜。需求推动了创新和增长。

最后，但绝不是最不重要的是，统治者必须重塑自我。低需求国家的国王让人听命的主要手段是声称他是这个世界和神圣领域之间的唯一中介，这意味着任何与他争论的人都违背了神的意志。然而，在公元前1千纪，一个又一个的国王发现，如果他把自己重新塑造得更像一个首席执行官，与官僚机构进行合作，而不是以凡人的名义诠释神的意志，他的高需求国家会运行得更好。当然，很多人在公元前1000年以后继续把国王看作神，就像很多人在公元前1000年以前就知道他们的统治者都是凡人（即使在埃及，从形式上讲法老是神的化身，但抄写员们乐于描述他们沉迷于演说，或者看着裸体桨手在尼罗河上划船而兴奋非常）。但是到了175年，相比几个世纪前，几乎所有地方的统治者都更少宣称自己是神。

▲ 与其他文明的情况相似，中国的画家不断地回顾轴心时代的君王和圣贤。在这幅图像中，581年创建隋朝的隋文帝杨坚被描绘得很像一千年前的君王。［解说信息来自斯蒂芬·布拉德利（Stephen Bradley）先生］

"轴心时代"欧亚大陆的思想革命（见本书第六章）在某种程度上是思想对这些发展的回应，它为一个王权丧失其作为宇宙法则的力量的世界提供了意义。儒学、佛教、犹太教、柏拉图主义以及后来的斯多葛学派、基督教和伊斯兰教，都以各自不同的方式向人们展示了如何超越这个败坏的世界，并在他们不能再依靠国王为其赋予意义的情况下找到内在的真理。

轴心时代的思想通常起源于反文化运动，这一运动挑战规范，向当权者诉说真相。它的创始人大多来自边缘地区，属于精英下层，他们宣扬思想的地方不在帝国的都城，而是在偏远闭塞的地区或独立的城邦。统治者和官僚常常迫害它的先知人物，但最终认识到招揽最优秀睿智的人比消灭他们更有效。通过淡化国家负面信息来塑造所有人都接受的信仰，无论是儒家的、基督教的，还是介于两者之间的轴心时代思想，在为国家服务当中找到了舒适的栖身之所。在欧亚大陆的幸运纬度地区，公元前1千纪的思想运动成为"经典"且永恒的智慧，流传至今并继续赋予数十亿人生活的意义。

欧亚大陆的古典帝国是非凡的组织成就，使过去的一切和世界其他地方的一切都相形见绌。事实上，罗马帝国也许已经触及纯粹的农业世界可能达到的极限。另一个社会——中国的发展水平要再过1000年，直至宋朝才大致追平2世纪的罗马帝国，而只有18世纪处于工业革命前夕的英国才最终超越它。

公元1350年的世界

公元175年之后，人口持续增长，但速度比以前更慢。人口总数从我们所述时段中间点的2.5亿人已增加到结束时的3.5亿人，进入公元1300年后不久即出现峰值，大约4亿人。尽管总人口增长了大约40%，但居住在各个国家的人口比例跃升至60%，从大约2亿人增加到大约3.25亿人。

随着农民的扩张，游猎觅食者不断后退，特别是在非洲和北美。诸如大洋洲大部分地区，由于没有游猎觅食者需要被替代，农业就扩散得更快。到1200年，美拉尼西亚人殖民到了新西兰，一些勇敢的太平洋探险水手甚至一路把船划到美洲然后再划回来（对于美洲红薯是如何在这个时候到达波利尼西亚的，没有其他的解释）。许多岛屿人口激增，在一些像夏威夷这样的岛屿上，勇士们将村庄聚集在一起，形成更大更强的组织。当库克船长（Captain Cook）在1778年到达这里时，夏威夷的酋长几乎可以被称作国王。

类似的过程也在北美大陆进行，尽管这里几乎没有可以扩展的空旷地带。墨西哥移民可能在公元500年前后将玉米、南瓜和豆类这三样东西带到了查科峡谷；而维京人在公元1000年前后短暂地将欧洲作物带到了纽芬兰（Newfoundland）。公元1000年之后，以玉米为基础的，被考古学家称为"密西西比文化"的农业复合体，在中西部和东南部广泛传播，其农业社会创建了比夏威夷更大的组织。到了1150年，大约有1万人生活在卡霍基亚仪式中心的周边，尽管这个地方到1350年已经走向衰落，但一个新的主要定居点在蒙德维尔（Moundville）又繁荣起来。一些考古学家认为我们应该谈论密西西比文化的城市和低需求国家，虽然大多数人怀疑尽管动员了如此多的劳动力，密西西比文化的领袖并没有垄断使用暴力的合法性，就像两千年前的奥尔梅克人一样。

中美洲和安第斯山脉地区的旧国家体系仍然比这些新的北美原始国家更宏伟，在1350年，没有一个国家能够恢复特奥蒂瓦坎在大约750年被猛烈破坏前所引以为傲的规模和复杂性，或是典型玛雅城邦国家在9世纪崩溃之前的情形。1350年美洲最大的城市是昌昌（Chan Chan），它是位于安第斯山脉原莫契领地的奇穆帝国的首都，大约有3万居民。16世纪初的阿兹特克首都特诺奇蒂特兰（Tenochtitlan）之前的任何一座城市都无法与特奥蒂瓦坎相提并论。

初级和中级的国家形态仍然很重要。在非洲，穆斯林商人的入侵刺激了东海岸和撒哈拉沙漠绿洲地区大量小型商业城市国家的形成。其中的一些，如今天乍得周围的加奈姆王国（Kanem Kingdom）和尼日尔河流域的马里帝国，合并成更大的组织，这些组织几乎可以被称为低需求国家。然而，再往南，低需求的马蓬古布韦（Mapungubwe）和大津巴布韦（Great Zimbabwe）则完全是土生土长。

在欧亚大陆，中级国家形态比初级更重要，来自历史更悠久的国家的商人和传教士经常扮演主角。在10世纪，随着中国商人的频繁光顾，东南亚形成了低需求国家，这可能意味着当地首领可以利用新的经济机会将自己变成国王。其中一些国家取得了令人瞩目的成就。根据编撰于1365年的《爪哇史颂》（*Nagarakretagama*），爪哇满者伯夷国（Majapahit）的国王哈奄·武禄（Hayan Wuruk）控制了98座附属城市。在关于他的颂歌中，他是一个非常神圣的国王，不仅是"佛陀的化身"，也是"湿婆的化身"。

北欧和东欧也走了类似的路，莱茵河、多瑙河和伏尔加河之间的广大地区在175年时几乎没有国家，如今则充斥着低需求国家。自命不凡的领袖们认识到，皈依基督教是让人听命的好方法。基督教统治者可以邀请神职人员进入他们的王国，分享行政知识；与老牌基督教王室通婚，甚至将自己置于更大的基督教国家的保护之下，也都可以在地方权力斗争中发挥作用。

基督教化、国家形成、暗杀和内战经常一起发生。10世纪，波希米亚的基督徒文策斯劳斯公爵（Duke Wenceslaus，《圣诞颂歌》中的"好国王文策斯劳斯"）见到同样支持基督教的祖母被勒死（也许是用她自己的面纱），然后自己被异教徒的亲兄弟谋杀，这些人后来又与基督教达成了和解。当地人看不到耶稣的魅力，征服和殖民也许就能说服他们。1108年，在今天的波兰地区举行的一场招募十字军的集会上有人说道："这些异教徒是最糟糕的人，但他们的土地是最好的……你将能够拯救你的灵魂，如果你愿意，还可以获得非常好的土地来定居。"许多法兰克人和日耳曼人对此表示赞同。到1350年，几乎整个欧洲至少名义上都是由基督教国王统治。

从德国到日本，类似的中级国家形态正在各地发挥作用，将乡村社会转变为更大的组织。但是从英国到伊朗，低需求国家也是由旧的高需求帝国的崩溃而产生的。到175年，伟大的古代帝国已经陷入危机，在接下来的五百年里，所有的帝国都被分割成了更小的单位。

为什么会发生这种情况，这是古代历史上最大的疑问之一。这一现象的巨大规模表明，答案不可能存在于地方层面。我们必须寻找系统性的原因，其中最重要的可能是公元前1千纪的增长产生了自我破坏效应：欧亚大陆幸运纬度的帝国和商业网络越壮大，它们就越陷入相互敌对的状态，大草原上的社会就变得愈加争强好胜和掠夺成性。

在公元前1千纪，草原部落通过像寄生虫般掠夺幸运纬度的农业帝国而成长为帝国，但是在公元1千纪，寄生虫开始杀死它们的宿主。这在一定程度上是因为游牧民族比以前释放了更多的暴力。他们的迁徙和突袭扰乱了大草原边缘的其他民族，推倒了多米诺骨牌，让大量的人跟着行动起来。在欧亚大陆的东端，中国西部边境沿线的羌族农民在2世纪形成了自己的国家，以反击匈奴和月氏的突袭，但随后他们利用新获得的力量推进到汉帝国以躲避游牧民族。在欧亚大陆的西端，日耳曼农民做了同样的事情来对抗或躲避萨尔马特人、阿兰人和匈人。

似乎这还不够糟糕，游牧民族变得更擅长战斗。辛梅里安人和斯基泰人通常远离有城墙的城市，但是当匈人阿提拉（Attila）在442年入侵巴尔干半岛时，他的工程师（通常是前罗马军人）势不可当。考古学家通过被烧毁城市的外墙来追寻他的行踪。

然而，游牧民族最致命的武器太小，肉眼看不见。它们跨越遥远距离的快速运动融合了东方和西方的疾病群，这些疾病群在公元前1千纪之前在很大程度上是孤立发展的。新的微生物被释放到了完全不熟悉它们的人群中。161年，罗马帝国的叙利亚边境和中国的西北边境都暴发了可怕的新的瘟疫，这绝不是巧合。科学家们还没有确定致病的病原体，但是目击者的描述使这两种疾病听起来很像天花。4世纪的中国医生葛洪记录道："比岁有病时行，仍发疮头面及身。须臾周匝，状如火疮，皆戴白浆。随决随生，不即治，剧者多死，治得差者，疮癥紫黑……"

到200年，瘟疫已经夺去了四分之一的埃及人的生命，在罗马帝国的其他地方和汉帝国，死者不计其数。但事情没有就此结束，瘟疫不断卷土重来，大约每一代人一次，持续了一个半世纪。我们了解到，250年前后，罗马城每天5000人死亡。中国情况最糟糕的年份在310年至322年。

200年至700年，汉朝、贵霜、波斯和罗马帝国都崩溃了，其大部为一群低需求的阿格拉里亚所取代。规模的下降有时是惊人的。在550年的不列颠，几乎没有任何社会组织或政治组织的控制范围能超出50英里（约80.5千米）。在这场混乱中，宗教机构经常介入，以填补国家失败留下的空白——组织防御和食品供应以及向人们解释他们所知道的世界为什么会终结。

这至少部分解释了为什么基督教和大乘佛教在1世纪到5世纪各自赢得了数千万信徒，但是另一个重要宗教（伊斯兰教）的成功路径却大相径庭。伊斯兰教始于7世纪，后来被入侵者带到了古罗马帝国的大部分地区和波斯全境。作为征服者，高度流动的阿拉伯人与草原游牧民族有一定的相似之处，但破坏性要小得多，他们更擅长融入农业帝国摇摇欲坠的结构中。

750年至800年，位于巴格达的阿拔斯王朝的哈里发似乎正在打造一个从伊比利亚半岛到印度河流域的庞大帝国；但是到850年，他们显然失败了。阿拉伯的哈里发们，像许多草原社会的可汗和国王一样，发现几乎不可能将部落组织转变为帝国组织，而在穆斯林圣人影响广大的背景下，这项工作变得更加困难。哈里发马蒙（al-Ma'mun，813—833年在位）可能比任何人都更接近于创建一个高需求的阿拉伯帝国，但是他试图让宗教派别内讧并打击宗教专家的做法最终粉碎了政府的权威，而他的最终解决方案则犯了更严重的错误，这个方案是将突厥游牧民族带入伊拉克的心脏地带以迫使所有人服从于他。到860年，哈里发变成了其雇佣军的人质；在945年，这个哈里发国家被分解成十几个独立的酋长国；到1000年，游牧民族赶走了长期定居的农民，夺走了中东大部分品质最好的土地。尽管埃及躲过了最严重的崩溃，但突厥骑兵控制了那里，而伊朗在公元1500年之前一直处于政治分裂的状态。

这个混乱的故事之所以如此重要，在于欧亚大陆东西部的对比。一系列重新统一西部的努力都像哈里发马蒙一样彻底失败，这包括查士丁尼在6世纪试图从君士坦丁堡再征服罗马帝国，以及查理曼在大约800年打算以法国为中心再造一个新帝国。

然而在中国，征服了北方大部分地区的鲜卑游牧民族在6世纪经历了一场非凡的现代化革命。最终，隋文帝在黄河流域建立了一个高需求国家，并将其命名为"隋"，之后他建立了一支舰队，在589年又组建了一支50万人的军队（当时西方的统治者甚至连5万人的军队都养不起），并在长江下游的一场速胜战之后统一了整个国家。

为什么隋文帝成功了，而查士丁尼、查理曼和哈里发马蒙却失败了，这个问题仍然有许多争论，但其成功的影响是显而易见的：世界的组织重心从欧亚大陆的西部转移到了东部。到700年，有100万人住在长安，另有50万人住在洛阳。一条大运河被开凿建设，将稻米从长江以南不断扩大的稻田运到繁荣的北方城市（就像地中海曾经允许贸易商将谷物从北非运到繁荣的罗马一样）。通过战场的胜利和灵活的外交，唐帝国的皇帝（他们在618年取代了隋）赢得了东部草原的控制权，甚至干涉了印度事务。文化和商业也开始兴盛起来。8世纪成为中国诗歌的黄金时代。9世纪，业务从四川延伸到朝鲜的商人发明了纸币，国家则在1024年开始发行纸币。到1078年，中国铸造厂的铁矿石冶炼量达到12.5万吨，这几乎相当于1700年（工业革命前夕）整个欧洲的产量。

11世纪，中国的社会组织和政治组织像一千年前的罗马一样庞大而复杂，并且日益壮大。而欧洲、中东和印度的社会组织和政治组织却走向了相反的方向，在维京人、突厥人和阿富汗人的攻击面前崩溃了。一些历史学家甚至认为1100年时的宋代中国正处于其工业革命的前夕。在其最大的城市里，煤炭正在取代木材成为主要燃料（仅在1102年至1106年，开封就新开了20个煤炭市场，并且在綦村镇[1]的一个有详细记载的铸铁厂每年都要燃烧4.2万吨煤炭）。纺织业使用的水力纺纱机与欧洲人在18世纪的发明更是惊人地相似。

为何中国的经济起飞会停滞不前是另一个未解之谜，但我怀疑答案很大程度上在于幸运纬度地区和大草原的持续纠缠。直到17世纪实际有效的枪炮登场，农业帝国才真正征服了游牧民族。在满洲发现的已知最古老的枪也许可以追溯到

---

[1] 英文原文作"Qicunzhen"，未找到史料出处，按《宋会要辑稿·食货三三》，有"邢州綦村冶"，但与前文地图所标记方位不符。暂译"綦村镇"，留待读者指正。

1288年，一件来自四川的大约1150年的雕刻展示了一把更早的枪，但是这种粗糙武器的开火速度不足以阻挡骑兵。只要这一点仍然正确，那旧的模式也是一样，一个农业帝国越壮大，就越有可能吸引游牧民族毁灭性的注意力。

1127年，女真人洗劫了开封，并占领了中国北方。这打乱了宋朝的经济发展步伐，将北方的主要城市和煤田同南方的主要大米产地分隔开来。更糟的是，中国的财富和其在军事上的羸弱让游牧民族更加咄咄逼人。1206年，成吉思汗把蒙古的部落合并成所有游牧帝国中最可怕的一个。在1215年，他摧毁了九十座中国城市（北京的废墟燃烧了一个月），并考虑减少整个黄河平原的人口，作为其牲畜冬季的牧场。明智的建议占了上风，但在13世纪60年代他的孙子忽必烈卷土重来。蒙古人花了六年时间占领了襄阳这个世界上最坚固的堡垒，十几年后，整个中国都落入忽必烈手中。

即使在那时，中国的机构仍然是世界的奇迹。马可·波罗（Marco Polo）在13世纪90年代写道："我可以坦率地告诉你，（杭州）的商业规模如此之大，任何一个没有目睹而只是听说这件事的人都不可能相信它。"但是马可·波罗不知道的是，当时中国的组织正在收缩。1300年的中国看起来不再像一个处于工业革命前夕的社会，在接下来的四十年里，元朝失去了对这个国家的控制。匪徒、军阀和饥荒遍布这片土地。1345年，黑死病带来了最大的打击。

如同在2世纪一样，在大草原上建立的更大的组织可能与这种瘟疫的规模有很大关系。随着13世纪战争尘埃落定，某种"蒙古治世"出现了，使移民、传教士和商人（比如马可·波罗）在欧亚大陆的来回移动更加便利，但也更容易将疾病混合成致命的新瘟疫。1340年至1360年欧洲、中东和中国的人口可能减少了三分之一。阿拉伯旅行家和哲学家伊本·赫勒敦（Ibn Khaldûn）在1377年写道："一场毁灭性的瘟疫侵袭了东西方文明，摧毁了许多国家，使许多人口消失。它吞噬了太多美好文明的事物，并将它们消灭殆尽……"

伊本·赫勒敦因为将历史视为一系列循环而闻名，这或许不会让我们感到惊讶。他那个时代的历史事件是一种重复模式的一部分，在这种模式中社会组织和政治组织不断发展，直到它们的相互联系释放出破坏它们的相反力量，在这种情况下，它们在面对移民和瘟疫时崩溃。在14世纪，没有迹象表明未来会有任何不同，更大的历史形态似乎是清晰的。

小结

但显然，事实并非如此。在接下来的二百五十年里，世界历史朝着一个全新的方向发展。亚洲人关闭了草原道路，结束了游牧和农业帝国之间的寄生关系。与此同时，欧洲人在美洲殖民，并在洲际贸易和奴隶制的支持下建立了前所未有的大西洋经济，还发起了一场科学革命。在那之后的又一个二百五十年里，英国实现了经济的工业化，像巨人一样统治了世界。

1350年的世界和1850年的世界之间的差异如此巨大，以至于学者们经常认为1350年前的历史对更宏大的故事来说并不重要。如地理学家阿尔弗雷德·克罗斯比（Alfred Crosby）所言："在那个（马被驯化的）时代和把哥伦布及其他航海家送到大洋彼岸的社会得以发展的时期之间，差不多过去了四千年，相对于以前发生的事情，这段时间没有什么重要的事情发生。"驯化很重要，全球化很重要，本章回顾的两千三百五十年却不重要。

但这种观点是错误的。公元前1000年至公元1350年，城市、国家、宗教团体和贸易的规模增长了一个数量级。没有这种增长，大草原就不可能被封闭，海洋就不可能被打开，现代世界就不可能诞生。在这几个世纪中，世界上最大的社会组织和政治组织走到了纯粹农业背景下可能达到的极限，世界组织的重心也首次从西方转向东方。当这些重大事件在欧亚大陆发生时，农业和低需求国家遍布地球的大部分地区。在公元前1000年，只有十分之一的人生活在政府的统治下；到1350年，则至少十分之九的人是如此。这些都为我们今天仍然生活其中的社会组织和政治组织的建立奠定了基础。

第四部

气候逆转：

瘟疫与严寒中的扩张与创新

（14世纪中期至19世纪初期）

第八章

聚合的世界：经济、生态上的相遇
（1350 年至 1815 年）

大卫·诺思拉普

1350年后的几个世纪里，海上贸易路线的开辟加强了世界各地之间的联系，同时促进了货物的流通，世界日趋变小。起初，船舶定期在大西洋、印度洋与太平洋之间航行。伴随着货物和人，微生物、植物和动物散布到地球的各个角落，疾病也侵袭了新的土地，造成数百万人死亡。来自某一地区的植物，如玉米、土豆、茶和咖啡豆，在遥远的地方找到了新的消费者。新大陆的烟草成为欧洲、非洲和亚洲部分地区的首选麻醉品；来自东半球的牛、羊和马推动了美洲新生活方式的形成；来自亚洲的香料和纺织品在大西洋两岸找到了市场；美洲种植园产出的糖成为欧洲的日常食品。历史上规模最大、最野蛮的洲际人口流动——跨大西洋奴隶贸易，为美洲经济的发展提供了支持。简言之，1350年之后，曾被阻滞的全球融合力量已然司空见惯，无论其后果如何，到1815年似已势不可当。

历史证据的分布是不均匀的，但形成本章地理重点的更大原因是人口的分布不均。到1400年，超过80%的人类居住在欧亚大陆。到1800年，欧亚大陆人口数的占比上升到近90%。人口最为密集的三个地区是中国、印度和欧洲。在本章所述时段的初期，四分之一的人口生活在中国本土，到该时段末期则超过三分之一。在此期间，印度次大陆的人口翻了一番，尽管其占总人口的比例略有下降。1400年，欧洲人口占世界人口的六分之一，到1800年，这一比例增至五分之一。这些地区人口稠密，理应给予他们更多的关注。

尽管人口总数在这几个世纪里有所上升，但这一时期却发生了三次大规模的人口灾难。在15世纪下半叶，有记录以来最严重的流行病侵袭了旧大陆。在16世纪及以后，新传入的疾病摧毁了美洲土著民族。与此同时，地球正经历着12000年前更新世冰期结束以来最漫长的低温期。即便这样，人口总数仍有可能增加，这证明了重新安置土地、种植更高产的作物和经济环境不断变化所产生的积极影响，这些都为今后200年发生更剧烈的变化奠定了基础。

环境、经济和东扩

在14世纪中期之后的一个世纪里，中国是两次主要西进运动的发源地，一次是偶然发生，另一次则是有意为之。第一次是腺鼠疫，这在西方被称为"黑死病"。目前尚不清楚是什么原因导致了这场大流行，但现代研究表明，这种鼠疫在中国西南部的云南省已经存在了几个世纪。在蒙古族统治期间，不同人群的接触增多，这使疾病传播到中国其他地区和中亚东部。虽然目前还不知道瘟疫是通过中亚陆路还是沿着海路传播，但1347年，在黑海克里米亚半岛港口城市卡法的居民中暴发了这种疾病。不久，希腊和地中海北部的岛屿就发生了瘟疫。据观察人士说，第二年，一艘热那亚船把这种疾病从卡法带到意大利，然后瘟疫迅速蔓延到欧洲南部和西部的大部分地区以及地中海南部。最近，流行病学家指出，这场瘟疫的传播媒介非常复杂，携带者多是啮齿类动物而非人类。无论如何，到1349年，瘟疫在整个欧洲造成了空前的死亡。一些地方幸免于难，而另一些地方似乎失去了多达三分之二的人口。严重的症状和死亡之速加剧了人们的恐惧。大多数受害者的症状表现为严重的疼痛、发烧、呕吐和腹泻，皮肤上有黑斑点，腹股沟和腋窝有鸡蛋大小的肿块。这些淋巴结肿胀被称为"腹股沟淋巴结炎"，即鼠疫的流行性称呼。然而，有人怀疑，那时伤寒、天花以及炭疽等其他疾病也在同时传播，使受害者表现出的症状更为复杂化。

▲ 在图尔奈（Tournai）埋葬瘟疫受害者。这是《吉勒·利·姆司斯编年史》（*The Chronicles of Gilles Li Muisis*）中一个细节的缩影，姆司斯（1272—1352年）当时是圣马丁修道院的院长。

对法国、英国和荷兰中世纪墓地的研究澄清了一些事实。从受害者遗骸中提取的古老DNA，有可能重建主要的鼠疫有机体——鼠疫杆菌的整个基因组，并据此确认它是罪魁祸首。然而，即便能为导致受害者痛苦的疾病赋予恰当的科学术语，但对他们而言也毫无裨益。在那时，人们往往将造成这一切的原因归咎于恶灵、女巫和犹太人。面对这个不断融合互动的世界，阿拉伯旅行家和哲学家伊本·赫勒敦总结道：

> "一场毁灭性的瘟疫侵袭了东西方文明，摧毁了许多国家，使许多人口消失。它吞噬了太多美好文明的事物，并将它们消灭殆尽……城市和建筑被夷为平地，道路和路标被抹去，居民点和大厦沦为空城，王朝和部落日益衰弱，整个人类世界都变了。"

在任何地方，鼠疫大流行对人口和心理的影响都是灾难性的。数以百万计的人丧生，即使幸存者也为悲伤、恐惧和厄运感所困扰。据保守估计，欧洲人口从大流行前夕的峰值约8000万人降至1400年的约6000万人。历史学家认为，北非也失去了四分之一的人口。然而，人类社会可能具有很强的弹性。到1500年，欧洲的人口又回到了原来的水平，中国的人口也从1400年的7500万人反弹到了1500年的1亿人。在其他地方，由于数据很不完整，无法可靠地引用。

在欧洲，黑死病造成的人口损失导致劳动力短缺，这也带来了一些积极影响。农奴制近乎消失，因为农奴逃跑变得很容易。熟练的农村工人（铁匠、磨坊主、木匠）能够赚取更高的工资。如果当权者压制这些变化，就可能发生叛乱。由于农民分散而居，组织长时间的抵抗存在困难，所以大多数起义规模有限且时间不长。不过也有特例，英国瓦特·泰勒（Wat Tyler）领导的1381年农民起义，是18世纪前欧洲最大的民众起义。起义军穿过英格兰东部三分之一的地区，进入伦敦，他们要求结束农奴制，并要求废除对庄园领主的义务。他们的愤怒带来了杀戮，包括坎特伯雷大主教之死以及其他暴力事件。同样，当权者在镇压叛乱时不遗余力，甚至更为广泛地使用暴力才平息了起义。瓦特·泰勒起义失败后，一些农民获得了土地，其地位得到提高，但还有许多农民仍然一无所获。在鼠疫影响不甚严重的东欧部分地区，土地所有者反而抓住这个机遇让自由农沦为奴隶。

中国的第二次西进运动发生在1405年至1433年，这是一系列令人惊叹的海上探险活动。派遣探险队七次远征东南亚、印度和东非，明朝皇帝的目的却并非探索和发现。因为这些海域一直都是世界的海上十字路口，探险队虽然可能更新了中国长期贸易伙伴的相关信息，并在一定程度上促进了贸易，但他们的主要目的似乎是向外界展示中国的富饶与强大。1368年，明朝终结了蒙古人一个多世纪的异族统治，在巩固国内统治之后，他们走向海外"示威"。

明朝舰队无论到世界的哪个地方，都使人望而生畏。这支舰队由62艘被称为"宝船"的大型帆船和大约100艘较小的帆船组成。宝船上满载中国制造的货物（包括丝绸、贵金属制品和瓷器），用于馈赠所到之处的统治者和其他贵宾。船上搭载的人口也堪比一座小城。据称，这支舰队载有27000多人，包括步兵和骑兵部队及其马匹。

舰队统帅郑和（1371—1435年），既是一位称职的大使，也是经验老到的航海者。他的祖先是来自波斯湾的穆斯林。其他一路伴随航行的会说阿拉伯语的中国人也从他们的视角做了描述，有一位叫马欢的翻译，他的日记保存了下来，里面描述了不同地方的风俗、服饰和信仰。回国后，马欢还进行了一次巡回演讲，讲述了这些充满异国情调的民族，以及他们对这些宏伟舰队和丰富礼物的惊叹。

统治者从中国人那里得到了奢侈的礼物，他们也回赠了本土的礼物。例如，斯瓦希里城邦马林迪（Malindi）送给明朝皇帝一只长颈鹿，这种具有异国情调的动物足以打动古板无趣的明廷官员。有关长颈鹿的图画在一份中国手稿中幸存下来。另有三支船队驶往斯瓦希里海岸，这大大刺激了非洲对中国瓷器和丝绸的需求，船队停靠的其他地方似乎也增加了与中国的贸易。然而，促进商业交流并不是这些远征的目的，明朝的官员们质疑，与被中国人视为夷狄的外族人增进联系，是否值得付出这么高昂的代价。就这样，船队停航了好几年，在1432—1433年完成最后一次远航后，这种做法就停止了。据说，为防止远洋航行的再兴，大多数有关远航的记录都被销毁了。

▲ 1414年9月20日，孟加拉使节以孟加拉苏丹赛义夫丁·哈姆扎·沙阿[1]
（Saif Al-Din Hamzah Shah，1410—1412年在位）的名义向明朝永乐
皇帝（1402—1424年在位）进贡了一头长颈鹿。永乐皇帝委托沈度
（1357—1434年）画了这只长颈鹿，这份档案展现了沈度的原作。

---

[1] 《明史·外国列传》作"赛勿丁"。

　　郑和的航行与典型的印度洋航行大不相同。与寻求外交目的的皇家赞助人不同，商人赞助了大多数独立港口城市之间的商业航行。印度洋的每个地区都有自己的商人联盟，最富裕的港口位于两个地区的交界处。出于共同的愿望，港口官员和商业联盟联合起来，目的是通过将货物从货源充足的地区运送到货源匮乏的地区，以售卖更高的价格来获利。大量中国瓷器找到了通往东非之路，以至于现代的考古学家能依据所见的瓷器碎片风格来确定遗址的年代。到了17世纪，传到英国的精美瓷盘被称为"china"，但这个词在波斯和印度早已被使用。瓷器类的奢侈品原本是这一运输网络的主要货物，但到1350年至1500年，大宗商品（如谷物）的运输也变得重要起来。

▶ 日本出口的带有VOC（荷兰
东印度公司）标志的陶器，
见第287页。

　　印度洋贸易得益于被称为"季风"的这一可预测的风力系统，这个词源自阿拉伯语中的"季节"一词。从12月到次年3月，风把贸易船只从印度向西和向南送至阿拉伯和东非，商人们有信心在4月至8月潮湿的东北季风的助力下回国。商人们也仰赖两种特殊设计的船。在阿拉伯海，最典型的船只是独桅帆船，其木料用粗绳缝为一体。在印度东部，源于中国设计的舢板最为常见，它由厚重的云杉或冷杉木板用大钉子固定在合适位置而制成。一艘大型舢板有防水舱壁、十几张竹帆、可容纳数十名乘客的船舱和可容纳1000吨货物的空间，但许多舢板的体积要小得多。到了15世纪，中国制造的帆船得到了孟加拉、东南亚和其他地方造船厂的补充。

区域贸易网络

为了理解印度洋贸易的分散性，关注一些区域贸易网络是很重要的。第一种以中东为中心，由不同穆斯林传统的商人主导，但也有非穆斯林参与。阿拉伯和波斯商人开辟了跨越阿拉伯海到印度和向南到东非的海上通道，将那些地处战略要津的港口充作中转站。霍尔木兹（Hormuz）和波斯湾（Persian Gulf）入海口的其他港口处理往返印度的贸易，而亚丁（Aden）和南阿拉伯的其他港口则主导着与红海的联系。斯瓦希里海岸沿线的一系列城镇融合了非洲、阿拉伯和波斯元素。斯瓦希里语这个名字来自阿拉伯语"sawahil"，意为"海岸"。海岸中心的蒙巴萨（Mombasa）港是斯瓦希里城邦中最大的，而南部建筑精美的岛屿城镇基卢瓦（Kilwa）则至关重要，因它与赞比西河（Zambezi River）以南一个强大的帝国控制的金矿有着内陆联系，其首都大津巴布韦也是埃及以南非洲令人印象极为深刻的内陆城市，拥有超过78公顷的大型石头建筑，以及大约1.8万名居民。

在中东的西部边缘，开罗和贝鲁特（Beirut）的商人设法与地中海的基督教同行建立了联系。威尼斯和热那亚这两个敌对的城邦早因这些联系而繁盛，它们发现共同的利益比宗教竞争更重要。反过来，意大利北部也发展了跨越阿尔卑斯山的贸易路线，并将其延伸到北大西洋沿岸的低地国家。在那里，布鲁日（Bruges）、根特（Ghent）和安特卫普（Antwerp）的商人们开辟了横跨北欧的海上航线。在君士坦丁堡被奥斯曼帝国攻陷后，威尼斯通过水路与陆路形成战略联系来增加财富。15世纪中期，大运河沿岸著名的里阿尔托（Rialto）市场是威尼斯的商业中心，有实力的商人都在那里开店，店里配有一间安全储藏室和一间简陋的卧室。最富有的家庭都竭力以他们在大运河沿岸富丽堂皇的住宅来超越彼此。热那亚和佛罗伦萨的商人以简单的商店起家，最后坐拥豪宅。

由于位居印度洋要冲，印度次大陆上的商社向西可至中东，向东可与东南亚和东亚进行贸易往来。长期以来，印度中西部古吉拉特邦（Gujarat）的商人在与中东的贸易中扮演着重要角色，精美的皮革制品、美丽的棉花和丝绸地毯在中东颇受欢迎。在1390年摆脱德里苏丹国后，重获独立的古吉拉特邦统治者加强了对邻近印度教国家的控制，这有利于古吉拉特邦的商人更好地获得有价值的贸易商品，如棉纺织品和靛蓝作物，并使他们得以重建与中东以西地区和东非的联系。南印度是东西方商业往来的第二个中心。在西南部的马拉巴尔海岸（Malabar Coast），科钦（Cochin）、卡利卡特（Calicut）和其他港口的统治者掌管着一个由内陆供应商和不同的商人社区组成的松散网络，来自阿拉伯和波斯的穆斯林组成了最大的社区。不过犹太社区在那里的时间也不短，他们与中东和非洲都有联系。而东南部的科罗曼德尔海岸（Coromandel Coast）上的港口，其贸易甚至更多，它们横跨东印度洋，并与中国有联系。

从东印度洋到南海的天然通道是位于马来半岛和苏门答腊岛之间的马六甲海峡。1407年，郑和船队在第一次远航的返程途中，摧毁了驻扎在苏门答腊常年阻碍贸易的中国海盗窝点。随后出现的权力真空很快被位于马六甲海峡马来一侧的新港口［马六甲（Melaka）］取代。凭借着安全可靠、税收低廉的优势，这个新港口迅速赢得了东南亚、中国和印度商人的青睐，使马六甲一跃成为商品贸易的首选之地，市场上随处可见来自香料群岛（Spice Islands）的香料，缅甸的红宝石、麝香和锡，苏门答腊的黄金，以及中国和印度种类繁多的商品。据一位公元1500年后来访过的游客所说，当时此地商人团体使用的语言多达84种。为此，有四位马六甲官员负责维持各种不同语言人群之间的沟通与秩序：第一位负责数量众多的古吉拉特商人，第二位负责印度其他地区和缅甸的商人，第三位负责东南亚商人，而最后一位负责中国和日本商人。

环境、经济和西方的扩张

在鼠疫大流行和明朝航海之后的一个世纪里，欧洲人进行了一系列海上探险，其规模虽比明朝小，但在拓展全球联系方面却更为重要。此外，欧洲人无意中造成了传染病的传播，造成美洲许多土著人死亡，这将在下一节中讨论。这两组来自东西方的平行事件虽然表面上相似，但在动机、背景和后果上截然不同。

基督教的西方与富有的东方有着长期的间接关联。如前所述，威尼斯和热那亚率先通过北非和中东的穆斯林商人与印度洋建立了贸易联系。这一时期，当意大利北部的商人将经贸关系从阿尔卑斯山扩展至荷兰时，汉萨同盟（Hanseatic League）也将贸易联系拓展到德国与俄罗斯地区。虽然14世纪中叶的黑死病大流行和15世纪奥斯曼帝国的对外扩张削弱了这些联系，但在危机缓解之后，这些商业网络得以重建。不过后果是，大多数威尼斯和热那亚商人对发现新的海上航线不感兴趣，或者即使有兴趣，地中海的单层甲板大帆船也难以应对大西洋暴风雨的挑战。

相反，积极寻求海上新航线的是欧洲西南部伊比利亚半岛上的王国，它们与东方的商业联系比意大利人弱。同样重要的是，伊比利亚基督徒为摆脱穆斯林统治而进行的长期斗争使他们不愿与穆斯林结盟。或者更确切地说，十字军夺回土地的行动有着根深蒂固的反伊斯兰思想。卡斯蒂利亚（Castilla）女王伊莎贝拉（Isabella）和阿拉贡（Aragón）国王费尔南多（Ferdinand）于1469年结婚，他们在伊比利亚的征战一直持续到1492年，穆斯林统治的最后一个国家格拉纳达[1]

---

[1] 英文原文误作"格林纳达"（Grenada），据实修改。

（Granada）也落入他们的军队之手。在1250年完成再征服后，葡萄牙人将他们的十字军行动扩展到了北非伊斯兰地区。1415年，在穆斯林王国摩洛哥处于虚弱之际，一支葡萄牙军队得以夺取富饶的休达（Ceuta）港口。

攻击休达的首领亨利王子（Prince Henry，1394—1460年）是葡萄牙国王的第三个儿子，他显然知道港口的财富来自撒哈拉以南运来的黄金。他对非洲海岸的后续勘探进行持续赞助——看起来并非完全出自商业动机，这为其赢得了"航海家亨利"的头衔。当时的记载赋予亨利的赞助行为以高尚动机，使其与明朝郑和航海的动机相呼应。在1460年亨利去世后不久，他的官方传记作者在描述其动机时，首先列出了对北非以外地区事物的好奇心，其次是个人抱负以及一系列宗教原因：与现有的非洲基督徒建立联系并招募新的非洲信徒，他们都可能是继续反对穆斯林霸权运动的珍贵盟友。

为了资助这项殖民计划，亨利王子得以利用基督骑士团（Order of Christ）的资源，并在1420年被任命为该骑士团的行政长官。由于他们在将穆斯林赶出葡萄牙的过程中发挥了作用，该骑士团获得了大片土地作为奖励，并在葡萄牙人发现的所有新土地上都保留了推行基督教的职能。葡萄牙人在其装备精良的船帆上印有基督骑士团的红色十字军标志，暗示了这种探索的混合动机。不过，无论是否是其长期计划的一部分，马德拉岛（Madeira）和非洲海岸外其他无人居住的岛屿的殖民化都为亨利的一生提供了额外的收入，也为其以后在非洲海岸的勘探航行提供了战略基地。

葡萄牙在探索未知的大西洋时所面临的挑战，远远大于郑和当年沿着著名的印度洋贸易路线航行时所面临的挑战。葡萄牙人口不到中国的2%，其资源也相对较少。尽管如此，葡萄牙人在航海技术和地理知识方面还是取得了进步。在早期相对较短的航程中，他们使用了一种装备有三角帆的机动性很强的大帆船。至亨利去世时，葡萄牙人已经勘探了摩洛哥南部海岸，最远到达塞拉利昂。在随后穿越赤道的探险时，他们学会了用星盘测量正午太阳高度，而不是用人们所熟悉的北斗星来测量纬度。1488年，由巴尔托洛梅乌·迪亚士（Bartolomeu Dias）带领的探险队绕过了非洲南端，证明了尽管困难重重，但与实现印度洋的海上连接是可能的。经过精心准备，1497年，由瓦斯科·达·伽马（Vasco da Gama）领导的新探险队扬帆起航，在南大西洋划过一个广阔的弧线，最终于次年抵达印度。

虽然达·伽马的船队只有四艘中等大小的船只（远不如郑和第一次远征时的62艘宝船），但它们都是精心建造的，以便胜任往返印度的长途航行。这些船的船体经过加固，既能应对波涛汹涌的大海，又能承受甲板上大炮的重量，每艘船都装载两套备用帆和大量额外的索具。船上有极其坚固的桶来储存水手的饮用水和其他补给。船队在非洲南端还获得了额外的水和鲜肉供应。尽管如此，到了1497年12月25日，当船队抵达印度洋海岸［他们将其命名为"纳塔尔"（Natal）——葡萄牙语中的"圣诞节"］时，饮用水再次短缺，而且许多人患上了坏血病，这是一种由维生素C含量过低引起的疾病。在随后的两个月里，船队从友好的非洲人那里购买了富含维生素C的蔬菜、柑橘以及饮用水，暂时缓解了问题。然而，当船队沿着斯瓦希里海岸前进时，当地穆斯林统治者对帆上有十字军标志的船只非常怀疑。初次见面十分尴尬，因为葡萄牙人只能提供粗布和粗糙的衣服作为礼物，相比之下，斯瓦希里统治者则提供了美味的食物和香料作为见面礼。幸运的是，达·伽马雇用了一名古吉拉特领航员带领他们穿越阿拉伯海，到达马拉巴尔海岸的卡利卡特，1498年5月20日，也就是他们离开里斯本大约10个月后，舰队在那里停泊过夜。

在卡利卡特，葡萄牙人就像在斯瓦希里海岸一样，在文化和经济上都显得浅薄。在那里有一位游历甚广的穆斯林商人用卡斯蒂利亚语向葡萄牙人打招呼（或者更确切地说，是咒骂）。后来，另一个人用威尼斯语与他们交谈。就达·伽马而言，他将印度教统治者误认为是基督徒，并犯下了其他文化错误。也许更糟的是，葡萄牙非常生动地展示了低端的贸易商品。达·伽马试图通过卡利卡特的首席官员赠予其统治者12块条纹布料、4个红色头巾和6个洗脸盆，但却遭到对方的嘲笑。探险家试图为自己辩护，声称自己只是一个探险家，而不是富商。这位官员问他来是想发现什么：石头还是人？

在遭到质疑和拖延之后，达·伽马成功地在其两艘幸存的船只上装载了部分印度货物，于1499年7月10日抵达里斯本，这距离他们最初出发已过去了两年，船员仅剩原来的一半。虽然从印度运来的"样品"货物和香料很少，但它证实了东方的财富是真实存在的，并且可以通过绕过非洲的路线获取。葡萄牙本土或许贫穷，其跨文化的成熟度也有限，但他们确实拥有两大明显优势：舰载大炮的军事优势和舰队的载货能力。他们在传播其力量和信仰时也足够无情。葡萄牙在确保主要贸易路线和港口主导权方面的投资规模表明，他们的预计利润将十分可观。1505年，一支由80艘新船和7000人组成的舰队轰炸了东非的沿海城镇，使其沦为废墟而被迫投降。随后的入侵确立了葡萄牙对印度洋世界主要港口的控制：果阿（Goa，1510年）、马六甲（1511年）和波斯湾入海口的霍尔木兹（1515年）。对港口的控制使葡萄牙人能够对沿某些贸易路线往来的商船实行"通行证"制度。在印度果阿的新首府，大名鼎鼎的印度总督派出了装备精良的船只，无情地对付缺乏适当证件的商船。亚洲和阿拉伯商人支付了足够多的巡逻费用。然而，大多数葡萄牙商业仍然掌握在私人手中，依赖于当地统治者的宽容或保护以及土著商人的合作。

由国家资助的商业模式仍存在于地中海和印度洋以市场为基础的贸易体系中。17世纪，荷兰人和英国人开创了一种介于这两种体系之间的方法。英国东印度公司（East India Company，EIC）成立于1600年；资本状况较好的荷兰东印度公司（Vereenigde Oostindische Compagnie，VOC）成立于1602年。两家公司都是通过在阿姆斯特丹和伦敦的证券交易所出售股票来筹集运营资金，投资者获得分享未来收益的资格。新成立的贸易公司还拥有政府特许状，特许状赋予它们为本国在海外进行贸易，以及发动战争、签订条约和结盟的独家权利。法国、西班牙、葡萄牙也都成立了自己的印度公司，虽然它们效仿了英国和荷兰的模式，但由于缺乏资金和面临激烈的反对，其业务规模较小，贸易网点也不多。

◀ 17世纪巴达维亚 ［Batavia，今雅加 达（Jakarta）］的市 场，当时爪哇还是荷 兰的殖民地。

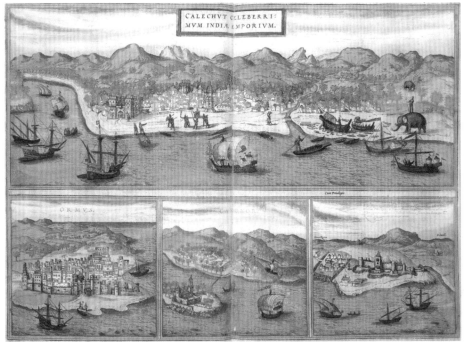

▲ 16世纪的卡利卡特［今科泽科德（Kozhikode）］，马拉巴尔海岸的主要港口，被称 为"香料之城"，展示了印度和欧洲的船只以及驯服的大象。来自格奥尔格·布劳恩 （Georg Braun）和弗朗茨·霍根伯格（Franz Hogenberg）的《世界城市图》（Civitates orbis terrarum），第一卷（科隆，1572年），采自一幅未经确认的葡萄牙画作。

英国与荷兰的东印度公司都试图通过武力建立据点，但又无法逃避培养当地贸易伙伴的需要。最初，双方在果阿的葡萄牙基地以东各设一个总部。荷兰东印度公司利用季风和洋流创建了一条通往其巴达维亚基地的快速路线，从而取得商业优势。除了攻击他们的欧洲对手外，他们还以武力在摩鹿加群岛（Moluccas，即香料群岛）建立战略基地。在那里，他们从葡萄牙人手中夺取了香料贸易和战略港口，并在17世纪中叶控制了马六甲和锡兰。毫无疑问，上述事件在当时都是大行动。特别是1690年，荷兰东印度公司派遣200艘船，雇用3万人到东方进行贸易，更是盛况空前。英国东印度公司则后来居上，它先是于1639年在印度东南部的马德拉斯［Madras，今金奈（Chennai）］建立了基地，30年后又在古吉拉特邦以南的西海岸创建了一个新基地——孟买，这两个基地都在莫卧儿帝国统辖范围之外。在经历了几次挫折之后，英国东印度公司终于于1690年在莫卧儿帝国统治下的孟加拉的加尔各答建起了一座堡垒。为对付葡萄牙人，英国东印度公司和荷兰东印度公司有时也能合作，但他们的商业竞争也常带来武装冲突。1652年至1784年，爆发了四次激烈的英荷战争，最终的结果是英国东印度公司占了上风。此外，七年战争（1756—1763年）则限制了法国公司的在印度的扩张。

传统上，历史学家关注的是欧洲人在促进跨洋贸易方面所起的作用。通过海洋，这种贸易将亚洲与欧美市场直接联系起来。但在数量和价值上，亚洲内部的业务远远超过了这一时期的洲际交易所。亚洲内部的价格模式给了欧洲人主要的获利机会。白银和铜在日本相对便宜，但在中国更受重视，而印度人对黄金的重视程度也很高。运费和其他商品的利润可以投资于实物以利用差价。荷兰东印度公司最大的优势发生在1639年，由于日本在当时禁止其他欧洲人进入，荷兰人得以独享日本白银的特权。在一定程度上，来自美洲，特别是来自墨西哥和秘鲁的西班牙矿业企业的资金，推动了欧洲人在中国和印度的业务。

最初，欧洲人寻找香料，特别是来自印度的胡椒和来自摩鹿加群岛的丁香和肉豆蔻等"上等香料"，其中部分出口到欧洲，但主要是为了庞大的中国市

▲ 图为刻画了一艘印度洋船只的浮雕板，藏于爪哇岛婆罗浮屠（Borobudur）内的佛寺
（建于9世纪）。

▲ 印尼的香料市场，已交易了几个世纪。

场。这种外来香料的利润率较高，但欧洲对亚洲胡椒的需求日益旺盛，在18世纪开始的前30年，每年的需求量约为340万千克。出乎意料的是，其他商品也变得更加重要。在17世纪，印度向大西洋出口的棉纺织品的价值超过了香料贸易。到17世纪70年代，每年有100多万块棉布流入欧洲，使英国不得不颁布法律来保护国内生产。当时，胡椒占英国东印度公司出口额的五分之一，但纺织品的重要性是其三倍。当时还有一种贵重的丝织品贸易——货物主要来自中国。到了18世纪中叶，来自阿拉伯半岛南部和爪哇的咖啡豆，尤其是来自中国的茶叶，已成为出口到欧洲的热销商品。茶的价值是胡椒或上等香料的两倍，咖啡的利润几乎与之相当。在西方逐渐形成了饮茶的习俗，随之而来的是中国泡茶的称呼（tea，chai）。

尽管新的海上航线降低了亚洲商品的价格，并大大增加了它们在大西洋地区的进口量，但认为欧洲人完全控制了局面，那便是一种误解。从16世纪中期开始，荷兰东印度公司逐渐控制了印度尼西亚相当大的一部分地区。一个世纪后，

▲ 威廉·丹尼尔（William Daniell）于1808年创作的《东印度码头的景色》（*A View of the East India Docks*）。从图中可以俯瞰南边的格林威治半岛（Greenwich peninsula），右边是环绕犬之岛（Isle of Dogs）的河流。

英国东印度公司在印度部分地区增强了直接控制，但核心控制区域仍然是带有码头、仓库和一个欧洲聚居区的小型前哨站。欧洲商人是无人控制的更大经济体系的参与者。对欧洲人来说，与当地商人和制造商的长期联盟与合作，要比他们不时通过暴力获得的短期优势重要得多。欧洲人的主动性值得称赞，但将注意力集中于他们在亚洲、非洲的伙伴与对手上，会让事态显得更为复杂和现实。当然，非欧洲的种植者、制造商、商人和政治家也值得关注。

在香料、纺织品和其他产品的交易背后，有着各种层次的技术娴熟的农民、工匠和当地的商人。例如，从1500年起，印度和其他地方的种植者对于稳定的胡椒贸易是不可或缺的。同样，亚洲其他地区的农民是上等香料的来源基础，而中国农民的劳动是巨大的茶叶贸易的基础。孟加拉和印度南部的纺织工人所生产的高品质棉纺织品，成为世界上最受欢迎的制成品。从古丝绸之路开始，丝绸的生产就一直由中国工匠主导。12世纪的威尼斯商人马可·波罗曾报告说，一年中每天有一千车的丝线进入忽必烈的首都外的一个巨大市场。葡萄牙人在澳门购买了大量丝绸，中国商人把更多丝绸带到马尼拉和马六甲的市场，这些市场是欧洲贸易公司和许多其他国籍的商人经常光顾的地方。

印度洋的港口城市必须决定是与欧洲人结盟还是反对他们，这个决定常常受到宗教的影响。例如，两个相互竞争的港口占据了斯瓦希里海岸的中心。如前所述，蒙巴萨避开了达·伽马舰队的到来，但较小的港口马林迪的穆斯林统治者提供了一个越过海洋到达马拉巴尔海岸的向导。七年后，一支装备精良的葡萄牙舰队向斯瓦希里海岸进发，炮轰了蒙巴萨，但放过了马林迪。同样，在主要的港口卡利卡特，好战的葡萄牙人和那里的穆斯林贸易社区相互反感，可那里的印度教统治者却相信了葡萄牙人。随后，卡利卡特在一系列冲突中遭受了毁灭性的破坏，而其较小的邻国和对手科钦则通过与葡萄牙结盟而变得更加重要。在其他地方，欧洲对战略港口的占领，往往导致亚洲贸易界将业务转移到同一地区的另一个港口。

▲ 这幅画创作于1649年，描绘了停泊在巴达维亚的亚洲和欧洲船只，以及一艘荷兰东印度公司的商船，船上装载着从芝利翁河（Ciliwung River）顺流而下的货物。河的左边是前巴达维亚城堡，它保护城市免受攻击，右边是西岸仓库（Westzijdsche Pakhuizen）。

　　另一种策略是将合作与逃避相结合。庞大的古吉拉特原住民社区广泛投资中东贸易，巧妙地捍卫了他们的最大利益。古吉拉特邦向葡萄牙人支付了保护费，以确保通过葡萄牙人的海上巡逻获取海路安全，但他们在风险较小的海上规避了费用。贸易共同体占了欧洲主要港口人口数的绝大部分，其利己主义也很明显。1600年，古吉拉特的印度教徒、耆那教徒和穆斯林是霍尔木兹人口最主要的组成部分；而名义上的"统治者"葡萄牙人只占居民人数的17%。在菲律宾马尼拉的西班牙总部，1600年时中国居民的人数是西班牙和墨西哥居民的8倍；类似的比例在其他地方也很普遍。此外，大多数欧洲人是单身男性，他们从当地人那里找女朋友和妻子。葡萄牙人偏爱从亚洲基督徒中找伴侣，荷兰人则喜欢从有一半葡萄牙血统的天主教徒中选择。这个新的中间社区，在血缘和文化上都将欧洲人和当地人联系在一起，他们语言流利，跨文化交流自如，是强有力的中介。

▲ 1565年，年迈的瓦斯科·达·伽马担任印度总督。图片来自《利苏艾尔特·德阿布雷乌书卷》（*Livro de Lisuarte de Abreu*）。

▲ 英国皇家植物园的邱园宝塔，由威廉·钱伯斯（William Chambers）爵士于1762年设计建造，他在18世纪40年代曾三次航行至中国，潜心研究中国建筑。宝塔模仿了中国的设计，高达50米。

到1350年，南方沿海城市广州的商人群体主导了中国的对外贸易。此后不久，明朝的首任皇帝就将那里的对外贸易限制在朝贡体系之内，禁止中国商人出国。结果，福建商人只得在海外定居。爪哇北部海岸和苏门答腊岛形成了两个早期社区。由于中国官方的海禁政策无法被长期落实，从1600年开始，在马尼拉、巴达维亚以及日本长崎出现了大量的中国商人。福建商人通常带有他们周围环境的文化特征，那些在苏门答腊的福建商人被描述为穆斯林；而在马尼拉，也有相当数量的福建商人被认为是天主教徒。在1639年葡萄牙人被驱逐出日本之后，福建人和荷兰人一样，被限制在长崎为他们设置的特殊区域。福建人对其所有的亚洲和欧洲东道主而言都很重要，双方都受益于彼此的联系——当然，马尼拉和1740年巴达维亚对中国人的周期性屠杀除外。

传统的西方历史学家普遍认为，亚洲和非洲大国往往无视贸易，因为它们的财政收入主要来自土地税，这种看法并不完全正确。贸易对埃及的重要性解释了为什么马穆鲁克统治者派出两支舰队对抗葡萄牙人，第一支舰队在古吉拉特邦遭遇耻辱性的失败，第二支舰队转而征服也门富裕的贸易港口，也许其目的是封锁葡萄牙人进入红海的通道。对也门的袭击似乎导致了奥斯曼帝国于1517年征服埃及，这使奥斯曼帝国对印度洋贸易和大西洋新航线的重要性有了更深入的理解。埃及商人得到奥斯曼帝国的安全保证，威尼斯人和其他欧洲商人也得到同样的承诺，奥斯曼帝国会保障开罗的香料贸易可靠地继续下去。1527年，奥斯曼帝国控制了也门的大部分地区以确保红海不受葡萄牙的攻击。1534年，他们又控制了波斯湾的出海口。随后，奥斯曼帝国和葡萄牙人的争霸在全印度洋展开，并在1589年斯瓦希里海岸的蒙巴萨决战中达到顶峰。奥斯曼帝国战败，但由于荷兰和英国特权贸易公司接踵而来的挑战，葡萄牙的实力很快被削弱了。

半个世纪后，一个有着帝国野心的阿拉伯海上国家——阿曼苏丹国，将葡萄牙人驱逐出波斯湾，并袭击了他们在斯瓦希里海岸的前哨站，又在17世纪50年代占领了桑给巴尔岛（Zanzibar），并最终在1696年占领了蒙巴萨。在一段时间，阿曼在印度纺织品、非洲象牙和奴隶贸易中获利颇丰。19世纪初，一位新苏丹重建了阿曼的东非帝国，使桑给巴尔成为世界上最大的丁香产地。

在印度，政治和商业的运作方式大不相同，莫卧儿王朝的统治者基本上把挑战欧洲人的任务丢给了商人。皇帝对英国的艺术和技术有些兴趣，但对贸易和条约却知之不详。在早期，莫卧儿王朝的官员允许英国东印度公司在古吉拉特邦繁忙的苏拉特（Surat）港进行交易，在那里，它们只是作为广大的古吉拉特邦系统中的一个交易单位运营。在印度东南部的科罗曼德尔海岸——莫卧儿王朝控制范围之外，地方当局还允许英国东印度公司和法国公司开设贸易站，尤其是允许英国东印度公司在马德拉斯为工厂设防。恒河入海口附近的地方统治者允许马德拉斯的英国东印度公司商人进入孟加拉市场，最终英国东印度公司于1696年在加尔各答构筑了另一个要塞。过了几年，当东印度公司变得过于嚣张时，莫卧儿王朝关闭了东印度公司在苏拉特的工厂，同时封锁了它在加尔各答的据点，从而迫使英国东印度公司接受了莫卧儿王朝的和平条款。然而，莫卧儿王朝的实力日渐衰落，其他印度邦对其的挑战则日渐增强，于是莫卧儿王朝的统治者更倾向于成为东印度公司的强大盟友。到19世纪初，英国东印度公司统治了整个印度东部——表面上是以莫卧儿皇帝的名义统治，实际上莫卧儿皇帝已沦为公司的附庸。

正如两个欧洲外交使团所表明的那样，中国皇帝与欧洲的关系恰好与莫卧儿王朝的态度相反。1519年，第一位葡萄牙使者托梅·皮列士（Tomé Pires）给广州的中国人留下了糟糕的印象。他不熟悉中国人的礼仪，并惊讶地发现自己要等上几个月才能见到中国皇帝——这是一种帝国习俗。当皇帝在1521年2月终于允许皮列士进入北京时，他并没有对其表现得热情友好，因为皇帝听说葡萄牙占领了马六甲，而他认为皮列士是罪魁祸首。皮列士和他的部下最终被判决为海盗，并被关进监狱后处决。15世纪50年代中期，广州当局确实允许葡萄牙人在澳门建立了一个基地，但明末清初的皇帝对外国商人几乎没有兴趣。由于缺乏直接进入中国的渠道，英国东印度公司与荷兰东印度公司依赖福建商人在东印度群岛的港口将中国商品运到他们手中。18世纪末，随着荷兰东印度公司的没落和茶叶贸易的日益兴盛，英国为改善对华贸易状况做出了极大的努力。1792年，英国政府派乔治·马戛尔尼（George Macartney）去商谈一项开放贸易的条约。马戛尔尼比皮列士消息灵通，英国东印度公司向他提供了价值15000英镑的"贡品"。他的代表团没有受到苛待，但乾隆皇帝拒绝开放新的贸易口岸或签署条约。乾隆皇帝后来致信英国国王乔治三世（George III），称赞马戛尔尼"谦恭有礼"，但坚持认为中国无须扩大贸易，也无须英国派遣常驻使节。这位皇帝有句名言："然从不贵奇巧，并无更需尔国制办物件。"这种冷漠的反应具有误导性，因为许多中国人渴望西方的技术、知识和商品，这导致几十年之后，商业化的欧洲和帝制的中国将相差甚远。

大西洋世界的人口、植物和种植园

世界史学者对欧洲中心主义的假设（即公元1800年后西方经济和社会进步的根源在欧洲）提出了挑战。彭慕兰（Kenneth Pomeranz）等历史学家认为，中国农民和欧洲农民有很多共同点，包括在自然（比如小冰期）和人为（比如森林砍伐）的生态危机中挣扎求生。彭慕兰认为，欧洲在随后出现分流的主要原因不在国内，而在海外。在一定程度上，正如本章所述，尽管有白银外流，但欧洲人还是从亚洲的商业活动中获利。更重要的是，他认为，西方的分流是由美洲的红利效应造成的，它打开了一块巨大的土地供人开发，并最终创造了一个大西洋经济体，其重要性甚至超过了亚洲贸易。美洲不仅为亚洲贸易提供白银，为西方人的中国茶叶提供糖，而且还提供了价值不菲的新作物，从不起眼的土豆到烟草，以及小麦和木材，缓解了欧洲的匮乏。即使这种新的解释尚未得到最后的证实，它也为探讨一些重要的全球性问题提供了一个有用的框架。

公元1400年以后，欧亚大陆北部人口稠密的地区面临着三个重叠的事件：降温期持续并恶化，来自美洲的新粮食作物缓解了最贫穷人口的饥饿，新的生产和分配系统极大地增加了粮食供应。尽管爆发了毁灭性的战争，欧洲的人口在1400年至

1800年增长了两倍；中国则翻了两番还多。人口增长不一定是繁荣的标志，因为它可能掩盖了社会不平等和环境压力，但它是一个比人口下降更有希望的指标。

全球气温大约在1200年开始下降，并持续走低，在17世纪降至新低。1600年，欧亚大陆北部经历了两个世纪以来最寒冷的夏天，部分原因是安第斯山脉的于埃纳普蒂纳火山（Huaynaputina）爆发，将大量的火山灰吹到高层大气中，使世界上大部分地区的阳光都被灰色阴影遮挡了。在这个世纪里，其他的火山爆发引发了四次大的寒潮。太阳黑子活动的严重减少加剧了寒冷。从新西兰到阿尔卑斯山的冰川越来越大。生长季节开始得晚却结束得早，未成熟的谷物夭折田间。随着夏天的缩短，冬天变得更加漫长与寒冷。通常一年中大部分时间都可通航的河流和运河冻结了数周，阻碍了驳船运输谷物。在爱沙尼亚以及波罗的海和北海周边的其他地方，四分之一到三分之一的人口可能因为17世纪90年代中期的一次寒潮而饿死。中国也发生了饥荒，尽管还不清楚是由于气候变化或是其他什么原因。

小冰河时期是一个严重的威胁，因为农业产量已不堪重负。有限的畜力和机械使用、未经改良的种子以及枯竭的土壤肥力使农业生产率较为低下。长期以来，欧洲人一直试图通过每隔两年或三年就让土地休耕来恢复枯竭的土壤肥力——尽管这进一步降低了生产率。另一个问题是，许多土地所有者发现，为远方市场种植作物比为当地市场种植作物更有利可图。例如，在16世纪的西班牙，土地所有者选择养羊（获取羊毛）而不是种植谷物，他们将羊毛运到荷兰加工成布料，而这进一步加剧了当地未充分就业的农村穷人的贫困。每年两次的夏季和冬季的羊群迁徙，践踏了沿途小农的庄稼，造成水土流失。17世纪，在东波罗的海的平原上，农村土地和劳动力的另一种变化正在发生。毁灭性战争造成人口减少，地主们实施种种限制，把农村穷人变成了农奴，禁止他们离开自己的出生地。具有讽刺意味的是，这种情况发生在以前很少实行农奴制的土地上。农奴受雇种植运往西欧的小麦，虽然这有助于缓解荷兰的粮食短缺，但也进一步加剧了波罗的海东部和俄罗斯的贫困，在那里，相似的农奴制正在蔓延。中国的农业总体上效率更高，但农田面积通常比欧洲小。

在这种情况下，源自美洲的新作物的到来为抵御饥饿提供了一些保障。中欧和爱尔兰的穷人开始消费土豆而不是谷物。在意大利，玉米粉（玉米粥）成了农村穷人的食物。中国已经生产了大量高产水稻，所以只有在不能种植水稻的高地才会种植土豆。一些中国人也开始种植从美洲引进的红薯和玉米。

▲ 《雪中猎人》（*The Hunter's in the Snow*），由彼得·勃鲁盖尔（Pieter Bruegel）绘于
  1565年。这是老彼得·勃鲁盖尔画的几幅冬季风景画中最著名的一幅，据说画作都是
  在1565年完成的。当时正值小冰期，人们经历了一个异常寒冷的冬天。

第二组有利趋势包括重新分配劳动力、开垦土地和提高生产率。在17世纪和18世纪，中国政府将至少1000万农民从人口稠密的地区重新安置到帝国人口稀少或因战争导致人口减少的地区。欧洲没有进行这样的重新安置，荷兰的工程师采取了相反的策略：在人口稠密的国家内部或邻近地区开垦新的土地。在1540年到1715年，修筑堤坝和抽取海水使1500平方千米的土地得以再生，排空湖泊又使1850平方千米的土地得以释放。在18世纪，一些富有的英国地主雇用荷兰工程师将湿地排干用于耕种。后来（主要是在1815年以后），他们用更好的耕作方法提高作物产量，其中包括把公共土地围起来供自己使用。

18世纪欧洲和中国不断增长的人口给森林和土地带来了压力。压力产生的原因部分是家庭对烹饪和取暖燃料的需求，但炼铁和造船对木材的高需求导致了更大面积的森林砍伐。到18世纪末，英国的森林覆盖率不超过10%，这导致那里的冶炼厂转而使用焦炭（从煤中提炼而来）而不是木炭来炼铁。法国的情况稍好一些，但到1800年，即使在瑞典和俄罗斯，木材短缺也很明显。中国的森林砍伐总体上没有那么严重，那里的炼铁厂比英国更早转向焦炭，中国的农民在做饭和取暖时能比欧洲人更有效地使用木材。即便如此，中国人口稠密地区的森林也遭到破坏，导致了严重的洪灾和连接中国南北的大运河的淤塞。

与欧亚大陆北部相比，美洲的农业和生态转变更具革命性。早在14世纪90年代，葡萄牙人对印度洋的探索就促使西班牙君主们试图通过向西横渡大西洋，开辟一条通往亚洲海洋的竞争航线。尽管出生在热那亚的克里斯托弗·哥伦布基于对地球大小的错误认知，认为这是一条更短的通往东方的路线，但他在1492年意外地发现了西印度群岛。这一发现带来的后果是可怕且严重的。哥伦布带来了一些致富的希望，但与此同时，他们携带的疾病很快开始杀死岛上的原住民，然后是大陆上的人。很难确定有多少人死亡，但死亡人数之多、死亡速度之快是确定无疑的。随着土著社区的衰落，这些"丧偶之地"通过空前规模的海外移民重获新生，其中一部分是以奴隶为基础的庞大种植园系统。这些人口流动和土地开发的投资者从迅速发展的跨大西洋贸易中获利。

加勒比、墨西哥和秘鲁的土著居民在接触后的头50年中发生了悲惨的人口崩溃，这是一个较长过程的第一阶段。在接下来的一个世纪里，传染病相继侵袭了50%到90%的美洲印第安社区。再下一个世纪，由于从欧洲带来的传染病（包括天花、麻疹和流行性感冒）与从非洲传入的疟疾和黄热病交叉感染，微生物疾病继续席卷了50%到90%的美洲印第安社区。一旦美洲印第安人获得传染病抗体，他们的数量就开始回升，最成功的是在墨西哥和秘鲁，那里的人口密度在早些时候是最高的。从大西洋彼岸引进新人口的成本，以及人们不愿离开家园的意愿，意味着美洲印第安人在18世纪中叶之前一直占绝对多数。直到19世纪，欧洲移民到美洲的人数仍少于被奴役的非洲人。

人口变化只是所谓"哥伦布大交换"的一部分。同样被引入美洲的还有大大小小的四足动物：马、牛、猪、绵羊和山羊。这些动物经常逃到野外，由于食物丰富且捕食者稀少，它们的繁殖速度很快。重新驯化后，大型动物可以被骑乘或被用来拉动轮式车辆；较小的野兽提供食物和兽皮。它们的出现为一些美洲印第安人带来了新的生活方式，最引人注目的是在北美平原上骑马的印第安人。新作物也从两个方向横跨大西洋。美洲作物的传播，如玉米、马铃薯、西红柿、红薯、木薯、南瓜和豆类，对欧洲、亚洲和非洲的一些地区产生了巨大的影响。在本章所述时期内，从非洲引进的作物（香蕉、一些谷物、秋葵和黑豆）对美洲的影响较小。由西班牙人引进的小麦、葡萄和橄榄也花了很长时间才产生重大变化。然而，公元1800年以前，糖的传播给美洲和大西洋沿岸带来了巨大变化。

尽管国内经济不景气，但在19世纪之前移民到美洲的欧洲人相对较少。政府法规、交通风险与成本都阻碍了移民。对于那些愿意移居的人来说，欧洲城市更具吸引力；而对于那些冒险出国的人来说，亚洲和非洲的机会往往比美洲更具诱惑力。到1760年，美洲已接收了大约120万来自伊比利亚半岛的移民，还有3万名荷兰人，但人口稠密的法国只有大约5.4万人（其中大多为男性）来到此地。宗教动机导致了一些例外。宗教迫害把犹太人从伊比利亚半岛赶到非洲和美洲，以及欧洲其他地区。加尔文宗新教徒，无论男女，也在寻找新的家园。法国胡格诺派教徒去了开普敦、查尔斯顿（Charleston，位于南卡罗来纳州）以及伦敦。英国清教徒前往普利茅斯（Plymouth，位于马萨诸塞州）和波士顿。18世纪，来自英国的移民比例高于西欧其他国家，而且性别比例更加平衡。不过，即便是17世纪30年代到新英格兰的所谓"大迁徙"，人口也不超过3万人。总体而言，大约有50万人在17世纪离开了

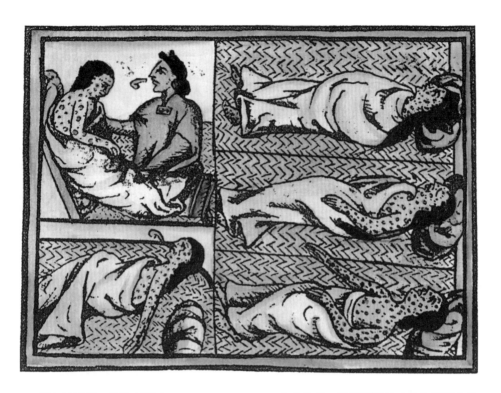

▲ 贝尔纳迪诺·德萨阿贡（Bernardino de Sahagun）收集的16世纪阿兹特克人和纳瓦人的历史资料和信息简编《新西班牙事物通史（佛罗伦萨手抄本）》（*Códice Florentino de Historia general de las cosas de Nueva España*）中的一幅插图显示纳瓦人感染了天花。随附的纳瓦特尔文写道："……（这种疾病）带来了巨大的荒凉：许多人因它而死。他们再也不能四处走动，只能躺在他们的住处和睡觉的地方。覆盖在人们身上的脓疱造成了巨大的荒凉……饥饿统治着大地，再也没有人照顾别人了。"英文翻译来自詹姆斯·洛克哈特（James Lockhart）编：《我们生活于此：墨西哥征服史的纳瓦特尔文记述》（*We People Here: Nahuatl Accounts of the Conquest of Mexico*），伯克利：加州大学出版社，1993年，第181—185页。

不列颠群岛，大多数人通过签订契约来支付费用。这些契约允许他们自由通行，以代替对早期定居者四五年的奴役。这就解释了为什么有大约20万人去了英属西印度群岛，12万人流向了正在发展早期种植系统的切萨皮克（Chesapeake）殖民地，而只有约8万人流向了新英格兰和大西洋中部的殖民地。然而，到1815年，前往美洲的250万欧洲人与广袤的美洲大陆相比，实在是少之又少。

在这几个世纪里，到达美洲的非洲奴隶人数是欧洲移民人数的4倍。在1580年至1700年，非洲移民已占新移民的60%以上。而在1701年至1820年，这一比例升至80%以上。大规模部署非洲劳工并不是解决劳工问题的首选方案。西班牙人曾利用习惯于高海拔的美洲印第安奴隶在安第斯山脉开采银矿。葡萄牙人最初也利用被奴役的美洲印第安人种植甘蔗，而英国则利用签订了契约的英国人在西印度群岛种植烟草。只有当劳动力需求超过供给，且有利可图并足以承担成本的情况下，奴隶进口才有可能。在公元1600年以前，西班牙人购买非洲奴隶来代替或补充往返波托西（Potosí）矿区的本地劳动力。在巴西，被奴役的印第安人的高死亡率迫使葡萄牙人转向非洲劳动力，以扩大他们的甘蔗种植园。同样，当很难找到足够的契约仆役时，英属西印度殖民地也转向成本高出一倍的非洲人，同时转而种植利润更高的甘蔗。其他人也纷纷效仿。为了服务上述情况和其他活动，奴隶贸易的数量从1601年至1625年的27.5万人（平均每年1.1万人）增加到1790年至1815年的175万人（平均每年7万人）。数百万非洲人横渡大西洋是当时历史上规模最大的移民。

正如已经指出的那样，非洲奴隶的大量使用并非因为他们廉价。在非洲，奴隶的购买和运输费用高昂。种植园制度的普及使奴隶的价格水涨船高——或是因为殖民地的高需求，或是因为在非洲购买奴隶成本的上升。例如，牙买加奴隶的价格从1700年的25英镑上涨到该世纪中叶的35英镑，这相当于英国士兵年薪的4倍，或英国富豪家女佣年薪的5倍多。18世纪末，购买一个西印度群岛的奴隶要50加元。奴隶制的沿袭也没有给西印度群岛和巴西的糖料种植园主带来多大好处。有一个典型的例子，牙买加一位叫爱德华·朗（Edward Long）的种植园主，从他1779年至1785年的一个记录里我们可以看到，奴隶的死亡人数竟然是其出生人数的两倍。这就使爱德华·朗不得不长期花费大笔资金购买新奴隶，以保持充足的劳动力。正因为死亡率较高，在整个18世纪，西印度群岛的奴隶大多数出生于非洲。只有在北美温度适宜和有益健康的地区，在美洲出生的奴隶才居多。幸运的是，不断上涨的糖价抵消了种植园主为奴隶劳动力投入的高昂成本。

▲ 奴隶们在安提瓜（Antigua）收获甘蔗。"在德拉普（Delap）的庄园里砍甘蔗。"男人和女人在第一组，黑人监工监督；骑在马背上的是白人经理或监工。人们对威廉·克拉克（William Clark）知之甚少，尽管他可能是安提瓜种植园的经理或监工。这是其中一幅。是根据他的绘画，由专业的版画师转绘成版画的。威廉·克拉克：《安提瓜岛十景》（*Ten Views in the Island of Antigua*），伦敦，1823年。

　　虽然被奴役的非洲人是一种昂贵的必需品，但对其在糖料种植园的使用有着悠久的历史先例。第一批使用非洲奴隶的甘蔗种植园是在阿拉伯人控制的地中海岛屿上。在15世纪，葡萄牙人将这种种植园综合体引入了他们在非洲大西洋沿岸发现的岛屿：加那利群岛（Canaries）、佛得角（Cape Verdes），然后是赤道上的圣多美岛（São Tomé）——该岛在16世纪初一度成为欧洲最大的糖来源地。最终，葡萄牙人将非洲奴隶和糖料种植园引入巴西，公元1600年以后，巴西成为世界上最大的甘蔗产地。荷兰船只主导了将巴西糖运往欧洲的贸易，一些荷兰人投资了巴西的甘蔗种植园。17世纪初，荷兰和葡萄牙都继承了西班牙的王位，这引发了种植园的独立运动。在他们努力摆脱西班牙沉重统治的过程中，荷兰特许成立了一家西印度公司，该公司垄断了荷兰在西印度群岛和西非的贸易，并在哈德逊河沿岸建立了殖民地新尼德兰（New Netherland）。该公司还成功夺取了在巴西的葡萄牙糖料种植园。1640年葡萄牙从西班牙独立，荷兰种植园主被驱逐至西印度群岛，他们把甘蔗种植园引入当地，并在那里获得了极大的成功。糖使加勒比地区成为仅次于巴西的第二大奴隶市场，也是美洲最富裕的经济体。

糖料种植迅速改变了西印度群岛的经济。1640年至1680年间，英国殖民地巴巴多斯的人口从欧洲烟草种植者占绝大多数转变为非洲甘蔗种植者占绝大多数，并在此过程中成为美洲最富有、人口最多的英国殖民地。18世纪时，英国的人均食糖消费量从4磅（约1.8千克）增加到18磅（约8.2千克），其中大部分用于甜化中国茶。由于这个小岛缺乏足够的土地来满足日益增长的食糖需求，英国人在1655年从西班牙手中夺取了牙买加这个大岛。到1700年，大量的土地、机械和奴隶投资推动牙买加超过了巴巴多斯。随后，法国殖民地圣多曼格岛（Saint Domingue）从西班牙手中夺取了制糖的先机，直到1791—1804年的大规模奴隶起义摧毁了其种植园体系。

在荷兰人引进烟草之后，烟草成为巴西第二大出口商品（仅次于糖）。从1612年开始，英国殖民地弗吉尼亚（Virginia）满足了欧洲和其他地方对烟草日益增长的需求。靛蓝作物和水稻是其出口的其他热带作物。北美的法国、荷兰和英国殖民地成为欧洲毛皮和木材的主要供应国。新英格兰殖民地也同英属西印度群岛进行食品和木材贸易，所有这些来自美洲的出口都与进口相匹配。与印度洋和中国的贸易不同，荷兰的产品在17世纪占据主导地位。但在1670年后，法国、英国的商品和航运迅速扩张，1750年后英国占据主导地位。到1815年，西印度群岛是大英帝国出口贸易最重要的市场，此外还有亚洲纺织品和陶瓷。值得注意的是，当时英属印度的市场规模略小于加拿大。

非洲在大西洋经济中的作用远远不只是作为奴隶劳动力的来源。非洲参与国际贸易的整体情况更类似于亚洲而非美洲。像亚洲人一样，非洲人长期以来参与外部世界的以市场为导向的交流（主要以穆斯林的中介），他们与强势的欧洲访客互动。与美洲不同的是，非洲与欧洲和亚洲拥有同样的疾病，所以新的接触没有带来人口的崩溃。这一时期的非洲几乎没有殖民征服。

撒哈拉以南的非洲人与大西洋打交道的原因，与他们长期跨越大西洋和印度洋进行贸易的原因大致相同：以所谓具有吸引力的价格获得想要的商品。由于欧洲人拥有广泛的商业网络，他们可以向非洲人提供各式商品，包括亚洲和欧洲的纺织品、巴西的烟草以及西印度的朗姆酒。非洲最大的需求是花样繁多、材质各异的纺织品。例如，1593年至1607年间，仅荷兰就在黄金海岸售出了约3000万码（约2743万米）的亚麻织物及大量其他纺织品。非洲人对金属的需求量也很大，包括铜和黄铜物品，以及铁棒和各种金属制品。随着欧洲商人逐渐了解这一点，非洲人的讨价还价愈加困难，因此对他们所购买商品的质量和种类异常挑剔。

与西撒哈拉和印度洋贸易一样，黄金在西非最早的大西洋贸易中地位也很突出。为了促进贸易，沿海的非洲人在1482年允许葡萄牙人建造一座小堡垒。虽然葡萄牙人称它为"圣乔治矿山"［St George of the Mine，后称"埃尔米纳"（Elmina）］，但真正的金矿位于内陆。从1553年开始，黄金贸易也吸引了英国人和荷兰人来到这个"黄金海岸"。荷兰人在1637年从葡萄牙人手中夺取了埃尔米纳。西非成为西欧黄金的主要来源地，其出口量从16世纪下半叶的年均2万至2.5万盎司（约567.0至708.7千克）上升到17世纪上半叶的3.2万盎司（约907.2千克）。在非洲采矿、冶炼和从事黄金贸易的垄断地位受到严密保护。

西非人也出售森林产品，从一种被称为樟木的红色染料木和麝香油（来自果子狸的麝香腺体）到象牙、动物毛皮和蜂蜡。位于尼日尔河三角洲的贝宁（Benin）王国向早期葡萄牙人出售一种他们种植的味道辛辣的黑胡椒和一些制成品，制成品包括棉纺织品和石珠，这两种商品在黄金海岸都很值钱。在1650年以前，奴隶只是西非出口商品的一小部分，而在安哥拉和非洲中西部的其他地区，奴隶贸易在17世纪上半叶增加到每年1.3万人。部分原因是那个地区没有欧洲人想要的黄金或其他产品，但那里的人也渴望得到从欧洲船只上运来的货物。1650年后，为满足美洲日益增长的需求，非洲奴隶的重要性迅速增长，在卷入大西洋奴隶贸易的1250万非洲人中，超过四分之三的人在1651年至1815年间踏上此途。相比之下，从1350年至1600年，撒哈拉沙漠的阿拉伯奴隶贸易每年约为6300次（远远高于那个时代的大西洋奴隶贸易）；从1601年至1800年达到每年约8000次（远低于同时代的大西洋奴隶贸易）。此外，更难以确切描述的，是这种贸易对被奴役者和非洲社会的影响。

成为奴隶并被运往海外的历程是残酷而痛苦的。基于有限的第一人称叙述和其他来源，似乎大多数人是在战争或突袭中被俘虏的。劫持者是其他非洲人，但共同的非洲身份和共同的亚洲或欧洲身份一样罕见。劫持者抓获的对象一般属于敌对社区，或至少是不属于自己社区的人。许多人是作为家庭成员被抓的，随后痛苦地与配偶、兄弟姐妹或孩子分离。非洲的劫掠者可能会把被掳的妇女和儿童纳入他们自己的社会，但总是把成年男子卖出，他们通常会在前往沿海港口的途中被转售几次。一路上，俘虏们遭受了与亲人和祖国分离的巨大痛苦，有时会变得沮丧，失去抵抗甚至生存的意志。到达港口后，俘虏会得到食物和足够的照顾以使其可以出售，因为欧洲奴隶贩子通常会聘请医生检查俘虏是否有身体缺陷，而这些缺陷可能使他们失去用处或导致疾病，这不仅威胁他们的生命，也可能威胁其他乘客的生命。一旦被选中并和其他数百人一起被装上船，这些俘虏就被按年龄和性别分类。成年男子被认为是最危险的，他们被关在甲板下面，通常是成对地用铁链锁着。由于妇女缺乏反抗劫持者的意愿，她们通常被单独囚禁，而不是用铁链锁着。婴儿和其他儿童与他们的母亲或其他妇女待在一起。奴隶区非常拥挤，没有足够的空间伸展开来睡觉。奴隶们每天吃两次从欧洲运来的豆子和玉米粉，辅之以从非洲购买的调味品。船只通常从非洲装运充足的淡水以供横渡大洋之用，但如果供应不足，有时不得不削减给养。俘虏们不得不在露天的桶里大小便。这些船定期排空，但波涛汹涌的海上情况可能会延迟排空的时间或溢出其中的东西。由于晕船或疾病引起的腹泻与呕吐通常会使卫生状况变得更糟。在运行良好的船上，奴隶的住处会定期用海水和醋清洗，以控制异味。即便如此，疾病还是会在密闭和不卫生的区域迅速蔓延。

那些在奴隶船上干活的人对奴隶每天遭遇的苦难早已习以为常了，但总的来说，他们可能并不比其他人更残忍。他们对待奴隶的方式受到两个更大因素的制约。首先，对奴隶起义的恐惧是真实存在的，尽管成功的寥寥无几。船员们自然是想保护自己，并惩罚任何试图占领船只的俘虏。当海岸仍在视线中时，暴动是最常见的。在公海上，起义比较少见，但另一个危险是俘虏们选择逃避他们残酷的命运。奴隶贩子竖起了防止自杀的防护网。关于俘虏待遇的第二个也是更重要的考虑是赚钱的欲望。死于虐待或疾病的奴隶是完全的损失，一个残废的奴隶可能也卖不出去。船上医生的服务和对个人卫生最低限度的要求，以及充足的食物供应都不是善意之举，而仅仅是为了尽可能多地使俘虏存活。抑郁是被奴役者的另一个问题。为了提高情绪，俘虏们被迫在播放的音乐中跳舞。那些拒绝进食的人则被强迫喂食。平均而言，几个世纪以来奴隶的生存率有所提高，表明这种努力是成功的。另外，18世纪后期11%的平均死亡率仍然令人恐惧。对托运人而言，潜在的问题是天花和痢疾等传染性疾病可能导致大量死亡。平均值不是标准，主人和投资者的利润并不稳定。死亡往往是被奴役者的命运。

很难衡量奴隶离境对非洲的影响，以及使他们陷入困境的冲突带来的损失。具有废奴主义思想的欧洲人认为，非洲大陆的大部分地区一定因此人口减少，沦为蛮荒之地。但当探险家在19世纪第一次深入奴隶港口后面的内陆地区时，他们惊讶地发现那里秩序井然、繁荣、人口稠密。有几个因素被认为缓解了奴隶贸易对人口结构的影响：奴隶主要来自人口相当密集的地区；奴隶不是持续来自相同的地方，而是随着贸易的增长，倾向于从更远的内陆派生；出口的男性比例高（约占总数的三分之二）对出生率的影响较小。此外，研究表明，来自新大陆的植物，特别是耐寒的块茎木薯（或木薯），缓解了非洲中西部地区周期性的饥荒，而该地区是最大的俘虏供应地。最好的估计是，在大西洋奴隶贸易的顶峰时期，撒哈拉以南非洲人口的增长率停滞或下降至负数。当19世纪大西洋奴隶贸易萎缩时，非洲人口数量再次上涨。

关于对非洲社会和经济破坏的另一个普遍看法也被证明是错误的。例如认为用来交换奴隶的枪支具有破坏性，从而忽视了枪支对防御和进攻同样有用的事实。战争不太可能是由这种武器的供应造成的，而且出口到非洲的武器就人均数量而言并不巨大。关于进口商品破坏非洲生计的说法似乎也被夸大了。在很大程度上，进口纺织品补充而不是取代了当地的布料制造。从某种程度上说，进口铁条可能确实削弱了非洲的炼铁业，但铁条给了当地铁匠更多的工作，他们把铁条变成了有用的物品。虽然没有夸大那些被运走的人的痛苦，但奴隶贸易在非洲造成的伤害并没有人们想象的那么持久。

18世纪，欧洲在大西洋的贸易量与价值变得和它在亚洲的贸易一样重要。巴西的奴隶制经济体提供了糖、烟草和黄金，而西印度群岛则提供了糖和咖啡。北美提供鱼、毛皮、木材、大米和靛蓝作物。这些货物为欧洲的出口商品和来自非洲稳步增长的奴隶供应所平衡。亚洲商品对大西洋市场的重要性与日俱增。印度棉布对非洲市场至关重要，在美洲也是如此。英国的大西洋贸易增长了6倍。船只变得更大，海上保险降低了损失的风险。由于商人们学会了将港口停留时间从18世纪初的平均100天减少到18世纪末的平均50天，跨大西洋运输商品的成本下降了。因此，往返航行的费用降低了，使一艘船可以一年完成两次往返而不是一次。

结论

从1350年到1815年，世界发生了多大的变化？也许比前一个时代更多，但要少于接下来的两个世纪。国际交往日益频繁和密切。诚然，自1350年以来，世界经济增长了大约3倍，但人均财富分配大致相同，因为尽管美洲印第安人饱受瘟疫和人口锐减之灾，但世界人口也以同样的规模增长。当然，有些人的生活要好得多，但世界各地的奴隶数量也大幅增加。粮食供应和分配有所改善，但人口增加给环境和资源带来了额外的压力。

　　有些事情显然具有周期性。到1815年，成立于17世纪的特权贸易公司不复存在或转型。法国和荷兰的特权贸易公司在18世纪90年代就停止了运营，到1815年，英国东印度公司已经不再从事贸易，而是专注于管理其印度领土。然而，相关机构（股票市场、保险公司、银行）继续蓬勃发展。到1815年，荷兰人、英国人和美国人都宣布大西洋奴隶贸易非法，尽管他们的奴隶种植园仍持续了几十年。

　　东西方之间的经济平衡没有太大变化。亚洲仍是最大的商品生产国，商品的流通已经扩展到大西洋。欧洲的经济领导地位已经从伊比利亚和地中海向北转移到荷兰、法国，特别是英国。撒哈拉沙漠以南的非洲人与世界经济的联系更加紧密，但除了少数欧洲和阿拉伯的飞地外，他们仍然控制着自己的大陆。最大的经济和人口变化发生在美洲。欧洲人称他们的殖民地为新欧洲：新西班牙、新尼德兰和新英格兰。然而，在人口和文化上，1815年美洲的大片地区仍然属于美洲印第安人，或者已经变成了新非洲。

第九章

文艺复兴、宗教改革与思想革命：
近代早期世界的智识和艺术

曼努埃尔·卢塞纳·吉拉尔多

"过去的我们处于世界边缘，但现在我们在其中心位置。"这是工程师兼人文主义者埃尔南·佩雷斯·德奥利瓦（Hernán Pérez de Oliva）于1534年向科尔多瓦（Córdoba）贵族陈述的理由，当时他提出了一项使瓜达尔基维尔河（Guadalquivir）通航的紧急项目。他进一步指出："这种命运的转变，前所未有。"确实，西欧人在长期以来对自己的全球边缘化地位感到焦虑之后，现在突然、出乎意料地发现身陷一种不可避免且动态联系的世界网络中。他们的经历并非独一无二：其他大陆的人们经历了同样的突变。在大西洋的岛屿和沿岸，人们经常发生新的暴力冲突，欧洲探险家、奴隶和传教士们在14世纪首次遇到了与以前没有过记录的人群会面的震惊，从而引发了相互发现和适应的进程。越来越多的人参与其中，导致大多数人得出"人类是一体"的结论。

在工业化时代之前，欧洲在这一过程中并不占主导地位。从文艺复兴到启蒙运动，全球化经历了缓慢、多向的发展阶段，不同的文化逐渐相互了解，断断续续地相互交流。首先，陌生人之间的对话状况百出，要以手势、面部表情和声音作为辅助。笔译和口译人员在每一次交流中都同时充当调解者的角色，有时会由于误解加剧或判断失误而引发冲突，导致不利影响。以哥伦布第一次横渡大西洋为例，他的同伴路易斯·德托雷斯（Luis de Torres）通晓多国语言，如希伯来语、阿拉伯语，此外可能还懂阿拉米语等语言。当他试图用欧洲语和亚洲语徒劳地盘问当地人时，当地人却在无动于衷地吸烟——我们可以想象他有多么吃惊。不同文化的最初接触往往放弃了相互理解的尝试，而以暴力和死亡告终。系统化的策略——逃跑或自我隐藏——我们把它与今日所说的"与世隔绝"的人联系在一起，但这种策略还没有被广泛采用。从幸存者的角度来看，适应不可避免的情况通常是最佳选择。远道而来的新人就住在那里，没有回家的希望。例如，阿兹特克人设想的可能性（交换礼物，然后给外国人留下深刻的印象使其离开）是行不通的。对财富和权力的炫耀并未阻止欧洲侵略者反而吸引了他们，梦想比现实对侵略者的影响更大，想象中的胜利比实际成就更多。一种源自航海的骑士文学中虚构的英雄主义模式，把冒险家们捆绑在一起。葡萄牙民族诗人卡蒙斯（Camoens）1572年的作品《卢济塔尼亚人之歌》（Lusiads）是他从亚洲航行归来后不久写作的，它改编了一个经典的比喻，捕捉到了这种精神："扬帆起航。这是至关重要的。能否生存？那得靠功德了。"

传统的基于海战和"征服与占领土地"的战争叙述，无法编码所谓全球化的DNA。然而我们可以通过文化关系的惯例来追踪它。分散各处的文明相互交换文化特征并得到发展，直到在某些方面逐步趋同。在这样长期融合的背景下，这种关系缓慢地，有时是痛苦地，但通常是和平地在外来者和原住民之间建立起来。这一过程虽然不可逆转或者说至少还没有逆转，但仍然是反复试错的过程，不时会被颠覆和意外事件打断。

这是一个更大的全球环境变化进程中的一部分。微生物、动物和植物在以前支离破碎的大陆之间交换，永久地改变了现有的景观和生命。从16世纪开始，除了信奉教条的思想之外，没有任何东西可以令人信服地看起来完全"纯净"或

"原始"，没有任何东西是纯粹的"人类的"或仅仅是"自然的"。全球链接的网络已经"腐蚀"了它所接触到的每一个人和每一个地方。我们所有人之所以有今天的成就，是因为我们或我们的祖先来自别处。

此外，对异国情调的迷恋产生了新的或新近扩展的欲望、消费和上瘾习惯。例如，中国的物产影响至远，出现了墨西哥的瓷器仿制者、波士顿的茶党、阿姆斯特丹的大黄（以前是中国药典的秘密）种植者。语言的局限性因此显现出来。你怎么能向一个从未见过菠萝的人解释菠萝是什么？在任何社会，一旦巧克力、咖啡或茶成为社交活动的一部分，成为愉悦的手段、求婚的必需品，或者在后来成为工人的廉价消费品，那它还会有回头路吗？

无论如何，世界范围内近代早期的思想革命之所以发生，只是因为出现了可以彼此了解的庞大的组织框架——至少在某种程度上——以及共同接受的翻译规范，在巨大的交流沟通空间或领域中，思想和制度得以孵化、复制和部署。全球帝国与其说是通过煽动冲突，不如说是通过建立共同体来提供这些先决条件。最终，在不同程度上，他们通常会找到方法将他们帝国的子民在共同利益、合作冒险、相互依赖的网络、忠诚的焦点、婚姻联盟、致富的机会，甚至共同的情感、信仰和意识形态上联系起来。

文化是全球化最古老的形式。它使所有其他形式——经济的、技术的、科学的和生态的——成为可能。我们需要牢记这些事实，因为我们试图超越以往对全球史的偏爱。以往的全球史叙述是天定的、线性的、进步的，是一个将欧洲投射到世界其他地方的过程，仿佛从14世纪到19世纪发生的事情，是一段进化的插曲，是优越的文明战胜了野蛮，或者是"选民"——这可能是唯一重要的部分——战胜了假定的野蛮。事实上，在那个时候，定义自己是文明人的"中心"广泛分布在全球各地，而他们眼中的"边缘地带"则是低人一等的，可以被征服或剥削。他们遭遇的结果并不总是如征服者或殖民者所期望的那样。所谓劣等文化通过生存展示了人类的韧性。克里奥尔（Creole）社区出现了。白人变得土生土长。非洲人的定居点和城市所反映出的几内亚或安哥拉的生活方式在美洲成形。中国企业在马尼拉和墨西哥的业务蓬勃发展。美洲的土著或亚洲的首领、最高统治者出现在欧洲要求他们的权利。北美欢迎印度商人和中国穆斯林，并培养了混血的美国人。所有这些和其他人类的新奇事物反映或创造了社会、文化和生活的中间形态。

其结果是，随着大都市中心的成倍增加，地缘政治呈现出新的面貌，培育了前所未有的混杂人口，并创造出新的边缘地带。新中心通常都有自己的赞美者，他们把这些地方书写为有利于培养美德的地方，其由上帝指定，并通过"朝圣者"、圣人或英雄的存在或遗迹来升华。我们可以称其为竞争性的多中心主义，这是文化融合的影响之一，在这个时代，如果你旅行得足够远，有时在某些地方不一定要很远，你可以遇到土著天主教神父、黑白混血的独修隐士、光照会的麦士蒂索人（mestizo）成员、富有魅力的新教牧师，以及佛教和伊斯兰教改宗者。以不同的方式，政治混乱在欧洲的"复合君主制"中共存，这种君主制将不同的领地和领主结合在一起，效忠于一个共同的王朝；或者，尽管统治者的政策是排除世界上大多数国家的影响，但在中国，国家在满族的统治下变得比以往任何时候都更大、更多样化；或者在德川幕府统治的日本，地方领主的自治权发展到了惊人的水平。在某些情况下，随着时间的推移，它们沿着各自独特的路线发展起来。

基督教世界

全球性事件促使思想家们对新的重大问题做出回应。在欧洲，基督教在16世纪四分五裂。特伦托公会议（The Council of Trent，1545—1563年）将天主教改革变成了一场反宗教改革，这使新教脱离教会成为不可逆转的趋势——除非使用武力。与此同时，分裂主义将新教徒划分为多个不断繁衍的教派。相互竞争的魅力和灵性激增，而在遥远的异教世界中发现了以前从未被发现的广阔世界，这在神学家之间引发了长期而复杂的辩论，为哲学家们揭示了令人困惑的新奇事物。1577年，西班牙腓力二世（Philip II）政府向新大陆的官员发放了被称为"地理关系"（Relaciones Geograficas）的调查问卷，其目的是汇编系统化的数据。这些问题包括"当地人的理解、倾向和生活方式，他们是否有不同的语言或某种共同的语言，他们在异教时期是什么样子的，他们的奉献、仪式和风俗是好是坏"。令收到回函的官员大吃一惊的是，有些异教徒对权威和神性毫无概念。对有些人来说，过去似乎并不存在，除了眼前呈现在感官上的东西之外，没有任何真实的东西。从西班牙人的角度来看，同样使其感到奇怪的是其他社区没有财产概念，或者没有反对食人和乱伦的自然法则。

◀ 绘有征服阿兹特克场景的可折叠屏风是很受欢迎的装饰物品。在这里，它们总是展示着菲律宾和日本艺术品对17世纪墨西哥的影响。西班牙的君主制极大地扩展了对新大陆居民开放的贸易范围。〔解说信息来自宾夕法尼亚州立大学的阿玛拉·索拉里（Amara Solari）教授和马修·雷斯托尔（Matthew Restall）教授〕

在欧洲探险家和传教士向世界传福音时，基督教世界也发生了变化。欧洲充当了教理和实验的试验场，这些教理和实验在之后转移到其他地区的公共生活之中。许多观察家将美洲原住民和卡斯蒂利亚农民归为一类，即简单、质朴的生物，智力有限，因此在法律上对其行为不负责任。为了使他们免于重大的判断错误或行为失范，他们需要监护人或道德引导者的监护。从这个角度来看，海外扩张似乎是法律干预和比较道德民族志的一次大规模实践。它使监察员在不同的社会中寻找或设计出相似之处或共同之处，从而使异类的方式变得容易理解。探险家们总是问："这个或那个结构、部落或风俗看起来可能很奇怪，但它们究竟有什么相似之处？"墨西哥征服者埃尔南·科尔特斯（Hernán Cortés）在他著名的《科尔特斯信札》（*Cartas de relacion*）中提到，特诺奇蒂特兰的大寺庙有塔楼，看上去就像一座清真寺。

▲ 《出岛风光》（*View on Dejima*），J. M. 范莱茵登（J. M. van Lijnden）绘，C. W. 米林（C. W. Mieling）据此彩色石印。长崎湾一个人工岛上的荷兰贸易哨所，这是日本在江户时期唯一允许与西方直接贸易的地方。

同样，新大陆的居民必须努力了解新来者，即便只是为了抵御攻击。例如，一些玛雅人似乎把西班牙人当作另一群来自墨西哥中部长期存在的入侵者。在日本的丰后，日本商人和传教士发现自己被当作"来自印度的人"。也许应对新来者的最佳方式是适应并管理他们随着时间推移而带来的影响。这在流动的边界上相对容易，因为那里的本地权威是分散或低水平的。智利的阿劳干人（Araucano）或大平原的科曼奇人（Comanche）学会了部署骑兵和使用火器，迅速缩小了与入侵者的技术差距。他们不能被征服，因此，他们能以彼此尊重、共同利益以及某种程度上的互惠互利为基础，与西班牙帝国谈判讨论双边关系。在加以必要的修改后，一种类似的妥协在日本盛行。在驱逐或消灭了葡萄牙和西班牙的侵略者，并扼杀了日本向天主教的早期转变趋势之后，幕府利用1634年在长崎湾建造的人工岛出岛收容位于领土边缘的荷兰商人，这是因为外国人不被允许亵渎日本的"圣地"。

宗教是一种有效的手段。对于征服者来说，宗教为他们惊人的成功提供了一种巧妙的解释，同时还向其提供了来自福音派的辩护，这种辩护在早期得到了基督教世界的最高仲裁者——教皇——的认可。1455年，罗马教皇尼古拉五世（Nicholas V）把从穆斯林和异教徒手中征服的西非土地交给葡萄牙国王阿方索五世（Alfonso V）和他的继任者。1493年，亚历山大六世（Alexander VI）将阿拉贡和卡斯蒂利亚，以及已发现和待发现的大西洋其他岛屿，授予费尔南多和伊莎贝拉，他们同时具有传教的义务。另外，对于新帝国的土著居民来说，宗教为他们提供了占有和开拓土地的选择余地——从表面上看，这是强加给他们的。因为受洗礼的基督徒与异教徒的地位截然不同，例如，对于横渡大西洋的非洲奴隶来说，他们没有任何权利可言，除了那些基于同为上帝子民而享有的权利——在奴隶船只的舷梯脚下向奴隶喷洒圣水，或者向他们提供教义问答，然而做这些之前根本不必征求他们的同意。

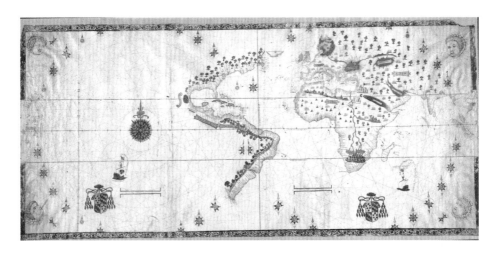

▲ 萨尔瓦提世界地图（Salviati Planisphere），绘制于1525年。这张世界地图展示了"托德西利亚斯线"（Tordesillas Line），这条线是西班牙和葡萄牙在理论上商定的划分各自在大西洋航行范围的子午线。在实践中，无法精准地确定它。地图没有按照惯例画出想象中未开发的区域，而将它们留为空白，以吸引未来的探索。

　　回到欧洲，关于天意的构思不同程度地出现在各地。地中海各城邦，尤其是热那亚、佛罗伦萨和威尼斯，在黑死病之后繁荣起来，但这似乎孕育了异端邪说和任性的邪教。腐败和分裂侵蚀了教皇权威和宗教秩序。1453年，君士坦丁堡沦陷于穆斯林土耳其人之手，这个东方基督教最古老、最受尊崇的国家被彻底摧毁了。十字军东征失败了。骗子、假先知、假圣徒和女巫出现，威胁要把黑暗王国强加于人，而卑鄙自私的基督教统治者则无视上帝的意志，陷入自相残杀的战争之中。在这种情况下，神圣的使命与教徒的职守促使每个人"预备主的道，修直他的路"。

　　早在1517年，在奥斯定会士（当时的身份）马丁·路德（Martin Luther）于维滕贝格（Wittenberg）发表反对赎罪券的《九十五条论纲》之前，一种天意论和改革的情绪就已经席卷了西欧，更遑论末日论。印刷术的普及、书卷主义的兴起、对经文不可控的获取和重新解释、《圣经》译本的增加，以及支持白话礼拜的运动：所有这些都刺激了新的奉献形式。在16世纪和17世纪，传福音者专注于以前被忽视的目标：城市穷人、精神贫困的乡下人、与世隔绝的偏远社区，甚至是世界遥远地区的奴隶和新教徒。欧洲的再基督化表现在一系列努力中，包括宗教裁判所的如下行动："锤击"女巫（正如迫害者所说）、铲除不信者，并与根深蒂固的流行文化做斗争，包括占星术和算命，比如公开对上帝的不信任或不恰当地优先服从迷信或异教徒。

统治者日益增长的权力是这一过程的一部分：既是贡献，也是结果。但除此之外，还有更多的事情要做。只要不抗衡或损害世俗权威，君主们就会偏爱虔诚的客体。如果各国感觉受到威胁，他们就会毫不留情、动用一切可能的力量来对抗教会——无论是天主教徒还是新教徒。在这方面，就像在许多其他地方一样，欧洲在宗教改革后的态度分歧比人们通常认为的要小得多。美洲和亚洲部分地区的本土精英们讨论接受还是拒绝基督教的方式，可以与德国君主们关于是否接受新教以及如何实施"教随君定原则"（统治者的宗教决定被统治者的宗教）的决策相提并论。在所有情况下，当真理为权力服务时，它最容易被识别出来。

灵修成为这个时代的特征，《效法基督》[1]（*Imitatio Christi*）拥有众多的读者就说明了这一点。奥斯定会士托马斯·厄·肯培（Thomas à Kempis）于1471年完成了该书的手稿，后来付梓发行。他是共同生活兄弟会的某个新团体的成员。托马斯的目标读者是僧侣和修士，但这本书在那些想要发展"内在的"精神生活的平信徒中很受欢迎。从任何意义上讲，一个更具煽动性的例子是，1498年，一位弥赛亚式的修士吉洛拉谟·萨伏那洛拉（Girolamo Savonarola）在佛罗伦萨的西格诺里亚广场被烧成灰烬，在同一个地方他曾经燃起一堆堆虚荣的篝火，把包括化妆品和据说不合适的书籍在内的奢侈品焚烧殆尽。他主持的宗教仪式吸引了成千上万的教众，聆听他谴责人文主义所珍视的一切，以及对美第奇王朝、鸡奸和教皇的谴责。不久之后，在西班牙，红衣主教西斯内罗斯（Cisneros）发起了

---

[1] 又译《轻世金书》。——译者注

一场严苛的天主教改革，强制执行戒律，质疑道德标准——一些宗教人士对自己的誓言漠不关心，宁愿逃往非洲与穆斯林生活在一起，也不愿抛弃妻妾。这样做的效果是暴露了缺点，同时也实现了改进。社会问题助长了宗教情绪。在人口重新增长和贫富差距日益扩大的时期，许多教会体制内的成员的世俗消遣引发了丑闻和不满，而国家权力（财政、军事和官僚制）的增长，也加重了其臣民的负担。一些新教徒，如在德国与其同时出现的再洗礼派教徒，为诸如废除战争、废除货币和财产共同体这样的理想所吸引，就一点也不奇怪了。

▲ 在绘于1498年一幅的匿名油画中，孩子们在佛罗伦萨的主广场上玩耍，生活如常，而萨伏那洛拉的柴堆里堆满了处决他的燃料。

虽然美洲有未被同化的原住民，但也有许多处于低特权和低繁荣水平的欧洲人，他们同样没有信仰的指导。敬虔的阶层和机构试图推广新的宗教思想和实践，向未被传福音的人传福音；对未被传福音的人来说，这是为了深化其皈依。的确，人们很容易认为，新教和天主教的改革，都是神圣的精英阶层发起的一场自上而下的运动的各个方面，目的是根据精英阶层关于秩序和纪律的观念，来对抗和改造一种从中世纪继承下来的大众宗教形式。特伦托公会议宣布："所有的迷信都必须被镇压。"因此，人文神学家解释说，圣徒的角色仅限于享有特权的代祷者。每一个奇迹都是上帝单独创造的，关于神的介入的主张必须是保守和怀疑的。异教似乎可以在任何地方出现。1553年，波尔多（Bordeaux）的一位耶稣会士抱怨说，他在附近的乡村发现了一些"从未做过弥撒，也没听过一句教义"的人。1615年，同一教团的一名成员对他的许多同伴想要在亚洲或美洲当传教士感到困惑，"这里有那么多人不认识上帝，甚至不相信祂的存在"。1693年，瑞典波罗的海某省的总督下令摧毁某些石头和树木，以防范异教徒，并"为了不留下任何可能被迷信滥用的东西"。

作为一般的有组织宗教的典型，天主教当局通过控制对神迹和遗物的认证等方式，加强了他们对宗教仪式的垄断，从而引发了一场持续不断的争论。例如，1622年3月12日，格列高利十五世（Gregory XV）一举封伊西德罗·拉夫拉多尔（Isidro Labrador）、斐理·乃立（Philip Neri）、亚维拉的德兰（Teresa of Avila）、依纳爵·罗耀拉（Ignatius Loyola）和方济各·沙勿略（Francis Xavier）为圣徒。其中，最后两位是耶稣会士，他们分别是耶稣会的创始人和英勇的传教士，但他们在即将展开对中国的宣教时就去世了。第一个是一个已婚的平信徒，他会求雨和寻找水源，他在马德里（1606年最终成为西班牙的首都[1]）的城镇和宫廷里有许多奉献者，这使他成为当地的守护神。圣德兰结合了女性、作家和教

---

[1] 费利佩二世（Philip II）于1561年将王宫迁至马德里。尽管他没有正式宣布迁都，但马德里已成为西班牙事实上的首都。1601—1606年，西班牙的首都曾设在巴利亚多利德（Valladolid），但最终于1606年再次迁回马德里。

会博士的不同寻常的特质，她改革了加尔默罗会，并发展了一种个人主义的宗教信仰形式。在她的生活中，她解释了自己信仰的第一步：

> "房子的旁边有一座花园，那是我们玩隐士游戏的地方。我们堆起那些容易砸到我们身上的石头来建造用来祈祷的小庇护所，所以我们永远不能实现自己的愿望。我在力所能及的时候布施——但那并不多，也不经常。我为自己的祈祷寻找独处的地方，我祈祷的次数很多，尤其是念诵《玫瑰经》（Rosary）。和其他女孩一起，我们喜欢扮演女修道院的修女。"

佛罗伦萨的圣斐理·乃立和圣德兰一样有组织头脑。他放弃了效仿圣依纳爵·罗耀拉在亚洲传教的计划，决定留在罗马以增强那里的信仰，随后他在罗马创建了祈祷会，并设计了一条穿越城市七大教堂的朝圣路线。其遗体安息之处的教堂被称为"新教堂"。通过认可一些圣徒，该教堂帮助建立了受欢迎的模范行为；然而，一个附带的效果是滋养了对遗迹的崇拜，这可以引导虔诚的情感和奇迹，但许多批评者认为这是迷信，甚至是魔法。无论如何，在普世教会（即中央集权的教会）看来，这类宗派是值得怀疑的，它越来越决心以牺牲当地的虔诚为代价来促进对基督和圣母的崇拜。

巴洛克式的文物收藏品介于虔诚和迷信之间，类似于天主教的"引擎室"，流行的宗教和改革后的宗教在这里"隆隆作响"，马德里的恩卡纳西翁修道院（Convent of La Encarnación）就是一个很好的例子。1616年，当时西班牙王后奥地利的玛格丽特（Margaret of Austria）给了修女们一张床，在那张床上她生下一个儿子，就是后来的费利佩四世（Philip Ⅳ）。文物库是一个大而方的房间，经通道与宫殿相连，两旁排列着神圣的场景和令人崇敬的遗迹，其中包括保存在玻璃柱中的比亚努埃瓦的圣托马斯（St Thomas of Villanueva）的手臂，以及圣腓力（St Philip）的手臂。一个银十字架上有一块木十字架（lignum crucis）的碎片，这块碎片来自"真十字架",上面还有一些钉子;一根传说中用来给耶稣喂醋的棍子;一块擦过耶稣面容的布;还有一块来自耶稣坟墓的石头。尽管为了向公众献礼,文物库展出了来自意大利、德国、西班牙和低地国家的700多件圣徒和殉道者的遗物,但最珍贵的是盛有圣潘捷列伊蒙[1](St Panataleon)血液的小瓶,每年的7月26日和27日,它都会"奇迹般地"液化。

公共礼拜形式的改变影响了私人生活。在16世纪下半叶,对重婚、违背诺言、通奸和其他放纵习惯的起诉引起宗教裁判所的频繁关注。在西班牙哈布斯堡王朝的统治下,这个机构的主要任务是揭露犹太人和穆斯林之间欺诈性的皈依基督教的主张。然而,随着时间的推移,审讯者的重点转移到了对迷信和魔法的调查上。在这些活动中,黑白混血儿和自由的黑人家仆作为"巫术专家和爱情魔药的施咒者"招致很多怀疑。与此同时,在英国,天主教徒遭受了同样系统性的迫害,而在日内瓦,加尔文(Calvin)成功地消灭了其教义的反对者。弥贵尔·塞尔维特(Miguel Servet)曾两次受到谴责:一次是在法国被天主教徒焚烧,另一次是在日内瓦被加尔文主义者焚烧。1553年,塞尔维特对三位一体的否定和对成人洗礼的拥护导致他被处以火刑。

尽管欧洲的精英们像控制流行宗教一样致力于协调全面的福音化,但新教脱离教会的一个自相矛盾的结果是,在德国、法国、瑞士、匈牙利、斯堪的纳维亚半岛和荷兰的部分地区,以及苏格兰和英格兰,地方和地区教派成倍增加。在那里,宗教改革通过在王室领导下建立特殊的国家分裂教会模式而走上一条独特的道路。具有讽刺意味的是,实施这一计划的亨利八世(Henry Ⅷ)在1521年被教皇利奥十世(Leo Ⅹ)承认为"信仰的捍卫者"。在信奉天主教的欧洲,没有发生过如此激进的事情,尽管在西班牙、法国和葡萄牙分别宣布在位君主为"天主教徒""最信教""最忠诚"的门面背后,统治者与教皇在世俗和精神权力方面有着持续的摩擦,并且从未被完全消除。在法国,向天主教自治形式的转变在

---

[1] 天主教会译作"圣庞大良"。

1682年达到顶峰，当时皇家法令建立了所谓"高卢自由"（Gallican Liberties），坚持"教皇有义务尊重王国的规则、习俗和法律"。

但自相矛盾的是，耶稣会士对教皇的特别誓言也许是教会和国家之间冲突最清晰的象征，即"恺撒的东西归恺撒，上帝的东西归上帝"。依纳爵·罗耀拉设想，这一团体是他自己职业军人经历的一个投射。在那里，像无限的战友情谊和自我牺牲这样的美德将加强于耶稣会士的学校，以及耶稣会士越来越有效地转向的使命。

作为教皇的士兵和全球天主教完全合格的代表，耶稣会士招致许多新教徒的敌意。然而，对党派的夸大歪曲了导致宗教仇恨的分歧。大多数关于宿命论、信仰救赎和恩典本质的激烈辩论，在学术界的神学家和法学家之间展开。几乎每个欧洲人都同意，这个世界或多或少是为了苦难而存在，生命中真正重要的东西是从死亡开始的。甚至在欧洲的"其他"基督徒（东正教）中，辩论和改革也与西方教会的痛苦遥相呼应。君士坦丁堡的大牧首西里尔·卢卡里什（Cyril Lukarisch）曾访问过威尼斯和波兰，或许对日内瓦也有过最直接的了解，他试图取代"骗人的传统"，代之以信仰和《圣经》的指引——为此他在1638年遭到暗杀。不久之后，一群激进分子说服沙皇阿列克谢（Alexei）禁止大众信仰和异教音乐进入宫廷。新的活力注入了莫斯科作为"第三罗马"的旧观念，而东正教的"老信徒"则以一种反映了16世纪拉丁基督教改革基本特征的分裂拒绝了改革主义者的议程。

全球范围内的皈依

在秘鲁，当利马的罗莎（Rosa）于1617年去世后，总督的警卫不得不反复干预，以保护她的尸体免受过度虔诚的送葬者的侮辱。如果被允许，送葬者会在急于夺取罗莎的衣服碎片作为遗物的情况下，将其衣服脱光。罗莎最终于1671年被封为圣徒。秘鲁的黑人圣徒马丁·波雷斯（Martin Porres）是猪和猫的治疗师、护理员和保护者，手持扫帚是其标志。他于1639年去世，但直到1837年才被圣徒化。对于这两个人来说，民众的忠诚度都随着时间的推移而增长。与1531年显圣于墨西哥当地人胡安·迭戈（Juan Diego）面前的瓜德卢佩圣母（Virgin of Guadelupe）一样，这些美洲圣徒代表了天主教在全球范围内雄心勃勃的新维度。在1640年西班牙和葡萄牙的王冠分离之前，西班牙的费利佩四世（Phillip IV）配得上"地球之王"（Planet-king）的称号，他用巴洛克式的灵性来表达他对上帝的好战信仰，因为他面对的是拥有不同信仰的敌人，包括在巴西的荷兰新教徒和来自富裕的特尔纳特苏丹国的穆斯林传教者——后者于15世纪80年代抵达菲律宾棉兰老岛，他们的后代在那里仍然被称为"摩尔人"。除了一些荷兰海外企业外，大多数新教传教士进入这一领域的时间都较晚，但也有例外。约翰·埃利奥特（John Eliot）认为阿尔冈昆人（Algonquian）是以色列失落的部落之一，他在17世纪的新英格兰建立了"祈祷之乡"，在当地牧师的带领下，他们在各种专注而又不懂礼节的会众面前阅读《圣经》。

在一段时间内，方济各会和耶稣会在日本取得了显著的成功，他们遵循着古老的自上而下的模式，将领主转变为基督徒，以便继续将他们的追随者和臣民基督化。到1630年前后，迫害随着幕府将军的担忧而周期性地发生，然而基督教在藩国和潜在的叛乱领主中还是得以传播发展，有超过10万人受洗成为教徒，这引发了人们对外国渗入的不安。当基督教传教士首次出现时，从官方的角度来看，他们似乎是潜在的制衡佛教神职人员权力的有用力量；然而到了16世纪末，他们看起来越来越像是入侵的先锋队。1597年，22名日本本土殉道者，包括一名年长的武士、一名木匠和一些儿童，连同三名耶稣会士和一名方济各会士，被钉死在十字架上。从1639年起，天主教就被宣布为非法，并一直持续到19世纪。

在中国，类似的皈依策略被证明是不可能的，因为没有可以关注的地方领主：相反，国家是强大且高度集中的。耶稣会士在那里最初的乐观态度是毫无根据的，除非像他们在果阿和印度的其他葡萄牙飞地取得了误导性的成功，中国的

▲ 大约1620年，在马丁·阿隆索·德梅萨（Martín Alonso de Mesa）和胡安·加西亚·萨尔格罗（Juan García Salguero）为利马的拯救圣母教堂（Nuestra Señora de la limpia Concepción）绘制的一幅画作中，圣母的父母在耶路撒冷金门前拥抱。

▲ 墨西哥塔斯科（Taxco）圣普里斯卡教堂的圣玛尔定·包瑞斯（St Martin de Porres），一如往常被描绘成一张黑脸，手持扫帚，回忆自己是如何开始在多明我会当仆人，然后才被当作一个信教的兄弟。

信仰紧随着国家信念。1552年，圣方济各·沙勿略在近海去世，早在他准备秘密上岸时，便希望中国的皈依将是未来在日本的成功的神圣预兆。但是，尽管耶稣会在农村的努力取得了令人惊讶的极高皈依率，但传教总是人手不足；使官吏和朝臣皈依的案例极为罕见，而在皇室成员中成功传教更是几乎不可能实现。事实证明，皈依者很难摆脱祖先崇拜、佛教信仰、一夫多妻制和纯粹的迷信，他们倾向于将这些视为与转变后的信仰相一致的习俗。1583年认真发起这项使命的耶稣会数学家和制图师利玛窦（Matteo Ricci）穿上儒士服装，并以其对儒学、西方科学以及艺术、天文和制图的精通迷住了高级官员（尽管因为他在地图上将中国描绘得太小且不够位居中心，导致官员中起了骚动）。他为中国的咨询者写了一些通俗易懂的关于天主教的介绍，并于1610年在北京去世之前建立了一些基督教社区，但他的耐心策略最终还是归于失败。1644年，清军入关，提拔了那些在钦佩西方技术的同时避开野蛮宗教的继任者。随着所谓"中国礼仪之争"的展开，罗马的怀疑给耶稣会的努力蒙上了一层阴影。在这场争议中，批评者指责传教士与异教做出了非正统的机会主义的妥协：例如，他们使用中文里的"天堂"一词——它意味着物质的地方还是崇高的原则？一些耶稣会士倾向于支持类似于圣徒崇拜的祖先崇拜，这种崇拜与基督教兼容吗？教皇克雷芒十一世（Clement XI）在1704年以谴责这些教义结束了辩论。二十年后，中华帝国的当权者禁止进一步的基督教改宗。这并不意味着文化交流或随之而来的争议的结束。相反，多亏了耶稣会的报道，中国渗透到了欧洲的想象之中：在仰慕者看来，中国代表着一种政治和知识模式；而在怀疑者看来，中国代表着一种回避模式。当中国的天主教福音传播试验步履蹒跚时，荷兰的新教徒们在摩鹿加群岛和西里伯斯岛[1]（Celebes）发起了他们的努力，在那里他们为当地贵族的儿子建立学校，但收效甚微。

在美洲，基督教的传播取得了真正的进展，这是西班牙帝国的典型方式。当

---

[1] 苏拉威西岛的英语惯用名。

时城市开始充当文化中心，影响辐射到各地。在墨西哥，对前阿兹特克领土的征服在1521年结束，热心好战的神职人员的出现带来了真正的改变。方济各会士为数百万当地人施洗。他们颁布教理问答，建造医院和神学院，打算在那里培训当地的神职人员。在制定转变战略的乐观阶段，最值得注意的是为此目的在新西班牙特拉特洛尔科（Tlatelolco）设立了圣克鲁斯学院。

一种天意论和乌托邦主义的氛围标志着基督教在中美洲和新世界其他地区传播的开始，这些地区有着大规模的、悠久的本土宗教传统。这些资料是在神职人员的指导下汇编的，他们想知道他们是如何以基督教的术语和形式重新塑造融合实例，使当地人从古老的符号、概念、神圣空间和邪教中转变过来。辩论十分激烈。对耶稣会士何塞·德阿科斯塔（José de Acosta）来说，阿兹特克至高无上的首领蒙特祖玛（Moctezuma）的去世以及对印加最高领袖阿塔瓦尔帕（Atahualpa）的处决，损害了基督教的成功引入，因为他们的皈依本可以促进其臣民的皈依。他认为，传教士的首要目标应该是酋长及其家属，剥夺其"尊严和权威"或使其沦为奴隶是错误的。关于土著贵族的适当地位及对其转变手段的辩论，一方面是开放同化，这开启了征服者与土著血统的妻子间的婚姻；另一方面是对叛乱和不服从的恐惧，这引发了周期性的起义。

双方都有一些基本假设。即使原住民可以被归类为完全的人类（这并不是所有观察者在最初都知道的），但有必要使他们适应人类的全景，并根据亚里士多德的理性标准评估其文明：勾选的框越少，情况就越糟。欧洲没有人愿意将中国人或印加人排除在文明之外。但是，许多人分散在森林中或草原上的人群的情况则尚不清楚。食人族属于低需求群体，可能是合法的战争和奴役的受害者。1537年，教皇保罗三世（Paul Ⅲ）在敕令《崇高的天主》（Sublimis Deus）中宣布，美洲原住民完全有资格接受基督的信仰，基督徒的任务是"通过传教和树立良好的生活榜样"来教导他们。稍早前，特拉斯卡拉（Tlaxcala）的多明我会主教弗雷·胡安·加尔塞斯（Fray Juan Garcés）宣称，"印第安儿童和摩尔人一样，对天主教信仰没有顽固或不信任的念头。他们比西班牙人更善于学习"。

即使被普遍接受，至少在西班牙帝国，土著有资格受到自然法的保护，不能被合法地伤害；但人们仍然认为，他们需要向基督教过渡。其结果就是建立了截然不同的社区——分别被称为"印地安人"和"西班牙人"的"共和国"，它们拥有平行的法律和机构。在这个体系中没有种族隔离或不平等，相反，神职人员的本意是保护原住民的纯真不受移民的腐化——在数代人受到犹太人和摩尔人的影响后，移民自身的基督教信仰就是不完美的。对于好的牧羊人来说，为了羊群的安全而建造围栏是有意义的。印第安的法律充满了反对"传染"的戒律。然而，这两个社区的相互依存和通婚是畅通无阻的。欧洲妇女很少，特别是在智利这样的边疆地区，异族通婚或包办婚姻所生的孩子成为父母无可置疑的继承人。

◀ 在卡克塔（Caquetá）担任传教士的耶稣会士何塞·塞贡多·莱内斯（Jose Segundo Lainez）打扮成戴着羽毛头饰的当地人。

传福音的速度和环境各不相同。以秘鲁与墨西哥的不同为例，对于前者，征服者之间的内战扰乱了早期的殖民社会，这种情况一直持续到1550年。总督政府花了更长的时间才站稳脚跟。总的来说，那里的神职人员并不认同墨西哥方济各会士的乌托邦主义。然而，激进的传教士教会不得不与反宗教改革中出现的教会竞争或共存。宗教团体承担了更多的责任。根除偶像崇拜的工作揭示了早期传福音方法的缺陷，这些方法是基于粗略的教理讲授的大规模洗礼。耶稣会士建立了模范程序。在墨西哥城（Mexico City）和利马这样的城市，总督有自己的法庭，教团有大学、学校和神学院，这些机构都为两个"共和国"的贵族子女服务，并为耶稣会招募新兵。在其他地方，他们通过维护管理良好的生产性庄园来扩大自己的影响力。在更远的地方，在巴西边境，从巴拉圭到委内瑞拉，或者在从索诺拉（Sonora）到得克萨斯州遥远的北方行军中，他们进行了一系列宣教，彰显了福音传播的长度和范围。在1767年被驱逐之前，耶稣会士一直驻扎在前线。

佛教和穆斯林使团

基督教在全球扩张的进程中与其他宗教相遇，这些宗教的文化领域也在不断扩大，并经历着改革运动。在中国和日本，得益于改革家云栖袾宏和憨山德清，佛教成为一种友好的宗教，可以在私人和家庭范围内修行，而非佛教徒的专利。虔诚的信徒开始向佛陀祈祷，吃素食，穿藏红色袈裟。在18世纪，彭绍升将冥想和精神祈祷推广为普遍可用的技术，而不是像欧洲改革者自文艺复兴以来所做的那样。在稍早时候的日本，契冲重新编辑了古老的和歌集《万叶集》，为读者提供精神指导。本居宣长将这本书作为提高道德水平的读本，如同新教徒对《圣经》的应用。日本的基督教禁令促进了佛教在贵族、商人和农民中的传播。

佛教最强烈的传教推动力在1570年前后来自蒙古。被誉为"青城"的呼和浩特由俺答汗建立，作为地方首府，其治下的区域从黄河一直延伸到西藏的边缘。

俺答汗皈依了佛教，但他把更多的注意力放在政治上。为了证明自己的权力，并在与中国西部边境其他统治者的竞争中推行文明开化，他弘扬佛教，建立佛寺，并赞助了经文研究。在俺答汗的要求下，西藏的统治者和佛教机构的守护神达赖喇嘛于1576年和1586年访问了蒙古。一些风俗习惯经历了彻底的改革。人牲和血腥仪式被禁止。翁衮是能唤起神灵的偶像，它们被焚烧，并被佛像取代。贵族们纷纷皈依佛教，来自贵族家庭的年轻僧人们也及时投身于翻译经典的工作中。内齐托音一世证明了中医和藏医比传统的萨满医术更具优越性，在他的努力下，佛教在17世纪30年代渗透到了满洲。当清王朝于1644年接管中国时，佛教的扩张速度加快了，因为统治者认为在他们新征服的帝国中，僧侣是和平的盟友。新神和旧迷信融合在一起，焚烧翁衮并没有削减他们所象征的自然崇拜。就像经常发生的那样，融合随之而来，流离失所的灵魂居住在佛教圣地和艺术品中。

与此同时，伊斯兰教在东南亚和非洲的扩张主要通过四种方式：贸易、传教、圣战和王朝婚姻。商人和传教士——自从伊斯兰教建立以来就是这样的情况——联合起来开拓了转变宗教信仰的路线，虔诚的穆斯林在这条路线上作为代理人、官员、小贩和异教统治者的海关官员工作。无论他们定居在哪里，圣贤和神秘主义者紧随其后，热衷于传播先知的信息，驱散不信者带来的黑暗，或在必要时用火灼烧异教的污点。苏非派在这个过程中起着举足轻重的作用，因为他们在传统上对情感力量和造物神圣性很敏感，因此能够很好地使异教徒的情感需求与之相适应。当葡萄牙航海家在16世纪探索印度洋时，他们发现苏非派已经在爪哇和苏门答腊岛的部分地区站稳脚跟。后来，面对该地区日益增长的基督教存在，强大的苏丹的支持让苏非派得以继续工作，特别是在爪哇中部。在同一时期的西非，穆斯林商人嫁给了当地的贵族，在那里一夫多妻制帮助他们扩大了网络范围。与《古兰经》的教师和学者一样，由当地领袖领导的伊斯兰教派也激增了。1655年，一位居住在尼日尔河岸边的大师为"法律、《古兰经》解释、先知传统、语法、句法、逻辑、修辞和韵律"课程做广告。他的学费与学生的资源成正比，他的方法是我们现在称之为比较语言学的方法。

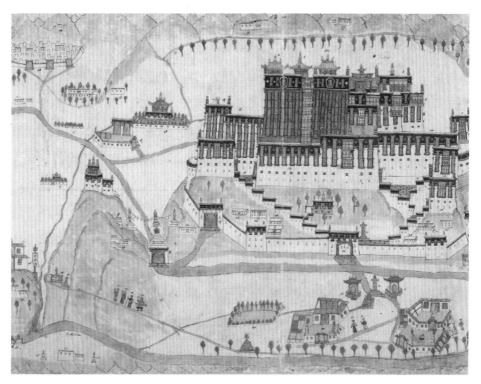

▲ 拉萨最具标志性的建筑——布达拉宫和大昭寺。由流浪的喇嘛在19世纪50年代末绘制，这是英国边境官员埃德蒙·海（Edmund Hay）所收集情报的一部分。

融合与混合的结果

在全球化时代，宗教作为其不可避免的结果，从其起源地和原初文化中传播开来。从那时起，关于如何保持其"纯粹"特性的争论就一直在继续。如果今天我们以里约热内卢、果阿和威尼斯为例，具体地观察狂欢节，我们会发现它们在大斋节前夕同时举行，但又似乎在很多细节上存在分歧。准备朝觐或去麦加朝圣的穆斯林都试图重演先知最初禁欲主义的自我克制模式，但又在不同的地方以截然不同的方式做到这一点。在每一个保存下来的仪式和保守的传统中，都有变革的种子；每个社区都会做出调整，以反映自己的认同感。因此，在最近的许多研究中，学者将注意力集中在将这些宗教传导到我们这个时代的体系上。例如，新大陆的土著人、混血儿和黑人都有自己的联谊会，他们的献身精神反映了他们特有的希望和挫折。在英国，贵格会信徒从17世纪内战的折磨中脱颖而出，以其独特的寂静主义风格寻求内部和平。巴西或古巴的逃亡奴隶社区可能会保留他们祖先过去在非洲的习俗和信仰，在大多数情况下，这些习俗和信仰与基督教元素融合在一起。例如，约鲁巴人（Yoruba）的女神耶玛亚（Yemayá）与圣母马利亚，或上古神明与圣凯莱布［St Caleb，又名埃勒斯班（Elesbaan）］，或圣巴西略（St Basil）。千禧年主义在许多新的宗教发展中产生了涟漪，从渴望世界末日的激进新教徒，到等待"最后一个罗马皇帝"的精神方济各会士，再到美洲本土的先知，他们希望类似的圆满会恢复他们古老的权力和自由。也许有些矛盾的是，在基督教、伊斯兰教和佛教在全球宗教中崛起的时代，文化的许多方面也在世俗化，而科学——我们可以称之为全球智识的一种新形式——却表现出更强的文化适应性和更广泛的吸引力。

西方科学与启蒙

根据传统的解释，现代科学始于西方，特别是欧洲的"科学革命"。从全球的观点来看，构成这个术语的两个词都值得怀疑。一种以观察为基础，并由以前边缘的或未经实践的验证方法来加以确认的，对自然进行分类的新方法，不可能在一夜之间出现：从这个意义上说，它算不上是革命性的。这也不是一场以牺牲其他东西为代价、支持科学的"革命"。科学花了很长时间才变得世俗，科学家也没有取代神职人员。科学和宗教相互独立的观念虽然经常被提出，但直到19世纪才流行起来。以前所发生的事情是一个漫长的过程，在这个过程中，对大胆问题的可能回答逐渐导致一方面是来自理性和实验数据之间的对话，另一方面是来自启示所宣称的真理间的对话。像尼古拉斯·斯丹诺（Nicolas Steno）、哥白尼、笛卡尔、莱布尼茨和牛顿这样杰出的人，都曾质疑过地球的年龄、其在太阳系中的地位、原子论的证据、运动的物理学、微积分的范围以及光学的工作原理。没有人怀疑宗教衍生真理的价值。相反，从文艺复兴开始，贯穿他们和同时代的科学家思想的始终是这样一种信念：人类可以通过观察来认识自然（包括人类自己），从中推导出普遍规律。

现代科学的出现既是全球文化交流的原因，也是其结果：这是欧洲扩张的结果，因为它发生在对从16世纪初到达欧洲的海量资料的动态反应过程中——这些资料以前是未知的、无法分类的，甚至是不可想象的。然而，这一令人惊叹的现象在世界的另一端同时发生，并在如何辨别真伪方面产生了新的共识。在《人类理解论》（An Essay Concerning Human Understanding）中，约翰·洛克讲述了一件逸事（莱布尼茨和休谟也提到了这件事）：暹罗的统治者曾经花了整个下午与荷兰的一名大使交谈。"有时，"这位大使报告说，"水温降得很厉害，人们可以在上面行走。它结冰到如此坚固的程度，甚至连大象都能在上面行走。"国王断言道："之前我相信你给我讲的所有奇怪的故事，因为我认为你是一个明智而诚实的人。现在我确认你一直在撒谎。"在他看来，冰的存在是不可思议的，就像在欧洲一样，亚洲大部分地区的学术氛围对接受未经经验证实的消息是怀有敌意的。这当中文化偏见起了作用。中国、日本和朝鲜的儒家复兴使西方人很难对他们产生好感。根据朝鲜大儒李退溪的说法，西方人应当与野兽和鸟类相提并论。那些从古代文献研究中习得谦逊精神的官员，很难认同17世纪晚期欧洲人普遍存在的相对无礼的举止。

当时，"崇古派"和"尚今派"的争论最为激烈。对前者而言，美德存在于过去，而与之匹敌的唯一方法就是模仿过去；对后者而言，进步必然使新事物更优越。这场论争始于文艺复兴时期，在某些方面甚至更早，并到1688年突然变得激烈起来。当时夏尔·佩罗（Charles Perrault）在其《路易大帝的世纪》（Age of Louis the Great）中大胆提出，如果荷马碰巧生活在法国"太阳王"路易十四（Louis XIV）的优雅时代，他的伟大就会超越从前。通过这个简单的例子，他表达了自己所处的时代比希腊和罗马更具优越性。尽管荷马的捍卫者做了坚定的回答，但尚今派宣布崇古派的象牙塔已经倒塌，并发表讽刺文章嘲弄他们。崇古派早在12世纪初就反唇相讥——尚今派是"巨人肩上的侏儒"，而这句话在这场争论的新阶段被重复使用，当时历史、文学、科学和政治思想的实践者之间的相互敌对比以往任何时候都更加激烈。

欧洲其他国家的辩论家也开始讨论这个问题。在西班牙，支持创新的人反对那些坚持"任何新东西都有害无益"的人。在英国，乔纳森·斯威夫特（Jonathan Swift）在他1704年的讽刺作品《书的战争》（*The Battle of the Books*）中加入了这场论争。在这部作品中，他想象着古代和现代作家分别创作大量书籍，在夜晚来到皇家图书馆，并相互攻讦。

从被称为启蒙运动的精神开始判断，斯威夫特的告诫是无效的。在18世纪，理性、科学和实用主义主导了大多数受过教育的欧洲人的价值观。这绝非偶然，在加速进行全球旅行和探索的时代，新思想、新技术和组织人力的方式都受到了考验。研究者们在研究自然时坚信自己是绝对正确的，并期望所有的问题都能得到解答。制图学的进步通过三角测量法和数学的手段（包括纯理论型和应用型）以及显著改进的仪器，改变了世界地图。其中最重要的是约翰·哈里森（John Harrison）的航海天文钟，它解决了经度的问题。新的关于发明和发现的新闻传播方式在受过教育的公众中形成了——其影响力与发明和发现的放肆程度以及引起惊讶的能量成正比。越来越多的男人和女人加入学术团体、启蒙学院以及非正式的沙龙和咖啡馆中。也有越来越多的"公报""商报"和类似风格的报纸和期刊刺激了传播，表达了日益膨胀的舆论。

对人类理性的乐观信心是启蒙运动的基础，同时这也保证了明智的政策能够确保"公共利益和效用"。人类正处于从野蛮到文明的进步过程中，这要归功于那些与专制君主和蒙昧主义的基督教相抗衡的启蒙原则。1788年，也就是伟大的西班牙国王卡洛斯三世（Charles Ⅲ）去世的那一年，航海家何塞·巴尔加斯·庞塞（Jose Vargas Ponce）在他的《麦哲伦海峡航行叙述》（*Relaton of a Voyage*

▲ 约翰·拜伦（John Byron）在其环球航行中所描绘的巴塔哥尼亚（Patagonia）巨人（1763年），船员的身材相对矮小，这是一种荒谬的夸张。

through the Strait of Magellan）中极力主张这些观点。他解释说，频繁的航行改善了航运路线。浅滩和暗礁在海图上绘制得很清楚，精确的观测和测量使船只保持在正轨上。旧技术的改进和新技术的创新使"以前一直存在的危险消失了"。这多亏了"人类的聪明才智"，我们甚至有可能预见并躲避可怕的风暴。用作者的话说，伟大的探险家和他们的发现"完善了地理系统"。众所周知，这颗星球不可能进行重大修改，剩下的任务是消除残余的不确定性。要实现对地球的完美统治，人类只需要达到"真理的最后一个顶点，并纠正我们的前辈留下的未完成的东西"。然而在私下里，怀疑比比皆是，巴尔加斯的言辞几乎掩盖不了指向最终结果的问题。"以艺术来供应自然的不足"并不像巴尔加斯所说的那样容易。另外，也没有人能否认地理和制图学的骄人成就。

我们称之为"启蒙地理"的东西，体现在对地球表面真实形态精确且越来越接近完整的表现上，它是始于英国和法国的科学机构长期发展过程的结果。1660年，以建筑师兼天文学教授克里斯托弗·雷恩爵士（Sir Christopher Wren）为主席的十多位学者举行了会议，英国皇家学会就此成立，其目的是"促进物理数学的实验与学习"。他们采用的贺拉斯（Horatius）的座右铭"Nullius in verba"，意为"不随他人之言"，暗指经验高于权威。这些成员就是我们现在所说的科学专业人士。他们每周都开会讨论各种各样的话题，从自然史到炼金术，从化石到彗星，从球体到恒星。他们在1662年开始出版论文集，在1665年创办了《哲学汇刊》（*Philosophical Transactions*）。在皇室从一开始就给予的资助下，学会能够清楚地表达各种各样的利益：学术、教育和商业——包括贸易公司的利益，这确保了与探索有关的话题始终是最受青睐的话题之一。

在欧洲大陆，具有标志性意义的事件发生在巴黎，包括于1669年建立天文台以及在三年后建立皇家科学院，在一定程度的官方控制下，两个机构都致力于改进和校正地图和海图，这使它们有别于英国的相应机构。先驱者之一让·皮卡尔（Jean Picard）是一座修道院的副院长，据说他的职业生涯是从园丁开始的。1645年，在担任伟大的天文学家伽桑狄（Gassendi）的助手时，一次日食激发了他投身科学的灵感。他使用透镜来测量折射，并部署最新改进的摆钟来确定子午线之间的间隔。1679年，他开始出版《时间的知识》（*Connaissance des Temps*），一系列按日期排列的经纬度表格。直到1766年英国的《航海天文历》（*Nautical Almanac*）出现，它才被超越。相关钟表的制造者克里斯蒂安·惠更斯（Christiaan Huygens），是笛卡尔在荷兰的弟子。1655年，在提出"地球是一个球体，两极微扁，赤道隆起"的理论之前，他发现了猎户座星云并调查了土星的卫星。1669年，法国学术院聘请了萨伏伊（Savoy）天文学家让-多米尼克·卡西尼（Jean-Dominique Cassini），他是来自博洛尼亚（Bologna）的天文学教授，也是开普勒的继承者，专门研究太阳视运动和其大小变化。此外，他还改进了根据日食时间差异计算经度的方法。

然而，正如在学术界中经常发生的那样，竞争随之而来。卡西尼与皮卡尔对峙，并且冒犯了惠更斯。在卡西尼卓越而自负的领导下，法兰西学术院集中精力收集数据，以前所未有的精度绘制法国和世界地图。在巴黎天文台西塔的三楼，卡西尼绘制了一幅七米宽的世界地图，上面以十度的间隔刻有经度和纬度。每当重要地点的坐标出现可靠的报告时，相应的数据就被添加到网格中。由于天文台的局限性以及无法通过实地测量来核对天文检测的数据，其结果有所失真。然而，作为一个基于经验原理可量化、可验证的项目，这项事业在科学史上具有无与伦比的重要性。卡西尼向前往圭亚那、埃及、加勒比海和遥远的大西洋的探险队发出指示。在马达加斯加、暹罗和中国的耶稣会传教士向他发送了数据。国际合作是先决条件。英国天文学家埃德蒙·哈雷（Edmund Halley）在好望角作出了贡献，让·德泰弗诺（Jean de Thévenot）在果阿的观测也派上了用场。当"太阳王"路易十四来查看地图绘制的进度时，在好奇心的驱使下，他在地图上大步流星地走着，用脚指着不同的地方。

地图学和勘探所产生的问题逐渐政治化，因为它们激发了国家之间的各种竞争。为了解决这些有关地球大小和形状的难题，专家们从理论转向实践，采用了天文学、力学、地球物理学和工程学的新技术。1615年，当大地测量学之父威理博·斯涅尔（Willebrand Snell）着手完善对地球球体大小的计算时，他认为这是一个完美的球体。然而，法兰西学术院的工作提出了这样的观点：因为地球表面不同位置的度值存在明显差异，地球可能会向两极膨胀。与此同时，根据牛顿运动定律预测，由于旋转轴向外的推力，地球一定会在赤道处凸出来。随之而来的英法竞争对论证牛顿的论点极为有利，18世纪30年代，在法国的领导下，科学家于拉普兰（Lapland）和厄瓜多尔分别进行了艰苦的考察。前者由皮埃尔·路易·德莫佩尔蒂（Pierre Louis de Maupertuis）领导，后者由夏勒·马里·德拉·孔达米纳（Charles Marie de La Condamine）、皮埃尔·布给（Pierre Bouguer）、路易·戈丹（Louis Godin）和约瑟夫·德朱西厄（Joseph de Jussieu）领导，并得到了两位来自西班牙的科学天才——海军军校生豪尔赫·胡安（Jorge Juan）和安东尼奥·德乌略亚（Antonio de Ulloa）——的帮助。由此产生了一个似乎可以概括所发生的事情的说法："新地理学"起源于对地球并非完美球体的证明。

期望愈演愈烈。例如，到17世纪中叶，每个人都在试图解决如何确定海上经度这一极为严重且迫在眉睫的问题。在不知名的偏远海域的海运贸易日益增长的情况下，为了保障航运安全，航海员必须能够根据海图上绘制的内容确定自己的位置。现有测量距离的方法产生了模糊且不一致的结果。自16世纪以来，欧洲君主开出丰厚的酬劳，奖励任何能够解决这个问题的人。从理论上讲，可以用钟表作为一种简单的验证方法，比如在正午时分，在观察点与出发港之间或在约定的子午线上记录滞后时间。但是，直到17世纪60年代受过普通教育的英国工匠约翰·哈里森发明了必要的创新技术之前，能够达到所需的最佳精度，并能抵抗轮船运动的精密计时器似乎超出了钟表匠的能力范围。此后，计时器故障的危险就困扰着航行，需要时刻保持警惕并经常检查。

在18世纪初，两个显然不可克服的限制进一步束缚了科学：坏血病和疟疾。这两种疾病都使长途航行和热带探险变得致命，并因此阻碍了探索。奎宁树皮制成的粉末可用于治疗发烧，但尚无治疗坏血病的药物或预防措施。然而，这种疾病潜伏在许多表面上由暴力、叛变或对责任的绝望引起的海难报告的字里行间，通常难以察觉。1569年，加利福尼亚和太平洋的探险家塞瓦斯蒂安·比斯凯诺（Sebastián Vizcaíno）指出，"没有任何药物或人类能够抵抗这种疾病，只有充足的新鲜食物才能治愈它"。1740年至1744年间，乔治·安森（George Anson）在英国与西班牙之间的"詹金斯之耳战争"（War of Jenkins' Ear）期间环游世界。他夺取了马尼拉大帆船，但1900名船员中有1400人不幸遇难，这些船员与他一起经历了坏血病、脚气病、失明、"白痴行为、疯狂和抽搐"。死亡率激起人们的警觉，并引发了系统研究。在此过程中，具有加勒比海航海经验的海军外科医生詹姆斯·林德（James Lind）在一次海上航行中尝试了12种不同的治疗方法，包括海水、硫酸溶液以及大蒜、芥末、辣根、奎宁和液体没药的混合物。所有的受试者都吃同样的食物：早餐吃加糖的粥，中午吃羊肉肉汤或布丁配船上的饼干，晚餐吃大麦加葡萄干，米饭配红醋栗或炖肉。一名病患每天在空腹的情况下喝1品脱（约568毫升）稀硫酸溶液和苹果酒。另外两个人每天只吃两勺醋和稀饭。最严重的患者喝的是海水，一对患者每人每天收到两个橙子和一个柠檬。其余的还有芥末混合物。根据林德的说法，那些吃橙子和柠檬的人恢复得非常好，可以毫不拖延地重返工作岗位。更神奇的是，两人都没死。林德已经证实了一种预防措施，与库克船长在18世纪60年代推行的严格的船上卫生措施相结合，帮助控制了坏血病。

除坏血病外，天花是唯一一种屈服于科学进步的疾病，这是接种疫苗的结果。接种疫苗是亚洲民间的一种习俗，玛丽·沃特利·蒙塔古夫人（Lady Mary Wortley Montagu）在她的丈夫担任英国驻奥斯曼帝国大使期间学会了这一方法。在其他方面，尽管16世纪的内科医生帕拉塞尔苏斯（Paracelsus）的追随者们发起了支持实证主义的运动，但医学仍然深陷希波克拉底和盖伦（Galen）古老教义的泥潭，对医生而言，杀人的可能性与治愈的可能性一样大。然而，其他科学继续取得进展，其中最引人注目的成就包括安托万·拉瓦锡（Antoine Lavoisier）于1783年分离出氧气，以及拉扎罗·斯帕兰札尼（Lazzaro Spallanzani）于1768年观察到微生物生长，通过质疑自然发生论，斯帕兰札尼似乎恢复了对神圣创造者的信仰，并预见到19世纪细菌理论的发展。

与此同时，著名的《百科全书（科学、艺术和工艺详解词典）》[Encyclopedia (Reasoned Dictionary of the Sciences, Arts and Trades)]，在1751年至1772年间以十七卷文本和十一卷图编出版，堪称一项理性的热情，是这个时代逆其热火的行为之一。该项目的法国编辑兼策划者德尼·狄德罗坚称，"远程探险催生了新一代的野生游牧民……这些人看到了那么多陆地，最后却不属于他们。他们是生活在海洋表面的两栖动物，没有根，也没有道德。"狄德罗是启蒙运动中各学潮营的旗手，他是启蒙运动功利主义价值观、世俗主义和对当权者的批判的代言人。因此，他提出了一个奇怪的问题：如果欧洲探险家从他们在遥远的海洋中遭受的所有灾难中返航，却谴责他们所目睹的奇迹，那么他们将被视为明显的失败。因此，他们中的许多人都撒了谎。这就是为什么从文艺复兴时期起，"高贵的野蛮人"的概念在西方人的脑海中变成了一个虚构的人物——从过去理想的、挺过已经消失的蒙昧时代提炼出来的人物——四月人从他们社里的棕榈树林、加勒的海滩或阿拉斯加的冰原上看到了这个人物。在1719年出版的《鲁滨逊漂流记》中，丹尼尔·笛福（Daniel Defoe）捕捉到了这个概念，并叙述了其主人公如何从食人族手中拯救了星期五，让他成为自己的仆人，并把他改造成另一个自我。库克船长在1779年死于夏威夷海滩上的刺伤，去世前他曾说渴望成为"第一个看到世界的人"，这种渴望与亘古以来笼罩在旅行文学中的神秘感是分不开的，这让人们无法把目光集中到所谓惊喜之上。探险者的真实性总是令人怀疑的，尽管直到今天，我们仍然阅读他们的文字，我们自欺欺人地认为，透过足够强大的镜头我们可以纠正各类失真。

▲ 伦敦萨瑟克区（Southwark）阿尔比恩广场的利弗里亚博物馆（Leverian Museum）的内景。在其藏品于1806年被拍卖之前，它一直是欧洲最吸引人的来自世界各地的珍品展览之一。其建造者阿什顿·利弗（Ashton Lever）从库克船长的探险中收集了许多物品和标本。

东方启蒙

直到工业化之前，东西方之间的关系保持不变：与欧洲和美洲相比，亚洲东部和南部边缘的经济体仍然富裕，那里的国家实力也更强。尽管如此，从一个缓慢的中间阶段进行思考还是很有帮助的，这是一个互相影响和文化融合的阶段。例如，在17世纪，中国的官员对耶稣会的天文学着迷，并相应地重新制定了神圣仪式的历法，而这正是天地和谐以及国运昌盛所依赖的。耶稣会的报告传到了莱布尼茨手中，他在1679年出版了一部作品，更新了欧洲读者对"中国见闻"的认识，并宣称中国人在价值观、道德和政治方面更具优越性，尽管在物理和数学方面不再如此。伏尔泰比较推崇中华文化，他把《赵氏孤儿》改编成巴黎版本，并推荐儒学作为他所憎恶的有组织宗教的假设替代品。在他看来，中国人对看得见的秩序、理性、宇宙的可理解性的信仰，以及中国人对学习的尊重，似乎体现了明显的文明元素。对中国政治的迷恋也吸引了弗朗斯瓦·魁奈（François Quesnay），他认为儒家思想抑制了专制，可以用充裕而健康的民众生活质量来衡量中国统治的仁慈。然而，"开明专制主义"的反对者，讽刺了魁奈和伏尔泰对天朝帝国专制主义的偏爱。在天朝帝国，司法系统是无情的，酷刑甚至比欧洲法律界更为普遍和残忍。主张法治、分权和有限政府的孟德斯鸠认为，与欧洲不同，东亚很容易滋生暴政。

开明的欧洲公众也被中国的新奇事物吸引——瓷器、茶叶、纺织品、漆器、烟花，甚至是园林，在欧洲兴建茶馆或宝塔变得非常时髦。带有中国风格的瓷器和壁纸围绕着皇家宫殿和贵族府邸的居住者。日本和印度在装饰方面的影响力不相上下。荷兰特使恩格尔伯特·坎普费尔（Engelbert Kampfer）批评了日本刑法的严厉性，但也肯定了日本的低税率，从而激发了人们对日本制度的好奇心。后一种因素成为启蒙经济思想的一种困扰。对亚当·斯密来说，征税"或多或少是邪恶的"，因为它侵犯了自由并扭曲了市场。就孟德斯鸠而言，他认为日本是东方专制主义罪恶的客观教训，而伏尔泰则指出，日本国家的法律也许要归功于有利环境的影响，这似乎体现了自然的法则。对他来说，印度是一个更好的典范，婆罗门是"世界上最重要的立法者、哲学家和神学家"。波斯和奥斯曼帝国也为欧洲消费者提供了具有异国情调的形象，并提供了欧洲模式的替代方案。例如，孟德斯鸠的《波斯人信札》或莫扎特的《后宫诱逃》（*Die Entführung aus dem Serail*），通过将对专制主义的批判与对东方慷慨而敏锐的赞扬相结合，预见了19世纪的东方主义。在一些西方观察家看来，奥斯曼帝国宗教宽容、尊重法律并鼓励贸易。然而，总体而言，对苏丹的专制、臣民的温顺和政治腐败程度的负面反思超过了正面评价。

总的来说，欧洲人似乎比亚洲人有更多的东西要向亚洲人学习。耶稣会士也许会指导中国皇帝学习欧几里得的作品，但他们几乎没有影响标准中文课程的自我吸收。虽然中国的皇帝钦佩耶稣会的天文学家、制图师、画家、钟表匠、水利工程师和炮手，但对西方模式的接受是有高度选择性的。1793年，英国大使满载着令人惊叹的地球仪、精密计时表、科学仪器和原始工业器物来访，但乾隆皇帝却认为大使不愿磕头是野蛮的行为。随后，乾隆皇帝在国书中写道："并无更需尔国制办物件。是尔国王所请派人留京一事，于天朝体制既属不合，而于尔国亦殊觉无益。"由于荷兰人的存在，日本对西方科学的某些方面表现出了更大的兴趣，尤其是植物学和解剖学。荷兰人是唯一被允许进行贸易的欧洲人，尽管有严格的限制。儒家思想的复兴催生了一种反主流文化，这种反主流文化推崇经验论，甚至在大师石田梅岩的案例中，也推崇一种模糊的人人平等理论。在朝鲜和越南，经验主义者也反对中国强大的影响力，但来自西方的直接影响微不足道。

怪兽登场：革命和拿破仑思想

托克维尔（Tocqueville）在其著名的《旧制度与大革命》中指出，如果不是法国大革命造成的破坏，法国可能先于英国走在工业时代的前列。在已不见于当今世界的有教养的贵族看来，革命是一场野蛮的暴行，剥夺了社会上有用的人和必要的机构。

启蒙运动和法国大革命之间的关系错综复杂。这两个术语都涵盖了难于兼容的特征和事件群集，不能轻易认为谁因谁果。启蒙运动推崇自然神论、自然主义，带有强烈的世俗色彩。与之相对，在地中海沿岸地区及天主教盛行的世界，人们对教皇总免不了顶礼膜拜，以及人们怀着从巴洛克时期继承下来的那种心理习惯，对巫术战战兢兢，时刻警惕着可能朝自己投来的恶毒眼光。其成就包括废除酷刑，这在一定程度上要归功于米兰人切萨雷·贝卡里亚（Cesare Beccaria）的经典著作《论犯罪与刑罚》（1764年出版），以及那不勒斯人詹巴蒂斯塔·维柯（Gianbattista Vico）的愿景，后者梦想着一个温和、理性的"人类时代"。即使在北方，在主要信奉自然神论的哲学家中，也有坚持不懈的乐观主义者，他们相信人类能动性的无限可能性。但也有悲观主义者，他们不相信那个时代的"灵光"和名人。让-雅克·卢梭是最有影响力的人物之一，他抛弃了所有情妇，与所有朋友决裂，过着充实的生活。在1750年的一篇使他声名鹊起的获奖文章中，他否认艺术和科学改善了人类，并声称社会变革和文明败坏了原始的美德。他的追随者视北美五大湖的休伦人（Huron）为榜样，还有探险家和水手们眼中南太平洋的"野蛮人"，看到他们处于自然幸福的状态，其中包括——让我们牢记这一点——自由的爱。对于卢梭的追随者来说，社会是在遵循"普遍意愿"的抽象原则和"共同利益"的指导下，以共同的博爱精神联系在一起的个体之和。凡是拒绝服从公意的人都必须"被迫自由"。后来的思想家会指出，个人的自由是不受他人限制的，但卢梭的激进主义仍然适用于任何想要援引它的人：首先是在政治冲突中，因为不公正、无知和腐败而剥夺了绝对君主制，然后是在更广泛的文化斗争中，据称是高尚的野蛮与腐败的文明对抗。

与此同时，一群自称"国民"的暴民于1789年7月14日攻占了巴黎的巴士底狱，这成为一场著名的伟大解放运动神话般的开端。卢梭将普通人定义为一种高贵的野蛮人，其天性的善良可以在"国民"追求共同利益的过程中得到释放，这种影响正在发挥作用。在那个关押犯错贵族的监牢——其中最声名狼藉的是萨德侯爵（Marquis de Sade），财务亏空早已异常巨大，就像皇家金库的巨大亏空一样，这自然是由于管理不当造成的巨额耗费，此外还得加上干预美国独立战争的花费以及庄稼歉收导致的普遍贫困。为了应对财政危机，路易十六召集了自1614年以来一直处于休眠状态的法国代表大会"三级会议"。一场带有试验性质的不可预测的政治进程开始了。它分为四个阶段：精英内部的反叛，之后是温和与激进的阶段，再之后是极权主义的高潮。在18世纪的最后几年，法国引入了一种新的叙事方式来描述人类社会的变化："革命"（revolution）。

"革命"的拉丁语词根意为"转身或回头的行为"。抵达三级会议所在地的代表们带着一份表达不满的备忘录，很快就宣布他们是有权解释国家总意志的"国民议会"。紧接着就是宣告人民主权，而不是宣告神选国王主权。1793年1月21日，当路易十六在一个充满恐惧的世界面前被斩首时，前三个阶段是通过教会在民法下的统治、对神职人员和贵族的迫害以及最终废除君主制来展开的。由奥地利、普鲁士和西班牙组成的君主联盟对法国宣战，而最后的阶段开始了。在这一阶段中，革命的恐怖将更多的受害者推向死亡：贵族、牧师、士兵、工匠、农民。在"公共安全委员会"的紧急状态下，专断法庭不加限制地处理死亡案件，而共和国则在每条战线上击退入侵者。警察国家、有效的审查制度和国家恐怖主义是当时的即兴表现，这在西方是前所未有的。仅在1794年6月和7月，断头台就处决了1584人。

科学并没有萎靡不振：研究人员利用这个机会证实意识在人被斩首后还能存活7秒。同年，共和国成立了巴黎综合理工学院，这对土木和军事工程师的培养产生了巨大的影响。作为启蒙运动的产物，拿破仑·波拿巴成了革命者，他是来自科西嘉岛（Corsica）的炮兵军官，后来成为"强人"，在实现命运和历史的过程中自我反省，以救赎现状。1799年的一次政变使他成为军事独裁者。1804年，拿破仑称帝，不是靠"上帝的恩典"，而是由他自己亲手加冕的。他的陆战天赋在意大利和埃及的战役中表现得淋漓尽致。然而，他对海军、地缘政治和全球战略的理解同样有明显的缺陷，在政治和战争中，其领导风格的局限性逐渐显现出来。

拿破仑以革命理想的名义动员了庞大的军队，在他占领的土地上，实行了将统一行政和军事纪律相结合的做法。他用几何和理性的界线重新划分地区，应用僵化的法律法规，将教会置于次要地位，建立官僚机构，以卑鄙的方式实施宣传，同时系统地掠夺被征服者的文化瑰宝。他揭开了英法之间漫长系列战争的最后篇章。在法属加勒比海地区，他试图重新实施奴隶制，尽管1794年的革命者已经废除了这一制度。只要时机适合，他就会背叛朋友和盟国，包括不同时期的奥地利、俄罗斯和西班牙。在1814年第一次失败后，拿破仑被监禁于意大利厄尔巴岛（Elba），但他设法逃脱，并在最后的"百日王朝"中恢复了对法国的控制。1815年6月18日，他的运气在比利时的滑铁卢（Waterloo）耗尽了。在战斗的第一步，他与敌军的右翼交战，试图让敌军指挥官威灵顿公爵（Duke of Wellington）投入他的预备役。接下来，可怕的法国骑兵正面攻击中右翼的英国、荷兰和德意志军队。最后，普鲁士增援部队在左翼出现，高喊："毫不留情！"随后，他们压倒了法国预备役部队。威廉·利克（William Leeke）毕业于剑桥大学，后来接受了神圣的命令，当他作为第52轻步兵团的少尉参加战斗时只有17岁。他在回忆录中回忆道：

> "站在那里被炮轰，无事可做，这是士兵们在交战中可能发生的最不愉快的事情。我经常试着用我的眼睛跟踪我们自己的枪炮所射出子弹的路线，这些子弹正从我们头上射出。看到一颗子弹从你头顶掠过比看到一颗子弹从空中朝你飞来要容易得多，尽管这种情况偶尔也会发生。"

TOUSSAINT LOUVERTURE
Chef des Nigres Inçurgés de Saint Domingue

▲ 杜桑·卢维杜尔（Toussaint Louverture）是海地革命最著名的领导人，他的形象出现在1802年的一幅广受欢迎的版画作品中，这使他在被捕入狱前成为法国的英雄。

▲ 雅克-路易·大卫（Jacques-Louis David）和乔治·鲁热（Georges Rouget）所作《拿破仑一世加冕大典》。拿破仑竟然直接从教皇手中拿下皇冠给自己加冕，然后将同样的皇冠戴在妻子的头上。

　　他和拿破仑一样，一生都在追忆着那段经历。拿破仑一生追求荣誉，却没有平静地隐居在英国乡村，而是被迫在遥远的圣赫勒拿岛（St Helena）上度过被流放的岁月。

浪漫主义

　　如果说有历史规律，那可能就是周期性的变化。根据这一规律，生活中的一切都会以和开始时几乎一样的方式结束。因此，困扰文艺复兴的问题（如何阅读自然之书，包括人类的行为和动力）再次挑战了启蒙运动。到19世纪初，一种新的感性已经形成，传统与创新，文艺复兴与启蒙运动，交融，抗拒理性的奴役，顺应情感，顺应自然，在荒野和野蛮状态中发现超越人性的美……这种情感被称为"浪漫主义"，它与艺术和文学联系在一起，彰显了个人情感和随之而来的创作自主权。正如伟大的西班牙画家弗朗西斯科·戈雅（Francisco Goya）所指出的那样，理性的沉睡尽管乐观又自信，但"会产生怪物"。根据埃德蒙·伯克（Edmund Burke）的说法，这些怪物可能是政治上的——比如革命，他害怕看到在法国发生的事件。它们可能是宗教的变形，如自然神论和无神论。所谓工业革命中机械化的开端也产生了明显的偏差。19世纪初，卢德运动（Luddite movement）摧毁了纺纱机和织布机，威胁到工人的工作和生计。

▲ 爱德华·恩德（Éduard Ender）绘。"旅行者之王"亚历山大·冯·洪堡（Alexander von Humboldt）和他疲惫的助手艾梅·邦普朗（Aimé Bonpland）一起在奥里诺科河（Orinoco）旁的"丛林小屋"。这些混杂在一起的标本和科学仪器看起来就像是战利品。

理性与情感的缓冲相抵触，为回归自然和浪漫崇高的理想所抑制，浪漫主义者推崇想象力、直觉、灵感甚至激情，以此作为自由和有价值行为的指南。他们认为自然界的行为要优于人类。为了寻找那些值得描绘、风景如画的地方，他们爬上山脉，窥视火山，探索岛屿、荒地、森林和世界上遥远的内陆。他们与自然的接触离不开对非理性或超理性热情的吸引，比如对"平民主义"（völkisch）精神的崇拜或对本质主义者民族主义的忠诚，以及对假定的差别和想象的交替性痴迷。

然而相反的趋势依然存在，在价值观上具有普遍性，并吸引了陌生人。普鲁士的"旅行者之王"亚历山大·冯·洪堡就是代表人物之一。为了写出《宇宙》（*Kosmos*，试图描述整个世界），他走遍了各大洲。这项工作从1845年到1862年一点一点地出现在印刷版中，用作者的话说，目的是"认识到多样性的统一性，理解上一个时代的发现所揭示的所有单个方面，分别判断单个现象。不会放弃它们的整体性，并在外观的掩盖下抓住自然的本质"。他不仅重视观察而且还去了解人类与自然界的关系——他那个时代的伟大遗产是承认了两者不可分离的原则。

第十章

由情感与经验连接：
近代早期世界的君主、商人、雇佣兵与移民

安加娜·辛格

导言

　　1325年，伊本·白图泰离开家乡丹吉尔（Tangier）前往麦加朝圣。在那个时代，因修行和信仰去朝圣是惯常的做法。伊本·白图泰却属例外，在朝拜之后，他决心不走回头路，而是带着纯粹的好奇心前往今天的伊拉克、伊朗，沿着东非斯瓦希里海岸一直向南，先是抵达基卢瓦，再往上到阿拉伯，然后从陆路进入印度。一路上白图泰访问了德里和古吉拉特邦，又横渡阿拉伯海游历了马尔代夫和斯里兰卡。之后他穿过孟加拉湾和南海到达北京。21年后，他开始了返回摩洛哥的旅程。返程也不仓促，白图泰陆续访问了印度南部、波斯湾、叙利亚和埃及。1349年，白图泰终于踏上他祖国的土地——非斯（Fès）。经历耗时25年的长途旅行后，白图泰旅行的热情仍然高涨，次年便去了西班牙。1351年，他穿越撒哈拉沙漠到达当时的马里帝国。在那里度过两年时间后，他再次穿越撒哈拉沙漠，

走了一条不同的路线返回摩洛哥，并在那里把亲身经历写在一份阿拉伯语手稿之上，题为《礼物：献给那些关注城市奇观和旅行奇迹的人》（*A Gift to Those Who Contemplate the Wonders of Cities and the Marvels of Travelling*）。

伊本·白图泰的经历是近代早期非洲与欧亚大陆紧密联系的一个典型案例。历史学家对旅行记录大多持怀疑态度，尤其是只有作者的话作为证据的时候。因为一旦核验细节，矛盾之处就比比皆是。然而，由于旅行者跨越国界，介于不同的环境、物质和文化之间，他们的故事得以阐明生活、事件以及特定时空里更大的问题。伊本·白图泰所展示的人与商品的世界，是一个三大洲经由陆地交错连通的世界。当复杂的地形，如叙利亚或阿拉伯沙漠、兴都库什（Hindukush）和喜马拉雅山脉无法被跨越时，人们便通过航海继续旅程。阿拉伯半岛与非洲东海岸和印度西海岸相连，横渡阿拉伯海使人们从非洲到印度成为可能。印度东海岸经由孟加拉湾与缅甸和马来半岛相连，旅行者可直接从马拉巴尔海岸到苏门答腊和爪哇岛，其他人则在中国南海和东海航行。地中海欧洲、阿拉伯、非洲东海岸、印度东西海岸、东南亚和中国的港口城市是旅程的起点和跨文化的交汇点。海洋总是将人们联系在一起，当有关地球和浩瀚宇宙的知识有限，且技术只能获得较小的便利时，环境，特别是风力系统和天然港口，便决定了路线和时间。

从15世纪开始，伊本·白图泰笔下的世界日新月异。通过新的航线，航海家们跨越大洋，创建起前所未有的世界性联系。当欧洲人为黄金所诱惑，开始跨越大西洋，冒险前往并最终跨越西非和加那利群岛，希望找到一条通往亚洲的海上航线时，疾病和技术改变了跨文化交流的动力。商业活动充斥着暴力，常常带来破坏性后果。当来自西非的人们被奴役并带到欧洲时，入侵者摧毁了非洲西北海岸外的加那利本土岛民的文化和身份认同。当欧洲人扩张到新大陆时，海洋成了一种可以预见死亡和末日的媒介。在大西洋彼岸，加勒比海的阿拉瓦克人（Arawak）和泰诺人（Taino）几乎被完全摧毁。1498年，瓦斯科·达·伽马经海路到达印度。因为他的船装有大炮，所以当贸易规则出现分歧时，他可以轰炸当

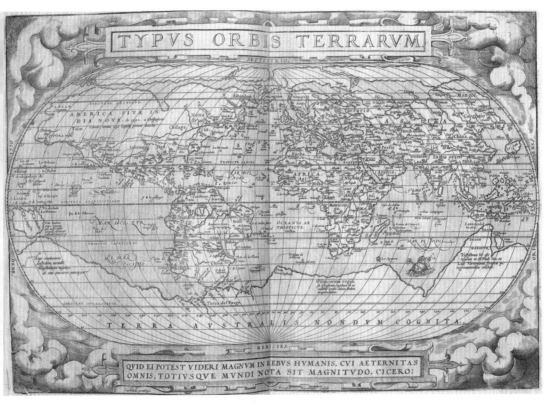

▲ 世界地图，来自亚伯拉罕·奥特柳斯（Abraham Ortelius）所著《世界概貌》
（*Theatrum Orbis Terrarum*，1570年出版），这是最广为流传的由16世纪欧洲人绘制的
关于这个世界的图像之一。如西塞罗（Cicero）所说："当一个人了解了整个世界的浩
瀚与永恒，人类的任何成就还能称得上伟大吗？"

地的港口和船只。携带武器的外国人从陆路入侵，对南亚来说并非什么新鲜事。
海盗或海上帝国主义者也没有试图控制选定的路线或港口，但这是暴力第一次理
所当然地伴随着海上贸易发生。当瓦斯科·达·伽马抵达印度的卡利卡特港，并
在后来访问科钦时，他意识到亚洲水域存在着一个无比繁忙的贸易网络。几个世
纪以来，阿拉伯独桅帆船、印度船只和中国帆船在亚洲各个角落的众多港口纵横
交错，从事贸易往来。棉花、丝绸、瓷器、宝石、香料、糖、谷物、鸟类和野
兽，商人们利用每年夏天从西南到东北的季风进行各类商品的交易，这使从非洲

航行到印度和更远的地方成为可能。按重量计算的话，丁香、肉豆蔻、豆蔻、肉桂和胡椒等香料是世界上最有价值的产品。来自欧洲的野蛮人是这个令人羡慕的富饶地区可怜的供应者。据16世纪葡萄牙的一件逸事说，达·伽马经海路成功到达印度后回到葡萄牙，维米奥索伯爵（Count of Vimioso）问他带回什么货物，以及印度人想从葡萄牙换取什么货物时，达·伽马对他说，从印度带回来的是胡椒、肉桂、姜、琥珀和麝香，他们要的是金、银、天鹅绒和红色绒布。伯爵对达·伽马说："原来是他们发现了我们！"至少在18世纪下半叶以前，在亚洲的大部分地区，西方人更多时候是造访者，而不是征服者。在新大陆的大部分地区，他们是土著的合作者，土著仍然是自己历史的主人，即使他们屈服于殖民统治。

▲ 亨利·沃伦（Henry Warren）所作停泊的阿拉伯独桅帆船，作品以宏伟的港口入口为背景，前景是船员们在放松的场景：这是一幅典型的欧洲画作，描绘了19世纪"东方"逐渐衰落的宏伟及其浪漫的闲适。

在上一千纪即将结束时，历史学家普遍抛弃了欧洲中心主义，这一主义代表了现代西方在近代早期的崛起，被视为一种理想的模式或"奇迹"，而世界其他地区未能遵循这种模式。取而代之的是，学者们开始将西方的崛起重新解读为亚洲故事中的一个小插曲。世界经济的重心——最具生产力和商业活力的社会所在的地区——最终从亚洲转移到了欧洲，从印度洋和亚洲海域转移到了大西洋。但西方的崛起是缓慢且间歇性的，在不同的活动领域以不同的速度发生。欧洲商人和货船进入印度洋，使西方人得以利用东方的经济机会，而欧洲列强侵占新大陆

Naves e China et Iava velis ex arundine
contextis et anchoris ligneis.

Schepen van China ēn Iava met rietten
seylen ēn houten anckers

▲ 荷兰人扬·哈伊根·范林斯霍滕（Jan Huygen van Linschoten）于16世纪晚期开创性地对亚洲海上经济进行了研究，亚洲是当时世界上最富有的地区，其船舶吨位远远超过欧洲。从插图中对中国人或爪哇人的西方式渲染来看，这位想象力十足的图版雕刻师显然从未见过真正的帆船，他对这艘船形状的描绘是错误的，图片上的舵柄实际上应该是方向舵。

的资源则极大地改善了西方人获取财富的途径：从这个意义来看，西方崛起为全球霸权可以说是从16世纪第一次建立大西洋帝国和贸易路线开始的。至少回过头来看，这可能是本章所涵盖的这段时期世界历史上最显著的特征，而西方人在世界其他大部分地区越来越多地积累尊重和发挥影响力。但这一过程直到19世纪才完成，当时新技术、商业和金融机构使西方的生产力在一段时间内无与伦比，其力量也无法被超越。

君主和雇佣兵帝国

在西半球，近代早期的一个重要特征是商人、资本和贸易枢纽从地中海转移到大西洋。虽然威尼斯、热那亚和米兰出现了衰落的迹象，但里斯本、阿姆斯特丹和伦敦正在崛起，吸引了以前占主导地位的南部商人和商品。跨越大西洋往返航线的发现，再加上瓦斯科·达·伽马发现的一条经大西洋到印度洋的航线，使欧洲的重心远离地中海。

在1492年至1500年，克里斯托弗·哥伦布、亚美利哥·韦斯普奇（Amerigo Vespucci）、瓦斯科·努涅斯·德巴尔沃亚（Vasco Núñez de Balboa）、佩德罗·阿尔瓦雷斯·卡布拉尔（Pedro Álvares Cabral）和约翰·卡伯特（John Cabot）进行了开拓性的航行。这些探路者把欧洲和新大陆连接起来，永久性地改变并连接了大西洋两岸。土著民族几乎占据了美洲每一个宜居地区。他们与欧洲人以及随后而来的非洲奴隶的接触，正在改变每一个参与者。

欧洲入侵者用花样百出的手段侵占了西半球资源。在土著居民因过于分裂或人数太少、装备不足而无法抵抗的某些地区，使用屠杀、恐怖行动、种族灭绝、大规模驱逐的暴力手段就足够了，充裕的定居者或奴隶可以取代被淘汰的土著劳工。然而，在大多数地区，特别是在安第斯山脉和中美洲向西班牙帝国投降的富裕且技术娴熟的民族中，帝国只有通过谈判和哄骗赢得的本土合作者的帮助才能运作。西班牙人很幸运，他们所处的地区充满了对陌生人的同情，他们欢迎新来者作为盟友、配偶、仲裁人、商业伙伴，以及接触过遥远且神圣的地平线光环的圣人。即使在暴力事件最少的地方，本土人口的损失也是惊人的，因为源自欧洲的疾病（当地人对这些疾病缺乏天生的免疫力）消灭了他们90%的人口（除了现在美国西南部的部分地区，原因不明）。

入侵者最引人注目的收获是金银，像阿兹特克和安第斯山脉的宝藏就让欧洲人为之着迷。当新来者耗尽了战利品时，他们发现，作为当时世界上最有用的交换媒介的白银可以被大量开采，特别是在现在的墨西哥、萨卡特卡斯（Zacatecas）和玻利维亚波托西的"银山"，那里有前所未有和无与伦比的丰富矿藏。但是，即使在白银和黄金不享有特权的地区，美洲也有其他可开发的资源：大量的木材、毛皮和兽皮储备，新的药材（最引人注目的是烟草和奎宁），以及新的可食用植物，尤其是玉米和土豆。最重要的是，土地可以用来从事新的项目，特别是牧场和种植园的建造——主要用来种植糖料作物，但也越来越多地用来种植烟草和棉花，以及用来支持移民和贩奴。巴西的原住民族图皮人（Tupi people）的人口数量严重下降，而葡萄牙人接管了他们的森林，并进口非洲奴隶建立甘蔗种植园。大西洋欧洲、非洲西海岸和以加勒比海地区、拉丁美洲为主的美洲港口之间的贸易将产品与市场联系起来。从欧洲向非洲运送武器、纺织品和葡萄酒，从非洲向美洲运送奴隶，从美洲向欧洲运送铸币和原材料。许多人发了大财，尤其是糖商和奴隶商。

如果幸存的土著逃避移民与奴役，或被驱逐到白人定居者不想涉足的边缘地区的话，人口灾难也在某种程度上为他们开辟了新的机会。在西班牙帝国，许多土著酋长和社区都在利用西班牙人带来的新的经济机遇：一些国家扩大了现有的生产——特别是可可或胭脂虫红，以便出口到以前鲜为人知的市场；一些人从事新的活动，饲养欧洲血统的牲畜或生产丝绸；一些人与耶稣会士或方济各会士一起参与建造大型农村企业，向定居者和商人出售过剩的食物和兽皮；还有一些人，如南锥体（Cono Sur，或Cone Sul）的马普切人（Mapuche）和18世纪北部平

在殖民时代之前的中美洲，控制自然的力量被称为神圣属性的集合，人们给这些属性取了个人化的名字，如太阳、大地、男性、女性和非宗教成分的集合，这被称为"特拉尔特库特利"（Tlaltecuhtli）——传教士们认为中美洲的本土宗教如希腊和罗马的"异教"一般将其认定为地球的神或女神。

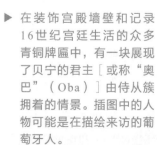

在装饰宫殿墙壁和记录16世纪宫廷生活的众多青铜牌匾中，有一块展现了贝宁的君主［或称"奥巴"（Oba）］由侍从簇拥着的情景。插图中的人物可能是在描绘来访的葡萄牙人。

原的科曼奇人，凭借自己的权利成为帝国主义的企业家，向邻族人民勒索贡品，从西班牙殖民地边境掠夺财物。

在19世纪乃至20世纪的大部分时间里，记录所谓发现时代和殖民帝国历史的民族主义方式，在后殖民时代已完全改变。不同的视角和对档案的重读，有时是在字里行间，有时是用文学和视觉记录或口头传统来填补档案的静默，有助于我们更好地理解历史写作的本质、目的和不足。我们现在可以理解原住民保留了多少主动性，以及他们对塑造殖民历史作出了多少贡献。后殖民时代的历史学家分析了欧洲人通过条约与土著居民谈判使其让渡主权的努力——不论这些条约是多么不公平或具有欺骗性。例如在南亚，英国总督理查德·韦尔斯利（Richard Wellesley）在1795年至1805年间提出了"附属联盟原则"。到18世纪末，莫卧儿帝国和马拉塔帝国在印度次大陆的势力有所削弱，许多弱小的土邦争夺领土和人力。结果，许多统治者接受了英国的保护提议，这给了他们抵御攻击时的安全

◀ 17世纪墨西哥专为巧克力设计的银饰椰壳杯；这是由远程贸易造成的经济和文化变革的一个典型例子——该手工制品横渡太平洋进口而来，迎合了当地人的喜好和用途。

感。东印度公司（英国政府将其对印度的责任下放给该组织）通过一系列由各土邦签署的条约，极大地扩展了它在印度内陆的领土。"联盟"条款禁止印度统治者维持军队。作为对"保护"的回报，土邦支付公司"附属部队"的维护费用。当印度统治者不付款时，他们的部分领土会被作为惩罚没收。1801年，在武力的胁迫下，阿瓦德（Awadh）和海得拉巴（Hyderabad）的统治者将一半的领土割让给了该公司。其他土邦也被迫因类似的原因割让领土。荷兰、西班牙、葡萄牙、法国和英国的帝国都是通过与土著民族进行类似的法律接触而建立起来的，毫无疑问，这些土著民族都是商业和政治机会主义的产物。与征服或占领相比，这是一种更合法、更经济的侵占土著主权和获取土地的手段。

虽然土著合作者可以分享帝国的战利品，但当时盛行的生产模式是残酷的剥削，这造成了由种族界定的下层阶级：土著和黑人。特别是在殖民经济可以不需要当地劳动力的地区。在那些被征服的地方，欧洲人试图通过野蛮和过度的榨取劳动力和贡品来最大限度地积累财富；在其他地方，征用是重新配置经济的起点。早期的西班牙美洲依赖重新分配当地劳工，或在西班牙的"委托监护人"（encomendero）中对移民精英的贡品进行再分配，以换取军事保护和天主教信仰的教导。尽管王室以耗尽和打击劳动力为由迅速放弃了这一制度，但随着土地流转到西班牙人和混血所有者手中，越来越多的当地人沦为实际上的奴工。

由于缺乏现成的模式，海外欧洲帝国的政治体制只能是临时凑成的。起初，帝国的缔造者们严重依赖中世纪地中海海上帝国的传统，这些传统依靠总督和中央指定的法庭来平衡港口城市的贵族权力和准封建王族不受约束的管辖权。或者，从16世纪末开始，特别是在英格兰和荷兰，政府的职能可能会下放给贸易公司。对大多数欧洲帝国来说，它们几乎没有向内陆扩张，而是将沿海要塞、飞地和岛屿连在一起，试图控制特定的贸易，到18世纪因领土扩张需要适当调整统治方式之前，这种方法就足够了。然而，西班牙帝国却不同：它是一个控制生产和贸易的庞大企业，从1521年获得阿兹特克格罗斯劳姆（Grossraum）起，就吞并了广袤而几乎无法控制的辽阔领土。经过一段可以被称作"紧急政府"的时期后，在与本土权力中心合作的框架下，一种新型的国家模式逐渐出现：一个官僚国家，多数官职由国王授予，许多官职由文官担任；一个成文法国家，立法而非司法成为政府的主要职责，为满足这个前所未有的社会的要求，国王颁布了数以千计的新法律。

海上帝国是那个时代的新特征。它犹如一个笨重的巨人，庞大到难以恰当地表达，其虚弱的指尖伸向边缘。由于信息系统不够完备，遥远的地方很难得到有效治理。它们在18世纪晚期和19世纪早期摇摇欲坠或崩溃。1763年，由于缺乏外来移民，法国人放弃了在北美建立陆地帝国的企图。1802年，奴隶起义军将他们驱逐出海地——这是他们在加勒比海的支柱地区。那时，欧洲的战争压力开始削弱西班牙和荷兰帝国，它们也随战争的继续而崩溃。与此同时，由于无法同时维持与法国和西班牙的战争，英国失去了大部分北美殖民地。

一个我们可以称之为"工业化欧洲帝国"的新时代已经开始，这个时代是由毁灭性的工业技术铸就的，但这个故事将在本书后面的章节中讲述。

与此同时，在旧世界，帝国（或我们现在称之为帝国的国家）仍占据主导地位：大国（至少与它们之前或之后的国家有关）通过征服建立起来，并且至少部分地由强权维持。它将多个社区和文化包含在一个单一的效忠对象或元身份框架中，并通常有统一的意识形态，或者至少有普遍的主张。在一些地方，国家制度与帝国同时出现，甚至取代它们。在欧洲，新的国家主权学说使罗马帝国的任何东西越来越不可能复活。最接近罗马帝国的幻象是神圣罗马帝国，它统一了中欧的大部分地区，各地效忠于一个选举出来的全局仲裁者；但其帝国并不稳固，实际上，它分阶段或急遽地解体为各个邦国。在东南亚，统治者渴望与中国皇帝相媲美，以泰国、缅甸、老挝、柬埔寨和越南为中心的国家间的力量平衡阻止了霸权。但帝国仍保持规范，例如，奥斯曼帝国是在连接欧洲、亚洲和非洲大陆的帝国十字路口出现的。它的政治形态在一个多姿多彩的环境中运行。与东地中海、中亚、埃及和印度的贸易和政治关系成为财富之源，统治者从中创造了一个庞大而稳定的陆海帝国，其多个节点迎合了长、短距离贸易。奥斯曼帝国并不是一个与"西方"发生冲突的"东方"势力。他们击败并取代了拜占庭，成了巴尔干地区基督徒的保护者。尽管奥斯曼帝国的概念很大程度上要归功于他们的蒙古和突厥前辈，但他们也有罗马的思想，这几乎和欧洲帝国主义一样。当西班牙人征服阿兹特克人的时候，奥斯曼帝国正在向叙利亚、巴勒斯坦、埃及和阿拉伯扩张。到16世纪中叶，奥斯曼帝国已征服了三分之一的欧洲和地中海一半的海岸。他们还考虑通过开挖后来成为苏伊士运河的区域，以增加对印度洋的影响力。当西班牙帝国采取战略行动巩固在西地中海和大西洋的权力时，奥斯曼人把东地中海变成了一个"土耳其湖"，并在阿拉伯海争夺权力。兄弟间的自相残杀取代了固定的继承规则，因为奥斯曼帝国的苏丹从不同嫔妃中产生相互竞争的继承人。在那个时期的伊斯兰法律中，一个男人可根据他的财力拥有四位妻子和任意数量的妾。他的婚生孩子是合法的，与妾所生孩子也可以获得合法地位并继承王位。如果说继承方式是弱点的来源，那么治理的不一致反而是力量的源泉：奥斯曼帝国几乎为每一个地区或省都设计一种特殊的制度，它将一些地区托付给苏丹的家庭成员或奴隶主义者，又将一些地区托付给土著酋长，还有一些地区则托付给土匪或海盗，这使整个体系具有灵活性。而苏丹作为最终正义之源的普遍法则、一系列复杂的贡税，以及他们维持的庞大常备军，让整个体系得以统一。然而，在一些关键的方面，帝国并没有很好地适应不断变化的环境。奥斯曼人从来没有解决过继承问题，也没有采用印刷术让他们的命令广为人知。他们为海上各处的海峡所束缚，无法分享欧洲海洋帝国积累的财富。16世纪统治奥斯曼帝国的供给和定居体系无法应对气候变化带来的压力：极端寒冷和干旱导致了破坏性的杰拉里起义（Jelali Revolts，1519—1659年）的爆发。持续的小冰河时代气候事件、游牧民族入侵和农村的混乱影响了人口、农业、畜牧业和经济；人口增长停滞不前，篡夺者在边境侵蚀帝国。慢慢地，在18世纪，帝国开始萎缩，丧失了它在西方恐怖想象中大怪物的地位。

虽然奥斯曼苏丹是逊尼派穆斯林，但是萨法维王朝（Safavid dynasty，1502年至1736年）统治下的什叶派国家出现在今天的伊朗。这个王朝的开创者伊斯玛仪一世（Ismail Ⅰ）是阿尔达比勒（Ardabil）苏非派的首领，并赢得了当地土库曼人和其他心怀不满的异端部落的充分支持，使他能够从乌兹别克土库曼邦联手中夺取大不里士（Tabrīz）。1501年7月，伊斯玛仪登基为沙阿[1]（Shah），并宣布什叶派为国教。在接下来的十年里，他征服了伊朗的大部分地区，吞并了伊拉克的巴格达和摩苏尔（Mosul）两省。在16世纪，奥斯曼帝国和乌兹别克人与萨法维帝国不断地争战，而葡萄牙商人则夺取了波斯湾入海口的霍尔木兹，并在大陆海岸建立了脆弱的堡垒。然而，在沙阿阿拔斯一世（Abbas Ⅰ）的统治下，萨法维家族在军事上取得了杰出成就，并建立了有效的行政制度，促进了与欧洲列强和莫卧儿帝国的贸易和政治关系。伊斯法罕（Isfahan）凭借几座标志性建筑成为萨法维艺术和建筑的中心，可与周边帝国宏伟的首都相媲美。就像在奥斯曼帝国和莫卧儿帝国一样，只要有利可图，基督教商人就是受欢迎的，尽管这三个帝国都依赖宗教来获得合法地位，但他们容忍非穆斯林社区。

然而，宗教多元化难以维持，这一点从萨法维王朝以东的南亚莫卧儿帝国就可清楚看出。帝国起源于突厥–蒙古，由察合台突厥人（Chagatai Turk）查希尔丁·穆罕默德·巴布尔（Zahiruddin Muhammad Babur）于1526年建立。巴布尔出身于中亚费尔干纳山谷（Fergana Valley），后来成为喀布尔（Kabul）的统治者。他应德里当地贵族之邀，从阿富汗统治者易卜拉欣·洛迪（Ibrahim Lodi）手中营救了他们。在随后1526年的帕尼帕特战役（Battle of Panipat）中，巴布尔收拢了来自瓦解的德里苏丹国的手持武器的逃兵，并在当地人民的帮助下，杀死了易卜拉欣·洛迪。巴布尔是（或成功地声称是）蒙古征服者成吉思汗和渴望统治世界的突厥人帖木儿（Tamerlane）的后代。莫卧儿帝国吞并了印度北部的大部分地区，并从16世纪早期延续到18世纪中期。

莫卧儿帝国中最伟大的皇帝是巴布尔的孙子阿克巴（Akbar），巩固莫卧

---

[1] 波斯语中对国王的尊称。

儿帝国声誉的功劳应归于他。阿克巴不仅占领了印度北部、西部和中部，还吞并了今天阿富汗和孟加拉国的部分地区。他组织行政机构，改革军队，通过挟持人质和威胁报复的手段，再辅以明智的绥靖与和解政策，与被征服的印度教首领保持了和平。莫卧儿帝国有两个主要的出海口：古吉拉特邦和孟加拉邦。虽然阿拉伯海、印度洋和孟加拉湾的海上贸易已进行了几个世纪，但由于腹地的和平局势，与阿拉伯人、非洲人、缅甸人、马来世界和东南亚的联系却在加强。阿克巴在认识海上贸易和港口城市优势方面并不迟缓。1571年，在将宫廷从德里转移到新建的首都法塔赫布尔西格里（Fatehpur Sīkri）后，他开始专注于开辟通向大海的道路。一条是西南部的古吉拉特邦，另一条是东南部的孟加拉邦。通过贸易和税收，他获得了来自非洲和阿拉伯世界以及东南亚商人的财富。莫卧儿帝国的编年史记载了宇宙中最宏伟的帝国，它可以无限扩张。阿克巴的儿子贾汗吉尔（Jahangir）和孙子沙·贾汗（Shah Jahan）推进了帝国的建设，并扩充了领土，建造了泰姬陵这样宏伟的纪念碑，以纪念他们的财富和统治。努尔·贾汗（Nur Jahan）是莫卧儿皇帝贾汗吉尔的妻子之一，她不仅是一个美丽而富有魅力的女人，她还利用自己的品格、财产和宫廷地位来聚集权力。当贾汗吉尔因酗酒和鸦片成瘾而变得虚弱时，她利用家庭关系与网络、宗教建筑和象征力量将权力收归手中。努尔·贾汗还利用宗教资源获得世俗权力。18世纪初，奥朗泽布（Aurangzeb）吞并了印度南部，这使帝国达到最大的地理范围。

这些成就掩盖了关键的薄弱环节。像奥斯曼帝国一样，莫卧儿人从未制定过防止叛乱和内战重演的继承规则。他们依靠不断更新的扩张来弥补之前征服的代价——这终将是一个不可持续的战略。随着本土拉贾[1]（Rajah，或Raja）成为从属统治者，精英阶层的惊人增长危及统治者所依赖的宫廷贵族。最重要的是，帝国分裂的宗教和种族群体之间的争论是无法遏制的。阿克巴试图创建一个新的、

---

[1] 又译"罗阇"，南亚和东南亚王室的头衔。

包容性的宗教，但他的大多数继任者为了获得精英的支持而回归伊斯兰教，其代价是疏远印度教徒、锡克教徒、基督徒和其他人。气候变化加剧了帝国的困境。大约从17世纪开始，北半球的小冰期给奥斯曼帝国带来了问题，也开始改变印度次大陆的降水模式。大大削弱的莫卧儿帝国和其他地区性国家竭力应对18世纪初的干旱，英国东印度公司利用这一点来接管印度。由于气候变化和殖民管理不善的影响，次大陆遭遇了毁灭性饥荒。奥朗泽布死后，帝国陷入泥潭。到19世纪中叶，当英国国王取代莫卧儿皇帝的角色时，这个曾经为世界提供布料的地区已失去了所有的海外市场，开始去工业化——部分原因是英国的剥削方式旨在使其自身的制造业获利。

历史学家通常将莫卧儿人称为"印度"统治者，而葡萄牙人仍然是外国人。事实上，葡萄牙人瓦斯科·达·伽马于1498年抵达，在被卡利卡特的扎莫林（Zamorin）拒绝后，他炮轰并摧毁了卡利卡特的港口，与科钦的拉贾交上了朋友。因此，葡萄牙人比巴布尔早25年到达印度。达·伽马和巴布尔都是外来者，前者来自海上，后者来自陆路。两者的人力和财力都有限，但巴布尔的孙子阿克巴设法控制的人口稠密、农业发达的印度–恒河流域，提供了收入和军队，帮助巩固了莫卧儿帝国。在沿海地区，要想赢利就必须进行艰苦的贸易。葡萄牙人与阿拉伯人和土著商人竞争，随着时间的推移，他们不得不与其他抵达印度的欧洲人打交道。

定居在沿海地区的葡萄牙人最终不得不与莫卧儿帝国达成和解。从他们定居的早期开始，葡萄牙人就试图在沿海的古吉拉特邦、孟加拉和德干高原（Deccan）确定势力范围。在那里，领土和边界是一个不断谈判的问题。虽然葡萄牙人处于帝国的边缘，但他们很清楚北方莫卧儿帝国的言论与南方动荡的边疆现实之间的反差。他们通过有趣的自我合法性机制，与葡属印度（Estado da índia）北部的白人邻居（那些如雨后春笋般涌现的荷兰、法国、英国和丹麦的东印度公司，这些公司都是新来者和外国人）争辩，并向莫卧儿帝国请求特许，以便在东印度建立工厂并与其进行贸易。

　　亚洲也居住着由蒙古人或乌兹别克人统治的游牧王国，它们保持着中世纪游牧帝国的传统。由于周边定居国家的强大武力，这些游牧王国的未来前景越发渺茫。17世纪，印度洋出现了一种新的本土帝国——海洋帝国，它与欧洲人当时正在塑造的帝国并无二致。在那里，阿曼赛义德王朝（Sayyid dynasty）的后裔从葡萄牙人手中接管了其前哨站，并创建了他们自己的松散的港口城市同盟网络。同一时期，德川幕府治下的日本终于开始具有早期日本统治者梦寐以求的帝国特征，它吞并琉球群岛，并通过征服扩展到日本列岛北端。1552年对喀山（Kazan）的征服，以及16世纪50年代到17世纪90年代对西伯利亚漫长而血腥的初步征服，让俄国变成了俄罗斯帝国。它是亚洲一系列大陆帝国中的一个，除了相对较小的俄罗斯人聚居地外，这个帝国本质上是一个用棍棒向当地的捕猎者勒索皮毛、收集贡品的企业。与此同时，非洲的帝国虽然总体上不如欧亚大陆的帝国稳定，但对其臣民和受害者的压迫却和欧亚大陆的帝国一样沉重。桑海帝国（Imperial Songhay）从14世纪90年代开始统治尼日尔河谷，直到后来被当时最惊人的帝国冒险者之一——摩洛哥的穆莱·哈桑（Mulay Hassan）征服，他派军队穿越撒哈拉沙漠，就像西班牙派军队穿越大西洋一样。埃塞俄比亚，这个非洲最古老的帝国，在穆斯林的挑战和葡萄牙笨拙的（最终是颠覆性的）"帮助"企图中幸存下来。在葡萄牙人的影响下，扎伊尔河谷（Zaire Valley）的本土国家扩张到帝国规模，并以惊人的速度不断萎缩。在林波波河（Limpopo）和赞比西河之间，莫诺莫塔帕（Mwene Mutapa）帝国——擅长收集盐、黄金、奴隶、麝香猫和大象——抵制了所有来自外部的征服企图，但逐渐屈服于中央的衰弱和边疆的侵蚀。在西非地区，一些国家虽然没有帝国主义，但也表现为军事化和掠夺性，致力于为白人奴隶商人提供战俘。在对本土奴隶的需求相对较小的美洲，本土帝国对欧洲的另一种影响做出了回应：引进马匹。科曼奇人和马普切人可以在他们的平原上探险。19世纪的北美大草原上，美洲最后一个本土大帝国与白人帝国主义相抗衡，那时的苏族（Sioux）骑马离开了他们传统的林地和高地，对其附属国实施恐怖统治。

▲ 马托–托普（Mato-Tope），又被称为"四只熊"。1832—1834年，艺术家卡尔·博德默（Karl Bodmer）陪同马克西米利安·楚·维德王子（Prince Maximilian zu Wied）首次开展北美人种学考察。19世纪30年代，马托–托普是曼丹人（Mandan）抵抗苏族帝国主义的英雄，后来天花和苏族势力迫使幸存者离开了他们位于密苏里河上游的家园。

尽管这些成就有的令人印象深刻，但就规模而言，近代早期的任何帝国都无法与中国匹敌：中国是世界上最富有、生产力最高、人口最多的国家，对于东亚和东南亚的其他帝国来说，也是最具典范意义的。明朝在中国继承了元朝，是中国所有王朝中最稳定但专制的王朝之一，他们放弃扩张而代之以儒家的平和。但在17世纪上半叶，由于对气候变化影响应对失当，让帝国饱受饥荒和瘟疫之苦，从而失去了大量臣民的信任。清朝——明朝不守规矩的地方部落，其统治者先依附于明朝，此后又对其进行欺骗——在17世纪40年代夺取了中国的最高统治权。明朝和清朝共同塑造了近代中国。在国家行政管理领域，明朝完善了文官制度。几乎所有明朝士人都要通过在北京举行的进士科考试，然后才能进入官僚机构。御史台是朝廷的独立审查机构，旨在调查官员的不当行为和腐败问题。每个省都有三个机构处理事务，每个机构都向中央政府的不同部门汇报工作。丞相制度被废除，取而代之的是皇帝掌握了国家最高权力，在特别任命的内阁的协助下进行统治。

从欧洲到明清时期的中国，一条共同的纽带连接着早期的现代帝国。他们都经历了历史学家所说的"军事革命"，这场革命是由轻武器的引入所致。由于男性必须接受使用这些枪支的培训，维护体系随之发展起来。这是与中世纪突厥帝国和蒙古帝国的主要不同之处，后者在征服完成后就会解散军队。常备军让君主掌握了更多权力；军队击退了外部敌人，镇压了内部叛乱。维持这些机构需要不断提供资金，建立新的组织机构，并使行政机构官僚化。通过纸张的使用，不断增长的官僚主义亦有助于这些政治组织的联系。

法院、官僚机构和立法机构

巴尔塔扎尔·热尔比耶（Balthazar Gerbier）于1592年出生在荷兰共和国的米德尔堡（Middelburg），父母都是胡格诺派难民。他的生平和所处的时代为我们揭示了移民和近代早期国家之间的政治关联，以及跨越文化或语言边界的庇护关系。热尔比耶是一名艺术家，虽然受过书法和雕刻的专业训练，但他更愿意从政。他是一名熟练的微雕师和绘图师，曾赢得奥兰治亲王毛里茨（Maurits）的青睐，并在其指示下，于1616年陪同荷兰大使诺埃尔·德卡龙（Noël de Caron）前往伦敦。在那里，他运用自己的艺术造诣和书法、建筑、绘画方面的专业知识推动了自己的政治生涯。白金汉公爵乔治·维利尔斯（George Villiers）任命他为约克宫公爵艺术收藏品的馆长。他把自己的赞助人介绍给彼得·保罗·鲁宾斯（Peter Paul Rubens），两人后来建立了非正式的合作关系，同时进行外交和艺术交易。随着时间的推移，热尔比耶承担了更多的行政和政治任务，在他众多的自传中，他将自己的不同职位总结为公爵的文化和政治代理人。用他自己的话说，他运用笔和知识的技能包括“数学、建筑、素描、绘画、场景设计、化装、表演和娱乐伟大的亲王，以及从各种罕见的人那里收集许多秘密”。热尔比耶可能是其赞助人的间谍，他在宫廷圈内确立了自己作为一名有影响力的艺术和政治顾问的地位。1631年，查理一世（Charles Ⅰ）任命热尔比耶为常驻布鲁塞尔的官方大使。至此，一个法国胡格诺派血统的荷兰人代表了欧洲的英国人。后来，热尔比耶被封为爵士，并被召回英国，担任国王的司仪。

十年后的1651年[1]，一位匿名“权威”出版了一本攻讦英国前任国王查理一世的书：《独一无二的查理：基于多种原始情报、多位公职人员以及国内外国家顾问的信件与笔记》（*None-Such Charles His Character: Extracted, Out of Divers Originall Transactions, Dispatches and The Notes of Severall Publick Ministers, and Councellors of State As Wel At Home As Abroad*），试图向其读者揭示前任君主治下的腐败政治。这部作品虽然匿名，但作者应是巴尔塔扎尔·热尔比耶。他谴责自己以前王室宠儿的生活，并寻求英国新共和政权的支持。变幻无常的情绪使他几乎没有朋友，但他的技能和知识，又使政治舞台上的同代人无法忽视他。许多

[1] 热尔比耶于1641年被召回英国，故谓“十年后的1651年”。

人认为他不可信赖，但热尔比耶却有不同看法："（他）生来就有忠诚和不屈服于世上任何人的秉性，他给出过不向任何人屈服的秘密明证。"持谨慎态度的并非只有巴尔塔扎尔·热尔比耶一人。

欧亚大陆宫廷生活的另一个例子是安东尼·雪利（Anthony Shirley），此人基于实用主义扮演角色和选择政治伙伴，而非民族和爱国主义思想。安东尼·雪利受教于牛津大学，曾在荷兰和法国执行各种任务，并沿着非洲西海岸和中美洲探险。1598年，他率领一群英国志愿者前往意大利，参与一场争夺费拉拉（Ferrara）归属权的事端。为促进英国和波斯之间的贸易，他从那里出发前往波斯。他还试图激怒波斯人发动对奥斯曼土耳其人的战争。雪利受到沙阿阿拔斯一世的欢迎，被授予"米尔扎"[1]（Mirza）的称号，他为基督教商人争取了贸易权利，并帮助阿拔斯一世训练军队。他作为阿拔斯一世的代表回到了欧洲，并访问了莫斯科、布拉格、罗马和其他城市。就这样，作为英国人的他，成为奥斯曼人在欧洲宫廷的代表。英国人认为他是叛徒。雪利在1603年被詹姆斯一世（James I）监禁，这成了英国下议院在一份名为《道歉与赔偿形式》（*The Form of Apology and Satisfaction*）的文件中主张的特权之一，即议员不受逮捕的自由。1605年，当雪利还在布拉格时，神圣罗马帝国的鲁道夫二世（Rudolph II）授予他伯爵头衔，委派他去摩洛哥执行一项使命。随后他作为特使前往里斯本和马德里，西班牙国王热情地欢迎他，并任命他为探险队海军上将。他至少为四位国家元首工作过，他认为忠诚是工作的一部分。像巴尔塔扎尔·热尔比耶和安东尼·雪利这样的政治代理人对任何付钱的雇主都很忠诚，他们不受出生地、文化身份、宗教或语言的限制，不断改变效命对象，这是他们作为政治代理人或经纪人这一职业的直接结果。跨文化外交在15世纪到18世纪在欧洲和亚洲国家中均有所增加。例如，荷兰人若昂·库内乌斯（Joan Cunaeus）拜访了萨法维王朝的沙阿阿拔斯二世（Abbas II）的宫廷，他的同胞德克·范阿德里赫姆（Dircq van Adrichem）率领使

---

[1] 皇室和贵族的头衔，后来也用于称呼学者。

团前往莫卧儿王朝皇帝奥朗泽布的宫廷；英国外交家托马斯·罗爵士（Sir Thomas Roe）访问了莫卧儿王朝皇帝贾汗吉尔的宫廷。借助那些能够跨越国界与文化的精英，非洲—欧亚国家间的大使互访和礼物往来日益频繁。

与那时的许多统治者一样，印度君主经常举行宫廷会议，会见大臣和大使。从巴布尔的继承人胡马雍（Humayun）开始，为了与其臣民建立联系，莫卧儿皇帝使用了"阳台"——一种古老的印度教习俗。而他们在公开场合的露面被称为"阳台觐见"（Jharokha Darshan），这也是一种消除疾病、虚弱、政变和死亡等谣言的方式。"阳台觐见"常发生于首都的堡垒和宫殿里，但如果君主在扩张帝

▲ 画家约翰·佐法尼（Johan Zoffany）可能目睹了著名的1784年约翰·莫当特上校（Colonel John Mordaunt）的斗鸡比赛，这是英国繁育的斗鸡与奥德[1]（Oudh）统治者的本土斗鸡王间的一场较量。这幅画可以被视作征服印度的隐喻，但共同参与体育运动是英国和印度本土精英建立友谊和实现政治合作的一种手段。

[1] 即阿瓦德，印度历史上的一个土邦。——译者注

▲ 马尔瓦尔（Marwar）和焦特布尔（Jodhpur）的王公巴克特·辛格（Bakht Singh）在其宫殿窗口，1737年。辛格和许多其他诸侯一样桀骜不驯，他们的反叛和拒绝进贡使莫卧儿帝国在实际上崩溃。他于1739年被波斯侵略者羞辱，并沦落到依赖英国东印度公司的力量生存的地步。

国或视察地区，两间被称为多阿什亚纳曼齐勒（do-ashiayana manzil）的便携式木屋就被用于向臣民和军队展示君主形象。莫卧儿画派的几幅画作描绘了皇帝现身时的情景。在1911年的德里觐见宫，按照传统，乔治五世（George V）和玛丽王后（Queen Mary）出现在红堡的阳台上，从而将自己铭刻在印度次大陆一长串统治者的公众记忆中。

近代早期还出现了立法机构，这是政府的一个分支，负责制定法律。虽然早期的法律是由君主在一成不变的传统体系中制定的，但从14世纪开始，随着变化的加速和法律的增多，立法性质逐渐有了变化。在14世纪和15世纪与西方其他地区平行的发展中，英国君主通过皇家特许状引入法律，但议员也可以通过辩论和请愿（后来称为法案）启动立法。然而，与代议制议会在制定和废止法律方面日益增长的作用相比，更根本的是主权（sovereignty）概念的转变，其在中世纪可以定义为享有伸张正义的绝对权利，但在16世纪，至少在欧洲日益被理解为立法的绝对权利。

关于谁应该行使这一权利的冲突变得司空见惯，因为理论家们就君主的权力是直接依赖于上帝还是通过人民及其代表进行调解而争论不休。在英国内战期间，议会成为一个革命机构，也是反抗国王的中心，并产生了从代表人民到通过法律、监督政府预算、批准条约以及在需要时弹劾行政和司法成员的各种权力。1776年，当北美的13个殖民地联合起来宣布脱离英国独立时，爱国者政府一致同意将这一权力授予国会；后来，美利坚合众国在总统制下建立，除了极少数例外，立法是议会独有的特权。从广义上讲，这个由开国元勋们从前几百年的法国和英国政治理论家那里发展起来的模式，已成为世界上大多数国家的模式。

伴随宪政的萌芽，一种新的权利学说开始改变西方的政治话语。在某种程度上，这是中世纪"人类共同体"教义的发展，由共同的道德义务约束。但是，跨文化接触在欧洲人眼前展示了人类广阔而多样的全貌，其实际效果如炼金术一般，它将确立道德共同体成员资格的模糊标准转变为黄金标准。出生于1484年的巴托洛梅·德拉斯·卡萨斯（Bartolomé de Las Casas）是首位揭露欧洲对拉丁美洲原住民压迫的人。皈依经历使他成为多明我会士，并最终成为主教。他说服西班牙王室加倍努力，在法律上赋予土著美洲人与西班牙人平等的权利。他的论点合乎道德但并不实际，尽管他确实吸引了君主们保护"附庸"生命的兴趣——因为他们往往在经济活动中"有用"，但这种观点是基于明显的人类群体间并无固有优劣差异的断言。虽然他的努力只在实际上带来一些微小的变化，但1550年在西班牙巴利亚多利德举行的一场辩论中，卡萨斯代表了土著人民的事业。他质疑西班牙征服美洲的道德地位。他反对"土著天生就低欧洲人一等，因此必须被奴役和教化"的观点。作为一名多产的作家，他在1552年发表了《西印度毁灭述略》（*A Short Account of the Destruction of the Indies*），谴责西班牙人剥削或虐待土著居民。这本书以西班牙语出版了几个版本，还有三个拉丁语版本、三个意大利语版本、四个英语版本、六个法语版本、八个德语版本和十八个荷兰语版本。

虽然常被认为违背了人权，但"不可剥夺的人权"概念逐渐渗透到开明的话语中。在美洲和南太平洋发现的"高贵的野蛮人"使欧洲的思想家们赋予"普通人"以崇高的地位，甚至赋予他权力（尽管在法国大革命中，普通人滥用权力，并在19世纪引发了支持独裁政治的反应）。与此同时，一种有争议的起源学说"个人主义"，认为个人的权利优先并凌驾于社会集体的权利之上，它越来越多地与"社会契约"的有机概念发生冲突。根据这一概念，个人被剥夺了对统治者或国家的权利。1776年，托马斯·杰斐逊（Thomas Jefferson）起草的美国《独立宣言》体现了个人权利的话语，成为全世界革命宣言的典范。

自1787年以来，英国政治家和慈善家威廉·威尔伯福斯（William Wilberforce）一直公开呼吁废除奴隶制。经过数十年的斗争，英国于1833年宣布奴隶制为非法。阿比盖尔·凯利·福斯特（Abigail Kelley Foster），常被称为阿比·凯利（Abby Kelley），是美国的一位女权主义者、废奴主义者和演说家，在人们记忆里也是一位热情洋溢的激进改革演说家。阿比·凯利一出生便是贵格会教徒，在贵格会学校接受教育，并在马萨诸塞州林恩（Lynn）的一所贵格会学校任教。后来她成为威廉·劳埃德·加里森（William Lloyd Garrison）的追随者，并在1835年至1837年担任林恩女性反奴隶制协会的秘书。1838年，她加入加里森的队伍，建立了新英格兰非抵抗组织，并于1837年和1838年分别在纽约和费城参加了第一届和第二届全国女性反奴隶制大会。1865年1月31日，美国国会通过了宪法第十三修正案，废除了美国的奴隶制；该修正案于1865年12月6日获得批准，并规定"在美国或受其管辖的任何地方，不得存在奴隶制或非自愿奴役，除非作为对当事人已被正式定罪的罪行的惩罚"。虽然巴西在1850年宣布奴隶贸易为非法，但走私新奴隶到巴西的活动一直持续到1888年颁布《奴隶解放法》。

帝国还催生了一种新的政治，关注对"环境"的管理——对外来物种的可持续开发，对可开发资源的保护，包括森林、土壤和狩猎产品。对全球流通的自然事物进行详细而准确的描述，如潮汐和日食，季节和风向，植物和动物。新的资讯和看法从亚洲、非洲和美洲涌入欧洲。重商主义追求利润最大化的动机也使我们能够对无数的植物、物体等进行彻底的研究，以期找到盈利的可能性。在18世纪的知识界，生态学生根发芽，虽然与自然界有联系，但又与自然界不同。18世纪卡尔·冯·林奈（Carl von Linné）的作品代表了一种"帝国"的观点，他是那个时代的重要生态人物，是人类通过理性和理解征服自然的缩影。大自然并不是上帝的难题，而是通过理解自然原理来加以支配的东西。

敌对的态度在帝国的边疆争论不休。美洲原住民对自然的看法大不相同。一位美洲土著学者将其总结为一句话："土地……不是生存的手段，不是我们事务的背景……它是我们存在的一部分，是动态的、有意义的、真实的。它是我们自己。"同样，澳大利亚土著的环境哲学与他们是观察者、知情者和使用者有关，而非管理者和干预者。这一方法是他们天赋的本质体现，使他们成功生存了4万多年。他们的哲学可以被描述为非唯物主义的生态中心主义，通过图腾崇拜、梦想和法律来表达，与欧洲唯物主义的人类中心主义形成鲜明对比。伊斯兰教的神圣文本《古兰经》包含了自然和伦理的亲和力：马歇尔·G. 霍奇森（Marshall G. Hodgson）将伊斯兰教的承诺概括为"对自然世界道德秩序的个人责任的要求"。伊斯兰教关于生态伦理学的理论依据基于《古兰经》中哈里发（khalīfa,

意为"代理者"）和阿玛纳特（amānat，意为"存储"）的概念。伊斯兰教认为自然是真主对人类的馈赠，是我们拥有暂时控制权但没有主权的领地。

无论是这些观念，还是道教和神道教传统中关于自然神圣性的类似论断，欧洲和日本的环保主义者认为，有必要确保关键资源的可持续性，但他们提出的实际论点都无法阻止耗尽沼泽、砍伐森林、猎杀濒危物种的经济必要性——这似乎是一种不可逆转的趋势，即人类更密集地控制和利用土地及自然环境。人类发现了以前未知和未使用的自然资源，这些资源改善了人们的生活，提高了生活水平。技术的发明和创新，特别是在海运和后来的工业生产，提高了经济产出。但是，人类也为生产力的加速发展付出了无法估量的代价。对自然资源的需求，如煤炭和可耕地，随着人口的增长——从1500年的4亿人增加到1600年的5亿人，可能在1800年增加到约9亿人——几乎翻了一番。人口的不断增长，自然界面临的压力也越来越大。在非洲-欧亚大陆和新大陆，国家和私营企业家的目标是最大限度地提高土地生产力。近代早期国家保护和促进那些将越来越多的土地和其他自然资源置于国家控制之下的人。国家的支持——通过资本投资和承认拓荒者是民族英雄和企业家，导致了生物入侵并破坏世界各地的区域生态系统。由于人类的干预，植被和动物复杂多样的组合受到了影响，许多物种灭绝了。拓荒者，尤其是美洲和非洲的拓荒者，发现大量的野生动物、鸟类和鱼类，它们易于屠宰、食用或剥皮。自然资源丰富且无限的观念，在边疆社会培育出一种暴利心态。当定居者耗尽食物、能源和物质资源时，他们可以简单地转移到新的"未被开发"的资源上，而这些资源只需通过占有即可获得。例如，在17世纪，荷兰的主要能源从木材转向泥炭。荷兰人发明了新的方法来提取、加工、搬运和燃烧泥炭。运河的使用意味着低价格和高可用性。但是，到了18世纪晚期，荷兰国内泥炭供应开始达到极限。事实证明，烧煤是摆脱能源困局的出路。英国是世界上首个以化石燃料代替生物质作为主要能源的国家。到1800年，煤已成为不列颠群岛主要的家用和工业燃料。煤、蒸汽和铁的结合导致了工业革命；日益增加的化石燃料的使用已破坏了环境，带来了在不永久损害地球的情况下如何促进经济增长的挑战。也许，对我们新兴的全球社会及其联系的终极考验是我们如何管理自己和生物圈。

文化交流和社会变革

帝国主义并不是白人独有的恶习，滥用宗教也不是为其辩护。然而，只有基督教国家产生了一个分裂的传教士阶层，其中一些狂热分子带头支持帝国，而另一些人则质疑它，试图寻找到一个和平王国。其后果之一就是殉难的盛行。许多基督教传教士离开欧洲，来到遥远的地方，渴望自我牺牲，他们很清楚自己可能再也见不到家人和祖国了。1581年，在西班牙治下的墨西哥，奥斯定会士罗德里格斯（Rodríguez）陪同另外两名传教士进入格兰德河流域，使普韦布洛人皈依基督教。这三名男子在那里生活了一年多，未获任何军事支持，也未与西班牙当局接触。由于担心传教士遭到伤害，安东尼奥·德埃斯特万·埃斯佩霍（Antonio de Estevén Espejo）船长率领救援队伍从圣巴托洛梅（San Bartolomé）出发，沿着孔乔斯河（Conchos River）顺流而下，然后沿着格兰德河逆流而上。埃斯佩霍后来与祖尼（Zuni）、阿科马（Acoma，两地均位于今新墨西哥州）的普韦布洛人建立了联系，并拜访了霍皮人（Hopi）在今亚利桑那州的定居点。1583年，他报告说印第安人杀死了三名传教士。他还带回了新墨西哥州北部和亚利桑那州的金银矿藏报告，这为16世纪90年代后期的西南探险提供了基础。黄金、荣耀和上帝仍然是人们移居世界各地的重要诱因，离开欧洲被视为一种英勇和进取的行为。

对殉难的热情和追求精神征服从而智取帝国的欲望是天主教压倒一切的野心。在天主教的环境之外，当疾病没能灭绝土著人口时，宗教辞令便被用作替代品。一个极端但仍具代表性的案例是科顿·马瑟（Cotton Mather，1663—1728年），这位毕业于哈佛大学的历史学家和教会领袖主张灭绝印第安人。他生于波士顿，后来加入父亲英克里斯·马瑟（Increase Mather）的行列，担任波士顿北方教会的牧师。父子俩致力于撰写历史和宗教方面的文章。科顿·马瑟在1702年出版了一本新英格兰地区的教会史，名为《基督在美洲的光辉事业》（*Magnalia Christi Americana*），在书中他认为使印第安人基督化和文明化的尝试是徒劳之举。科顿·马瑟把印第安人描绘成被撒旦带到北美的失踪的以色列十支派的显现，而这些支派的习俗是邪恶的体现，科顿·马瑟主张以宗教理由彻底灭绝他们。他的言论震惊了同时代的温和派，但就实际情况而论，那个时代的北美白人殖民者对土著居民的普遍态度仍是种族灭绝。

融入一个社区的重要标准是表达出按照规则行事的意愿。为了同化，有必要将主流文化的标记融入混合身份中。结果，帝国既破坏了现存的传统，又创造了混合的社会与文化、克里奥尔语（Creole Language）、融合的宗教、临时凑合的政治和新的生活方式。与此同时，在移民社会和欧洲，公共领域扩大了。在俱乐部、咖啡馆、沙龙、平面媒体、政党内部以及越来越多的社会阶层和教育阶层中，讨论和分析国家事务的人比以往任何时候都多。

人们的认知往往与他们居住的地方有关。近代早期的欧洲人，如果仔细想想，就会发现自己置身于一个由基督教和文明国家组成的道德共同体中，这些国家遵守"公理原则"（自然理性法则），以此限制和规范战争。尽管出于利益的考量它们经常推翻战争的道德和法律原则，但有一件事是欧洲内部所有战争的共同之处：参战国总是试图以公开、口头和书面的方式证明它们发动的是正义之战。也许是出于集体良知的巧合，西班牙在全球各地的战争也是如此。大量印刷的折页和小册子便利了信息传播。战争合法化促进了欧洲认同的形成。例如，在1700年，彼得大帝（Peter the Great）公开声称俄国对瑞典的进攻是合法的，这是他寻求在欧洲道德、法律和政治共同体中得到承认的手段之一。

公共领域是在全球化的世界中发展起来的——在全球化的世界中，由于贸易和移民在大洋和大陆上频繁往来，昔日分散各处的民族对彼此的了解越来越多。由于欧洲人控制着远程航运，可以说，那个时代的资料库都集中在西方。据估计，在近代早期的所有移民中，85%是欧洲人；然而，这一数字忽略了被迫迁徙的移民，包括大规模进入东南亚的中国（主要是福建）工人和旅居者、进入满洲和中亚的中国农民、从缅甸散布到婆罗洲的日本流亡者和经济移民、因白人征服而被驱逐和逃亡的印第安人，以及在非洲、南亚和东南亚，由于战争或统治者的迫害大量流离失所的民众。最重要的是，为了满足殖民劳工的需要，规模空前的奴隶制改变了近代早期世界的人口分布。一位前往非洲西海岸并冒险越过博哈多尔角（Cape Bojador）的葡萄牙探险家估计，在1434年至1448年，他的同胞从非洲转移了大约927万人到葡萄牙作为奴隶出售——这是运动的第一阶段。到19世纪末贸易结束时，约2000万人离开了非洲，许多人丧生于大西洋航道恶劣的条件下。西非人奥劳达·埃基亚诺（Olaudah Equiano）于1789年出版的自传以详细描述了这些跨大西洋航行中遭受的苦难而闻名。但是，就像被压迫的原住民在被征服的创痛中维持着他们的传统文明一样，奴隶们并没有放弃争取自己生活的主动权。他们在种植园发展了自己设计的新生活方式，包括在主人的阴影下建立新的自治机构、新的宗教（这些宗教常常将基督教的片段与对非洲神灵的回忆结合在一起）、由乐器即兴演奏的新音乐，以及新的语言（通常改编自欧洲奴隶主的语言，以在不同来源的奴隶间提供一种交流手段）。逃亡者建立了黑人逃奴王国，有时与土著社区结盟，世代保卫着为白人治下的帝国或邻近帝国所包围的独立飞地。

在有利环境下，个人的交往既受感情驱动，也受客观经济因素影响，其文化影响可与大规模移民的影响相提并论。例如，1534年，在加斯佩半岛（Gaspé Peninsula，位于今魁北克省）上，唐纳科纳酋长（Chief Donnaconna）和休伦部落一行人在狩猎海豹的途中，遇到了正在追逐"财富和前往亚洲的捷径"这双重梦想的法国探险家雅克·卡蒂埃（Jacques Cartier）。唐纳科纳被说服允许他的两个儿子作为向导随探险队旅行，他们和卡蒂埃一起乘船回到法国，并于次年返回，为他指明了去故乡休伦的路。1535年，卡蒂埃探险队停泊在圣劳伦斯河（St Lawrence River），靠近斯塔达科纳（Stadacona）的休伦部落（位于今魁北克市）。唐纳科纳得以与他的儿子们重聚。从斯塔达科纳出发，卡蒂埃沿着圣劳伦斯河继续前行，来到了今蒙特利尔（Montreal）地区的休伦部落。回到斯塔达科纳，卡蒂埃希望唐纳科纳帮助他赢得进一步探险的赞助，于是让他的部下强行将这位休伦族首领带上船。虽然一开始有过抵抗，但当卡蒂埃承诺在一年内将他送回故乡时，唐纳科纳同意与探险队同行。唐纳科纳在船的甲板上对他的战士们发表了讲话，并在与其他几个人启航前往法国之前将他们打发走了。他被赠送给法国国王弗朗索瓦一世（François I），他和他的部下很快就因感染欧洲疾病而去世。但在死前，他们已完成了本职工作。卡蒂埃获得了未来探险的资金，他后来沿着圣劳伦斯河进行的三次探险，使法国在将来能对加拿大的土地拥有主权。

近代早期欧洲对印度港口的影响，最为明显地体现在欧洲人和土著居民间建立的个人社会关系中。他们的生活史表明，"东方"和"西方"确实和解了。他们像平等的商人一样交往，也通过跨越文化和语言障碍的家庭关系交往。在印度的港口，几个世纪以来，欧洲人的不断增加和不同群体个体之间的通婚导致了新群体的产生，比如印葡人、印荷人以及英印人。葡萄牙人与印度妇女自由通婚，不管她们是印度教徒还是穆斯林。由于少有欧洲妇女历经漫长、严酷和危险的海上航行前往亚洲，异族通婚成为必然。葡萄牙语成为跨文化交流的通用语。

海外定居的结果至少对欧洲或非洲的新移民和他们的土著邻居来说更具变革性。从16世纪初到19世纪初，欧洲人一直生活在亚洲的沿海地区。他们的经济、政治和社会存在与内地的政治经济相比是微不足道的。马克思主义和新马克思主义历史学家强调，企业可以最有效地提取盈余，而不必担心管理领土的费用。对亚洲各港口城市以及亚洲和欧洲经济史的详细研究表明，近代早期欧洲人在亚洲港口实际上经历了一个漫长的，并且往往是相互冲突的生存过程。在大部分时间里，欧洲人依赖于当地的善意生存，当他们失去当地的善意时——就像葡萄牙人和西班牙人在东非大部分地区、波斯湾、中国、日本和东南亚大部分地区付出的代价一样——他们无法继续下去。然而，在18世纪下半叶，欧洲的飞地通过征服向内陆扩张，以加强安全保障或寻求新的收入。直到19世纪，有利于白人的军事力量平衡才被打破，那时的工业化增强了白人的火力，加快了白人的运输速度，并为白人提供了适合热带地区的补给和药物。与此同时，以生存为目的，最佳的长期战略便是"本土化"。作为商人来到东方的荷兰人，蜕变成收租的地主。在美洲，殖民者和他们的后代所特有的"克里奥尔人"身份就是本土化的结果之一。在中美洲和安第斯山脉，18世纪的画家自豪地展示了混合文明的种族和文化异质性，一个精英阶层出现了，他们来自不同的种族，有着共同的身份——画像上装饰着本土的羽毛——而西班牙是外来的。即使是在英国殖民地，一个新的"美国人"身份形成了，并刺激了1776年的独立运动，这场独立运动将大陆上的大部分殖民地与母国分离。

与此同时，随着伊斯兰教从中东向东扩展到南亚和东南亚，它被与其诞生地截然不同的文化接受。从阿拉伯到印度、马来西亚、印度尼西亚和菲律宾，一个多元化的全球共同体应运而生。除了宗教信仰，文学也把共同体凝聚在一起。在16世纪到20世纪，《千问之书》（*Book of One Thousand Questions*）从阿拉伯语翻译并改编成爪哇语、马来语和泰米尔语。它采用了先知穆罕默德和7世纪阿拉伯的犹太领袖阿卜杜拉·伊本–乌·萨拉姆（Abdullah Ibn-u Salam）之间的问答式自述，描绘了后者从怀疑到确信，并最终接受了伊斯兰教的过程。这本书跨越了语言、距离和文化的鸿沟，将穆斯林联系在一起。这一伊斯兰文本的翻译、阅读和流通的历史表明了它的各种文学形式，以及文学翻译和宗教皈依的过程是如何在历史上相互联系的。文字成为连接的媒介——另一种形式的全球化。近年来，传播或散布政治、知识和文化思想的代理人或掮客的近代早期特征受到了一些学者的关注，尤其是在恩庇侍从关系的背景下。

到了18世纪末，有相当数量的亚洲男子首次或再次向西旅行。一副翻译成英语的乌尔都语对句展示了当时的思想："让谢赫[1]（Sheikh）去克尔白吧；我宁

---

[1] 阿拉伯语中常见的尊称，有"长老""学者"等含义，也是部落首领的头衔之一。

愿去伦敦，因为他打算参观神的宫殿，而我要观赏上帝的荣耀。"优素福汗·坎巴波什（Yusuf Khan Kambalposh）的游记是最早的乌尔都语旅行记录之一，其字面意思是"那个裹着毯子的人"，象征着乞讨。19世纪30年代，他游历了欧洲和北非，不是为了寻找财富，而是纯粹为了探索一个远离自己印度北部家乡的世界。在将勒克瑙（Lucknow）与伦敦进行比较时，他写道，勒克瑙仍然很好，因为这里有一些创新和工艺；但这与他在英国看到的创新能力、贸易和工艺都相去甚远。在描述工业革命时，他说："英国人有制造大炮、枪、剑、纸、布等的机器，可以在瞬间生产成千上万相同的物品。"在印度，没有人知道这些发明。1837年11月，坎巴波什前往贝克街参观杜莎夫人蜡像馆。他看到了莎士比亚、拜伦勋爵（Lord Byron）、沃尔特·司各特（Walter Scott）和新加冕的维多利亚女王（Queen Victoria），以及俄罗斯沙皇和海盗的雕像。今时今日的旅行者很难再有这样的感觉，他们可能会发现很难重获坎巴波什所讲述的敬畏、惊讶和怀疑。其他前往西方的旅行者包括生活在1752年至1806年间的米尔扎·阿布·塔利布汗（Mirza Abu Taleb Khan）、近乎同时代的迪安·穆罕默德（Dean Mahomed）、1765年航海前往欧洲的卢特富拉（Lutfullah）和1766年至1769年间前往欧洲的孟希·伊塔萨姆丁（Munshi I'Tasamuddin）。通过对这类旅行记录的大量阅读，一种西方主义的感觉出现了——一种异国情调的西方形象，洋溢着与向东旅行的欧洲人相媲美的情感。

这种重新配置和扩大世界的描述，滋生出一个以男性为主的公共领域。但对女性而言，殖民是开放的。在西方，女性的地位发生了转变。15世纪50年代，在意大利北部的帕多瓦（Padua），解剖学家加布里瓦·法罗皮奥（Gabriele Fallopio）对女性尸体做了解剖研究，从生理方面发现其身体以出人意料的方式运作。女性并不像早先的医学理论所说的那样，仅仅是自然界繁衍后代的试验品。在欧洲出现的女性统治者的数量是前所未有的。有些人，如刚强的法国摄政王后凯瑟琳·德·美第奇（Catherine de' Medici，1519—1589年），利用政治艺术操纵男人；而另一些人，如轻浮的苏格兰女王玛丽（Mary，1542—1587年[1]），在其生活中重演了《圣经》中夏娃的警示故事：屈服于情人或宠儿。对与玛丽几乎同时代的苏格兰新教牧师约翰·诺克斯（John Knox）来说，掌权的女性是"畸形的"。大多数女性统治者都因伊丽莎白一世（Elizabeth I，1558—1603年在位）所说的"王者之心"而赢得赞誉，换句话说，男性称赞女性像男性一样统治。欧洲以外也有类似的情况。17世纪40年代，位于扎伊尔河谷的恩东戈（Ndongo）王国的女王恩津加（Nzinga）宣布她将"成为男人"。同样，在17世纪的大部分时间里，女性通过巧妙地处理性别观念来统治苏门答腊的亚齐（Aceh）。

▲ 威廉·卡彭特（William Carpenter，1818—1899年）的《勒克瑙集市》（*The Market Place at Lucknow*），他在19世纪50年代到印度旅行，利用英国市场的优势，领略了印度多样化和令人向往的异国风情。

---

[1] 英文原文误作"1512—1567年"，据实修改。

NOVELTY IRON WORKS, FOOT OF 12ᵗʰ ST. E. R. NEW YORK.
STILLMAN, ALLEN & Cᵒ.
Iron Founders Steam Engine and General Machinery Manufacturers

▲ 西方的工业化伴随着印度许多传统工业的消亡。在欧洲之外，似乎只有美国和后来的日本能够与之竞争。约翰·彭尼曼（John Penniman）在一幅油画中自豪地描绘了1841年纽约新奇的钢铁工厂，这幅当代手绘平板作品就是以此为基础的。

◀ 近代早期世界最令人敬畏的女强人之一——俄国女皇叶卡捷琳娜二世（Catherine II），她性格专横，风格强硬；但只要她愿意，她也可以看起来古怪、妖艳或尚武。此画由叶卡捷琳娜在1757年招募的丹麦宫廷画家维吉里乌斯·埃里克森（Vigilius Eriksen）创作。

在欧洲的普通家庭中，不同基督教形式之间的斗争赋予了妇女在传统领域新的重要性——作为家庭日常事务的监护人。母亲是家庭中的传福音者，将简单的宗教信仰和虔诚的实践代代相传。她们的选择在一些地方确保了天主教的生存，在另一些地方确保了新教的快速发展。神职人员为了自己的权力，执行严格的婚姻纪律。其副作用是保护女性免受男性"捕食者"的侵害，并在她们的丈夫去世时保护其财产。在17世纪晚期的马萨诸塞州，清教传教士科顿·马瑟认为妇女在道德上是优越的，因为她们经常面临分娩时死亡的风险。

然而，女权主义者今天所称的女性"选择"并没有相应地增加。在工业化之前，没有足够规模的新的经济机会。寡居仍然是那些想要自由和影响力的女性的最佳选择。这种情况最显著的特征是，许多丈夫活得够长，这可能诱使妻子谋杀他们。在16世纪和17世纪的欧洲，丈夫犯下的家庭谋杀案比妻子更多。而女性，尽管她们的地位有所改善，但仍然经常是受害者——被丈夫殴打，遭忏悔者责骂，受社会规则压制，为法庭所欺。

个人主义起了作用。如果男人天生平等，那么女人呢？孟德斯鸠认为没有理由排斥她们。我们现在称之为女权主义的观念（即女性集体组成了一个社会阶级，在历史上受到压迫，应得到解放）出现在1792年的两部作品中，即玛丽–奥兰普·德古热（Marie-Olympe de Gouges）的《女权和女公民权宣言》（*Declaration of the Rights of Woman and of the Female Citizen*）和玛丽·沃斯通克拉夫特（Mary Wollstonecraft）的《女权辩护》（*A Vindication of the Rights of Woman*）。两位作家都不得不努力谋生，过着非同寻常的情爱生活，可最终都悲惨离世：沃斯通克拉夫特于1797年38岁时死于分娩，德古热在1793年法国大革命期间因捍卫法国国王和王后而被送上断头台。"女性可以登上断头台，"她说，"她们也能够登上政治舞台。"两位作家都驳斥了此前以赞扬女性的家庭美德和母性美德为标准的女性准则。相反，她们承认了女性的恶习，并将之归咎于男性的压迫。

儿童虽然不具备平等的条件，但在这些变化的过程中获得了新的地位和重要性。在欧洲，那些生来残疾的人住在专门的机构里，那里的重点是"修复"残疾人的身体，使他们"对自己和社会有用"。在18世纪70年代，伦敦育婴堂启动学徒计划，以了解和衡量残疾儿童的潜力。它建立在这样的理念之上，即任何儿童，无论身体有多弱，都需要有机会从童年的依赖发展到成年后的独立。

驯养"野性"儿童（自食其力的孤儿或由狼抚养的弃儿）的努力成为18世纪的一种风潮。与此同时，在南非、印度尼西亚和澳大利亚，欧洲人强行带走土著居民的孩子，以"保护他们免遭野蛮侵害"，并向他们提供包括基督教在内的基础教育。人们认为土著儿童具有韧性和可塑性，因此有可能对他们进行教育和"教化"。土著儿童在教会幼儿学校的经历表明，教育对殖民主义至关重要。"教化"是惩戒"其他"儿童和维护殖民社会权力体系的一种手段。殖民教育制度化是"教化"土著儿童和改变他们的"异教徒""土著"生活的关键。它有三重目的：一是让人们接受殖民者的基本语言教育，以便在较低层次的殖民官僚机构中工作，使基督教全球化；二是培养本土传教士，他们或许有更好的条件使大众皈依基督教；三是一些性别项目，重点是传教士妻子、女教师、殖民地行政官员的妻子和其他人的参与，旨在从孩童时代就形成统一的文化、社会和政治认同。

但重塑孩子并不一定会导致他们对当地人的疏远。被称为"女酋长"的伟大女战士就是一个很好的例子。她于19世纪初出生在中美洲平原的格罗·旺特（Gros Ventre）部族。10岁时，克劳（Crow）部族俘虏了她，并按照部族习俗收养了她；她的养父鼓励她使用弓箭、开枪、骑马和步行狩猎。她成长为一名高大强壮的射手和熟练的水牛杀手。她作为战士和掠夺者的才华为她带来了财富、名声、声望和权力。她受到部落长老的尊敬，是代表克劳人的酋长委员会中唯一的女性成员。1851年，《拉勒米堡条约》（Treaty of Fort Laramie）促成了克劳和格罗·旺特之间的和平。也许是想见见她已经四十年没有联系的亲戚，女酋长开始拜访她的族人，并想巩固他们与其养父母部族间脆弱的和平。遗憾的是，她在途中被一群听说过其勇猛事迹，认为她是危险敌人的格罗·旺特族勇士杀死。

结论

我们所关注的君主、雇佣兵、商人和移民，他们是近代早期世界联系和变革的动因。无论是精神上还是身体上，航海和航运技术将新的领域和人类带入了一个共享世界。从奴隶、土著居民和其他在近代早期全球化的洗牌中失去了历史和身份的人身上吸取的经验教训，应有助于阐明对今天的人们而言仍然必需的生存技巧。只有把近代早期世界看成是兼容并包的，把东半球和西半球的不同社会看作独特而变幻的文化，我们才能充分理解人类的过去、现在和未来。

第五部

大加速：

在变暖的世界中加速变革

（1815年至2008年）

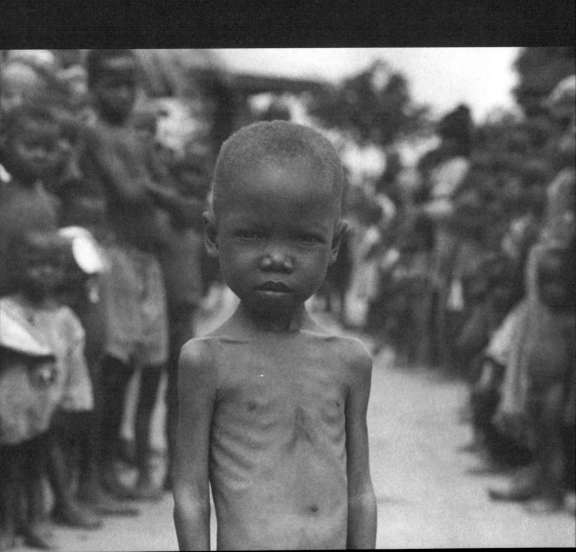

第十一章

人类世时代：两个变革的世纪之背景

大卫·克里斯蒂安

人类世简介：1815—2015年

从历史研究的传统视角来看，过去的两个世纪发生了翻天覆地的变化。人类创造了一个在生活方式、技术和政治、思想、经济、艺术以及情感方面与任何早期社会都截然不同的世界。在整个生物圈的背景下，这些变化看起来更为壮观。在地球约45亿年的历史长河中，这是一场无与伦比的革命。

要对当今世界有所了解，我们不仅需要把它置于人类的历史中，还需要把它放在地球的历史中。在我们星球的历史上，第一次由单一物种（智人）掌握了对生物圈的控制，以至于其主导了地球表面的变化。在短短200年的时间里，我们人类已成为一个改变地球的物种。不管我们是否了解自己在做什么，往后几十年的人类行为将深刻影响未来数千纪的岁月。本章描述了当今世界发生的革命性变化。

和许多其他学者一样，我认为从大约1.17万年前最后一个冰河时代末

▲ 11.1 第十一章中出现的地名

期开始的全新世时代现已结束，我们进入了一个新的地质时代："人类世"（Anthropocene）。这个词来源于希腊语词根"anthropo-"，即"人类"。所以，大致来说，这意味着由人类主宰的地质时代。

在简要介绍了人类世的概念之后，本章提供了一些与人类世相关的巨大变化的衡量标准，因为变化的规模和速度如此惊人。然后，文章描述了当前时代的深刻历史根源。在本章的第二节，文章描述了从18世纪晚期到今天这段时期技术、经济、社会和环境的主要变化。

人类世思想

大多数历史学家认为当今世界与此前数千年的世界截然不同。我们的生活不同以往，人口日益增多，社会、经济、思想和技术日新月异，体验生活的方式也前所未有。今天的世界常被描述为"现代世界"。但是"现代"这个词的含义是如此之多，它已不再有助于我们考察过去两个世纪最独特的地方了。"人类世"的概念则更为清晰，因为它提出了更明确的主张。最重要的是，它表明人类对地球的影响力呈指数级增长，因此这一时期的关键变化源于人类与生物圈之间的新关系。我们现在正在引起如此巨大的变化，以至于它们与全球气候，或者岩石的风化以及其他地貌等伟大的自然系统驱动的变化相匹配。许多人为造成的变化将在遥远的未来出现在地质记录中，这就是为什么说我们进入了一个新的地质时代是合理的。

一些学者很早就认识到人类对地球日益增长的影响。18世纪末，法国博物学家布封伯爵（Comte de Buffon）将历史划分为七个时代，其中最后一个是"人的力量辅助自然力量的时代"。众所周知，查尔斯·巴贝奇（Charles Babbage）是计算机领域的先驱，他在1835年的研究表明现代工业向大气中排放了大量的二氧化碳，其后果"尚不清楚"。19世纪70年代，意大利学者安东尼奥·斯托帕尼

（Antonio Stoppani）认为，人类已经进入了"人类代"[1]（'Anthropozoic' era），在这个时代，人类已成为"一种新的大地之力，其力量和普适性可与地球上更强大的力量相媲美"。二十年后，斯万特·阿累尼乌斯（Svante Arrhenius）证明了大规模燃烧化石燃料会改变地球的气候。在20世纪早期，俄罗斯地质学家弗拉基米尔·维尔纳茨基（Vladimir Vernadsky）和法国古生物学家、耶稣会士德日进（Teilhard de Chardin）都描述了一个由人类主宰的强大的新行星球体的出现："智慧圈"（Noösphere），或称"思想圈"（希腊语单词"nous"的意思是"头脑"）。

在20世纪初，科学还不够精确，无法证明我们人类正在改变生物圈这一激进观点的正确性。但随着现代环保运动以及生态学和环境科学等新研究领域的兴起，这一想法在20世纪下半叶最终得以确立。美国生物学家尤金·F. 施特默（Eugene F. Stoermer）一直在研究美洲五大湖的物种变化，他在20世纪80年代初使用了"人类世"这个词来描述他观察到的人类活动的巨大影响。

气候科学家保罗·克鲁岑（Paul Crutzen）在2000年后提出了"人类世"的概念。人们认同此种观点是因为克鲁岑获得了诺贝尔奖，这正缘于他解释了人类活动（特别是使用被称为氯氟烃的化学物质）是如何破坏地球大气层的臭氧保护层的。在2000年的一次会议上，他被不断提到的"全新世"的说法激怒了，并意识到现代社会带来的巨大变化，他回忆到当时自己脱口而出："让我们停止吧！我们不再处于全新世。我们是在人类世。"

到2000年，这一说法的证据已难被忽视。2002年，克鲁岑在科学期刊《自然》（Nature）上发表了一篇论文，列举了人类活动导致的许多革命性变化。其中最引人注目的是大量燃烧化石燃料，这有可能改变地球气候系统。这些重要的测量数据是由查理斯·基林（Charles Keeling）于1958年在夏威夷测得的。他们发现大气中的二氧化碳含量正在快速上升。但是，直到对南极冰芯做了详细研究之

---

[1] 又译"人生代"。——译者注

后，基林所做测量的全部意义才变得清晰起来。冰芯中含有微小的气泡，可以让我们了解遥远过去的大气成分。他们的分析显示，基林记录的二氧化碳浓度比近100万年来的任何时候都要高。2016年的一项研究计算出，目前由人类活动导致的二氧化碳释放速度是过去6600万年里前所未有的。

正如阿累尼乌斯在1896年提出的那样，由于"温室效应"，二氧化碳浓度的增加将不可避免地导致气候变暖。在温室效应中，二氧化碳分子（如甲烷、水蒸气和其他类似气体）保留了原本会被反射回外层空间的热能。由于二氧化碳在大气中存留数十年，其变暖效应将持续几代人（另一种强大的温室气体——甲烷——的含量在过去两个世纪里增长得更快，但甲烷的分解速度也更快）。

二氧化碳浓度上升的证据使克鲁岑相信，大约200年前，在詹姆斯·瓦特（James Watt）发明蒸汽机之后，人类对生物圈的改变就开始了，正是这台机器最先促成了煤炭的广泛燃烧。克鲁岑认为："人类世可以说始于18世纪末，对极地冰层中空气的分析显示，在那时全球二氧化碳和甲烷浓度开始上升。"本章采纳克鲁岑对人类世起始日期的观点。当然，实际上，人类世在不同时期出现在不同地区，它对整个星球的影响直到20世纪下半叶才得以凸显，即正处于许多学者所说的"大加速"期间。尽管如此，把人类世的开端与化石燃料革命联系起来还是有意义的。

克鲁岑在2002年的文章中还列举了人类对生物圈影响不断增长的其他显著证据：全球人口数在短短200年内几乎增长了10倍；人类的能源使用量在20世纪增加了16倍；人类获取大气中氮的速度比任何自然过程都快，其主要用于制造化肥；人类活动改变了地球表面高达50%的面积；人类正在使用所有可用淡水供应量的一半；森林砍伐正在减少热带雨林的面积；而且，随着人类越来越多地使用地球上的资源，其他物种（除了驯养的牛和小麦等）正以数千万年来未曾见过的速度灭绝。

自2000年以来，许多其他学者开始接受这样的观点，即我们正在经历一场地球历史上的革命性变革。2009年，"第四系地层小组委员会"（Subcommission on Quaternary Stratigraphy）开始讨论引入新的"人类世"的正式提案。这是一个学术机构，它确定了过去250万年地球历史上的地质划分，那个时代主要是常规的冰河时代。对地质学家来说，开创新时代的决定意味着人类已发生巨变，这些巨变将在未来的地质地层中显现出来。换言之，我们的任务是要证明，在未来数百万年研究地球的古生物学家会注意到我们人类造成的变化。越来越多的证据表明，他们确实会注意到人类世。

测量人类世：
一张统计草图和许多曲棍球杆图（Hockey stick graph）

要了解这些变化的规模，我们需要进行测量。因此，本节测量了一些近期的主要变化，并将它们与全新世期间的变化进行比较。执行此操作时，我们会看到一系列"曲棍球杆"现象：缓慢上升很长时间后突然向上扭曲的图形。

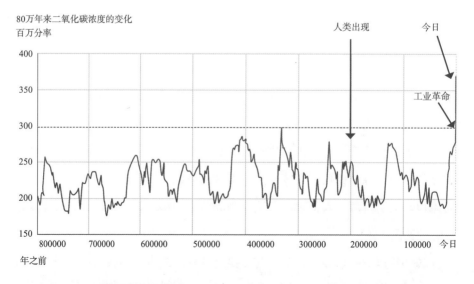

▲ 80万年来二氧化碳浓度的变化。

最著名的"曲棍球杆"是随着大气中二氧化碳浓度的上升而出现的。查理斯·基林及其继任者的测量结果显示，大气中二氧化碳浓度在短短50年内上升了30%以上，从百万分之三百多上升到今天的百万分之四百左右。而对南极冰芯的分析表明，前现代的二氧化碳浓度至少在80万年内一直低于百万分之三百。将这两种测量结果结合起来——现代二氧化碳浓度急剧上升，以及它们早期的波动平均约为百万之二百五十——于是就有了统计学家版本的曲棍球杆图。在过去几年里，全球气候发生的一些现象着实令人诧异。

我们现在知道许多其他的曲棍球杆现象，当中有些绵延了几千年。但为了避免细节让读者不知所措，我只关注其中一些最重要的内容，并使用来自单张表格的数据，这主要基于瓦茨拉夫·斯米尔（Vaclav Smil）的工作（对于变化的规模，不同的表格给出的估计可能略有不同，但重要的是更大的图景）。

第一张图显示了克鲁岑在2002年论文中所指人类人口数的惊人增幅。在经历了十万多年异常缓慢的增长后，在近一万年略有加快，人类人口数在过去200年里猛增了60多亿人，即人口从9亿人增加到70多亿人。新增的人口需要更多的资源，包括食物、衣服和商品，因此提取这些资源所需能量的相应增加就理所当然了。令人惊讶的是，能源消耗的增长速度甚至快于人口：根据本表的数据，在过去的200年中，能源消耗增长了约25倍，而据某些估计，甚至是增长了近100倍。第三张曲棍球杆图则表明，在过去200年里，人均可利用能量至少增加了3倍，这与两千年前相比增加了近15倍。如今，人类平均拥有的能量是历史上大部分时期的15倍。尽管这些能源财富分配极为不均，但它却提高了数十亿人的物质生活水平。第四张图显示了这些变化最深远影响之一：它们延长了人类寿命。在人类较长的历史中，出生时的平均预期寿命徘徊在20岁至30岁，究其主因是营养不良，以及对伤病员简陋的医疗护理条件，因此在大多数社会超过一半的婴儿在5岁前死亡。在人类世的200年里，人类寿命延长了1倍，主要是因为人们学会了如何更好地保护、喂养和治疗年幼者、病人和老年人。最后的图表显示了最大城市的规模。正如伊恩·莫里斯所建议的那样，它提供了一种间接度量日益复杂的人类社会的方法，因为对大城市进行管理、供给和维持治安是一项复杂的经济、政治、法律及后勤挑战。在这里，我们也看到了过去两百年的急剧增长，定居点从人口刚超百万到增长20倍以上，譬如现代上海。

从人类历史的整体尺度来看，甚至从地球历史的40亿年尺度来看，这些都是爆炸性和革命性的变化。这是什么原因造成的？

表11.1　全新世和人类世时期人类历史统计

时代	A：年代 0=2000年	B：人口数量 （百万人）	C：能源使用总量 百万吉焦/年 （=B×D）	D：人均能源使用量 吉焦／人／年 （最初3项为最大估计值）	E：预期寿命 （年） （最初3项为最大估计值）	F：最大定居点人口数量（千人） （最初1项为最大估计值）
人类世	−10000	5	15	3	20	1
	−8000					3
	−6000					5
	−5000	20	60	3	20	45
	−2000	200	1000	5	25	1000
	−1000	300	3000	10	30	1000
	−200	900	20700	23	35	1100
	−100	1600	43200	27	40	1750
	0	6100	457500	75	67	27000
	10	6900	517500	75	69	

B列至G列数据来自斯米尔《生物圈的收获》（*Harvesting the Biosphere*），kindle，第4528页；H列数据来自莫里斯《为什么当下西方统治世界》（*Why the West Rules-for Now*），第148—149页，以及距今年代1万年数据内插。[1]

基于该表格的统计图显示了一些更重要的极大的曲棍球杆现象。它们的柄落在全新世，它们的头向上落在人类世。

---

[1] 英文原书表格仅到F列。

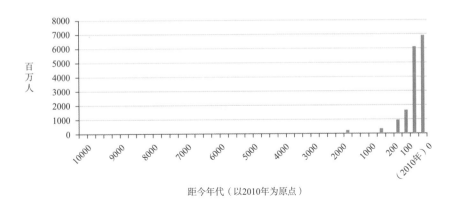

▲ 人口增长（百万人）：全新世和人类世。

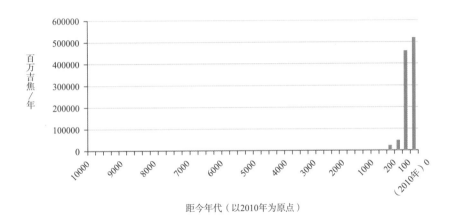

▲ 人类能源使用总量（百万吉焦/年）：全新世和人类世。

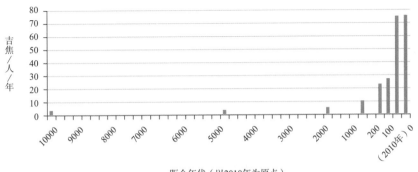

▲ 人均能源使用量（吉焦／人／年）：全新世和人类世。

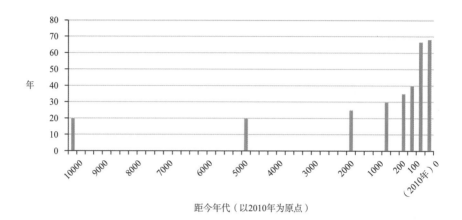

▲ 预期寿命（年）：全新世和人类世。

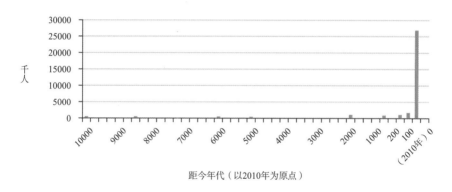

▲ 最大定居点的规模（千人）：全新世和人类世。数据来自莫里斯《为什么当下西方统治世界》，第632页。

人类世的根源

环境史学家约翰·麦克尼尔（John McNeill）提出："几个重大转变推动我们进入人类世，但最大的转变是采用化石燃料和1750年以来能源使用的飞跃。"

要解释这些变化，我们需要在整个人类历史的背景下考察它们。人类世是由创新驱动的：新技术，以及组织人类社会、开发生物圈的资源和能量流动的新方法。没有其他物种能像智人那样创新；事实上，创新可能是人类作为一个物种最显著的特征。我们的技术创造力很大程度上要归功于人类的语言。在过去几十万年的某个时期，我们的祖先发展出了如此高效的语言形式，将他们与近亲大猩猩区别开来，他们可以在许多世代之间分享和积累新的想法和信息。随着不断的积累，新的想法和新的信息给了人类管理周边环境的新方法。因此，尽管经历了许多逆转和困境，我们物种的集体生态力量在人类历史的进程中得到了增强。在地球40亿年的生命史上，没有其他任何物种显示出通过集体学习进行持续创新的能力。在这些方面，唯有根据人类的特征才能理解人类世，这些特征最晚出现在20万年前的智人身上（可参阅第一章和第二章）。

随着更多有关周围环境的信息日积月累，我们祖先对流经生物圈的能源和资源控制得越来越多。本章追踪的每一次迁移都依赖于创新，因为每次进入新环境，人类都需要新的技术、新的环境知识和新的生存方法。例如，冰河时代的西伯利亚人必须知道如何捕猎猛犸象，如何用猛犸象皮制作保暖的衣物和住所，如何将肉埋在永冻土中，以及如何雕刻象牙。

但创新的速度和后果却大相径庭。在某些时代，创新慢得几乎难以察觉；今天，没有人会错过它。一些创新是次要的；而另一些则是革命性的。弓箭和狩猎技术的改进在当地就很重要。但有一些创新改变了游戏规则，它们开启了人类历史的新道路。它们在技术上像黄金般珍贵。人类语言的出现是这样的巨变，农业技术也是如此，在过去一万年中，农业技术出现在世界许多地区。农业被视为一项巨大的创新，因为它让农民获得了更多流经生物圈的能量。农民改变了他们的环境，从而增加了他们可利用物种的产量，如牛或小麦；同时减少了他们不需要的物种的产量，如杂草和老鼠。他们通过这种方式获得的能量最终来自植物光合作用吸收的阳光。农业使人类得以利用更多的流经生物圈的古老的光合作用能量。

这一变化是革命性的。人类可以生产更多的食物，燃烧更多的木柴，并通过驯养动物获取更多畜力。随着能源使用量日渐增长、人口飙升，以及人们生活的日益多样化，更多的想法得以交流碰撞，致使创新本身也在加速。这些变化产生了在过去5000年的大部分时间内主导人类历史的农业文明。随着对能源控制的日益增强，人口也在增长，城市的规模、国家和帝国的实力、有组织的宗教领域以及贸易公司的财富与权力随之增长。

公元1500年以后，人类开始在整个地球上交换思想、商品和财富，创新的步伐再次加快，还有投资创新的意愿不断增强。最近的一项估算表明，在过去的200年里，全球贸易额增长了6000多倍。其中大西洋地区的加速最快，因为欧洲水手和贸易商在寻找进入亚洲和印度洋这一巨大市场的机会时，最先发现了如何环球航行。对第一批全球贸易网络的控制，使欧洲企业和政府能够优先接触到巨量的财富和思想流动，这些流动是通过将各地连接起来而产生的——这些地方在人类历史上大部分时间里相互隔绝。欧洲学者邂逅新的星球、新的国家、新的民族和新的宗教。新信息引发了对传统宗教和知识的质疑，并为宇宙学、地理学、物理学和生物学中的新观念奠定了现代科学的根基。

通过这些方式，创新在日益全球化的世界中加速发展。新的财富给欧洲的科学、工程和商业注入了活力，创造了卡尔·马克思所说的第一个"资本主义"社会。全球市场也产生了激烈竞争，鼓励政府和企业家进行创新，以便在生产和销售上胜过竞争对手。这些成果包括商业资本和智力资本，正是它们给欧洲社会带来了工业革命。

然而，尽管创新速度加快，但有理由认为增长终会停滞，因为农业社会能够利用的能源总量是有限的。农业文明依赖于通过光合作用获取能源和食物供给。其能量来自以农场农产品喂养的人和家畜的劳动，以及林地木柴的燃烧；小部分来自风和水。因此，管理能源意味着管理人或家畜（如马和牛）的艰苦劳动，且以这种方式动员的工作量（即使增加踏板和踏车等机械装置）也受到可耕地数量和年收获规模的限制。

几个世纪前，一些社会已经达到了可利用能源的极限。亚当·斯密等经济学家认为，随着能量流动的减少，经济增长将会停滞。最终，工资会下降，人口也会下降，社会将面临所有其他生物在填补其缝隙时所面临的制约。

1750—1900年：人类世的突破性技术

与全新世一样，人类世也是始于改变游戏规则的创新，然后释放了大量新的能量流。

在18世纪，企业家和发明家偶然发现可以利用数亿年来在化石燃料中积累和储存的能量流。下图展示了自1850年以来人类的能源使用情况，显示了化石燃料的变革性作用。1850年，生物质（木柴燃料以及人类和家畜劳动）仍然能够满足人类大部分的能源需求。2000年，生物质仅占人类能源使用的九分之一左右，而大多数能源来自化石燃料：煤、石油和天然气。无法想象没有化石燃料，当今世界会是什么样子。

关键的突破很难实现，因为如何有效利用化石燃料并非轻而易举。煤、石油和天然气在许多社会中都很常见，渗入里海周围土壤的石油以沥青的形式被用来堵住船只，或者以液体的形式用作药物，或者偶尔被焚烧用以照明；天然气也是如此。石油可能是"希腊火"的成分之一，这是拜占庭海军在海战中使用的一种高度易燃的材料。在中国宋代，木炭短缺的铁匠大量使用煤炭生产武器和盔甲用铁。但事实证明，他们对煤炭的依赖是暂时的，因为大多数煤炭来自中国北方，这超出了宋朝控制的核心区域。

很长一段时间以来，化石燃料无足轻重，这里面有诸多原因。大多数煤、石油和天然气深埋地下，而且煤和石油很脏，难以用传统技术利用它们。但正如我们所见，世界许多地方的政府和企业家正在海外的陆地或距离他们本土偏远的地方寻找新的粮食和能源来源。在寻求廉价能源的创业投资者的支持下，这项研究最终将实现重大突破。

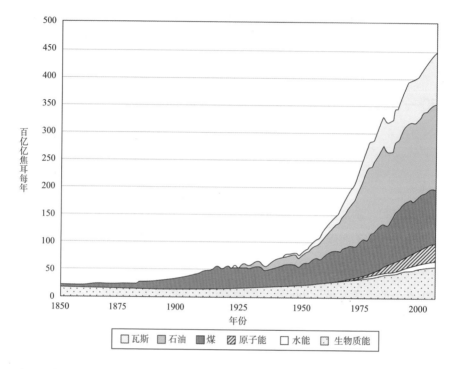

▲ 自1850年以来人类的能源使用情况，该图显示了化石燃料的变革性作用。

　　这些突破是在欧洲实现的，欧洲现在是世界上商业和智力最具活力的地区。英国位于欧亚大陆西北部的小岛之上，有着雄心勃勃的政府、充满活力的经济和遍布全球的贸易网络。但早在16世纪，它就饱受木材和土地短缺的困扰，木材价格上涨迅速。与美洲和波罗的海地区的贸易填补了部分缺口，同时更高效的作物轮作，改良的育种方式，以及通过排挤小农户建立起的规模更大、更商业化的农场，都提高了土地生产力。与此同时，自新石器时代以来就一直用于取暖的煤炭，在英国储量丰富且较易获得。到16世纪，英国的面包师、酿酒师、砖瓦匠和玻璃匠开始用煤取暖，而且越来越多的普通家庭也纷纷效仿——尽管燃烧的煤会产生难闻的烟雾〔17世纪末，日记作家约翰·伊夫林（John Evelyn）把伦敦比作"埃特纳火山（Mount Aetna）、火神宫廷……或者地狱的郊区"〕。开采煤炭之

▲ 1884年，美国游客威廉·里丁（William Rideing）在画作中称，按照谢菲尔德（Sheffield）的标准，这是"非常晴朗的一天"。工厂是"早期人类世的典型制造机构"。

所以成为可能，是因为北英格兰是延伸到德国的地质带的一部分，那里的煤层接近地表（约翰·麦克尼尔称之为"石炭纪的新月沃地"）。许多英国煤矿靠近河流，因此其煤炭可以很便宜地沿海岸运至伦敦。

到1750年，煤炭已为英格兰和威尔士提供了相当于430万英亩（约174.0万公顷，约占两地总面积的13%）林地的能源；到1800年，煤炭提供了相当于1100万英亩（445.2万公顷，约占两地总面积的25%）林地的能源。它已经成为英国厂商最重要的取暖燃料来源，在一些历史学家看来，这使英国成为一个"典型化石能源经济体"。如果仅仅依靠林地能源，伦敦不可能发展成为世界上最大的城市之一。以煤炭为燃料的工业提供了就业机会，鼓励早婚并提高了生育率。能源短缺、充满活力并快速增长的人口和经济，以及容易获得的煤炭，确保了对煤炭和相关行业的投资不断增加，从而产生了更有效地开采和使用煤炭的强大驱动力。这些因素与18世纪时弥漫于许多欧洲社会日益高涨的科学精神相结合，有助于解释关键性的突破为何会发生在18世纪的英国。

关键就在于找到使煤炭不仅能产生热量，还能产生机械能的方法：驱动纺织机、泵或滑轮，甚至为马车或船只提供动力。在18世纪早期，许多煤炭生产商已经开始使用以煤为燃料的纽科门（Newcomen）蒸汽机，在矿井日渐变深的时候，将其中的水抽出来。但纽科门蒸汽机的效率太低，在煤矿以外无法使用——因为煤矿的煤很便宜。纽科门蒸汽机有一个单缸，蒸汽从燃煤锅炉中泵入，然后冷却形成部分真空，从而牵引一个活塞，带动泵工作，但持续加热和冷却的效率极低，需大量的煤与水。

许多工程师试图改进纽科门蒸汽机。其中的佼佼者当属詹姆斯·瓦特，他是一位技艺精湛的苏格兰乐器制造商，与当时顶尖的工程师、修理工、自然哲学家和企业家们关系密切。瓦特在1760年遇到了他的第一台蒸汽机，他当时被要求修理一台纽科门蒸汽机，这台纽科门蒸汽机的低效令他深感震惊。在1765年一个星期天的下午，他在散步中灵光一闪，意识到该如何改进它："有个想法跃入了我的脑海，因为蒸汽是一个弹性的形体，它会冲进真空，如果汽缸和能量耗尽的容器之间得以联通，蒸汽就会冲进去，而且可能在没有冷却汽缸的情况下凝结在那里……我还没有走出高尔夫球馆，整件事就已心中有底了。"

瓦特建立了一个成功的工作模型，但他花费数年时间做了大量改进、争取资金支持以及学习许多前沿工程技术，才制造了一个成功且完善的版本。他在1769年获得了第一项专利，潜在的具有革命性的蒸汽机的消息很快就传开了，这表明许多国家对生产和使用新能源的需求在不断增加。在全球化的世界里，瓦特甚至得到了去俄罗斯工作的机会。1776年，在伯明翰（Birmingham）企业家马修·博尔顿（Matthew Boulton）的资金和工程支持下，瓦特制造了一台蒸汽机，这台蒸汽机可以将蒸汽释放到单独的冷凝器中冷却，这样主缸就可以保持高温。

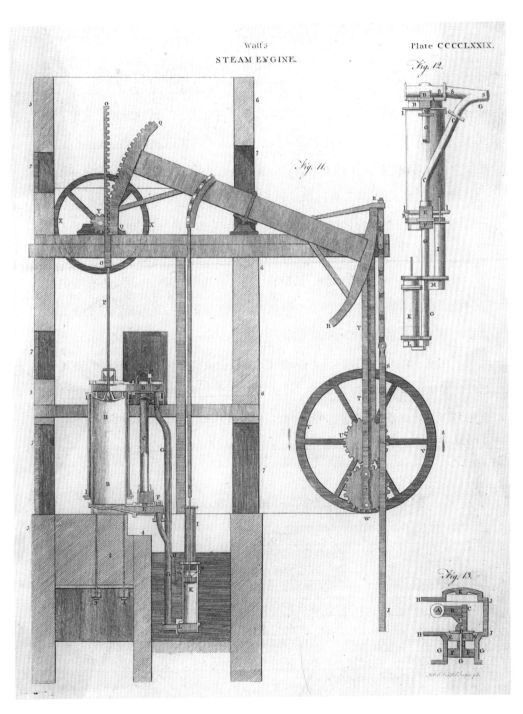

▲ 瓦特蒸汽机：对发明家来说，这种技术产品是启发性和创造性洞察力的产物。

这是一个关键性的突破。瓦特蒸汽机是第一批突破地域限制、提供廉价机械动力的由化石燃料驱动的机器,他和博尔顿知道它们将有一个巨大的市场。1776年,博尔顿对约翰逊博士(Dr Johnson)的传记作者包斯威尔(Boswell)说:"先生,我在这里出售的是全世界都渴望拥有的东西——动力。"到1800年,英国大约有500台的发动机在运转,蒸汽开始挑战水力,成为英国迅速扩大的棉纺厂最有效的驱动力。到19世纪30年代末,蒸汽已成为英国工业的主要动力来源。

除了帆船,以前从未有过如此强大的动力。在1750年,一个农民拉着两匹马犁地,只能控制大约1000瓦的动力,即使是一辆四轮马车也只能产生不超过2500瓦的动力。

虽然"马力"是由詹姆斯·瓦特提出的,但其命名并非偶然。在化石燃料革命之前,犁和马车是最有力的一般原动机。即使是最早的瓦特蒸汽机也能提供更大的功率——在7000到10000瓦(10到15马力)——而且在改进之后其功率很快增加。在接下来的两个世纪里,原动机的力量会成倍增长。到1850年,英国蒸汽机车的司机控制着20万瓦的机车,今天日本子弹头列车的司机控制着大约1300万瓦的列车,而波音747或空客380的机长控制着1亿瓦的客机——这是一个拥有两匹马的农民所能获得功率的10万倍。

表11.2　1700—2000年不同的动力源以及相应的输出功率

年份	动力源	输出功率(瓦)
1700	用两匹马犁地的英国农民	1000
1750	法国四人马车	2500
1780	早期瓦特蒸汽机	7000
1795	改进型瓦特蒸汽机	10000
1850	英国蒸汽机车	200000
2000	日本子弹头列车	13000000
2000	波音747或空客380	100000000

数据来源:瓦茨拉夫·斯米尔,《能源新世界》(*A New World of Energy*),《剑桥世界史》(*Cambridge World History*),第7版,第1卷,第173页。

化石燃料革命的起飞：19世纪

化石燃料革命始于英国，即便在19世纪中叶，英国二氧化碳排放量也占全球50%以上。然而，对功能更强的机器的需求是如此之大，以至于瓦特蒸汽机很快传播到其他国家，并开始衍生出许多新技术。在诸如蒸汽机等关键性技术的刺激和推动下，大量小的创新被激发并层出不穷。

18世纪末19世纪初，蒸汽主导了第一波浪潮。它的影响在英国显而易见，并很快在全球循环流动。1814年拿破仑战争结束后，外国工程师、官员和企业家都涌向英国了解新技术，为窃取新技术不择手段。蒸汽机技术迅速传播开来，特别是在欧洲西北部和刚独立的美国。

蒸汽机用于从矿井中抽水，使人们能进入更深的煤层，从而增加可用煤矿的开采量并降低采煤成本。同时，这也鼓励工程师和企业家在更多需要廉价能源的行业开发使用煤炭的方法。当蒸汽动力用于驱动纺纱机或织布机时，纺织厂的产量极大地提高了。这又增加了对原棉的需求，使美国南部各州的棉花种植园数量成倍增加，也大大刺激了埃及和中亚等地区的棉花生产。纺织品产量的增加提高了对染料和漂白剂的需求。这些需求再加上来自煤炭的廉价热能，以及对煤炭丰富化学成分的研究，为工业化学品的生产奠定了基础。许多这样的创新被引进到法国、比利时和德国，德国公司首先开始系统地运用科学方法来应对提高化石燃料技术开发效率的挑战。

第二波创新始于19世纪初，蒸汽机安装在车轮和船上。铁路大大降低了陆运的成本（包括煤炭），在人类历史上第一次使陆运和水运同样经济实惠。突然之间，跨越美洲大平原，甚至俄罗斯大平原或印度大平原运送人员和商品变得更划算。铁路降低了运输牲畜、农产品、人员和煤炭的成本，增加了对制造铁轨和车辆的钢铁的需求，从而刺激了大西洋两岸的投资热潮，以及一系列全新的商业活动。蒸汽机也改变了水路运输，使海上贸易和人类海上迁徙的规模增加了几个数量级。早在1807年，罗伯特·富尔顿（Robert Fulton）就为内河船只安装了蒸汽机以提供动力（使用博尔顿和瓦特的蒸汽机来驱动明轮），并在1822年使用蒸汽机为海上船只提供动力。铁路和轮船推动了许多其他技术的创新，特别是冶金技术。19世纪60年代，美国钢铁生产商威廉·凯利（William Kelly）发现了通过将空气吹过熔化的生铁，从而有效地将铁转化为钢的技术。英国企业家亨利·贝塞麦（Henry Bessemer）改进了这一工艺，随后进一步采用西门子-马丁法（Siemens-Martin Method），使用废金属和低质煤即可生产。悄然之间，钢铁价格便宜到可用于制造锡罐等消费品。

而对煤的需求因此激增。1800年，全世界生产了1500万吨煤；到1900年，它的产量为8.25亿吨，相当于1800年的55倍。廉价的机械能改变了工作的本质。最终，煤炭将取代农场、种植园和运输中的奴隶和畜力，因为用煤供给机器比用谷

▲ 约瑟夫·马洛德·威廉·透纳（Joseph Mallord William Turner）画作《雨、蒸汽和速度——西部大铁路》（*Rain, Steam and Speed-The Great Western Railway*）展现了早期工业化的浪漫主义。

物、粗磨粉养活奴隶或用干草喂马更划算。投资蒸汽机的企业家发现，将工人集中在大型工厂通常是有意义的，这种组织形式早在18世纪末就已被水力棉花制造商所运用。工厂将成为早期人类世的典型制造机构。

到19世纪末，廉价的能源促进了许多新技术的试验和投资，比如电力。其关键发现来自迈克尔·法拉第（Michael Faraday）。在19世纪20年代已有人意识到，人们可以通过在磁场中移动金属线圈来产生电流，但只有在维尔纳·冯·西门子（Werner Von Siemens）等人发明发电机后，大规模发电才成为可能。电力最终将提供一种有效的方式，将来自化石燃料的能源远距离分配给数百万计的工厂和家庭。托马斯·爱迪生（Thomas Edison）和约瑟夫·斯旺（Joseph Swan）发明了第一个可使用的灯泡，有效地延长了工作和休闲时间。通信技术发生了进一步的变革。两千年前，传递信息最快速的方式是通过马来传递，而在19世纪早期，1837年电报的发明使通信或多或少能以光速进行，到20世纪末，电话和无线电让远距离即时通信成为可能。

19世纪末，化石燃料技术开始在世界各地传播。虽然农业历经近1万年才遍及地球各处，但化石燃料革命在短短两个世纪内就遍及世界，它改变了财富和权力的全球分配。化石燃料技术使大西洋沿岸诸国致富，这些国家在农业时代的大部分时间里都无足轻重。但是，化石燃料技术削弱了世界其他地区那些缓慢采用它们的国家。其中一些地区，如中国、印度次大陆和东地中海，早在18世纪就是权力和财富的主要枢纽。

1750年，当世界上大多数社会还在从人力、畜力、薪柴、风力和水力中获取能源时，煤已占到不列颠能源消耗的40%；一个世纪后，英格兰和威尔士消耗的能源是意大利的9倍，而意大利仍主要依赖非化石燃料。在全球范围内，这一差异更为明显。直到1750年，中国和印度仍是全球主要的生产者。据一些人估计，其产量占全球的55%以上，而英国和美国仅占少数。到1860年，中国和印度仅占全球总产量的28%，而英国和美国所占的比例与此类似。到1913年，中国和印度仅占全球总产量的5%，而英国、德国和美国加起来约占36%。在人类历史上，全球权力和财富分配的这种突然变化是独一无二的。

▲ 弗里茨·格尔克（Fritz Gehrke）的画作展现了大规模钢铁生产中的"贝塞麦转炉炼钢法"（Bessemer process）。倾泻的钢花令观众对其充满敬畏。

▶ 爱迪生发明的灯泡延长了工作
时间，并成为工业发明创造的
标志。

▼ 16世纪至19世纪意大利与英格兰
能源使用对比图。

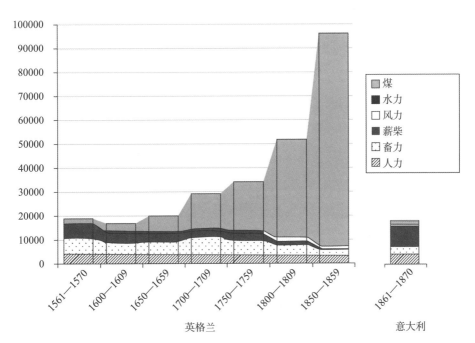

这引起了同时代人的关注。1837年，法国革命家奥古斯特·布朗基（Auguste Blanqui）认为英国正在经历一场"工业革命"，他所说的工业革命指的是一场与法国大革命一样的根本性的技术与经济变革。只是他低估了这一变化的规模。到1851年伦敦水晶宫举办世界博览会时，煤炭带来的能源财富已快速地将欧亚大陆边缘的一个小岛变成了地球上最强大的国家。

但欧洲和北美的其他国家很快就开始迎头赶上。与此同时，他们还热衷于控制资源丰富的地区，这就产生了新一轮的全球帝国主义征服运动。许多军事创新，包括炸药威力的提高［阿尔弗雷德·诺贝尔（Alfred Nobel）于1866年发明了基于硝化甘油的炸药］、手枪的改进和机枪的发明［第一次大规模使用是在美国南北战争（第一次化石燃料战争）期间］，以及蒸汽动力的铁甲舰的诞生，都使夺取新的殖民地变得更加容易。铁路使军队、武器和军用物资的运输速度和数量比以往任何时候都更快、更多。这些新的武器解释了欧洲列强在19世纪末称霸全球的速度。

化石燃料武器是可怕且骇人听闻的。第一艘铁甲炮舰复仇女神号在1839年[1]至1842年的鸦片战争中发挥了关键作用，鸦片战争是化石燃料海军与传统海军之间最早的大战之一。英国通过使用化石燃料取得的胜利迫使中国向贩卖鸦片的英国商人敞开大门。复仇女神号有两个由蒸汽驱动的桨轮，配有两门能发射32磅（约14.5千克）炮弹的大炮和15门较小的大炮，可以在浅水区航行，有时还可以拖曳其他航行的军舰。英国海军指挥官戈登·伯麦（Gordon Bremer）描述了复仇女神号是如何摧毁了"五座堡垒、一个炮台、两个军站，以及九艘战舰，其中包括115门大炮和重型步枪，从而向敌人证明无论何时何地，英国国旗都可以在其内部水域飘扬，挫败他们可能采取的任何防御措施"。对传统士兵（比如祖鲁人，他们只用长矛武装自己）来说，同样令人震惊的是机枪，它使单个士兵的杀伤力成倍增加。

---

[1] 此处作者以林则徐虎门销烟作为鸦片战争的开端。

▲ J. 麦克尼文（J. McNeven）1851年的画作《水晶宫》（*The Crystal Palace*）局部，展示了维多利亚女王和阿尔伯特亲王（Prince Albert）为伟大的1851年世界博览会揭幕的盛况。这座建筑是工业工程的一个胜利，也是成千上万个这样的胜利的集中体现。

在19世纪末20世纪初，出现了第三次创新浪潮。照明需求的增加（使用煤油）和内燃机的发明（用于汽车）启动了对第二种化石燃料的需求：石油。石油比煤更容易运输，也含有更多的能量。它催生了一系列新技术，从汽车到坦克，再到第一批重于空气的飞行器，它改变了能源生产的地理格局。最终，油田变得和煤矿一样具有战略意义，从里海到宾夕法尼亚州，从波斯和阿拉伯，这些曾经能源匮乏的地区，也成为重要的能源供应地。在第三次创新浪潮中，化石燃料技术得到了更广泛的推广。其中最引人注目的是俄罗斯帝国和第一个受益于人类世技术变革的非西方国家——日本。

▲ 复仇女神号、硫磺号、汽笛风琴号、拉尔内号和椋鸟号摧毁了中国战船。托马斯·阿罗姆（Thomas Allom）绘于1858年。

即使在最先采用新技术的国家，代价也必不可少。在英国、欧陆和美国，工业城市变得杂乱无章，空气和水被烟雾和工业化学品污染，廉价、不卫生的房屋在被污染的环境中建造。1862年，一位前往曼彻斯特的游客写到厄韦尔河（River Irwell）："整车的污染物从染房和露天场地被扔进河里带走；排水系统和蒸汽锅炉将沸腾的物质排放到其中……（直到它变得）与其说是一条河，不如说是大量的液体粪便。"激烈的工业竞争助长了工厂采用强化纪律、使用童工和削减工资的行为。工业事故屡见不鲜，受害者鲜得赔偿。这样的条件促进了工会的崛起，以及一种新的革命意识形态——社会主义的兴起，它致力于推翻资本主义，建立一个由工人阶级统治的社会。

在新技术的核心作用之外，它们的影响甚至更具破坏性。就像工业武器摧毁了传统帝国的力量一样，蒸汽驱动的纺织生产摧毁了印度整个手工业生产部门，印度一直是农业时代主要的纺织品生产国。一旦英国获得了对印度次大陆的足够控制权，采取手段保护英国市场不受廉价的印度纺织品的影响，印度的衰落就加速了。甚至印度主要铁路的建设也使英国比印度受益更多。英国制造了大部分的轨道和车辆，而印度铁路网最终成为世界上最大的铁路网之一，其设计主要是为了快速而廉价地运送英国军队，并使廉价的印度原材料出口和（相对昂贵的）英国制成品进口成为可能。在美洲、非洲和亚洲，对糖、棉花、橡胶、茶叶和其他原材料的需求不断增长，这助长了种植园经济中破坏生态的耕作方法。

到1900年，人类世就像所有革命性变革时期一样，是一把双刃剑，这一点毋庸置疑。这是经济学家约瑟夫·熊彼特（Joseph Schumpeter）所说的"创造性破坏风暴"在全球范围的一个例子。

20世纪与"大加速"

20世纪上下半叶有着截然不同的历史。上半叶，主要化石燃料大国之间的战争给欧洲心脏地带和许多其他国家造成了巨大破坏，并减缓了世界各地的经济和贸易增长。第一次世界大战的爆发使世界出口总量减少了约四分之一，1933年全球贸易额仍低于1913年的水平。工业中心地带的内战也打破了欧洲对其殖民帝国的控制。在20世纪下半叶，五十年的相对和平带来了有史以来最惊人的经济和技术繁荣。化石燃料革命席卷了整个世界，一些学者认为这才是人类世真正开始之时。

19世纪晚期的世界呈现出全球淘金热，因为丰富的化石燃料和新技术刺激了对原材料、劳动力和能源暴力且无序的竞争。最终，主要工业大国间的竞争引发了欧洲内部毁灭性的战争，并蔓延至非洲、亚洲和太平洋地区。这些部队动用了化石燃料革命的所有毁灭性武器，包括机枪、高爆炸药、空投炸弹和早期火箭弹。

到19世纪末，英国逐渐失去其经济、军事和技术的领先地位。1820年至1913年，英国的国内生产总值（GDP）增长了6倍多，而德国增长了9倍，美国更是增长了惊人的41倍。到1913年，美国已经成为一个充满活力的工业社会，日益增长的人口对其广袤领土的开发与日俱增，其拥有的巨大资源已占全球总产量的近19%；同时期德国约占9%；而英国所占比例略高于8%。

▲ 第一次世界大战期间德国的机枪部队。

在20世纪早期，俄罗斯帝国和日本两个国家处在快速工业化过程中。尽管俄罗斯政府因循守旧，但它拥有丰富的资源，一些人（包括德国军队的高级指挥官）担心，随着俄罗斯日益工业化，它将迅速成为一个经济和军事上的超级大国。日本的工业化在很大程度上是由政府主导的，通过系统地借鉴和采用西方技术来实现。但日本的问题是国家用于推动工业化的资源有限，它将不得不在其他地方寻找这些资源，这驱使日本最终走上妄图征服东亚之路。

在这种竞争日益激烈的环境下，许多强国的领导人开始将帝国征服视为未来权力和财富的关键。在英国，米尔纳勋爵（Lord Milner）在1910年写道："对一个工业大国来说，拥有主要工业所依赖的原材料，能在自己控制的地区内生产，在任何时候都是不小的优势，在特定情况下可能是至关重要的。"约瑟夫·张伯伦（Joseph Chamberlain）在1889年评论说："外交部和殖民局主要致力于寻找新市场和捍卫旧市场，陆军部和海军部的主要工作是为保卫这些市场和我们的商业做好准备。"塞西尔·罗兹（Cecil Rhodes）认为殖民地对生存至关重要，因为经济增长的任何放缓都可能引发卡尔·马克思等社会主义者预测的那种内战："大英帝国是一个面包和黄油的问题。如果你想避免内战，那么你必须是一个帝国主义者。"

由于世界上大多数工业化国家都持类似态度制定对外政策，世界大战最终在1914年不可避免地爆发了。休戚相关的联盟致使奥地利和塞尔维亚之间的局部冲突在数周之内波及所有欧洲大国。第一次世界大战使用了最先进的现代武器，并得到了现代资本主义社会大量财富的支持。机枪射倒了成千上万的士兵，而现代医疗服务让他们在战场上潮湿的战壕里幸存下来。战争的需要也推动了创新，内燃机得到改进，并安装在坦克和重于空气的飞机上。在德国，1909年发明的哈伯–博施法（Haber-Bosch）被用于制造炸药和人造肥料。

1918年一战结束时，引发战争的问题并未解决。二十年后，在日本入侵满洲和德国入侵波兰之后，战争再次爆发。第二次世界大战比第一次更具全球性和破坏性，因为各国政府联合起来设计出更强大的飞机、船只、炸弹、火箭，更好的探测敌方潜艇和飞机的方法，更佳的无线电设备，更具破坏性的炸药，以及更先进的用以破解战时密码的机械计算器。这场战争先后发生在中国、东南亚、大西洋、太平洋以及欧洲。由于军队的高度机动化和大规模使用空中力

▲ 卡尔·马克思认为，日益加剧的不平等最终会摧毁资本主义，但帝国主义可能会提供一个临时的安全阀。

量，平民的伤亡比战斗部队的伤亡更甚。全球伤亡人数可能超过6000万人。仅在欧洲，就有约4000万人死亡，是第一次世界大战死亡人数的4倍。在大屠杀中，超过600万人死于工业化的屠杀机器，其中大多数是犹太人。这场战争最终以1945年8月6日和9日世界上第一批原子弹在广岛和长崎落下而告终。这种被称为"曼哈顿计划"（Manhattan Project）的核武器是由美国政府主导的大规模研究项目开发的，它投放在广岛的时候几乎在顷刻间杀死了8万人；一年之内，辐射和其他伤害使死亡人数上升到近15万人。十年后，美国和苏联研制出了氢弹，这是一种使用核聚变能量的更为恐怖的武器，核聚变与在太阳中心产生能量的机制相同。

轴心国的失败使世界由两个最大和资源最丰富的国家统治，美国和苏联成为世界上的"超级大国"。1917年革命后，苏联取代了俄罗斯帝国。在马克思主义意识形态指导下，苏联借鉴西方的创新，运用一个蛮横而高度集权的政府的所有权力，建立起强大的工业和军事机构。到1950年，尽管在战争中遭受了巨大的破坏，苏联已重建了大部分工业。随着军队对东欧的占领，苏联成为当时美国的主要竞争对手。

到目前为止，很明显，虽然化石燃料革命给第一批化石燃料社会带来了巨大的财富和权力，但最终的主要受益者将是拥有最大资源基础的国家。较小的工业强国被战争削弱，日本的战败终结了其帝国野心，欧洲殖民列强在失去了保卫海外殖民地的手段和意愿后，其殖民体系仅仅二十余年就崩溃了。1947年，英国承认印度和巴基斯坦独立；1963年，英国承认肯尼亚独立；在接下来的十年里，英国承认所有非洲和亚洲殖民地独立。最终，法国和荷兰也放弃了他们的亚洲殖民地。到1970年，在去殖民化的背景下，70多个新的国家建立。

美国遭受的损失比其他任何主要参战国都要少，并成为世界上最富有最强大的国家。到1950年，美国占全球生产总值的四分之一以上。战胜国吸取了第一次世界大战的教训，没有对联邦德国和日本实施惩罚性制裁，而是鼓励它们重建经济，两国很快就实现了快速增长。

当时世界划分为两大权力集团——一个是资本主义经济，另一个是共产主义计划经济。战后创建的新全球机构，包括联合国（UN）和国际货币基金组织（IMF），为全球谈判和金融交易提供了框架，但真正的权力掌握在超级大国及其主导的权力集团手中。

在这个新的全球框架内，经济增长在未来的几十年里加速，化石燃料革命终将波及世界大部分地区。1991年苏联计划经济的崩溃，以及中国从20世纪80年代开始转向市场经济，都表明资本主义世界的市场驱动社会更善于引入创新，这些创新使得化石燃料技术的开发成为可能。到2000年，资本主义经济主导了世界大部分地区。

在20世纪的后五十年里，人类成为地表变化最重要的单一驱动力。人类力量和影响力的突然增加以及与之相关的变化，被许多学者称为"大加速"。与整个人类世一样，重要的是要了解"大加速"的规模。为了保持一致性，我从单一来源中选取了下面的许多数据。

从1950年到2000年，世界人口翻了一番以上，从30亿人增加到60多亿人，其增长速度是史无前例的。在过去，如此爆炸性的人口增长会导致全球饥荒，但粮食产量的增长甚至快于人口的增长，这得益于灌溉的增加（使用化石燃料推土机建造数千座水坝）、杀虫剂的引入、大量人造肥料的应用，以及对产量更高的小麦和水稻品种开展的基因工程。人造肥料的生产甚至说明了化石燃料对非机械过程的深远影响。哈伯-博施法将大气中的氮固定在氨中，由于氮是无活性的，这个过程需要的能量，只有在化石燃料时代才成为可能。实际上，这是一种将化石燃料（主要是石油）转化为食品的方法。

以美元计算的全球生产总值的增长速度甚至超过了人口增长速度，表现在五十年间增长了15倍。换句话说，在人类世中，消费增长是一个比人口增长更重要的驱动因素。综合人口增长和生产总值的数据，我们可以估计，在同一段时间内，人均财富增长了7倍以上。从1950年到2000年，世界石油和天然气的产量至少增长了7倍。

▶ 位于阿联酋迪拜
（Dubai）的哈利
法塔于2009年竣
工，是世界上最高
的建筑，也是一系
列建筑高度竞争中
最新的一座。

▲ 11.2　夜晚的地球（注：这是一个能让你找到最多能量所在地的好向导。）

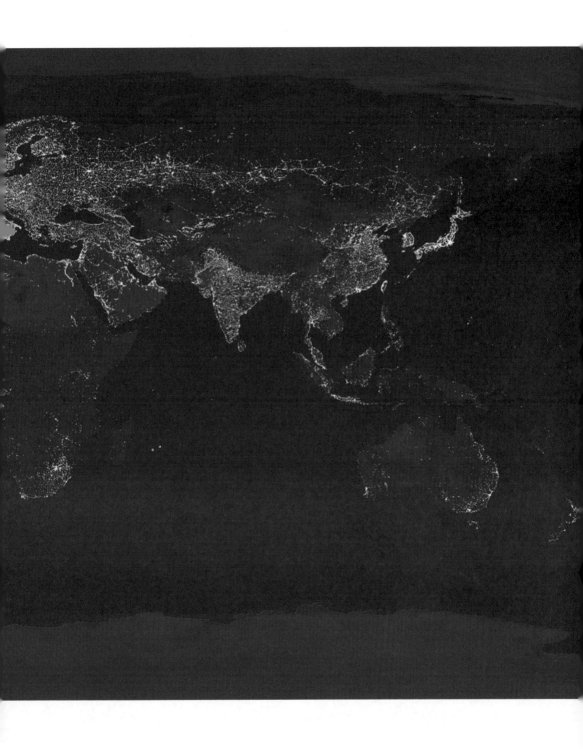

人们的生活方式也随之改变。在旧石器时代，大多数人生活在流动家庭群体中；在农业时代的1万年里，大多数人在小村庄里过着自给自足的农民生活；到2000年，超过一半的人类生活在大城市；到了20世纪下半叶，现代人成为城市居民的一种，从事农业不再是人类的主要生活方式。快速城市化之所以成为可能，部分是因为城市已经从高危之地——空气污染、不洁住所、肮脏河流和疾病携带者的集中地——转变为更健康、更清洁和生产力更高的地方，这要归功于20世纪40年代食品的大规模生产、其他补给的改善、工作机会的增加、下水道和水的净化与分配系统的引入、医疗保健的改善以及包括抗生素在内新药的引入。

医疗保健、营养、教育和卫生设施的改善提高了数十亿人的生活水平，并使世界各地的预期寿命翻了一番。尽管许多人未能从这些变化中获得好处，但数十亿人确实是受益者，在他们看来，人类世意味着生活水平悄然而深刻的改善。

甚至有人试图通过减少空气污染，去除石油中的铅，并迫使公司限制向河流、海洋和空气中排放有害物质，来消除化石燃料革命早期阶段的一些有害影响。特别是在最早的化石燃料国家，20世纪下半叶很多地方出台了环境法，以应对日益增长的人类影响和逐渐浮现的环境保护运动。许多立法对工厂或汽车对附近河流、空气质量，或拖网渔船对渔业资源所能施加的影响设置了限制。各国政府开始认识到，人类对环境的影响已经超出了界限，这会危及人类和自然环境。

新的创新浪潮推动了"大加速"，其中一些在20世纪初的战争中率先出现。第二次世界大战期间因军事目的而发明的火箭技术，使我们能够将少量的人类送上月球，也使我们能够将机器人运载工具驶出太阳系。化石燃料驱动的挖土机和柴油驱动的水泵可以改造地球表面来建造城市、水坝和道路，而柴油泵则使从含水层抽取淡水变得既容易又便宜，这可以满足快速发展的城市对淡水的需求。拥有更强大的引擎、更好的导航和声呐探测设备以及巨大渔网的拖网渔船，在1950年至2000年使捕鱼量从1900万吨增加到9400万吨。飞机、火车和轮船运送的人员和货物比以往任何时候都多。20世纪40年代末数字计算基本原理的发现和晶体管的发明为电子革命以及计算机、移动电话和互联网的普及奠定了基础——这些变革使人们能够以极小的成本在世界各地以光速通信。但总的来说，科学知识的增速也比以往任何时候都要快，这使我们对宇宙历史、生物进化、地球系统是如何运作的有了新的认识。集体学习、分享和积累新思想，现在比人类历史上任何时候都更有力地推动创新。

在20世纪下半叶，这些变化蔓延到世界其他大部分地区。日本是亚洲化石燃料革命的先驱，但在20世纪下半叶，韩国、中国台湾、新加坡、中国香港紧随其后，最后是中国和印度这两个大国在20世纪的最后几十年转向了市场经济。今天，中国和印度拥有丰富的自然和人力资源，在经历了两三个世纪的衰落时代后，有望再次成为全球超级大国。

在20世纪后期，一种前所未有的适度富裕从精英群体蔓延到迅速壮大的全球中产阶级，首先是大西洋腹地，然后在世界其他地区。日益繁荣的经济，以及机器承担了大量繁重的体力劳动，也有助于解释世界许多地区性别关系的显著变化，因为妇女承担了更多传统上由男子承担的角色。

人类世丰富的能源和资源使许多变化成为可能，这些变化对人类是有益的。它们比以往任何时候都为更多的人创造了更好的生活。

"不良的人类世"与人类对生物圈的影响

与所有"创造性破坏"时期一样，"大加速"也有其黑暗的一面：虽然有一个"良好的人类世"及其所有益处，但也有一个"不良的人类世"，它带来了威胁这些进步的危险。

其中一些危险源于未能更公平地分配人类世的利益。虽然比以往有更多的人享受着适度的富裕，但更多的人口和不公平的分配意味着今天生活在赤贫中的人数也比以往任何时候都多。2005年，超过30亿人（比1900年的世界总人口还要多）每天的生活费不足2.5美元。虽然财富总量增加了，但其分配比以往任何时候都更不平衡。2014年，世界上最富有的10%的人口控制了全世界87%的财富，而最贫穷的50%的人只控制了1%的财富。许多人还没有从化石燃料革命的财富中受益，他们中的许多人遭受着早期工业革命不健康、不卫生和不稳定的生活条件的折磨。现代旅行意味着新的疾病一旦出现就会以惊人的速度传播，而细菌和病毒传播、混合和进化得如此之快，以至于现代医学对其无可奈何。到目前为止，这类流行病中最严重的一次是第一次世界大战结束时暴发的流感，导致3000万人死亡——比战争本身还要多。如今，航空旅行意味着这种大流行可能在几天或几周内传遍全球。

与此同时，现代生活的压力和复杂性造成了新型心理痛苦，特别是对那些从现代财富中受益最少的人来说。日益严重的不平等加剧各种不满，随着现代武器的加入，这种不满可能会产生19世纪社会主义者预测的那种全球阶级斗争。其中一些危险对富人和穷人都有影响。核武器的发明意味着我们永远不能忽视一场核浩劫的可能性，这可能使人类世以及生物圈的大部分成果毁于一旦。

更难以想象但总体上更危险的是，人类的影响现在有可能破坏人类福祉所依赖的生物圈系统。为了理解这些危险，我们必须尝试衡量人类对整个生物圈的影响。

"大加速"使人类成为生物圈变化最强大的驱动因素——比气候的自然因素（侵蚀、生化循环、自然选择和板块构造）更强大。记录这种转变的方式有很多种。如前所述，二氧化碳浓度远高于过去一百万年的正常水平，在短短50年中增长了30%。氮循环的变化更加引人注目，主要归因于人工肥料的制造。1890年，人类每年固定大约1500万吨氮，而野生植物每年固定大约1亿吨氮，几乎是前者的7倍。到1990年，耕地面积增加得如此之快，以至于野生植物只固定了大约8900万吨氮，而人类现在固定了大约1.18亿吨氮。这里的危险在于，过度使用人造肥料造成藻类大量繁殖，毒害海洋和淡水系统，造成鱼类和其他水生生物缺氧而亡。

▲　一只北极熊正在研究人类世，自我濒危（self-endangered）的物种在一旁观望。

　　人类已制造了大量化学物质，而且许多都是有毒的。来自核武器试验的放射性物质将在未来出现，像铝这样的纯金属形式也会出现，这些金属通常以化合物的形式存在。纯粹由人类创造的塑料，现在正像巨大的岛屿一样聚集在海洋和城镇的垃圾填埋场中。自从大约24亿年前氧占主导地位的大气出现以来，这种新物质的扩散从未发生过。在20世纪80年代，保罗·克鲁岑和其他人证明了CFCs（氯氟烃，已广泛用于冰箱和喷雾剂中）正在泄漏到高层大气中，并破坏了保护地球免受有害紫外线辐射的薄层臭氧（O_3）。幸运的是，人们很快认识到了氯氟化碳的影响，1987年的一项全球公约[1]大幅减少了氯氟化碳的生产和使用。因此，臭氧层已稳定下来，最终应该会自我修复。与此同时，人类现在为了建筑、道路和

---

[1]　即《蒙特利尔破坏臭氧层物质管制议定书》（*Montreal Protocol on Substances that Deplete the Ozone Layer*），简称《蒙特利尔议定书》。——译者注

城市而移动的泥土比所有侵蚀和冰川的自然力量所移动的都要多，我们为寻找矿物和化石燃料而挖掘的许多地下隧道将在遥远的未来清晰地显现出来。我们从含水层中抽取淡水的速度比自然水流补充它们的速度快10倍。

我们对其他生物的影响尤其深远。随着人类使用更多的地球资源，留给其他物种的资源所剩无几。因此，现在的物种灭绝速度是过去几百万年的1000倍。瓦茨拉夫·斯米尔给出了惊人的统计数据，突出了人类不断增加的资源消耗与大多数其他物种不断下降的消耗之间的反差。他估计，在19世纪早期，人类的生物量（以全人类体内的碳总量来衡量）已经超过了所有野生（非驯养）哺乳动物的生物量。到1900年，野生哺乳动物的碳排放量大约为1000万吨，人类的碳排放量约为1300万吨。2000年，野生哺乳动物的生物量下降到500万吨，而人类的生物量上升到5500万吨左右。与此同时，人类驯养的动物，如牛和羊的生物量增长得更快。1900年，它们的生物量约占3500万吨，到2000年，它们产生了1.2亿吨的碳。这些数字意味着，到2000年，人类及其驯化的动物占所有陆地哺乳动物生物量的97%以上。仅这一统计数字就提供了一个令人震惊的衡量标准，表明人类突然崛起成为生物圈的霸主。

警示牌

人类所造成的影响达到如此规模无疑是危险的。我们知道，塑造地球表面的生物圈是由大气、海洋、陆地、植物群和动物群组成的相互联系的系统，它是有弹性的。但我们也知道，这个复杂系统的一部分会突然翻转，会影响到所有其他部分。大约1.2万年前，在经历了几千年反复无常的变暖之后，全球气候突然稳定下来，温度明显高于过去百万年的冰河时代。全新世异常稳定的气候是整个人类历史农耕时代的背景。今天，人类的影响威胁着这一稳定的气候系统。问题是，人类的影响是否有可能推动气候系统跨越全球（而不仅仅是区域）临界点，超越临界点后，它是否会变成对人类不利的新状态？例如，当冰川融化时，它们会留下大面积的黑暗区域，会吸收热量而非反射热量（像白色的冰那样），从而在危险的正反馈循环中加速全球变暖。同样，森林可以保持水分，但随着大面积的森林被砍伐，森林及其上空的干燥空气可能会迅速将林地变成草原或沙漠。最后，我们知道，释放大量核武器将对整个生物圈产生直接和毁灭性的影响。

确定这些临界点的最谨慎的尝试之一来自斯德哥尔摩恢复力研究中心（Stockholm Resilience Centre）的工作，近十年来，该中心一直试图为人类活动定义一个"安全操作空间"。它通过试图确定重要的"地球边界"来完成这项任务。超过这些限度，人类活动就有可能发生灾难性崩溃，或将严重破坏人类社会的变革。目前，斯德哥尔摩恢复力研究中心确定了九个可以用不同精度测量的地球边界。

温水煮青蛙

▲ 《温水煮青蛙》：全球变暖的加速很容易被忽视，但它似乎是人类世的一个重要特征。

它们包括对全球气候系统及臭氧层、生物多样性、森林覆盖、海洋酸度、淡水利用以及生物圈内磷和氮循环的各种影响。他们认为，在这些问题中，气候变化和生物多样性下降是最关键的，因为这两个系统"如果受到实质性和持续的侵犯，它们均有可能将地球系统推向一个新状态"。

其中有没有被越过的界线？任何答案都有很大的误差，因为生物圈是如此复杂，它的工作原理不可能像我们希望的那样确定。每一个地球边界都与广阔的不确定性区域或不断增加的风险相关联。在这些区域之外，危险结果的可能性似乎越来越大。地球两个核心边界之一的生物多样性，似已被相当明显地跨越了，目前生物灭绝的速度已远超不确定的范围。至于气候变化，今天大气中的二氧化碳的含量为400ppm[1]，我们完全进入了从350ppm到450ppm的不确定区域。

人类对土地利用，特别是对森林的影响，也使我们进入了不确定性区域。目前，约有62%的原始森林得以幸存，而不确定性的估计范围是54%至75%。另一个危险领域是生物化学流动，特别是磷和氮的流动现已远超不确定区域，尽管它们最初的影响可能是区域性的，而不是全球性的。

结论

在过去两百年中，人类可利用资源的大量增加改变了人类历史以及人类与地球的关系。这些显著的变化使数十亿人富裕起来，创造了过去无法想象的富裕水平，但许多人仍生活在赤贫中。总的来说，使这些变化成为可能的巨大的能源和资源流动，其方式肯定会伤害许多其他物种，如今也正威胁着生物圈的转换，并可能损害人类的后代。本章试图描述这些变化，我们相信，为了造福子孙后代，如果我们要找到方法来管理我们惊人的力量，那么理解这些变化是至关重要的。

---

[1] "parts per million" 的缩写，意为"百万分之……"。——译者注

但人类世也可以告诉我们关于人类本质和人类历史的重要事情。如果这一章的论点大致正确，我们持续创新的集体能力很久以前就确保了人类最终将主宰生物圈。但确切的时间和方式仍然无法确定。人类世可能首先在中国开始吗？或者，在中世纪的巴格达？如果是这样的话，今天的世界将大不相同。要解释人类世所走的准确道路，需要有对人类历史的长期趋势和几十年来许多不可预知的曲折和转变的敏感性，这些曲折和转变塑造了今天的智人。

第十二章

现代世界及其恶魔：意识形态及其之后的艺术、文学与思想（1815 年至 2008 年）

保罗·卢卡·贝尔纳迪尼

未来主义（Futurism），20世纪之初法国—意大利文学的先锋派，可能是唯一一场提供了令人信服的、自觉的、雄心勃勃的、完整的、积极的，甚至令人着迷的现代性形象的文艺运动。飞机、火车和摩天大楼被理想化为速度、加速变化和人类成就的象征与灵魂，超越了自然的局限。毫不奇怪，意大利法西斯——一个与古罗马古典主义和现代主义最纯粹的表达都有着密切联系的政党和独裁政权——对未来主义有一定的偏好。至少在最初，一些未来主义者带着盲目的热情支持法西斯主义，他们中的许多人赞成意大利介入第一次世界大战；最终，未来主义将人类的能动性带到舞台中央。在法国大革命将无神论变成政治风尚的一个多世纪后，艺术界开始庆祝上帝的消失。在强大的人类形象面前，上帝日益边缘化，机器成为世俗世界的天使。

根据德国唯物主义哲学家恩斯特·卡普（Ernst Kapp，1808—1896年）的说法，他在19世纪中叶曾帮助建立了姐妹谷（Sisterdale）社区，这是位于得克萨斯州偏远的肯德尔县（Kendall County）的一个乌托邦定居地。机器、工具和机械设备只是人体的延伸，譬如假肢，它用以增强人类其他受限的能力。而如今的电脑、iPod、手机等自然也是额外的"人造肢体"，旨在把人类的能力提升至前所未有的高度。在阅读卡普以及查尔斯·达尔文——他创立（或者至少是首先表达）了进化论——的过程中，就很容易理解现代是如何将被剥夺了神性控制的个体置于宇宙的最中心的——人类进化到了这样的程度，甚至连机器都是"他"（到目前为止相较于"她"更广泛）力量的"延伸"。

在同一时期，思想家们推翻了以前的权力体系，把群众集体置于关键位置。许多人强调，法国大革命把世界搞得"天翻地覆"，至少在欧洲，其思想力量的代言人，不得不反思这场字面上的"革命"：对旧政权的彻底颠覆。卡尔·马克思将自己的社会和政治思想建立在多重"颠覆"的基础上：在政治和社会领域，他提出通过将财富（即权力）从资本家转移到商品生产者手中来纠正资本主义；在哲学领域，他试图推翻黑格尔（Hegel）的"精神哲学"，取而代之的是将"现实"置于所揭示的任何关于宇宙的推测的中心。

马克思借用了18世纪生物学中的"阶级"（class）概念。19世纪初，德国浪漫主义所推崇的个人主义的兴起，反映在群众、工人、军队、国家（以及后来的选民）、党员、妇女和其他个人"阶级"的对抗性崛起中。其结果是一次强大的逻辑论证："一场反对大众的斗争"（the one against the multitude），自1815年以来，这场冲突一直在塑造着世界的精神生活。从一开始，在政治和社会方面，个人主义就输掉了这场战斗，但他或她在精神世界中的地位却达到了前所未有的高度。

这就好像19世纪初的浪漫主义英雄变成了今天同样四面楚歌的好莱坞英雄。在过渡时期，一方面是"个人"和个人主义意识形态之间的对抗与和解，另一方面是"大众"和大众意识形态之间的对抗与和解，它们成为20世纪上半叶最具生产力的艺术来源之一。未来主义就是一个很好的例子。菲利波·托马索·马里内蒂（Filippo Tommaso Marinetti）和意大利未来主义运动的其他人强

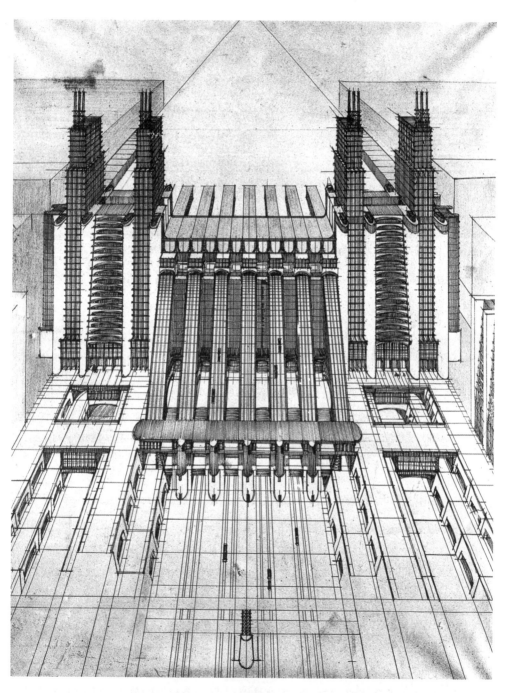

▲ 一幅透视图，来自未来主义建筑师安东尼奥·圣埃利亚（Antonio Sant'Elia）于1914年创作的《新城市》（*La Città Nuova*）。他构思了一个类似机器的系统化建筑环境。

调技术、工业和人类战胜自然。起初，他们与意大利国家法西斯党关系密切，但未来主义也有反法西斯和左翼支持者：最终和解失败，尤其是在墨索里尼输掉二战之后。这场运动展示了19世纪和20世纪一个强有力的主题：个人优先事项与大众需求之间的冲突，激发了人们试图统一关于人和机器对立观点的有趣尝试。

最终，无论是大众还是个人都没有成为唯一的、无可争辩的胜利者，西方世界与非西方社会均是如此。特别是在过去的两个世纪里，非西方社会遵循、模仿、放大了有时看似"完美"的西方价值观、态度、风格、潮流和时尚，以及其模棱两可、进退两难、矛盾和悲剧。只有在后现代的当代世界里，尽管再次受到西方的严格制约，但在无尽的全球紧张局势的缝隙间，"本土"文化也偶尔能充分再现，并试图在全球舞台上重新定位自我。

四根颇有争议的文明支柱

历史学家费尔南·布罗代尔（Fernand Braudel）在法国《世界报》（*Le Monde actuel*，1963年）的一篇文章中指出，空间、社会、经济和集体心态是当代世界的基础，也适用于所有文化的研究。在过去的两百多年里，在全球化加速发展的影响下，它们相互交融，最终形成了兼具自觉性和统一性的后现代自我意识。在此我试图将这四个元素与我所说的四根"支柱"结合起来。如果我们将过去两个世纪左右世界的知识、精神和艺术史想象为一座圣殿，那么这座精致的高层塔楼或宏大的复合建筑，就带有坚固的大理石（或者，大部分时间里是钢筋混凝土）支柱，从而赋予整个大厦稳定、庄重以及美观的特性。

第一根支柱是"大众社会"，即"大众"的诞生。这是一个流变不居的强大群体，他们在表面上屈从于独裁者和听信媒体发声者，却往往能在不知不觉中创造自己的命运。虽然在以前，"大众"就已在某种意义上存在，但他们要么受制于强大的极权主义国家和统治者，就像古代的埃及一样；要么他们是大规模移民帝国的一部分，就像草原上的侵略者占领农耕定居者的土地一样（参见本书第五章）。在这两种情况下，由于被剥夺了自治权，这些群众通常局限于被动的角色。然而，在18世纪的欧洲人口革命后，他们开始在所属国家已定居、已确定的区域内发挥强大作用，而不必参与大规模的破坏性移民。他们日益令人敬畏。虽然1789年和1830年的法国革命绝非"群众的起义"，但在1848年和1870年的革命中，民众发挥了重要作用，在1917年的俄国革命中也是如此。由于城市发展和某些地区的工业化而产生的大量工人，比那些分布在广大地区、缺乏凝聚力、缺乏无产阶级"可见度"的农民更易被察觉和识别。不仅仅是农民起义——甚至是帮助明朝在14世纪夺取政权的多达数百万人的弥勒教运动——都与19世纪欧洲和亚洲大规模示威活动的数量和强度相当。

学者、作家和艺术家们描绘了大众的全新力量—— 一个不可思议的、散漫的、自由的普罗米修斯（Prometheus）式的英雄，一个被困扰的浪漫主义者和马克思主义者。例如，意大利画家朱塞佩·佩利扎·达沃尔佩多（Giuseppe Pellizza da Volpedo，1868—1907年）在他著名的油画《第四阶层》（Quarto Stato，1898—1901年）中融合了农民和工人的形象——他们属于传统垂直秩序社会中不同的"阶层"。尽管切·格瓦拉（Che Guevara，1928—1967年）的形象现在已经可以与之媲美，但他仍然是全球社会主义的视觉标志。但是，19世纪的大多数审查者并没有把"群众"当作历史的主体和客体，而是把它划分为几个阶级；在某种程度上，整个新的科学学科从大众社会中诞生了，包括社会学。举例来说，诺贝尔奖获得者埃利亚斯·卡内蒂（Elias Canetti，1905—1994年）在其《群众与权力》（Mass and Power，1960年）一书中完美地理解了独特、强大和不可抗拒的新的世界力量，而古斯塔夫·勒庞（Gustave Le Bon，1841—1931年）等社会学家则是这种反差的例证，他们写了一些手册，讲述如何让大众适应环境，让他们为独裁政权和政治领导人服务，包括阿道夫·希特勒。

从精神世界的角度来看，虽然"大众"更多是政治思想的表达，但"志趣相投"将世俗的"大众"变成了"公众"。正如尤尔根·哈贝马斯（Jürgen Habermas）在其《公共领域的结构转型》（*The Structural Transformation of the Public Sphere*，1962年）中令人信服地证明的那样，在18世纪初，"公共领域"的形成在其代理机构中仍是未知或非常有限，这使越来越多的作家和艺术家为了"市场"的需要和渴求而牺牲了对完美杰作的希望。约翰·沃尔夫冈·歌德（Johann Wolfang Goethe，1749—1832年）就是这样，他作为世界上第一位大众市场作家，剥夺了《圣经》作为畅销书的长期霸主地位。像"大众""市场""公众"这样的概念在早期近代性中并没有出现，或者至少没有以一种可能在每个层面上制约智力生产的方式出现。大众越有文化——这是我们这个时代的典型过程——他们就越能决定知识分子的产出，比如从诗歌到商业。与此同时，知识分子和艺术家的写作既为了取悦大众，也为了促进大众社会的意识形态，目的是确保所谓"大多数人的最大幸福"。功利主义的乌托邦主义者，从创造了这个词的杰里米·边沁（Jeremy Bentham，1748—1832年），到他钦佩的对手约翰·斯图尔特·密尔（John Stuart Mill，1806—1873年），都努力试图调和个人主义和集体幸福。密尔颇有瑕疵的《论自由》（*On Liberty*）（与达尔文的《物种起源》同于1859年出版）证明了这一尝试中固有的全部困难。对"大众"的描述令人日益不安，尤其在流行文化中。1818年，玛丽·雪莱（Mary Shelley，1797—1851年）出版了《弗兰肯斯坦》[1]（*Frankenstein*），描述了一个从某个科学家疯狂的头脑中诞生的个体。现代小说把人类大众变成了怪物，具有潜在的破坏性，不受约束，就像浪漫的普罗米修斯的邪恶版本。乔治·A. 罗梅罗（George A. Romero）的《活死人黎明》（*Dawn of the Dead*，1978年）开启了一个恐怖传奇，在今天的电影人和作家中经久不衰，尤其是在东欧。

---

[1] 又译《科学怪人》。——译者注

▲ 朱塞佩·佩利扎·达沃尔佩多的画作《第四阶层》。大众就像一台机器——艺术家的思想核心是伟大和痛苦的结合。

后现代世界圣殿所依赖的第二个支柱是"现代国家"，它诞生于法国大革命，在其天然且固有的极权主义目标中，以多种形式并通过许多修改和转换实现了巩固和缓和，包括现代社会民主国家。现代国家的所有特征——包括完整的代议制民主，相关的法典、宪法和权力划分——及其过往在更广阔世界中的帝国规划，都体现了前所未有的力量。它取代了竞争对手的权威来源，垄断了其境内的暴力活动，并能以几乎不可避免的完整性动员人口和资源。它的力量在很大程度上标志着过去两个世纪的文化和知识成果。首先，学者、作家、艺术家和音乐家的创造和成就辉煌灿烂。更进一步，其他知识分子通过构思与之竞争的乌托邦来指责它的性质和价值，这些乌托邦最初纯粹是推测的，但后来往往以最骇人听闻的方式实现。没有一个乌托邦是按照设想的方式实现的，有些甚至从未实现过。

由于他们普遍信奉自由主义和无政府主义的血统，早期的共产主义者通常鄙视任何形式的国家。但当共产党人夺取或建立自己的国家时，比如现在偶尔以各种形式存在的国家，其结果更像法国1789—1795年的雅各宾政权，而不是由"巴黎先知"设计的乌托邦。

现代国家的诞生和扩展是一种典型的欧洲现象，它深深地影响了整个欧洲的知识、精神和艺术史。这种现象不仅存在于1789—1945年欧洲人登上全球霸权期间，而且从非殖民化时期一直延续至今。它的盛行使以欧洲为中心的观点合法化，因为，正如我们将看到的那样，即使是欧洲人对旧的欧洲"文化霸权"或丰富概念的"反应"，也往往在语言、风格、主题和表达方式等方面带有欧洲文化的标志。现代国家以一种非常迅速的方式取代了世界历史上的非欧洲传统国家。世界上的一些地区也是如此，首先是北美，后来是中美洲和南美洲，这些地区在1776—1898年漫长的过程中获得了政治独立。当北美和南美都摆脱了他们的欧洲统治者，努力寻找自己的文化身份时，他们仍然与欧洲的文化、知识价值观和风格保持着强有力的联系。与此同时，欧洲列强征服了亚洲大部分地区，不包括日本和暹罗。他们几乎占领了整个非洲，除了埃塞俄比亚（在意大利的短暂殖民时期，埃塞俄比亚的原始文化仍保留着）及其他一些地方。这两个世纪的知识生产反映了它们的帝国主义性质，至少在20世纪40年代非殖民化开始之前是这样的。殖民时代的作家，以及反殖民主义或后殖民主义作家（也是帝国主义的产物），塑造了西方世界的绝大部分以及几乎整个非洲的文学潮流。

现代国家的状态一直是侵略性的。它内在的侵略性不仅表现在殖民事业上，而且在1870年的普法战争中也爆发出来；从那时起，它一直扩大到第二次世界大战的最终浩劫——尽管国际联盟曾试图镇压这一趋势。暴力水平在人类历史上是前所未有的，造成的破坏广泛反映在文学、艺术和音乐中。巴勃罗·毕加索的《格尔尼卡》（1937年）只是描述人类的残忍和破坏的一系列作品中的一部，它完善了由弗朗西斯科·戈雅开创的系列作品，这些作品对19世纪初法国入侵西班牙期间双方所犯下的暴行做了骇人听闻的描述。

▲ 弗朗西斯科·戈雅（Francisco Goya，1746—1828年）于1814年创作的《1808年5月2日：马穆鲁克雇佣军的冲锋》（*The Second of May, 1808: The Charge of the Mamelukes*），对比了异国装束的入侵者和衣着简单、武装简陋的起义者的"殊死搏斗"。

在关于国家侵略性的艺术中，一个不太明显但却真实的表现形式是"崇高"概念的延伸，这个概念由康德和埃德蒙·伯克（Edmund Burke，1729—1797年）提出，是18世纪的概念，后来在欧洲、中国和拉丁美洲成为最大胆、最吸引人，也是最骇人听闻的艺术特征之一：对人类生死各方面（从性到暴力）的极端描述。事实上，随着国家对暴力的垄断，个人以一种不断升级的方式窃取了它的形象，这些形象是昆汀·塔伦蒂诺（Quentin Tarantino）等电影导演以及毛里齐奥·卡泰兰（Maurizio Cattelan）和达明·赫斯特（Damien Hirst）等艺术家的前奏。英国导演彼得·格林纳威（Peter Greenway）等人则自觉地反思了投机艺术

▲ 1985年，彼得·格林纳威导演电影《一个Z和两个O》（*A Zed & Two Noughts*）的剧照：对恐怖描写的自我反思。

作品对恐怖的描绘，如1985年的《一个Z和两个O》。现代国家孕育、积淀并最终释放出的巨大破坏力催生了这一艺术潮流。冷战期间，当国家权力威胁到全球安全时，文化生产变得痴迷于这个极端的选择。一些作品，如内维尔·舒特（Nevil Shute）创作于1957年的《海滨》（*On The Beach*），后来由斯坦利·克雷默（Stanley Kramer）于1959年拍成了一部轰动一时的电影，揭示了广泛存在的（几乎是普遍存在的）焦虑，这种焦虑的阴影仍困扰着现代社会。

后现代世界的第三根支柱是"科学技术"力量的巨大增长。得益于国家机构和私人企业家，弗朗西斯·培根的伊丽莎白时代的"学术进展"梦想在维多利亚时代得以实现，并通过若干次"科学革命"一直推进至21世纪。所谓"第四次科学革命"及其核心的通信工具目前垄断了争论。或直接或间接，科学技术力量给予了智力生产和艺术生产重大影响。新的造纸和印刷技术使出版业的世界中心转移至英国。20世纪80年代中期，电子技术的出现改变了人们获取信息的方式，以前人们只能通过印刷材料搜寻信息，但现在任何人皆可公开各种类型的信息，并借助互联网获取世界各处的信息。瓦尔特·本雅明（Walter Benjamin）所言第二种"光晕"（Aura）的丧失曾让艺术复制品变得难以理解：如今，一件艺术品不仅能被复制（甚至可以使其与原始作品完全相同），而且可供全球数十亿消费者购买。

新的艺术形式已经出现，在没有技术帮助的过往这是不可想象的。例如那些与互联网及其模糊、复杂、清晰和不断演变的世界有关的艺术形式，挑战并改变着"艺术"的地位和理念。19世纪末，摄影和电影的发明不仅使新的艺术进入了公众的视野，而且也使人们对"艺术"和"艺术品"的意义产生了疑问。电影业的创始人卢米埃尔兄弟（Lumiere brothers）视电影为娱乐，而摄影则是一种"艺术"形式，尽管这种差异一直备受争议。

克里米亚战争的照片首次出版时，作为文件来讲，公众认为它过于粗糙，但对于通常依赖于装饰和修辞的叙事而言却过于真实。摄影最终成了一种像绘画和雕塑一样的艺术，但即使是那些"传统"艺术的地位和观念也受到了广泛的挑战。这些地区的"现代化"是由外国统治者和当地精英强行引入的，他们对自己庞大但静止、脆弱的传统深感不满。例如，在19世纪的奥斯曼帝国，摄影传播速度缓慢，但带来了巨大的思想变化，人们期望媒体报道埃及、叙利亚和巴勒斯坦正在进行的内战。那些艺术家出身的意大利人，如伊丽莎白·潘特（Elisabetta Pante）和福斯托·佐纳罗（Fausto Zonaro），作为摄影师在奥斯曼帝国创作了具有代表性的作品。在清朝后期的中国也是如此，当时摄影的地位在文献和艺术品之间摇摆不定，它通过传播关于国家及其习俗、传统和问题的消息，帮助加快了现代化进程。譬如，摄影纪录了有关凌迟这种使受刑者备受

"千刀万剐"折磨的可怕过程，加速了这一酷刑被废除的进程，最后一次凌迟于1904年在北京执行。

▲　克里米亚战争营地。摄影将19世纪下半叶战争的真实图像传送到了后方。

　　科学技术产生的新艺术手段和趋势包括电子音乐［从卡尔海因茨·施托克豪森（Karlheinz Stockhausen）到保罗·兰斯基（Paul Lansky）］。其进一步的结果是一个新的、具有现代性特征的跨学科领域形成了。在这里，艺术和科学融为一体，知识生产的流派和目的的概念消失了。因此，科学技术通过淘汰旧的交流形式，以其知识、精神和艺术成分对"我们所知的世界"提出了强力挑战。19世纪扩展了人类科学的概念，最终包括最典型的中产阶级心理学的发展（它本身是医学的一个新分支）：精神分析。也许西格蒙德·弗洛伊德（Sigmund Freud）最有据的想法可能是关于"极限"（extremes）的思考。当然，他对普罗米修斯式人的私密领域的探索使心灵所有的复杂性和创伤浮出水面。居斯塔夫·库尔贝（Gustave Courbet）1866年的画作《世界的起源》（*L' Origine du monde*）描绘了一个裸体女子的躯干、腿部和生殖器，似乎就预料到了这种效果；精神分析深深地影响了所有艺术。

▲ 2016年3月27日，被联合国教科文组织列为世界遗产的帕尔米拉（Palmyra）古城纪念拱门遗址，被ISIS武装分子摧毁。

　　后现代世界圣殿的第四根支柱是"世俗化"。在这四根支柱中，全球层面上的世俗化对文化、精神、知识和艺术的产出有着最微妙的影响，包括中国；在中国，宗教没有扮演其在西方世界或非洲传统意义上的角色。大众、现代国家和科学技术的出现都可能发生在一个没有"艺术和文学"的世界里。但是，上帝的存在与否是所有灵性、智力和艺术工作的关键因素。当艺术与人类世界和永恒的上帝联系在一起时，它们就在不断地讲述变化和永恒间的冲突；通过这些表现，艺术证明了自己的方式，并传达了其最深层的意义。神圣空间在这些变化的条件和世界观中起着基础性的作用，为艺术的神圣维度辩护。艺术暗示了"神的启示"，作为人类对存在之谜的回应。因此，1789年之后的"无神论转向"对人类所有的智力、艺术和精神生活产生了巨大的影响。

尼采著名的断言"上帝已死"至少暗示了前世的存在，直到生命的自然终结——死亡。就其起源和本质而言，法国大革命在很大程度上是一场宗教战争。在这场战争中，相互竞争的信仰为征服一个虔诚的基督教法国而斗争。然而，在疯狂的发展和迅速的堕落中，革命为一个无神论的、世俗化的世界奠定了基础。最初被暴徒带进圣母院用来亵渎这一空间、羞辱神职人员的猪，现在仍在全球知识界游荡。无神论虽然存在，但在以前是边缘化的，许多自然神论者并不否认上帝的存在，而是否认神创造了世界；许多学者，包括新柏拉图主义者，警告无神论的危险。但是，在18世纪，无神论大多局限于巴黎知识界。

然而，从19世纪初的几十年开始，对上帝的否定就成为国际学术界的头等大事。此后，它制约着世界的智识发展——从"上帝创造"到尼采及其追随者对人的神化——若与旧政权的无神论相比，其传播是毁灭性的。在法国大革命遗留下来的"颠倒世界"中，上帝被贴上了人类产品的标签。尽管在新世界（从新生的美国到澳大利亚）仍被怀疑并且没有受到广泛的欢迎，在中国或日本的影响力更是摇摇欲坠，但它在欧洲哲学中取得了胜利，从而标志着一种新的由晚期现代性创造的精神气象：公立大学。

然而，确立无神论作为新的国教却费时不少：1810年，当威廉·冯·洪堡（Wilhelm von Humboldt，1767—1835年）在柏林建立第一个真正"现代"的宗教时，无神论在德国大学没有受到欢迎；到19世纪末，无神论者才越来越多。与此同时，世俗化几乎取代了教会的全部概念；进步意味着新的天意、新的社会和道德、新的洗礼，"复活"（resurrection）也变成了"复兴"（risorgimento）——各国重新主宰自己的命运，这些命运通过建立民族国家而产生。"世俗化"概念最初指的是国家没收教会财产的暴力行为（Aufhebung），这一概念经历了重大变化（或所谓"扬弃""废除"），用以表示如黑格尔所称的基督教思想、理想和意义的"俗化"。无神论与新兴的对"神化"国家的崇拜相得益彰，尽管它偶尔也会传播悲观的思想，使年轻人相信人生而渺小，从而相信自杀的益处。俾斯麦（Bismarck）时期的德国官员建议哲学教师爱德华·冯·哈特曼（Eduard von Hartmann）放弃他从亚瑟·叔本华（Arthur Schopenhauer）那里继承来的消极世界观（Weltanschauung），因为学生们都在绝望中自杀。德意志第二帝国需要士兵，而不是悲伤、无趣、忧郁的年轻人，他们容易吸毒，无法战斗，更不用说过正常、体面的生活了。

马克思赋予无神论浓厚的政治色彩，将"宗教视为人民的鸦片"。从1917年至1992年，共产主义世界在知识、艺术和思想上巨大的输出，体现在"无神论艺术"（和哲学）中，其作为替代的神性是为现代文明服务的大众、工人，世俗的幸福和自然；从苏联到中国，从朝鲜到古巴，被证明是"没有上帝的世界"。艺术创作变为一项"集体"事业，显然，所有的个人主义都被剥夺了。从农村社会向工业主义过渡，尤其是从东正教向国家无神论过渡的悲剧，在许多俄罗斯艺术家的作品中都有明显的体现，他们在经历了一段时间的过渡后，很快就被共产主义的意识形态和系统的审查制度压垮。通常，在极权主义下，政权的文化产品（如果有的话）是劣质的，而最有趣的作品是那些受到迫害、批判或被迫流亡的持不同政见者的作品。在共产主义苏联，小说向世界揭示了古拉格（集中营）的恐怖。而佛朗哥（Franco）、希特勒和墨索里尼赞助的艺术与反对者和流亡者的作品相比，几乎没有内在或外在的价值。在纳粹德国，对艺术品的销毁和审查皆以"消灭堕落者"的名义进行。

世俗化影响了极权和独裁政权以外的艺术。现实主义是一种诞生于法国的艺术运动，旨在将艺术家的注意力集中于世俗现实的"此时此地"（hic and nunc）上，同时激发诸如"颓废"（Decadenz）的极端反应。埃米尔·左拉（Émile Zola，1840—1902年）影响了意大利周边的乔万尼·维尔加（Giovanni Verga）等作家，并影响了日本的小林多喜二和宫本百合子。世俗化在建筑和音乐中的表现也很明显，这些艺术以往主要由宗教传统主导。世俗建筑开始接受以棱角分明的几何结构为特征的激进"理性"。热那亚的伦佐·皮亚诺（Renzo Piano）、加泰罗尼亚的恩里克·米拉莱斯·莫亚（Enric Miralles Moya）、阿根廷的塞萨尔·安东尼奥·佩利（César Antonio Pelli）和美国的保罗·鲁道夫（Paul Rudolph）等最近著名建筑师的作品也充分体现了对传统的长期抵制。

　　大众、国家、技术与世俗化，晚期现代性既受这四大支柱的支撑，又受其制约。在一个没有上帝，显然包括悲观主义和虚无主义在内并且蕴含无穷无尽可能性的开放世界里，并不是所有的影响都是负面的。无神论和唯物主义可以培养一种积极、乐观、真正的伊壁鸠鲁（Epicurus）哲学。唯物主义者马克思不是悲观主义者，弗里德里希·恩格斯和弗拉基米尔·伊里奇·列宁也不是。现代国家需要大众和技术，弗朗西斯·培根早在大众社会出现之前就已洞悉了这一点，而根据世俗主义（laïcité）的教义，传统宗教可能需求过剩。宗教局限于"私人领域"，甚至可能增加其对人类生活的影响，而不会受到那种在19世纪中叶似乎就已经过时的神权政体的干预。例如，当时新成立的意大利国家占领了罗马，并将教皇限制在"精神领域"。在福音的精神和话语中，"我的国不属这世界……"[1]。

　　为了在世俗化浪潮中幸存下来，旧天主教会在不否认上帝存在的情况下，很大程度上要使自己世俗化——这是它的"存在根据"。教会首先在法国接受了"社会复兴"教义，并接近集体主义理想。自1789年以来，教会在世俗化的世界中寻找一种可接受的身份，这使得天主教知识分子的大部分工作在"现代性需要"和"福音信条"之间徘徊。从性别到社会主义，这场斗争涉及最高的类别和强大的力量。虽然它失去了世俗权力，但天主教仍是世界上最强大的精神驱动力之一。

　　法国大革命后，神学和宗教的边缘化不仅导致了对宗教的普遍拒绝，同时也是神在神秘形式下的强势回归，与东方宗教的"神"的相遇则推动了这一回

---

[1] 见《新约·约翰福音》第18章第36节。

归。这种回归是由卡斯帕·大卫·弗里德里希（Caspar David Friedrich）和奥古斯特·威廉·施莱格尔（August Wilhelm Schlegel）在"大众"层面而不是在学术背景下发起的，他们处于德国浪漫主义丰裕的知识摇篮中。

我们所考察的四个因素在西方现代化的过程中起到了关键作用，但在世界其他地方，它们的延迟引入和暴力带来一种矛盾现象。非西方社会遭受了过度自发的"西方化"。具体来说，中国是一个现成的大众社会，在迟来但巨大的人口爆炸的阵痛中，同时也是在长期却不发达的科学潜力中发展起来。然而，在后殖民世界，基于市场和当前风尚的需要，中国所孕育的知识、艺术、思想潮流及产品，有受到西方经典的影响。与此同时，西方对琐罗亚斯德教、儒教、佛教和许多其他宗教的研究，其方法通常是一种"东方主义"的形式，在文化上剥削"他者"，在一种知识殖民主义中，它被认为是"劣等的"。

▲ 柏林墙倒塌后，伦佐·皮亚诺具有技术开创性的设计将柏林的波茨坦广场（Potsdamer Platz）从一块"休眠的荒地"变成了"欧洲最大的建筑基地"，并以"鲜明的几何形状"闻名于世。

过渡是否平稳，能给予所有人平等进入精神、智力和艺术"宇宙"的机会吗？一点也不。例如，我们现在看到的伊斯兰神权政治的复兴，证明了世俗权力和宗教权力之间的联系不可能被轻易地、永远地瓦解。在真正的现代性尚未形成之前，后现代就已进入了这个世界。大众社会、科技、国家权力和无神论形成了一个复杂而脆弱的体系，并不断受到挑战。此外，这种效果似乎也无益于创造力。当伊斯兰国（DAESH，即ISIS）恐怖分子摧毁中东的纪念碑和所有历史名城——包括公认的西方文明发源地（即伊拉克）——对世俗化的反应和对盲目信仰的回归并未带来任何艺术作品，也没有带来任何可靠的令人信服的智力或文化成果。被认为是"他者"对西方的大规模反应，在西方世界——尤其是在艺术家和知识分子中——发现了类似的现象：对传统、体制和主流的拒斥，那些反对大众偶像崇拜和国家权力的人助长了个人主义的过度膨胀。这座晚期现代化的大殿可能有坚固的支柱，但渗透者已渗入其中。

主义时代

大众的出现、中央集权的巩固、世俗化和技术革命的结合，给精神生活和艺术、文学提供了新的条件。通过调动前所未有的巨大能量，这种结合创造了新的实体：在广阔的全球市场上，艺术、文学和知识产品变为商品；品味和时尚在世界范围内发挥作用；近来，忽视品质的后现代主义导致了不同风格、意识形态、叙事、艺术产品和价值观的均等化。

事实证明，"大众"概念具有欺骗性；决定精神和艺术生活过程的不是无产阶级。至少在1945年之前，资产阶级通过推崇中央集权国家而成为仲裁者，利用技术、支持科学，并坚持（通常是带反抗性质的）新的由政府培育出来的无神论风尚。政府急于以完全胜利结束与教会的冲突，资产阶级因其服务而获益颇丰。

典型的情况是，即使本土文化挑战这些资产阶级价值观，它们也根植于大的后殖民国家。例如在印度，有2亿市民按照英国中产阶级留下的标准生活，米拉·奈尔（Mira Nair）执导的宝莱坞电影《季风婚宴》（*Monsoon Wedding*，2000年）就清楚地展示了这一现象。尼日利亚的电影工业，即"诺莱坞"（Nollywood），同样在后殖民、后英国的背景下运作并迅速发展，对好莱坞和宝莱坞发起挑战。从足球到电影，从音乐到快餐，后殖民社会通常内化和强化西方文化。

然而，这一西方发起的全球文化一体化进程，从一开始就遭到激烈抵制。在欧洲，当资产阶级以牺牲旧贵族、农民和无产阶级的利益为代价，在世界上占据主导地位时，抵制就已经开始。

在知识分子中，典型的反抗形式之一就是否定启蒙运动，它是关于大众、国家、世俗主义和科学的主流思想的来源。反资本主义者谴责使用和滥用理性所具有的普遍价值，将其作为冷血的剥削工具。19世纪的西方教育体系是另一目标，尽管各国乐于将娱乐活动留给私人演员，但他们牢牢掌控着学校，他们最大限度地提高了识字率，推行了义务教育，建立了文艺准则，把农民和无产阶级变成公民、士兵和伪资产阶级。这是一个复杂的过程，涉及多种文化适应策略。我认为，"经典"（canon）的创造是现代性的标志，也是对一般文化最具破坏性的因素之一。在我看来，作为国家资助的知识分子作品，经典排斥了世界文学、艺术和思想的真正主角，促成了一个没有创造力的学习过程。我相信，为了进入经典文学的榜单，当代知识分子经常改变自己的个性，也不保持艺术的完整性，甚至在销量大增之前就获得了重大奖项。诺贝尔文学奖具有示范性，它推崇合适的作家，同时排除了可能扰乱主流的人。

相反，反对者主张绝对独特的价值——一些不符合启蒙思想普遍范畴的东西。与此同时，其他流行的或正在发展的思想倾向于分类，例如个人主义、自由主义和多元主义。在我们的整个时期，"主义"越来越势不可当地蓬勃发展。在"自由主义世纪"（自由主义意味着个人自由和自由市场的发展）被错误地命名之时，一些持不同政见的意识形态吸引了大批追随者，其中主要是浪漫主义。人们需要重新发现一个神奇的世界，在那里，自然、精神、神、动物和植物生活在一个天然的、未被破坏的但却充满暴力的环境中，让-雅克·卢梭的作品体现了这一点，他用高贵的野蛮人来挑战现代文明。卢梭的主题是对自然世界和自然法则的怀旧。从文学上的格林兄弟（Brothers Grimm）到瑞士作曲家约阿希姆·拉夫（Joachim Raff）及其创作于1869年的《林中交响曲》（*Im Walde*），浪漫主义使无拘无束、不可驯服的自然观念得以复兴。在今天这个依赖技术的世界里，知识分子的回应是在与世隔绝的幻想王国里形成个人主义的乌托邦，并与"大自然母亲"重新接触。自然在当代知识分子的议程中占据着突出地位，从亨利·戴维·梭罗（Henry David Thoreau）的《瓦尔登湖》（*Walden*，1854年）到乔恩·克拉考尔（Jon Krakauer）的《荒野生存》（*Into the Wild*，1996年），有一条很长的纽带连接着这两部作品。

下一个大的"主义"，共产主义，或完美的集体主义，至少在起源上反对任何形式的国家。与共产主义一样，无政府主义也面临着更为激进的挑战。例如，马克思和蒲鲁东（Proudhon）的集体主义乌托邦，就遭到"自由意志主义"或"无政府资本主义"学派的强烈反对。该学派起源于奥地利的卡尔·门格尔（Carl Menger），随着路德维希·冯·米塞斯（Ludwig von Mises）及其追随者［包括美国人M. N. 罗斯巴德（M. N. Rothbard）］的移民传至美国。今天，在以共产主义为代表的"集体主义极端主义"和以自由主义为代表的"个人主义极端主义"之间的激烈斗争仍在继续。然而，到目前为止，这两个学派都为历史所打败。

"后现代主义"夷平了每一种理论，放弃了对真理的追求，转而支持冗长的"话语"，这或许是传统中最新最平静的"主义"。年轻的黑格尔（他是第一个被誉为"划时代"的哲学家）在法国大革命之后说："你不会比现在更好，但你将以最好的方式成为现在。"他可能一直在梦想着后现代哲学。当庞大的世界市场变成一个单一的"地球村"，文化产业产品前所未有地成倍增长，其结果是各式各样的"主义"，或至少在学术界及文化界盛行的一个接一个走马灯式的"主义"，步入了终结。它们可以相对地和平共存：马克思主义和存在主义，自由主义和自由意志主义，女权主义和跨性别主义，现实主义和超现实主义，无政府主义和集体主义，以及数以百计的其他形形色色的主义。

▲ 雷德利·斯科特（Ridley Scott）执导的《银翼杀手》（*Blade Runner*），1982年。

技术崇拜、国家崇拜以及大众崇拜，结合世俗化进程的完成，促成了墨索里尼、希特勒等"现代独裁"的产生。在1870—1945年这黑暗几十年的前后，知识分子似乎很自然地倾向于将其他世界理想化，倾向于过去和未来的乌托邦。19世纪再一次成了他们巨大的实验室。尽管"大众"的绝大部分坚守旧政权的宗教信仰，但现在他们当中的一大批人支持上帝的替代品。知识分子成为了"超人"（supermen），尼采设想他们是上帝的代名词，或者是绝对的、不受约束的个人主义者，就像马克斯·施蒂纳（Max Stirner）于1844年所著的《自我和本我》（*The Ego And Item One*）中悲哀的普罗米修斯一样。事实证明，这部作品大受欢迎。与设想了消极和悲观的世界相比，作家对科学更感兴趣。例如，从法国科幻小说家儒勒·凡尔纳（Jules Verne）的作品到雷德利·斯科特的《银翼杀手》，科幻小说在启蒙运动时期谨小慎微地开创了这一历史悠久的时代，其内容得到拓展。在更大范围里，未来噩梦不过是当下噩梦的投影。有时很难将虚构的超人悲剧从他们提出并试图创建的冷酷机器国度中区分开来：乌托邦通过屠杀敌人与消灭反对派来实现。

辩护者从来都不想要一个中央集权、民主和福利的国家。它花了很长时间才呈现出目前公认的形式——例如，1861年的意大利、1870年的法国和1871年的德国——在倒退和中断之后，随着1945年之后的新宪法强势重现。无论是过去还是现在，它都需要智力上的辩护、理论上的正当化，以及对其改进和"完善"的建议。它在热战和冷战中挥别了超人，但旧的雅各宾式国家，马克思主义者和自由意志主义者的敌人，生命力依然旺盛，因为它不尊重私有财产和人的生命。现在，"主流"和"边缘"思想以前所未有的烈度对峙起来。作为现代性的典型特征，其中一个相对于另一个的价值和首要地位，并不是由内在的普遍性、一致性或有效性赋予的，而是由公众的赞扬和认可（或不认可）赋予的。许多对立和不同的意识形态出现了，一边是"集体主义"，另一边是"个人主义"。

资产阶级化的终结

虽然由稳固的资产阶级主导的市场是世界的主导力量，但同样的市场被允许且允许"违反秩序"。换句话说，为取悦资产阶级，艺术家不得不"休克"。在此境况下，艺术生产倾向于一种难以识别的"左派"——就像1945年后的意大利。从都灵（Turin）到罗马，那里所有主要的出版商、知识分子和艺术家，垄断了文化舞台几十年。艺术常常成为"集体企业"——一种促进销售和增加个人财富的手段。在我们这个时代的大部分时间里，尽管保守主义、"复古"或对旧制度平和的怀旧之情挥之不去，但在大学、学院和其他国家机构中，先锋运动方兴未艾，先锋派欲与制度化思想流派一比高下。作为现代性的新产物，这些"批评家"给他们的运动命名为"主义"，从达达主义（Dadaism）到超现实主义（Surrealism）。在公众和艺术家之间，批评家成为文化生产过程的中介，尽管批评行动的意外影响通常将这些运动孤立在一个政治中立的领域。这就是阿多诺（Adorno）在1969年以一种非常现代的方式（一场车祸）去世之前所称的"文化产业"。总之，绝对"无政府状态"、"自由"、艺术家"特性"和"自由"知识分子，都是市场的需求。为推销这些知识分子生产的"商品"，它们也被恰切地定义为"怪癖"（eccentricity）。

正如安伯托·艾柯（Umberto Eco）曾经说过的，"启示录"的象征被证明是这个系统中整合得最好的，它们不仅赚钱，而且通过挑战这个系统有效地验证了它。2016年初大卫·鲍伊（David Bowie）的去世使我们回顾其职业生涯——从他作为"不合群者和叛逆者的捍卫者"，到他作为资本家受到的赞誉和成功（售出1.4亿张唱片）。因此，反叛者安抚了资本主义。通过批评独裁［从彼得·盖布瑞尔（Peter Gabriel）抗议南非种族隔离到乔治·克鲁尼（George Clooney）抗议苏丹种族冲突］，他们以美国式的"自由民主政体"形式认可了"存在的权力"，即"有史以来最完美的政府"，这将终结一切。通过将美国模式扩展到全球，以解决世界所有的冲突、贫困问题。

至少在20世纪最后四十年的后现代性出现之前，智力、精神和艺术商品生产者的"怪癖"通常与其作品的古怪相称。从1789年起，怪癖不断增多，因此无论是先锋派还是他们的作品，似乎都在挑战当前心态和体制的所有分支，甚至是常识。古典主义和新古典主义范式的衰落，在品味和合理性的调和下，让位于极端。这些极端几乎立即被制度化，偶尔在可能的情况下，被陈列在博物馆或被奉献于舞台上。塔斯马尼亚新旧艺术博物馆（Museum of Old and New Art，简称MONA）于2011年开放，它是最极端怪癖的"制度化"和政治中立的一个完美例子。被陈列进博物馆是"每一种前卫艺术形式皆可预见的命运"，而MONA正是这样做的，因为它在防弹玻璃背后，调和了大众与先锋艺术偶尔真正的革命目标之间的矛盾。

在音乐界，阿诺尔德·勋伯格（Arnold Schönberg）开始解构古典音乐。最终，从鲁契亚诺·贝里欧（Luciano Berio）到武满彻，他的追随者开始追求这种解构主义的转变。美国音乐家约翰·凯奇（John Cage）走得更远，写下了一曲《4分33秒》（4'33"），这是一首沉寂的作品。而1961年，雕塑家皮耶罗·曼佐尼（Piero Manzoni）在作品《艺术家之粪》（Merda d'artista）中封装了自己的粪便，这是一个"多元的"作品，至今在艺术市场上仍能卖出高价。每一"超量"（excess）都经过描绘、雕刻、拍摄，最终导致市场饱和。

▲ 大卫·鲍伊，被称为"不合群者和叛逆者的捍卫者"，成为在市场资本主义中获得成功的典范。

然而，在当今的后现代世界中，前卫已不复存在，因为一切要么接受要么被迫接受，市场本身也极其多元化。与此同时，古老的销售策略依旧有效。意大利诗人加布里埃尔·邓南遮（Gabriele D'annunzio）为售出更多自己的书籍而公开了自己的死讯，此举让其名噪一时：这些创业技能仍属于世界各地的一些艺术家和知识分子。它们被新技术放大了，而且毫不受限。

此外，现代性标志着个体说话者与话语内容之间的新联系，彻底改变了话语本身的真理价值，谁说的比说了什么更为重要。这是成熟的现代性和后现代世界最强大、最危险的手段。虽然异端是近代早期的问题，但不管异端是谁，随着审查制度的减弱，成熟的现代性带来了一种新的"过滤"思想的形式。说话或写作的人越有名，信息就越能被听到和带来影响，无论其内容是荒谬的还是明智的。奥普拉·温弗瑞（Oprah Winfrey）和教皇都有影响力，无论他们的言论如何原创或是派生。缺乏魅力的政治、社会和经济顾问之所以被边缘化，并不是因为内容，而是因为该系统精明地将他们限制在边缘人群中。举例来说，对于欧洲自由主义者和宗教发言人来说这是事实，尽管在美国，宪法和联邦政府基本的自由起源允许更多自由主义解释的空间。与此同时，尽管宪法宣布政教分离，但在所有艺术和学科中，仍存在着比欧洲人更虔诚的宗教信仰和更丰富的精神追求。在其他方面，一个持相反意见的个人或"智库"，无论多么可靠和踏实，都将丧失可见度和影响力。顺便说一句，"智库"是文艺复兴时期"学院"的启蒙沙龙的继承人。最聪明的想法总是不断涌现，但是如果它们来自未经名人认可的资源，它们大多效率低下且无用，甚至是闻所未闻。

并非与众不同的其他世界

以欧洲为中心的世界观是有原因的，即使在1815年至2008年的整个时期内（至少直到20世纪60年代），这种现象都是有原因的。当时，后殖民世界的要素最终出现在主导相关市场的情感、思想和艺术里。在中国文学经典的构建中，"四大名著"发挥了重要作用，它们没有一部是在18世纪之后出版的：两部在14世纪，一部在16世纪，最后一部是1791年第一版的《红楼梦》[1]。在清末，艺术家和思想家们或多或少都强烈地感觉到，不断增长的欧洲前哨和商业飞地中有了"外来存在"。当1912年清朝以悲剧落幕而"新文化运动"蓬勃发展时，中国试图否定儒教，并在学问和政治等领域引进西方理念，为现代化的发展铺平了道路。在过去，知识分子没有在中国广袤的国土之外寻找参考模式，他们表现出的是对真正的中国王朝旧规的眷恋。他们对回忆的叙述与大革命和复辟之后的一些法国保守派作家颇为相似。其他作家，如龚自珍，他充分认识到西方文化同化的危险，这体现在第一批西方古典作家的作品被大量汉译的趋势里。龚自珍对中国原生精神、传统和杰出个人才能的缺失深感遗憾。日本明治维新，以比中国更快的、强制的现代化推力，把西方世界带到了仍相对孤立的日本群岛。由爱德华·兹威克（Edward Zwick）执导，于2003年上映的《最后的武士》（*The Last Samurai*）有力地描绘了幕府将军和长达千年的封建文化的终结。无论过去还是现在，日本帝国的西方化都是一个充满破坏性的内部冲突故事，而日本在第二次世界大战中的战败又再次加剧了这一进程。虽然主流的流行文化时而谨慎时而不加批判地倾向于西方模式，但日本20世纪文化的核心人物，从作家三岛由纪夫到电影导演黑泽明，都引用了幕府、武士、荣誉、天神和祖国崇拜的大量传统遗产。文化现象的碎片化仍标志着日本文化生活具有特殊的历史意义。

　　然而，征服的形式是多样的。19世纪西方文化的主要内容逐渐向东方蹒跚而行，这一姗姗来迟的现象揭示了西方文明的制约力量。它们包括各式各样的报纸和杂志，后来则是广播、电视和互联网，以及西方世界曾经独一无二的机构——现代大学。早在牛津大学、索邦大学和博洛尼亚大学出现之前，大学就已存在，但它们通常都是伊斯兰教的宗教学校（madrasa），或者佛教神学院，如于2014年

---

[1] 即乾隆五十六年辛亥程甲本。

重新开放的印度北方邦（Uttar Pradesh）的那烂陀寺——它可能是世界上最古老的学院。风靡全球的模式源自19世纪最成功的西方样板：德国体系。巴尔的摩（Baltimore）的约翰斯·霍普金斯大学将其确立为美国的规范。对于该模式在太平洋地区的渗透，目前世界一流的东京大学的案例颇有启发性。"东京帝国大学"成立于1877年，最初由法、理、医、文四个学部组成，后又合并了三个先前存在的机构：昌平坂学问所［成立于1789年，以儒学和（日本）国学闻名］、开成所（成立于1855年，以洋学闻名）和医学所［成立于1860年，以（西洋）医学闻名］。疫苗接种是西方文明的里程碑，大革命后由法国军队系统地传播开来，在明治维新前夕，整个日本学派都把疫苗接种作为研究对象。东京大学逐渐将典型的西方学科引入其体系中，1955年甚至设置了原子核研究所——这是日本新思维"开放"特征的一个典型举措，与此同时，全球反核力量也开始变得极为活跃。

▲ 黑泽明执导的《罗生门》（1905年），由芥川龙之介同名原著改编，讲述了一个武士惨遭杀害却未结案的故事。

　　并非所有交流都是单向的。在欧洲和后来的美国，中国和日本的艺术家、音乐家和作家越来越多，对西方观念、形象、意识形态和文化态度在东方的渗透起到很好的平衡作用。葛饰北斋等艺术家对欧洲艺术家如文森特·梵高（Vincent van Gogh）、保罗·高更（Paul Gauguin）、埃贡·席勒（Egon Schiele）和古斯塔夫·克里姆特（Gustav Klimt）以及新艺术运动的影响巨大。除了风格之外，还有一些远东主题融入西方文化并被同化。例如，从安德烈·皮埃尔·德芒迪亚尔格（André Pieyre de Mandiargues）略带色情色彩的法国小说到奥地利人阿尔弗雷德·库宾（Alfred Kubin）对魔术的迷恋，葛饰北斋于1820年[1]创作的一幅极具色情色彩的画作《章鱼与海女》（「蛸と海女」）中的章鱼，成为西方想象的重要主题之一。这种巨型头足类动物在美国也很出名，因为它出现在赫尔曼·麦尔维尔（Herman Melville）1851年创作的传奇杰作《白鲸》（*Moby Dick*）中。甚至在贾科莫·普契尼（Giacomo Puccini）未完成的歌剧《图兰朵》（*Turandot*，1926年）里，也隐约可见葛饰北斋的影子。

　　同时，远东地区吸纳了西方的思想和意识形态，甚至西方哲学也成为主流：马丁·海德格尔（Martin Heidegger）著作全集被译成日文，而直到最近才被重新发现的东方哲学神学基础，也逐渐丧失了合法性和受众。此外，远东地区也增加了原本属于流行文化的相关文化产业，如卡通。日本结合东西方的传统，发展出了一种强大的卡通作品——漫画，如今漫画已被视为一种"独特的"东方产品。

　　与此同时，1815年后的世界，见证了彼此隔绝的文化之间相互作用的日渐增长。文化全球化使欧洲的前哨转变为强国，最初是美国，然后是加拿大、澳大利亚和尼日利亚。为了寻求急需的文化认同，新兴的美国引入了欧洲的思想和知识分子，后者在法西斯主义兴起后从德国和意大利大量涌入。反过来，严重依赖欧洲内容和意识形态但与新媒体（从电影到电视）相关的大众文化和大规模的生产

---

[1] 《章鱼与海女》创作于1814年，收录于1820年前后完稿的艳本《喜能会之故真通》中。

创新，将美国从欧洲知识分子的后裔转变为一个强大的艺术生产者，以及自由市场和个人主义价值观的生产者。美国流行文化的吸引力决定了二战结束后，乃至冷战结束后世界范围内的文化和知识场景。

世界其他地区在塑造全球文化方面发挥的作用有限。拉丁美洲的艺术和思想用了较长时期才摆脱对外依赖获得独特的身份认同。直到第二次世界大战后，拉美作家才强势登上世界舞台。为了给艰难的殖民史、模糊不清的前殖民"史前史"和不稳定的现实生活的重建赢得一点空间，在独裁和脆弱的民主中，阿根廷和哥伦比亚的小说家将拉丁美洲的知识和文化圈带进世界舞台。

后现代转向：易变性、不确定性、多元化及其敌人

本章最后一节关注的是最近几十年。结果似已可以预见，或者已出现一种"世界文明"。在这一文明中，有选择的统一性取代了一些差异，而文化与智力上的差异最好被理解为对无处不在的统一性的自觉反应。自第二次世界大战以来，随着非殖民化和大国的分裂，以及支持资本主义和民主的普遍共识的惊人发展，世界似乎在沿着全球化、和平与繁荣的道路加速前进。许多前独裁政权或后殖民时期军事政权，至少在（宪法）文件上，正在向美国式的自由民主迈进，尽管没有成功的保证，甚至没有持续的进步。自20世纪80年代初以来，科学的巨大进步（特别是在通信方面），已完全改变了新领域的模式、结构、形式和内容，如"数字人文"，以及音乐、文学和视觉艺术等。至少在西方国家，官方学习和学术场所的互联网已颠覆了审查制度，而从高雅文学到赤裸裸的色情作品，普通观众很难分辨出什么是好，什么是抄袭，什么是假，什么是真。现在，"艺术"和"纯粹商品"之间的界限变得模糊了，就像"丑"和"美"、"坚固"和"有缺陷"之间的界限一样。网络哲学家已经开始掌握和解释数字革命在逻辑、知识哲学、伦理学和本体论领域带来的巨大变化。最后，互联网实际上实现了19世纪

晚期关于"单一语言"的乌托邦梦想——这一梦想在古典主义和文艺复兴时期都有先例。由19世纪的社会工程师构想的机械语言的天真乌托邦,如世界语和沃拉普克语,在没有存在多久的情况下就销声匿迹了。作为一种全球通用的语言,英语具有"天然垄断"的地位,并可能长期保持这一地位。

作为最具争议的文明对象之一,图书——自《古登堡圣经》面世以来至高无上的印刷本形式,在经历了500年的辉煌后,至今仍在广泛流通;电子书保留了一种新的"物理光环",这种美来自它们作为人工制品的性质,也来自它们的稳定性和便携性,且无须各种形状的计算机。读一本传统的书就像开一辆旧汽车或骑一辆旧自行车:然而,这一事实影响了"文化"和"知识"的概念,并在很大程度上适用于人文和创意文学的工作,在那里,几乎所有的传统读者都是爱书者。在科学界,论文是至高无上的。例如,这本书的读者可能仍然属于那些喜欢"实体书"的人,而与此同时,牛津大学出版社可能会制作电子版,比如说,电子书可以送达南苏丹的天主教大学,在那里传统书籍仍然是昂贵和难以获得的珍贵商品。

然而,至少在世界上一些大的地区,人们对过去的关注越来越多,越来越系统,越来越强烈。像"希望"这样的概念偶尔也会重新浮出水面,如奥巴马2008年的总统竞选。可未来的缰绳,至少在西方和西化世界,是留给科学和"自由民主"的。作为一个概念,希望与仍然掌握在神学和宗教手中的未来有关,这些宗教再一次以各种各样的邪教、亚邪教和迄今为止未知的教派征服了大众的灵魂——这要再次归功于后现代性赋予的"等价性"价值。在其世俗化的形式下[与马克思的哲思,或布洛赫(Bloch)的《希望的原则》(*The Principle of Hope*)有关],"希望"成为弥赛亚主义的一个标志,而且似乎正在衰退。我们中的一些人生活在一个自满、富裕的当下,无须怀着尚未实现的愿望和理想展望未来。另一方面,对我们所有人来说,未来充满着太多威胁而不受欢迎。许多支持者——环境上恣意放纵的人、意识形态上保守的人、经济上挥霍无度的人——似乎已经否定了它。

▲ 2008年美国总统大选期间，贝拉克·奥巴马在辛辛那提大学演讲。

相反，记忆只属于过去：任何宗教都不能简单地基于对祖先的崇拜，而不涉及某种形式的救赎和/或未来的复活。记忆普遍压倒希望，或者在平静、自我满足的现在以一种放松的、沉思的眼光看待过去，可能被认为是稳定社会的典型特征——例如，处于鼎盛时期的罗马帝国，正在思考来自希腊的知识遗产和自己的宏伟历史。以未来的乌托邦为代价，后现代性带来了一种对记忆的狂热崇拜。例如，在欧洲和美国，大屠杀记忆已成为一个强大的文化产业，也带来了一些积极作用，如加强了对德国历史的研究。但也带来了一些负面后果，比如自由民主国家毫无根据地自我合法化，不仅成为自由的唯一保护者，也是人类生命仅有的维护者。

此外，各国还培养了有选择性的甚至歪曲的记忆，以使其存在合法化。在一个不再有价值仲裁者的世界里，市场成为最终标准。所以，在每个市场中，巨额的垄断总是最强大的。好莱坞电影在文化领域扮演着最接近垄断者的角色。它们

▲ 正如英国代表卡斯尔雷（Castlereagh）讽刺的那样，结束了拿破仑统治的维也纳会议臭名昭著，"与其说是工作，不如说是在跳华尔兹"。讽刺画家经常把它描绘成一个舞会，意大利讽刺画中最野蛮的莫过于把舞会变成了"死亡之舞"——在中世纪晚期和近代早期的瘟疫时期，这是欧洲艺术家最喜欢的题材之一。

不仅反映了文化的最先进之处，而且还以一种极其有力的循环来决定这一点。通常，好莱坞电影坚持自由民主的价值观，如美国所体现的价值观——至少在世人看来如此——以极端现实主义的方式使历史鲜活起来，赋予其真正的情感和永恒的道德价值。

　　世界的文化、艺术和知识状况暴露出更多的裂痕而不是统一性。文化全球化面临广泛阻力。这本书的命运就是矛盾的象征。2001年，在死于暴民之手之前，利比亚独裁者卡扎菲（al-Gaddafi）在全世界的摄像机前挥舞着一本破旧的《利比亚宪法》，以捍卫他的独裁权力。这本书，对于一位阿拉伯领导人来说，仍然具有与《古兰经》、犹太教原教旨主义者的《希伯来圣经》、基督教极端分子的《新约》等同的神圣价值。当书不被奉为神圣，也不作为禁止传播危险思想的工具时，它就成了一种很难找到的商品。除了少数自由国家之外，世界上的另一大片地区非洲也在努力为人民提供教育。从埃塞俄比亚到冈比亚，更确切地说，那里是脑膜炎和艾滋病的胜利之地。因此，很明显，全球化的进程肯定是不完整的，这种不完整，无论好坏，都涉及精神、艺术和知识领域。

宗教、专制权力、阶级差异以及人类和社会的不平等现象，连同贵族制、奴隶制、妇女和少数民族在法律上的"无能力"，似乎都随着法国大革命而消失了。在1815年的某个时刻，那些想要修复"旧政权"的人被描绘成试图从永恒的坟墓中爬起来的"鬼魂"。这些幽灵从未安息，暴君和教条主义者仍然在当代世界上游荡，试图通过妥协或暴力来消除进步和启蒙运动剩余的微光。同时，后现代性预设并同时促进了每一种意识形态的等价性，将每一种理论知识形式转化为话语，并将品味的问题归为个人的选择——在其他选项中做出选择。与此同时，表面上全球化的统一世界，远非真正的统一。来自西方内部，以及更多来自"外围"的强大力量挑战着西方文化传统的影响。这种影响先于西方强权但依赖于曾经令人生畏（但现在正在缩小）的武力和财富差距，传播到世界各地。在变化的环境中，西方文化传统的影响还能继续存在吗？

第十三章

万千变化中的政治与社会：
从西方霸权到美国霸权的关系、制度和冲突

杰里米·布莱克

　　1815年之后，希望和恐惧影响着变革的可能性，也影响着社会关系和政治定义。自1815年之后，这种情况在世界各地均可看到，但表现却大相径庭。对希望和恐惧的关注将历史学家的注意力从现有的社会和政治结构上转移开来，并表明人类反应中固有的波动性和活力，比现有情况适应变化的程度更重要。考虑到这一时期的变化程度，现有社会习俗和政治规范的元素得以幸存的程度令人惊讶。然而，意识形态压力需适当考虑。许多人都很保守，特别是宗教机构及其信徒对女性的态度。

　　与此同时，变化的范围和速度甚至比连续性更令人惊叹。在1800年，未来学家是一个不断壮大的群体，但接下来一个世纪发生的许多事情会让他们无比震惊。1900年，随着变化步伐的加快及其性质的扩展，更多的同行证明了他们的预言。在评估未来学时，评论技术变革及其影响是最容易的，这让同时代的人目瞪口呆。特别是1903年以来的动力载人飞行，以及随后的人类首次登月，这在以往

是只有在小说中才会出现的成就。然而，对许多人而言，男女关系或代际关系的变化仍会显得更为引人注目。顺从的衰落、选择的兴起以及标准的个人化，都与之前的态度截然不同，而且这些态度都不局限于精英群体。

这些变化在世界各地随处可见但发展程度迥异，因为政治和意识形态战略在引起和响应变化方面发挥了作用。在一些国家，变革被认为是对外国控制经历，尤其是帝国统治经历——尽管不那么结构化的西方影响和控制也很重要——的必要反应。其背景往往是一种怨恨，20世纪共产主义对西方消费主义模式的反应和伊斯兰对西方化的反应更是如此，而最近几十年尤甚。

▲ 于1927年上映的由弗里茨·朗（Fritz Lang）执导的电影《大都会》（Metropolis）。在这部影片中，主人公试图在一个精心设计的、残酷的反乌托邦中克服阶级对立。

对外国影响的许多其他反应则要积极得多，特别是在个人层面上。统治集团可能会拒绝外国影响，甚至会寻求相应的对自己的认同与授权。尽管如此，外国模式和做法的某些方面很容易被采纳，如同19世纪的英国影响和20世纪的美国影响一样。一个关键的例子是语言。人们可以采用一种没有文化的语言——借用英语的符号和结构，而不接受单词的含义或他们所表达的价值观。然而，不同语言的使用带来了一定程度的相对主义，极大地挑战了现有的价值观和关系，并鼓励对外国影响的开放。因此，世界的一体化以及随之而来的思想和形象的传播是自1815年以来这段时期的关键因素。

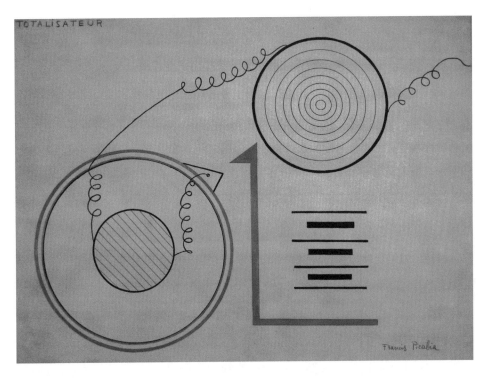

▲ 累加器（Totalisateur），约1922年，弗朗西斯·皮卡比亚（Francis Picabia）所作。其中机器时代的表现似乎在极权主义和古怪而不完美的人文主义之间徘徊。

帝国的转型

融合的过程在19世纪至关重要，原因在于它使那些尚未（或者至少没有以稳定的速度）经历过异族影响的社会暴露于远方压力之下。此外，随着蒸汽动力的使用及其在航运和铁路上的应用，文化间相互作用的速度大大加快。不同背景产生的后果也迥然相异。例如，任何关于中国、日本、新几内亚和新西兰的探讨都将表明：中国是步履蹒跚、支离破碎的"现代化"；日本的"现代化"具有系统性和全面性；新西兰的移民和土著在"现代化"上截然不同；而新几内亚的大部分地区根本没有"现代化"。现有社会和文化的性质与特征是关键因素。此外，影响往往带来创痛，正如20世纪初中国西藏和尼日利亚北部的例子一样，它们在接触英国势力之后都体现了这一点（武力发挥了关键作用）。1904年，英军挺进西藏首府拉萨，对中国人早期存在的文化传统提出了新挑战。

帝国主义在很大程度上是19世纪世界事务的规范，也是西方以外那些野心勃勃国家的特征，例如埃及、埃塞俄比亚和日本。帝国主义也以使命、历史命运、必胜信念、种族主义和文化傲慢的形式发生在邻国之间。如果说这些都是现代西方强国的象征，那么埃及对苏丹的态度以及埃塞俄比亚对欧加登（Ogadēn）的态度也体现了这一点。帝国主义也展示了大国间的竞争，以及对经济机会的追求。英国成为最强大的帝国，部分是因为其强大的经济、商业、金融体系和海军，但也与其他西方帝国在1792年至1815年的法国大革命和拿破仑战争中受到削弱有关。公元1900年前的大部分时间里，世界上大约有16亿人，而英帝国占据了世界五分之一的土地，并拥有4亿臣民，其中大部分在印度；法兰西帝国主要在非洲，拥有600万平方英里（约1554.0万平方千米）的殖民地与5200万人口。

颇具讽刺意味的是，这在一定程度上要归功于西方观念和西方实践（共同体在身份认同、政治行动以及政治化，尤其是民主化方面的实践）在帝国内部的传播（特别是英国），这导致了对帝国控制的反对，尽管它在范围上是有限的。印度国民大会党（Indian National Congress）成立于1885年，埃及民族党（Egyptian

▲ 死亡之星。乔治·卢卡斯（George Lucas）执导的《星球大战6：绝地归来》（*Star Wars: Episode Ⅵ–Return of the Jedi*），上映于1983年。帝国主义在一个反乌托邦但可以补救的未来被重新想象为一个死灰复燃的威胁。

National Party）成立于1897年，但与此同时，他们在很大程度上服从了西方的统治。这在一定程度上反映了传统地方精英的共同选择，就像印度的反应一样，地方的统治阶层补充了为其服务的拉杰[1]（Raj）和婆罗门。这代表了对帝国控制长期回应的延续，这些回应通常涉及遵从与胁迫，它们在一个复杂的动态体系中相互作用。

　　然而，考虑到19世纪帝国权力的全球扩张，实际上直到1919—1920年，20世纪才带来了更全面的影响。这部分是由于电影、彩色摄影和互联网世界中的视觉图像更引人注目、更具诱惑力，部分是因为更广泛的社会和政治参与方式以及更高的识字率。因此，具有讽刺意味的是，事实证明，20世纪（经历了广泛的非殖民化）对全球化的意义远大于19世纪（帝国主义的经典时代）。

---

[1] 印度北方邦的穆斯林种姓，人口数约7万。——译者注

这种自相矛盾的说法有些是陈词滥调，尤其是因为20世纪在很大程度上也是帝国主义的时代，特别是苏联采用了带有帝国主义特征的政策。苏联夺取了革命前属于俄罗斯的地区——这些地区后来短暂地赢得独立，如爱沙尼亚、拉脱维亚、立陶宛、乌克兰、格鲁吉亚和亚美尼亚，然后苏联又在二战结束时从波兰、罗马尼亚、民主德国夺取了领土。

此外，就某些方面而言，20世纪的全球化比以往任何时候都更为显著，因为它试图波及大部分人。《心灵与智慧》（*Hearts and Minds*）描述了美国在冲突中与民众的接触，尤其在越南战争中通过政策手段所做的努力。它表明，除了帝国的领土控制明显过时之外，它在文化影响方面的替代作用是非常强大的。

后一点强调了意识形态对帝国统治乃至整个政府的挑战，其重要性日益增加。共产主义宣称自己是一项普世事业，而随后，它的西方对手变成了全球模式（基于美国的影响），而不是欧洲对殖民地的狭隘控制。一般说来，从现代化的角度理解和表述，要取得进步就必须寻找一种替代殖民主义和帝国控制的理论和实践。美国人（以及英法的评论员，特别是且不仅仅是左翼的评论员）通过现代化见证了经济增长和社会政治发展。在约翰·肯尼迪（John Kennedy）总统领导下，美国显然接触了现代化理论。在美国，现代化被视为全球新政的一种形式，旨在创建一个资本主义、民主主义、自由主义的国家。这种意识形态促使肯尼迪试图在越南抵制共产主义。

技术和现代化也联系紧密，特别是19世纪90年代交流电（alternating current，简称AC）的引入促进了电力的使用。电力被视为实现有益变革的全球手段。对大坝的推崇是电力形象和意识形态的一个方面，因为水力发电被认为比使用煤炭更清洁，而且是驯服自然的手段。主要的水坝，如埃及尼罗河上的阿斯旺大坝，使现代化得以彰显，并在电影中得到了相应的庆祝。

全球层面的一个关键因素是东亚和南亚的变化，这两个地区居住着全球大部分人口。1945年，印度是大英帝国的一部分，日本拼命与美国作战，而1949年在中国崛起的共产主义运动是反美的。

相比之下，到2008年，日本在美国的联盟体系里获得安全保障，而中国和印度则竞相扩大与美国的贸易，在一定程度上，它们已调整了各自之前的国家社会主义制度以欢迎资本主义。这一变革过程并没有严重的政治困难，部分依赖于美国经营债务和吸收进口的能力，这一能力可以为亚洲的增长提供资金，就像欧洲人自己在19世纪为新世界（包括美国和拉丁美洲）所做的那样。此外，在21世纪头十年，中国的政治自信和文化认同越来越针对美国，并与西方的活动模式背道而驰。不过，有鉴于这一颇有意味的警告，无论是中国还是美国，这些人本质上均来自同一种物质文化，他们为如何更好地组织以及从中获利而竞争。

城市

事实证明，国际上的变化对单一社会内部的变化具有重大意义。"国家"一词可以用来代替社会，但这样做意味着最好参照国家的不同轨迹来理解社会。尽管这在某些方面（尤其是战争的影响）是合理的，并且就20世纪而言也是最合适的，但在其他方面和时期则不甚合理。对于人而言，个人经历是政治和社会关系的关键框架。体验的本质是随时间而变化的。在1815年后的时期，这也是一个步伐加快的过程，尤其是因为体验的背景已随着人们从乡下到城市的大规模迁移而改变。1815年，世界上大部分人口靠土地生活，但到了2008年，大多数人居住在城市，这一进程还会加快。人口增长、经济发展、官僚化和城市化的综合动力为这些关系奠定了基础。柏林在成为德意志帝国的首都之前，人口就在1850年至1870年间增长了两倍，达到87万。城市通过举办大型科技展览来展示它们的形象魅力，比如1851年的伦敦世界博览会。它们也是帝国的中心和展示帝国形象之地，譬如伦敦特拉法尔加广场（Trafalgar Square）的纳尔逊纪念柱（Nelson's Column）。

20世纪城市化进程加快。例如，巴西圣保罗的人口从1930年的100万增加到

1990年的1710万。在世界大部分地区，城市基础设施面临严重压力。问题包括供水、卫生、住房和交通。在发展中国家，城市地区拥有安全饮用水来源和卫生设施的人口比例高于农村地区，但即使如此，许多城市地区依然缺乏清洁用水，这助长了传染病的流行。对新进入城市的移民来说，他们的医疗条件极差，其中许多人生活在肮脏和极度贫困的环境之中，而且居住在边缘化的居民区，尤其是棚户区。事实证明，这些地区很难维持治安，而且国家在这些地区的权力往往有限，这是政治关系的一个关键指标。为控制像巴基斯坦卡拉奇（Karachi）这样的大城市，帮派之间相互竞争，甚至与警察对抗，这导致了城市暴力事件频发。在巴西大圣保罗地区，1998年的谋杀案数量上升到8000多起。"腐败"是另一种形式的政治关系，它是城市发展的关键方面，尤其体现在规划许可和土地交易方面。

▲ 巴西疯狂的城市化，比如位于圣保罗的此处。在那些原本可以生存的城市周边，到处都是可怕的、不卫生的、难以治理的堆积物。

这些并不是日益城市化的世界唯一的政治面貌。此外，城市成为冲突的主要场所，特别是在起义战争中，例如1830年的布鲁塞尔和1830年、1848年、1870年的巴黎。20世纪仍然如此，城市结构给任何想要维持控制权的人都带来了问题。装甲部队可以沿着宽阔的林荫大道行进，但在叙利亚的阿勒颇（Aleppo）等古老城市，狭窄的街道对其构成了严重问题。城市仍然是反对既定秩序的中心。民众抗议活动遭到镇压，比如1956年的布达佩斯、1969年的吉隆坡以及1981年的卡萨布兰卡（Casablanca）。此外，20世纪80年代在主要城市的示威活动最终推翻东欧的共产主义政权，包括1989年在东柏林和布加勒斯特（Bucharest）。

西方和其他国家

在20世纪盛行的标准西方叙事和对政治发展的分析，在西方力量、影响力和模式如此占主导地位的情况下，到21世纪初已不那么奏效。那时，西方以外的全球财富和人口比例已经上升，同时人们也愿意认可非西方的政治和经济模式。20世纪这一模式的对立面本身就是欧洲的，即共产主义。其他模型则借鉴了西方的思想。在中国，1919年5月4日的示威者寻求一种既科学又民主的"新文化"。相反，在21世纪初，非西方社团主义模式在中国、印度和新加坡等地都得到了发展。

在21世纪，对19世纪和20世纪的历史做出解释，而不把重点放在西方的崛起上的研究方法，似乎也很合理。如果把重点放在由西方技术产生的物质文化上，或者放在源自西方的意识形态（包括民主和共产主义）上，那么对这些历史的研究是否应该关注其他地方对西方崛起的反应就显得合情合理了。然而，对于被西方崛起进程引导，或至少受其影响大量发生文化借用行为的相互适应和融合的过程，却在这一研究方法中被忽视了。此外，随着西方影响的减弱或双方开始共存，非西方文化所享有的代理程度需要得到重视。尤其值得一提的是，东方社会规范和伊斯兰教的活力在20世纪后期都以一种显著的方式出现，就像非洲政治中的种族认同一样，取代了一些评论员所预期的阶级结盟。

这些重要因素都引起了人们对普遍存在于世的、西方遗产脆弱性的不同要素的关注。这种脆弱性首先为西方军事力量所掩盖，随后又为西方消费主义的盛行所遮蔽，并出现在最初由欧洲殖民列强提供、而后由美国控制和影响的模式中。然而，作为对帝国主义和西方化反应的一部分，自觉地走向现代性的不同路线这一主题变得更加普遍。实际上，这并非新鲜事。日本的明治维新和中国的洋务运动都在19世纪末提出了这样的方法，它们只是能够将过去的具体愿景与对未来的独特描述相结合的最突出的例子。在日本，事实证明，将皇权合法性与激进变革相结合是可行的，但这种结合在中国无法持续下去。1911—1912年，中国的皇权被推翻，取而代之的是一个共和国。如果这体现为"非西方"的范围，那么西方亦然。

国家、政府和政治

1815年后引起人们关注的大部分政治历史都集中在"西方"内部的冲突上。对于这种冲突有着不同的叙述和诠释。它们包括意识形态、地缘政治和经济竞争，以及崛起和衰落大国间的冲突等命题。每一种解释都有其优点，但没有哪种可以作为整体的诠释。在某种程度上，这种情况反映了大国统治精英的选择因素，以及与此相关的政策目标的实施。在19世纪，这些过程涉及与精英之外的社会群体进行相对有限的协商，但在20世纪，人们既更关注这些群体，又决心明确民众的意见，即使在威权社会和专制政治制度中也是如此。事实上，民意已成为判断政治能力和有效性的一种考虑因素。公众的定义以及对公众角色的理解也各不相同。然而，对公众的关注有助于解释人们对宣传的热衷以及让消费主义适应政治信息的意愿。

无论精英阶层是响应大众的观点，还是对他们保持更疏远的态度，一个共同的主题是国家的崛起，至少从官僚主义的发展以及相关的、自命不凡的精神风气中可以看出这一点。创造"官僚主义"（bureaucracy）一词的18世纪法国经济学家让–克洛德–马里·樊尚·德古尔奈（Jean-Claude-Marie Vincent de Gournay）抓住了政府的潜能。那时，许多西方知识分子和一些统治者、部长已经希望，通过利用和改造政府，他们将能够改革和改善社会。

这些改进发展于19世纪，部分与从科学理解和合理计划的角度考虑的功利主义有关。行政管理更多地是为了变革而治理，而不是维护稳定和执行正义。与此相关的是，传统精英日渐衰落。随着行政管理变得日益官僚化，行政管理人员越来越多地受到专业培训。资料是一个重要的辅助手段，尤其是用于人口普查和税收的资料。

▲ 1849年9月9日，在意大利那不勒斯，波旁王朝的军队聚集在皇宫广场接受教皇庇护九世（Pius IX）的祝福，阿基莱·韦斯帕（Achille Vespa）作品。

政府并非孤军奋战。19世纪的西方精神越来越多地以技术思想和能力为模型。国家的理念与对标准化的承诺也在加快步伐。行政工作的机械化以及随之而来的办公室的发展也具有重要意义。打字机的使用与技术的机械化有关。

对现代性和进步的崇拜产生了重大的政治和社会影响，有助于提升效率而非传承价值。在建立新的社会和文化机构的过程中，以精英主义为核心的机构（公务员、军队、专家和教育机构）大大扩展了。这对宪法的形式产生了重大影响，特别是人们越来越多地从民主的角度理解宪政。这种民主的本质在当时的标准下是非常有限的，尤其是特权（投票权）仅限于男性而且是有财产的男性。然而，这一民主化进程代表着变革，以及公民权利和愿望的合法化——至少是一位公民的权利与愿望。因此，公众对民族国家日益重视，并在19世纪对共和主义或至少是对向公众负责的君主政体产生越来越大的兴趣。

与此相关的是，在文学、音乐、建筑、雕塑和其他艺术领域，人们也强调形式和内容的民族性与独特性。此外，历史记载、考古学和人类学研究的介绍被认为是适当的，并与"背景故事"（back-story）相适应。政府有意利用历史为其利益服务，作为公共教育的一个方面，教科书和课程呈现了说得通的过去。

军事化是推动国家变革的全球主题。随着技术的发展，武器的复杂性和专业性显著提高，这提高了备战和打仗的成本。不管手工制造的枪支在单体质量上有多好，高效的大规模生产还是比手工制造更具优势。大规模生产涉及生产过程的重大变化，这需要资金和组织。例如，单发后膛枪以及随后连发武器的引入，在很大程度上是由于工厂能够大量生产高水准的膛线、滑动螺栓、弹匣弹簧和传动链，并提供所需的大量弹药。

新型武器的大规模高效生产是"适销对路"过程的一个关键点，而不再是一种断断续续变化的状态。相反，变革转变为快节奏的、连续的过程，这在对早期的做法提出挑战的同时大大提高了成本。1908年之前的五年中，克虏伯（Krupp）在德国埃森（Essen）的工厂的车间面积平均每年增加5.2英亩（约2.1公顷），此后到1908年每年增加6.4英亩（约2.6公顷）。甚至在第一次世界大战爆发之前，克虏伯每月就能生产15万枚各种口径的炮弹。

▲ 第一次世界大战中德国军队的动员。

在这种背景下，战斗力是强大的：这种战斗力反映了一种信念，它可能是国家发展和个人气概的一个必要方面，而且确实是两者的一个重要保证。国家拥有公民的生命权，这种信念在广泛的征兵实践中得到了充分体现。军人服从的习惯优先于不服从的原因，如宗教信仰或工人间的国际联合。

20世纪的国家

国家在社会和经济事务中越来越有影响力。在一定程度上受到国际军事竞争以及为应征部队提供合适人口的决心的推动，"福利"也代表了人类机构在对生命的精神回应方面的潜在胜利。此后，在20世纪，人类通过各种政治制度表达了平等主义的信念，即所有人都应该在社会的权利、利益和义务中享有平等的份额，鼓励合理的规划以确保平等。这种信仰在传统上与左派联系在一起，导致了威权主义的做法，尤其是没收包括土地在内的私人财产。这些目标和手段鼓励了极权主义和对反对者的残酷镇压，例如苏联、古巴等国的共产主义政权，还有许多民粹主义的左翼政权。相比之下，在混合经济的社会中，许多工业不受国家控制，这种抱负带来一个问题，即如何最好地处理社会主义和资本主义之间的关系。

无论意识形态如何，政府的做法往往与问责制背道而驰。例如，在民主政体中，尽管是以含蓄、不公开的方式，这种敌意表现为受雇于国家的往往是自我定义的精英，如司法人员或城市规划者，他们不愿接受流行信仰和消遣活动，否认其有价值，认为其不值得关注，他们扬扬自得地觉得自己是定义和管理社会价值观与行为的最佳人选。

20世纪政府职能的扩大加剧了这一趋势，因为其中很大一部分涉及社会治安。无论是在专制社会还是在民主国家，在教育、卫生、住房、个人行为、法律和秩序等领域被视为反社会的行为，都成为需要审查、警告的问题；在许多情况下，这些行为仍需由国家机构加以控制。

富裕的经济合作与发展组织（OECD）成员国的政府支出占生产总值的百分比从1965年的25%上升到2000年的37%，并且2000年时的生产总值要高得多。但是，公共部门尤其是福利国家的扩张给经济的其余部分造成了沉重负担。在全球范围内，政府权力和机构的大规模扩张为那些政府管理者与既得利益者带来了收入和地位。

在许多国家，国家公务员能够通过交涉获得一个相对安全和舒适的职位。政府的这种扩张往往具有强大的阶级因素，这与"白领"相对于"蓝领"的职业声望有关。此外，从殖民统治中获得独立的国家中西方式官僚制度的继续和蔓延，对社会等级和行为的新模式的定义也很重要。从20世纪50年代到1985年，埃及为所有大学毕业生提供了官僚职位。

当地人

在这类工作中，当空间有限时，就很容易忘记地方层面，而只关注于全球或至少是国家层面。这是一种危险的举动。因为对大多数人来说，当地人的经验在很大程度上决定并影响着他们如何应对全球的发展及其压力。影响的轨迹一般是从全球和国家到地方，特别是在政府层面。即使在美国这样的联邦体制中，中央政府也变得更加强大，部分原因是受到二战和冷战的影响。

在印度，中央政府自20世纪60年代以来权力走向膨胀反映的不是对外部挑战的回应，而是一种转变，这种转变在许多其他国家也可以看到：起初政治和政府是一系列利益和权力相互妥协的产物，然后转变为一种更集中的、不太多元的权力概念。这在很大程度上要归功于政府干预和规划作为现代化和增长手段的价值信念；它也反映了后者实现目标的难度。具有讽刺意味的是，一般因地制宜是最好的解决方法，但往往很难在此层面获得关注。

平等主义、社区和偏见

平等主义作为一种目标或修辞策略并不局限于左翼。相反，右翼民粹主义者在谈论人民或国家时，提倡一种社区的概念。许多观点激发了家长主义保守派的灵感，包括这样一种观念，即一个国家具备有机的特征（如同身体一般），因此，一个人的健康就是所有人的健康。

对后者的关注与国家对妇女和儿童日益增长的关切密切相关，实际上，这种关切对发展人权十分重要。在19世纪末和20世纪，女性发生了一系列深刻的变化，有的与男性共有，有的则没有。工业化、城市化、顺从程度的下降、世俗化，以及识字率的提高，这些标准议程对女性和男性都有很大影响。的确，就妇女权利而言，关键的权利是女孩同男孩一样从国家提供的教育中受益。这促使了女性识字率的显著提高，从而提高了她们考量情况、设想选择和尝试社会流动性的能力。

▲ 妇女在金奈排队投票。金奈是英属印度第一个允许女性参与投票的邦（1921年）。自2016年以来，女性选民人数已经超过了男性。

与此同时，妇女与男子在许多方面还远未平等。有些差异是可取的：妇女不被应征入伍，也不被期望能参加战斗。因此，尽管许多妇女是世界大战的牺牲品和受害者，但她们的死亡频率和方式与男性不一样。不幸的是，妇女在控制自己的身体和工作场所方面面临着许多不平等。社会和文化的趋势及其发展也对改变以前认为妇女天生低下的观念具有重大意义。而对社会和文化观念存在差异的强调，并没有带来任何女性必然低人一等的观念。与男性平等的投票权是结果之一。1893年，新西兰首先在全国范围内实现了选举权平等，但美国和英国分别到

1920年和1928年才实现。

在20世纪下半叶，所有政权，无论其本质如何，宣布支持人权变得更加普遍。然而，在实践中，情况往往并非如此。例如，尽管各国宣称所有人的平等正义是国家支持的法治核心，但许多人缺乏诉诸法律的机会。事实上，对本章所述时期的许多人来说，法律的世界并非国家及其代理人的世界——他们往往因遥不可及而不愿提供帮助，或因过于亲近而腐败地自私自利。而寻求权宜之计，特别是寻求当地亲属关系网络的帮助，乃是一种关键的政治手段。国家机构及其代理人的腐败是一个主要的问题，而且仍然是痼疾。它破坏了大众对政府的尊重，往往也破坏了对国家本身的尊重。

法律作为社区不同观念的登记者和调解者，无疑是非常重要的。的确，由于社会、经济、政治、意识形态和宗教的变化，这些都发生了巨变，而且各国的情况也大相径庭。最成功的国家能够确定一种不同于种族的社区和政治基础。尤其是美国在1901年至1914年期间每年接收近100万移民（在20世纪90年代的某些年份，移民人数接近这个数字的两倍），创造了一种比大多数国家更成功的克服行业差异的美国文化，尽管这与移民一样，并非没有严重困难。非裔美国人［或称"黑人"（Black或Negroe），在20世纪，术语和他们的可接受性都发生了变化］的处境是美国人在机会和包容等观念上一个特别的污点。尽管非裔美国人不再是奴隶，但他们依旧受到隔离，不仅在南方各州（那里黑人数量最多，而且曾是奴隶），而且在国家层面上也是如此，例如在武装部队和体育领域。此外，非裔美国人大规模迁徙到北部和西部沿海城市工作，二战期间工厂的就业机会使这一问题更具全国性。

民权运动，以及政府最终的行动，使种族隔离成为非法行为；该运动在20世纪50年代取得了相当大的成果，在20世纪60年代更是如此，尤其是1965年的《选举权法案》（*Voting Rights Act*）。艾森豪威尔（Eisenhower）总统任职期间（1953—1961年）曾担心苏联会利用美国国内的不满情绪，这一担心在20世纪50年代起了关键作用。因此，在某种程度上，这是冷战时期加强"美国梦"的产物，这一点在美国公众历史中没有民权运动带来的成功理念那么有吸引力。

改革并没有完全解决社会不平等的问题，而对歧视的愤怒加剧了广泛的骚乱，尤其是在20世纪60年代的洛杉矶和底特律等中西部城市。然而，黑人分离主义和激进主义并没有发展成大规模运动，大多数黑人领袖通过主流政治，尤其是民主党来追求社区利益。20世纪下半叶的人口结构转变导致了一种多元文化主义，这一思潮对美国公共文化的本质至关重要——尽管也存在争议，正如我们于2016年唐纳德·特朗普当选美国总统时所看到的那样。

其他国家可能会发现，维持多元文化主义更为困难。例如，在印度，国大党支持多元文化主义，因为该党在印度于1947年独立后执政了几十年。然后，它受到了来自印度人民党的印度教宗派主义的挑战。印度拥有全世界规模最大的穆斯林少数民族群体，其国内各群体长期和平共处的可行性仍不明朗。

仇恨意识

在许多国家，民族主义和19—20世纪脱离帝国结构的独立运动形成一种政治文化，无论理论如何，在实践上都只关注一个民族。其结果可能是对被视为局外人的边缘群体的歧视和迫害，这种病态在1933年至1945年阿道夫·希特勒统治下的纳粹德国表现得最为明显。他对德国救世主式和末日启示式的看法，伴随着对犹太人的特别憎恨，并试图消灭他们，这就是我们所知的大屠杀。在1939—1942年，希特勒征服了欧洲大部分地区，随后又试图消灭欧洲的犹太人，大约有600万人被屠杀，其中大部分是在集中营，尤其是奥斯维辛（Auschwitz）。虽然这一政策的细节秘而不宣，但德国民众充分了解所谓"对犹太人的战争"。最终，希特勒被由苏联、美国和英国组成的临时联盟击败。

分歧与分裂

所有这些讨论的要点都需要被强调，因为意识形态和政治经常被当作高雅的替代品来呈现，就像在辩论社或电视专题节目中一样。这种观点具有误导性，它既低估了那些设法保持政治基本和平（至少是内部和平）的国家所面临的问题，也低估了世界上许多国家的政治在实践中的暴力程度。这在拉丁美洲、非洲和亚洲是显而易见的，在欧洲也是如此。从1960年开始，希腊、葡萄牙和西班牙发生了政变或政变未遂，1989年罗马尼亚暴力推翻了残暴的独裁政权，20世纪90年代南斯拉夫发生了战争。这一时期高昂的军费开支有力地证明了战争的重要性及其给各国政府造成的焦虑程度。

从美国（内战）和法国（维希政权），到爱尔兰（反对英国的独立战争）和西班牙（内战），早期冲突的遗产在许多国家的政治活动和政治文化中仍具有重要意义。这些冲突在家庭、社区和国家各层级留下了分裂的，并且往往是痛苦的记忆，这也有助于确定政治联盟和关系。确实，除非在意识形态和兴趣方面对过去给予应有的重视，否则对过去的看法在政治关系中所扮演的角色仍然处于边缘地位，但它们对认同和构成政治关系的问题具有重要意义。

冷战

1946年至1989年，以苏联为首的共产主义集团与以美国为首的反共集团之间的对抗，成为国际强权政治的标志。这种对抗是包括军事、政治、意识形态、文化和经济在内的全面对抗。

冷战席卷全球，延伸到太空竞赛，使人类第一次成功登月（美国在克服困难付出巨大代价后赢得了这场竞赛）。互不相容的意识形态和关于人类未来的观点，既为冷战奠定了基础，也为它带来了巨大活力。共产主义评论员将苏联主导的平等视为进步的手段和保证，而反共产主义论者则认为共产主义本质上是极权主义，是对自由的破坏。

这一时期有众多的对抗和冲突，最突出的是越南战争和核军备竞赛，但也包括中东、撒哈拉以南非洲和中美洲的冲突，这些通常都是从冷战的角度来看待的。虽然这种解释很有价值，特别是在解释外国干预和武器供应方面，其中的每一项往往都至关重要，但这种解释未能考虑到这些斗争的独特之处和不同性质。特别是，非殖民化是该时期许多冲突发生的起因，与冷战的起源、原因、过程和后果截然不同，重要的是不要把它们混为一谈。

另外，冷战可以追溯到1917年俄罗斯的布尔什维克革命，它导致了一场内战，包括英国、加拿大、法国、日本和美国在内的14个外国列强进行了干涉。这是冷战的"热"阶段，实际上，从1921年开始，就通常所称的"冷战"而言，出现了长期的回响。因此，尽管在1941年至1945年苏维埃与西方有过合作，1945年以后的局势仍可被视作早期冷战的复兴。

1945年后的冷战首先集中在欧洲和东亚。二战末期苏联和西方势力的分界线成了两大阵营对抗的断层线，因为双方都巩固了各自的地位并寻求进一步的优势。起初，共产主义者虽然未能在伊朗、希腊和菲律宾夺取政权，但取得了重大进展。他们接管了东欧（希腊除外）。这引发了一系列政治和军事反应，特别是1949年北大西洋公约组织（NATO）的成立，其目的是防止苏联势力在欧洲的进一步推进。20世纪50年代初，冷战真正地打响了，北美和西欧的军费开支大幅增加。

西欧殖民帝国的垮台为竞争提供了机会，特别是在中东、撒哈拉以南非洲和中美洲。美国在东南亚（尤其是越南）的大规模干预，以及在较小程度上对柬埔寨和老挝的干预，都没有成功。由于反叛乱战略的可行性，对越南战争的评价仍极具争议，并和如何最好地进行军事行动的辩论相互影响。越南战争也引发了很多关于空军的优势与局限性的讨论，特别是轰炸。

▲ 飞行员"金刚"少校［斯利姆·佩金斯（Slim Pickens）饰］准备驾驶核弹。——
选自斯坦利·库布里克（Stanley Kubrick）执导的《奇爱博士》（*Dr. Strangelove*，
1964年）。

20世纪70年代初，和中国的外交联系使美国（尽管不是南越）在越南遭遇
失败的后果有所减轻，这促成了中美合作，从而大大削弱了苏联。这一重组源
自苏联和中国之间早期的裂痕，这一裂痕在20世纪60年代初变得异常明显，随
后在这十年的后期出现了对抗和有限的敌对行动，这种情况为理查德·尼克松
（Richard Nixon）总统赢得中国的支持提供了机会。最终，苏联不得不陷入"两
线作战"。

美国对共产主义集团的遏制政策于20世纪40年代末出台，随着苏联影响力的
扩大，该政策在20世纪60年代日渐衰微，如今随着中国成为该体系的一部分而显
得更加持久。事实上，尽管1975年北越在美国停止支持后统一了亲西方的南越，

但中国在1978—1979年发动了对越自卫反击战，这表明与苏联结盟并不能阻止这种攻击。

在20世纪80年代初期，美苏之间的紧张关系再次剑拔弩张。双方都部署了先进的新式武器，而苏联从1979年开始对阿富汗进行军事干预，并于1981年镇压波兰流行的非共产主义改革运动，这导致焦虑和紧张局势加剧。1983年，战争似乎一触即发，苏联人认为进入战备状态已迫在眉睫。

然而，从1985年开始，在新的苏联领导人，年轻的米哈伊尔·戈尔巴乔夫（Mikhail Gorbachev）的领导下，紧张局势有所缓和。但是，他旨在加强共产主义集团的改革政策却无意中导致了1989年东欧共产主义政权的垮台以及1991年苏联的解体。在苏联，试图建立一个改良的共产主义控制体系的努力未能奏效。东欧的政权没有了他们所需的力量和支持，无法抵抗民众要求变革的压力。在大规模的示威活动之后，柏林墙于1989年11月倒塌，民主德国政权的摇摇欲坠影响了东欧其他国家。只有在罗马尼亚，人们做出了重大的努力来抵制这一进程，但最终没有成功，而且还造成了大约1000人的伤亡。直到20世纪80年代中期，苏联解体，舆论一片哗然。这一崩溃体现了历史出人意料的特点、偶然性的作用，以及个人在这跌宕起伏的十年中所扮演的角色。

身份改变

在过去的两个世纪里，身份变化的程度并未引起足够重视，而这种忽视是值得注意的。尽管如此，人口向城市的迁移，加上文化的普及和国家教育体系的发展，确保了到19世纪末，人们比一个世纪前更关注国家。然而，这一说法本身就是形势政治的一部分，因为它假定社会是一个"垂直"的联盟，在这个联盟中，不同的社会群体被连接在一起，并入一个国家。这种解释从过去到现在都被那些认为社会结构是关键因素的人否定。这种马克思主义或倾向于马克思主义的方法在20世纪特别有影响力，但现在似乎有所局限。与此同时，西方知识分子对选择的替代分析是基于身份的——尤其是性别、性取向和种族。这些身份充其量是片面的，而且常以教条的方式呈现。淡化宗教信仰的倾向是一个严重的缺陷。不愿涉及政治、社会认同和利益等传统主题也是原因之一。

然而，这些只是西方术语对身份和关系的描述。在其他地方，分类通常是不同的，不加限定地使用西方概念不如过去那样令人信服。例如，在20世纪下半叶，事实证明，在西方帝国统治结束的国家巩固民主比预期的要困难得多。评论人士抱怨说，在1967—1970年比夫拉战争（Biafran War）期间，像尼日利亚这样的国家，种族分裂被证明是导致激烈的内部冲突的根源——部落主义过于强大。新独立的国家未能管理好自己的经济也是一个严重的缺陷。此外，还有关于独立

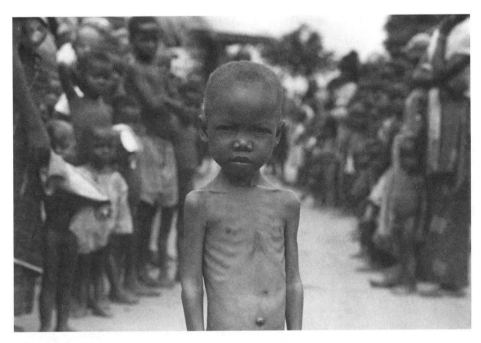

▲　1967—1970年比夫拉战争期间的一名尼日利亚儿童。

的社会利益的问题，尤其是许多国家的政府的腐败程度。到了21世纪头十年，西方假设的谬误显而易见：尽管最初乐观情绪占了主导，并付出了相当大的努力和成本，但重建伊拉克和阿富汗西方模式的社会和政治体系的努力完全失败了。与外界评论员"发现"东欧和苏联在1989—1991年共产党统治崩溃时的宗教信仰力量一样，这些失败表明早期的社会和政治关系模型主要基于意识形态和希望，在这一背景下很可能需要更全面的重写。

宗教

在这一时期接近尾声时，将宗教排除在政治、社会关系和身份的讨论之外的做法变得越来越不可信。宗教是那个时期被低估的因素之一。这种低估在一定程度上反映了对宗教的敌意，这是当时的一个新气象，尤其是在20世纪。宗教作为意识形态和道德的源泉，其公共作用受到自诩进步主义者的广泛谴责，而作为意义、希望和信仰的私人来源，宗教在某些圈子里被视为一种错觉，就像对性的理解一样，只有通过人类学、心理学和社会学的理解才能得到最好的澄清。因此，它受制于相对主义巨细无遗的审视。

专制国家极力主张世俗化，因为他们将宗教视为对民众忠诚度的威胁。因此，苏联共产党把无神论作为官方信条，并采取了重大举措来消除宗教习俗。

敌对政府并不是对既有信仰的唯一挑战。在许多自认为拥有宗教信仰的人中，普遍存在一股世俗主义和怀疑主义的潮流，宗教的作用也被边缘化。普遍的社会潮流，例如尊严的下降、父权制的权威、社会家长制、核心家庭，以及对年龄的尊重，极大地削弱了已建立的宗教。

然而，在此期间有许多宗教仍然富有活力。例如，在20世纪后期，宗教在美国公共生活中的作用变得更为重要，绝大多数美国人称自己为宗教人士。

在欧洲以外，更一般地说，基督教表现出顽强的能力来维持支持和扩张，继续了与西方帝国主义相辅相成但不局限于西方的长期扩张。转换区域的经验各不相同，但这是本章主题的背景和内容的一个重要方面。拉丁美洲在16世纪被西班牙和葡萄牙征服之后皈依了基督教，现在仍是一个天主教社会，这有助于确保天主教徒占世界基督徒大多数的地位。然而，新教福音派在拉丁美洲的大部分地区日益重要。

在亚马孙地区和巴塔哥尼亚，基督教仍然是一种与部落信仰抗争的、具有传教性质的宗教，并与对美洲印第安人地位和文化更为广泛的侵犯有关，其中包括主动性歧视。

在撒哈拉以南非洲、中东和菲律宾，基督教面临着来自伊斯兰教的重大挑战。这导致了伊拉克、尼日利亚和菲律宾南部的暴力事件。宗教信仰与种族差异有关，例如，尼日利亚的穆斯林豪萨人（Hausa）和基督徒约鲁巴人之间存在种族差异。

与基督教一样，伊斯兰教并不是一股团结的力量。除了伊斯兰世界重要的种族、文化、政治和经济差异外，还有重大的神学分歧。其中最重要的分歧来自什叶派和逊尼派。这些分歧与政治紧张相互作用，特别是在1980年至1988年什叶派统治下的伊朗和逊尼派统治下的伊拉克激烈交战的期间。伊斯兰教和印度教之间的冲突被证明是南亚政治紧张局势的一个主要方面。

尽管伊斯兰教经常被奉为"原教旨主义"，但这极大地简化了其表现形式十分多样的宗教信仰。与基督教一样，这种多样性在一定程度上反映了个人和社区发展自己版本的信仰、希望和救赎的决心。其中一些还反映了事件对信仰模式和人类承受苦难，以及理解变化能力的压力。

宗教经常是身份认同的主要焦点，例如中国西藏的佛教和以色列的犹太教。宗教的各种表现形式说明，它远非一个因科学进步而变得多余、因世俗主义而边缘化的不合时宜的存在。

新的世界秩序，或是非对称的不稳定？

1991年苏联解体后，关于以美国为主导的新的世界秩序的讨论就开始了，尤其是在苏联的附属国被击败或恐吓之后，即1991年和2003年的伊拉克，以及1995年和1999年的塞尔维亚。随着美国经济和金融模式的传播，尤其是那些与自由市场自由主义相关的模式，特别是金融市场自由化和国有资产私有化，美国的实力似乎更加强大。

在21世纪初，这一途径所代表的信心遭到多方面的极大挑战。伊斯兰世界，特别是阿富汗和伊拉克，通过包括原教旨主义者在内的一些反对者抵抗美国及其盟友，最引人注目的是2001年使用被劫持的飞机袭击纽约和华盛顿特区的"9·11"事件，当时这些反对者被证明善于使用恐怖手段。原教旨主义者还利用了民众对西方化的敌意，西方化也常被描述为一种贬低当地人民和挑战不同价值观的全球化。

进入21世纪，中国和俄罗斯都更加自信。更确切地说，两大国间的合作减少了美国的选择权，这也让美国的实力遭受打击。这标志着从20世纪70年代开始的中美国际接轨发生了重大逆转。这一逆转的结果使美国在东海对抗中国或在东欧对抗俄罗斯的能力大打折扣。

这种情况反映了世界各地越来越多的对美国的批评。作为一个关联因素，其他国家寻找其他模式的意愿更为明显，尤其是中国。另一边，在2015年经济增长率超过中国的印度也将自己标榜为典范。

目前尚不清楚这种情况是否会导致"新世界的混乱"，因为这种评估的前提是世界可能不会发生冲突。这是一种乌托邦式的观点，迅速增长的人口给予了资源持续的压力。

其次，如果仅关注美国与其他利益集团和模式之间的紧张关系，就会低估冲突是独立或至少自发产生的程度。一些国家的叛乱冲突与内战和军队政治相重叠。

以暴力来确保政治结果是通行手段，阿富汗、塞拉利昂、利比里亚和南斯拉夫就是最明显的例子，在这些地方，暴力的持续程度很高。种族层面的紧张局势和更广泛的地缘政治对抗在中非激烈的内战中也发挥了关键作用，尤其是在刚果和卢旺达。伤亡人数最多的战争是20世纪90年代末和21世纪初发生在刚果的冲突。这场复杂的冲突反映了尖锐的种族分歧的政治化以及周边非洲国家特别是卢旺达的介入；这与其他非洲国家的长期冲突有相似之处。实际上，从中非共和国、索马里或苏丹的角度来看，很难看到对政治发展进行良性解释的任何基础。受不稳定影响的地区有能力将邻国卷入其中。

对于未来可能发生的事情，人们有不同的说法。特别是目前还不清楚重点应该是常规战争，尤其是俄罗斯与北约或中国与日本之间的战争，还是以抵抗阿富汗等地的叛乱组织为重点的反叛乱战争。到2008年，冷战结束后20世纪90年代的

▲ 2016年7月13日，明仁天皇在东京宣布了退位计划。

乐观主义似乎成了一个遥远的记忆——既是过去时代的产物，也是天真的产物。历史的间断性清晰地显现出来，尤其是在趋势被打破或逆转、预测被推翻的情况下。我们没有理由预测未来会有什么不同。

新的世界观

宗教人士提供了一个关于世界的描述，其中政治和社会关系的位置与神的意图有关，新的世界观不仅包括已经讨论过的正在变革的意识形态，而且还包括新的空间表现形式。最有特色的当属1969年美国阿波罗太空任务带来的人类登月计划。他们留下的是整个地球的照片：一个强有力的世界图像和与之相符的环保主义者的整体观点。

在同一时期，出现了对地球空间分布的不同解释，其中最具争议的是1967年由德国马克思主义者阿尔诺·彼得斯（Arno Peters）设计的地图投影，该作品于1973年公开发表。彼得斯用一种不同的视角来看待世界各部分之间的关系，他将这个问题视为固有的政治问题。彼得斯的等面积投影与传统的墨卡托（Mercator）世界观形成了鲜明对比，而后者将重点放在了方位的精确上。彼得斯辩称，欧洲帝国的灭亡和现代技术的发展使得新的制图学成为必要，这种观点使他在国际上赢得了很多追随者。他对热带地区的重视与其对第三世界的关切相呼应，以至于国际援助机构对他的预测大加赞赏。他的预测提出了一种与各国政府截然不同的全球政治和社会关系观点。彼得斯的世界地图成了一个政治正确（用一个反映新价值观的新术语）的图标。国际发展问题独立委员会发布的研究报告《北方和南方：争取生存的纲领》[*North-South: A Programme for Survival*，即 "勃兰特报告"（Brandt Report），1980年] 赞扬了彼得斯的世界地图，并将其用作封面。该报告融合了全球主义者的观点、社会问题和再分配战略。

虽然彼得斯的预测受到了严厉的批评，但它突出了世界应如何最好地呈现的问题。在1989年的《彼得斯世界地图集》（*Peters Atlas of the World*）中，他继续以相同的比例尺绘制所有地图，以确保与传统地图集相比，非洲、亚洲和南美洲的地图覆盖范围更广，而欧洲和北美洲的地图覆盖范围更小。

不那么引人注目的是，1963年的罗宾森（Robinso）投影，旨在以不间断的格式地图为主要大陆提供尽可能小的面积比例失真，在面积方面比1898年设计的迄今仍有影响力的范德格林氏（Van der Grinten）投影更为准确，后者延续了墨卡托投影夸大温带纬度大小的做法。

对不同预测的考虑提供了一个有用的提醒：对待世界历史，没有单一的方法。西方帝国的统治也许已成为一个明确的主题，但在许多国家，如乍得、缅甸、尼日利亚和苏丹，它只持续了大约六十年，而到1825年，欧洲帝国对加拿大南部美洲大陆的控制已不再碎片化。此外，从21世纪10年代末的角度来看，即使是更长的帝国时期，如英国在印度和法国在阿尔及利亚的帝国时期，也越来越多地只是作为世界历史的一个时期出现。1947年，在英国宣布放弃对印度的控制后，英国民众对保留世界上最大的帝国的其余部分的兴趣已很难被唤起，因为这个帝国的逻辑已经基本上消失了。

在世界上很多地方，非殖民化并未带来稳定的政治体系。在美洲，它导致了各国之间或各国内部的战争，最著名的是1861年至1865年的美国南北战争，以及在墨西哥和中美洲大部分地区的持续斗争。非洲和亚洲也是如此，那里发生了大量的政变。在许多国家，武力是正常的政治手段，普遍用于维持其凝聚力，尤其是在抑制地区分裂主义方面。后殖民国家常常缺乏对国家等级之外的群体和地区的容忍做法。反过来，国家权力的使用助长了暴力的回应。

在国家之间，帝国主义的遗留问题常常难以解决，因为边境线不考虑当地的认同、利益和观点，这在随后招致了许多的批评：欧洲帝国主义的做法被归咎为后殖民时代非洲种族冲突的罪魁祸首。更广泛地说，邻国经常提出的不同价值观，确保了边境也可能成为重要的心理边界。

如果许多后殖民国家发现难以使民主运作，那么认为武力和独裁统治书写了发展中国家的后殖民历史将是一种误导。尽管困难重重，最大的后殖民国家印度还是维持了独立时建立的民主制度。许多专制政权，如1981年至2003年马哈蒂尔·穆罕默德（Mahathir Mohammad）总理领导下的马来西亚，往往以一种混合的政治形式实现民主和法治。

非殖民化和新独立国家之间的冲突与苏联主导的共产主义集团和美国领导的反共集团之间的冷战斗争交织在一起。这场斗争在20世纪50年代和60年代尤为激烈，但到了70年代，由于美国和中国关系更为密切，这场斗争有所缓和。中美密切的关系让美国在冷战中获得了一项至关重要的优势，同样重要的还有美国经济的韧性，以及20世纪80年代里根（Reagan）政府利用政府能力在债券市场融资的本事。这样做是为了调动美国的资源，进行苏联无法匹敌的军事建设，而苏联缺乏资金又无法增加信贷。

1989年苏联和东欧共产主义阵营的崩溃，以及中国和越南融入全球经济，导致20世纪90年代的世界秩序发生了变化。最初人们对一个更稳定、更自由的世界抱着乐观态度，这代表着对联合国于1945年成立时寄予厚望的复苏，以及对全球多边主义能够发挥作用的信念。

这种信心很快就因为世界上许多地方的种族和宗教冲突的死灰复燃而黯然失色。的确，在20世纪90年代，地方族裔用语塑造和表达了认同和冲突，而不是冷战的意识形态分歧。随着伊斯兰的"国际主义"为自由国际主义提供了新的条件，这种情况在21世纪初加快了步伐。

在许多方面，这导致了一个时代结束时的信任危机。欧洲帝国和欧洲共产主义垮台后获得的自由并没有实现自由主义者的希望。与其说是设想的进步没有到来，不如说这是一种危险的局面。对许多人来说，这代表着对黑暗过去的回归。20世纪90年代在卢旺达和南斯拉夫发生的大屠杀清楚地表明了政治的堕落。从长远来看，值得注意的是在白俄罗斯和哈萨克斯坦等新独立的国家诉诸的威权主义解决方案。

20世纪八九十年代和21世纪初的经济增长让很多人摆脱了贫困，但伴随而来的破坏并不受许多群体的欢迎。对全球化的敌意常常意味着对自由市场经济的怀疑。没有可行的替代方案，但这并未阻止一种普遍的不满情绪，这段时期就此结束。国际层面的凝聚力、合作，以及目标的统一曾经激励了许多人，但现在这只是一个遥远的希望。

结　语

历史学家的专长是研究过去，他们的灵感往往来自对现在的厌恶，他们受人忠告避开未来。但未来只是尚未发生的过去，它的发生是不可预料的，如同一根糟糕的留声机唱针，有时会突然跳出或划出行进的音槽。然而，连续性会将未来与之前的事件绑定在一起。在那些通过热线与上帝联系的先知，或者有特权能够了解星象、掌纹、茶叶以及诸如此类秘密的神奇的占卜者之外，只存在一种方式——无论其是好是坏——来预测未来：基于过去。历史学家比预言家或占卜师更能胜任这项工作。

我们可以回顾这本书的主题，并试着想象它们将会如何变化发展。分散与融合也许会以新的或不同于往常的方式继续下去。从某种意义上说，全球化是融合的增强阶段，在这个阶段，不同的文化交换传统、观念、品味和技术，并因此变得更加相似。例如，我们可以预期，一些宗教将变得越来越普世、越来越包容，其边界将越发模糊；语言将相互影响；主流音乐将变得越来越国际化；融合将成为食品的特征；相同的品牌和产品将征服每一个市场；多元文化将变得更加斑驳。人们很容易认为，融合可能会完全取代分散——我们将结束于一个文化一元的世界里，在这个世界里，每个人都在民主政体中投票，依靠资本主义生产生活，说英语（或者说是这种曾经清晰准确的语言的模拟形态，现在搅和成了不可名状的东西），并在推特长短的片段中思考。但这一切都不会发生——或者至少不会将分散完全排挤出去，而分散将在全球化的外壳下继续存在。事实上，如果我们真的有一种单一的全球文化，那将是不断添附另一种文化的混合物。边缘文化、品味和语言将消亡，但大多数将蓬勃发展，因为网络空间被分割成不同的区域，志趣相投的聚集在一个区域内。在这样的区域里，代表少数的群体可以滋养任何非主流文化因子，珍视任何形态的传统。另外的原因是，每一个黏附性过程都会产生裂变反应。正如自然资源保护者努力保护濒临灭绝的物种一样，他们也努力保护弱小的语言、消失的美食、被遗弃的艺术和显然跟不上时代的习俗。人们担忧被同质性巨型文化同化，因而有更大的动力去复兴或发明传统。

主动权，即某些群体影响其他群体的力量，将随着财富和实力的此消彼长在全球范围内继续转移。随着世界进入后美国世纪，美国纳税人不再有能力或意愿主宰这个星球，中国仍是下一个最有可能拥有主动权的国家。然而，中国的前景被以下主要的隐晦因素笼罩。首先，计划生育政策[1]使国家人口老龄化不堪重负。其次，中国缺乏地区盟友，而且与部分邻国存在意识形态或领土方面的争端。糟糕的政府或许是中国在过去几百年里在全球强权政治中表现不佳的主要原因。但只要有一个足够勇敢地做出必要变革的好政府，这个国家就绝对有资格成为超级大国，因为它拥有巨大的人力储备、强大的教育传统和制度，以及快速的经济增长。在过去几十年里，一个超级大国使所有竞争者相形见绌，这一特殊情况似乎注定要让步。一个多极化的世界将随之而来：主要的地区大国将在一种永久的紧张和不稳定的平衡状态中竞争——这种力量的平衡依赖于不断变化的敌对、联盟和协约关系。

在可预见的将来，环境压力将继续存在，并且可能会加剧。这不仅是因为气候变化和疾病取决于遥远的阳光和动荡的微生物进化世界，还因为人类发展

---

[1] 该政策已于2016年结束。

的破坏性因素已经失控。人为造成的最大的环境压力来源于消费。人口增长是问题的根源，在20世纪，全球人口增长了约4倍，但人均消费（大部分集中在美国和欧洲）却增长了近20倍。如果我们保持恒定的消费率，那么世界本来可以吸收5倍于此的人口，而不会消灭更多的生物多样性，不会使更多的土壤中毒，或排放更多的碳，或造成更多的荒漠化，或污染更多的空气和水，或消耗更多的资源。目前的消费水平难以持续，并且必然会增长，因为以前处于贫困状态的人口要求平等地（而不是不合理地）享受与美国人和欧洲人同等数量、相同质量的食物、水、衣服、燃料和商品，这超过了他们过去享有的份额。我们无权控制无节制的消费，因为我们不知道这是什么原因造成的：一些分析师认为是根深蒂固的不满足感，而另一些人则认为是因为竞争性经济体系是动态的。在对竞争对手的评估过程中不可避免地受到进化心理学的推动；或在零和博弈中追求满足的幻想。有两种影响是不可避免的。首先，民主制可以促进消费，因为经济增长可以赢得选票，而选民不会长期忍受紧缩政策。其次，贪得无厌（l'appétit vient en mangeant）：繁荣助长挥霍，富足终将耗尽。

持续增加的消费引发的不可逆转性提醒我们，短期内我们不太可能经历总体变化速度的放缓，但是没有理由相信变化会无限期地继续加速。可能缓解或扭转这种局面的情况可想而知：一场"让时光倒流"的特大灾难，引发变革的文化交流将会中断。但这种可能性暂时不会出现。即使是年轻的瑞普·凡·温克尔（Rip van Winkle）在今天小睡片刻醒来后，也会发现一个令人惊讶的世界，并拥有一段令人错乱的经历。

因此，人们无法避免这种不良影响：焦虑、"未来冲击"、恐惧，以及那些认为变化威胁到他们的文化、身份、工作或安全的人的保守的（有时甚至是暴力的）反应。我们从一个失败的解决方案跌跌撞撞地走向它的对立面：从过度计划到鲁莽地解除管制，然后又回来；在专制和民主之间；在极权主义和无政府主义之间；在威权主义和自由主义之间；在多元主义和民族中心主义之间；在意识形态世俗主义和非理性宗教之间。看似简单且邪恶的"最终"解决方案吸引了因害怕变革而惊魂未定的选民。我怀疑，人们愿意在唯利是图、利用群众的煽动者的相互对立的计划之间切换，这表明他们在面对明显无法控制的变化时感到困惑。人类价值观的一个悖论是，我们中的大多数人将对变革的焦躁不安与偏爱熟悉事物的强烈保守偏见结合在一起。改变可能是好的，但也是危险的。当人们感受到变革的威胁时，他们就会寻求安全感，就像一个揪住被子的孩子；当他们不明白发生在自己身上的事情时，他们就会惊慌失措。巨大的恐惧仿佛自笞派苦修者的鞭子。知识分子在"后现代"策略中避难：冷漠、失范、道德相对主义、科学不确定性、拥抱混沌、"我不在乎"。面对不确定性，选民屈从于嘈杂的小人物和轻率的解决方案。宗教转变为教条主义和原教旨主义。这群人把矛头指向所谓变革推动者，尤其是（通常）针对移民和国际机构。残酷、代价高昂的战争始于对资源枯竭的恐惧。

快速的变化将继续影响除智慧和道德之外的一切。为了创造一个更美好的世界，我们需要更好的人，但我们没有办法改善他们，除非是在罕见的真正神圣化的个案中，而这无论如何都是不可能被设计的。在过去，有三种方法被尝试过。

首先是完善体制——调整国家和社会结构，营造以德立人的社会政治环境。虽然这是大多数政治思想家在过去三千年的大部分时间里的宏伟目标，但我们似乎已经放弃了这一方案。如此长的失败记录是无法解释的。

尽管他们以真挚的诚意鼓吹，但每一个乌托邦似乎都是令人反感或功能失调的，让人深恶痛绝。所有的乌托邦主义者都表达了错置的信念，认为社会有能力改善公民。他们都想让我们顺从那些肯定会让生活变得糟糕的幻想出来的父亲形象：监护人、独裁者、侵入性的计算机、无所不知的神权政治家，或者家长式的圣人，他们替我们思考，过度规范我们的生活，把我们压碎或拉进不舒适的顺从之中。每个乌托邦都是普洛克路斯忒斯[1]（Procrustes）的帝国。在现实世界中，纳粹党创造了最接近持久实现乌托邦理想的方法。大多数人的终极乌托邦是一个

---

[1] 古希腊神话中开设黑店的强盗。

没有敌人的世界，而实现它的最快方式是屠杀他们。寻找理想社会就像追求幸福一样：最好满怀希望地旅行，因为到达彼岸孕育着破灭的幻想。

其次，作为改善人类的手段，宗教是否比社会或政治设施更好？这是对好人善良的有用解释，就像它是对坏人邪恶的有用辩护一样。但宗教作为一种使人变得善良的方式的记录并不令人鼓舞，尽管它应该改变你的生活。尽管那些宣称宗教改变了他们的人经常说"重生"，但当你仔细观察他们的行为时，这种影响似乎微乎其微。一般来说，信教的人似乎和其他人一样会作恶。以广播电视为传教渠道的福音派教徒的小过失，或者狂热的自杀式炸弹袭击者、虐待者和斩首者的残忍行为，似乎与他们真诚信奉的信仰是一致的。宗教更多地被滥用来维护暴力，而不是被用来维护和平。即使是那些易受宗教戒律影响的人，或者对救赎召唤很在意的人，圣座也通常被推迟很久。教皇——约翰·保罗二世（John Paul Ⅱ）、本笃十六世（Benedict ⅩⅥ）和方济各（Francis）——或许是过去五十年来最有效的道德代言人，但他们的吁求无法到达大多数追随者的耳中，也超出了许多神职人员的能力范围。一些宗教通过组织实际的慈善活动、激发艺术、引导奉献、打造社区、培养家庭生活和安慰受难的人来服务世界。但要终结道德停滞，我们需要的不仅仅是善——这只是宗教企盼的奇迹。

最后，如果社会和宗教不能让人类变得更好，那也许科学可以。柏拉图关于完美社会的建议部分基于这样一个假设：完美的社会应该由完美的个人组成。应该鼓励优等公民生育；弱智和畸形者的孩子应该被消灭，以阻止他们繁衍后代。在19世纪的欧洲和北美，优生学在种族主义和达尔文主义的影响下复苏了。种族主义将所谓种族劣等归咎于可遗传的性格缺陷。优生学的观点在纳粹德国得到了最热烈的采纳，其逻辑在那里得到了实现：阻止人类繁殖的最好方法就是杀死他们。任何被政府认为在基因上低劣的人，包括犹太人、吉卜赛人和同性恋者，都有可能被灭绝。与此同时，希特勒试图通过选择性繁殖来完善他所认为的优等种族。被当作实验豚鼠的高大、强壮、蓝眼睛、金头发的人类之间的实验性交配所生的孩子，总体而言，在公民身份、领导能力或从事艰苦的生活行业方面，似乎并不比其他人更好或更差。

纳粹的过分行为使优生学世代都不受欢迎。但是这个概念现在又以一种新的形式出现了：你现在可以繁殖经过基因工程改造的个体，也可以通过所谓优质精子库来购买"量身定做"的婴儿。与各种遗传特征相关联的特定基因的分离，使从受孕时进入婴儿体内的遗传物质中筛选出可能不受欢迎的特征在理论上成为可能。结果肯定只会从那些做出选择的人的局部的、党派的、可能是短暂的标准上得到改善。在某些想象中，一条通向智力（甚至不是道德）的完美的道路是将人类大脑与互联网连接起来，但其结果肯定是充满数据、缺乏智慧的机器人人类。

简而言之，本书讨论了能说明过往历史特征的各类主题，如果我们试图预测它们将来可能的发展情形，其结果是黯淡的。未来学的水晶球阴沉得令人沮丧。值得一提的是，这里存在令人欣慰的事。首先，悲观是件好事：它是对灾难进行自我补偿的一种方式。其次，先知的功能就是犯错：正确是卡珊德拉[1]（Cassandra）的诅咒，因为没有人听从她的警告。我们面临着主动权的危险转变，以及文化分散和融合的持续紧张。世界在加速变化，然而道德和智慧得不到任何相应改善。我们的预测可能会失败，因为它们是错误的，但它们也可能激发出成功的应对措施。有人可以联想到任何预测吗？

---

[1] 古希腊神话中拥有预言能力的公主，因抗拒阿波罗，其预言不被人相信。